IT계열을 위한

기초공업수학

MATHEMATICS for ELECTRICITY and ELECTRONICS

정타관 · 정동현 · 신철기 저

북스힐

PREFACE

머리말

우리는 왜 수학을 배워야 하는가?

우리는 왜 수학을 배워야 하는가?
수학이 내 인생과 무슨 관계가 있을까?
수많은 공식들을 외워야 하고, 어렵게 문제를 풀어야 하고, 오직 하나의 정답만을 찾아 내어야하는 골치 아프고 좋지 않은 기억들만이 떠오르는 것이 수학이다. 지금까지 대학입시 위주의 교육을 받은 학생들에게는 어쩌면 당연한 결과라고 할 수 있다. 그러나 원래 수학은 스스로 생각하고, 창의적으로 문제를 해결하며, 번뜩이는 아이디어로 새로운 결과를 도출하는 학문이다.

21세기를 살아가며, 또 앞으로 4차 산업혁명 시대를 살아가야할 젊은 세대들에게 수학은 공식을 많이 외워서 기계적으로 빨리 정확하게 풀어야 하는 데 집중하기보다 문제의 핵심을 보고 다양한 방법과 합리적인 방식으로 문제를 해결해 나가려는 **생각의 힘**을 기르는데 중점을 두어야 한다.

창의적이고 융합적 능력이 요구되는 미래 사회는 더 이상 수학 공식을 많이 외워야 하는 **지식의 시대**가 아니다. 새로운 지식들이 하루가 멀다 하고 많이 쏟아져 나오고 있는 무한 지식의 시대에 새로운 정보와 많은 지식을 따라잡기는 불가능해졌다. 또한 우리가 힘써 외우는 지식들은 금방 옛 지식이 되기 때문에 얼마나 많은 지식을 알고 있느냐는 더 이상 크게 중요하지 않게 되었다.

앞으로 다가오는 새로운 시대는 복잡하고 어려운 문제를 해결하고 새로운 방향을 설정할 수 있는 능력을 기르는 것이 무엇보다 중요하며, 예측할 수 없는 거대한 변화의 물결 속에서 보다 더 많은 생각을 할 수 있도록 하는 훈련과정이 필요하다. **수학**은 이러한 생각을 좀 더 유연하게 하고 정확한 판단을 내리는데 도움을 주는 가장 좋은 길잡이가 되어줄 수 있을 것이다.

공업수학은 왜 배워야 하나?

"고등학교 때 문과를 나와서 수학 미적분에는 문외한이고, 시간은 없고 봐야할 책은 너무 많고 또 어디서부터 어떻게 해야 할지 그저 막막하기만 하고, 수학공부를 어떻게 해야 할지 모르겠어요. 단원별로 공업수학을 함에 있어서 알아야할 단원만 꼭 집어주시면 제가 공부할 때 좀 더 수월할 수 있을 것 같네요. 꼭 조언 부탁드립니다." 이러한 문제를 제기하는 학생은 전공분야에서 강의를 듣는 도중에 강의내용을 따라 갈 수가 없어, 자신이 공업수학에 대한 기본바탕이 부족하다는 것을 실감하여 어려움을 겪고 있다는 증거이다.

공학은 여러 가지 이론과 법칙을 수학적으로 계산하는 학문이다. 따라서 수학을 잘 모르면 아무리 많은 법칙과 이론을 안다고 해도 절대로 공학을 잘 할 수가 없는 것이다. 공학을 전공하면서 수학을 모르면 마치 돛대도 노도 없이 배를 타고 항해하는 것과 같이 무모하다고 할 수 있을 것이다.

특히 전기 · 전자공학 분야를 전공하는 학생들에게는 다른 어떤 분야에서 보다 더욱 고도의 수학지식이 요구되고 있으며, 이러한 수학적 기초가 제대로 되어 있지 않으면 전공을 이해하기란 여간 어려운 것이 아니다.

따라서, 이 책에서는 수학적 이론을 간략하게 전개하고 전기 · 전자공학에서 다루는 실제의 예제를 풍부하게 삽입하여 수학적인 이론과 함께 실제 응용 능력을 기를 수 있도록 배려하였다.

공업수학 학습법

이 책은 전기 · 전자공학에 꼭 필요한 수학에 대하여 중학교 2학년 수준의 가장 기초적인 부분부터 핵심적으로 전개하여 수학을 포기한 학생들도 쉽게 시작할 수 있도록 배려하였다.

1장 수학의 기초는 말 그대로 공업수학을 배우기 위한 기초이므로 연산방법(덧셈, 뺄셈, 곱셈, 나눗셈)에서부터 분수의 계산, 여러 가지 방정식의 해를 구하는 방법, 1,2차 방정식의 성질, 지수함수와 로그함수의 정의와 성질을 잘 이해할 수 있도록 하였다.

2장 **삼각함수**는 공학에서 가장 꽃과 같은 수학분야로서 삼각비의 정의와 삼각함수의 성질에 대하여 이해하도록 했다. 박스에 넣어둔 중요한 공식들은 외우는 것이 좋으나 모두 외우려고 하는 것은 무식할 뿐만 아니라 불가능하고 또 그럴 필요도 없다. 모를 때에는 그 부분만 찾아보면서 이해하는 것이 좋다.

3장 **행렬과 행렬식**, **4장 복소수** 그리고 **5장 벡터 해석**은 기본적인 정의와 정리를 잘 이해 할 수 있도록 하였다.

6장 **미분**과 **7장 적분**은 평균변화율, 미분계수, 도함수가 무엇이고, 미분이 무엇이며 적분이 무엇인지 이해하고, 기본공식을 외우고, 기본적인 미분법과 적분법을 익혀둘 수 있도록 하였다. 박스에 넣어둔 중요 공식들은 외워야 하지만, 모든 공식을 다 외우려고 할 필요는 없다.

8장 **라플라스 변환**, **9장 푸리에 급수**, **10장 기수법**, **11장 부울 대수**는 학과의 특성에 따라 선택적으로 학습할 수 있도록 하였다.

이와 같이 **1장 수학의 기초**부터 한 단계씩 실력을 다져 나가면 전기 · 전자공학을 전공하는 동안 큰 어려움이 없을 것이다.

수학을 잘 하려면 어떻게 하여야 할까?

수학을 잘 하려면 어떻게 해야 할 것인지에 대한 궁금증은 누구나 다 갖고 있을 것이다. “공부에 왕도는 없다”는 말과 같이 수학을 잘하려면 무조건 문제를 많이 풀어 보아야한다. 무엇보다 중요한 것은 기본적인 **개념과 원리**를 명확하게 이해(개념파악)하고, 이를 잘 정리해서 체계적으로 암기하여 머릿속에 입력해야 한다. 공식들을 힘들게 외우려고 하면 무척 어렵다. 하지만 꼭 외워야 할 공식들도 있다. 이때 눈으로만 이해하고 넘어가면 오랫동안 기억이 지속되지 않는다. 반드시 기본 개념을 펜으로 구체적인 그림으로 형상화하면서 암기하여야 한다. 머리로 이해하고 기억하는 것보다 몸으로 기억하도록 하는 것이 좋다. 자전거 타기를 이론적으로 안다는 것보다 몸으로 익혀두면 오랜 시간이 지난 후에도 자전거 타기를 쉽게 잊어버리지 않는 것과 마찬가지라고 할 수 있다. 야구 선수는 스윙연습을 하루에도 천 번 이상씩 한다고 한다. 나무타기 전문가가 아무리 설명을 잘 하고 시범을 보여도 내가 나무타기를 하면서 근육을 키우고 기술을 연마하지 않으면 안 된다. 이처럼 수학을 잘 하려면 펜으로 문제를 많이 풀어보아야 한다. **눈으로 보고 귀로 듣고 이해하는 것은 이론이고, 펜으로 문제를 풀어 보는 것은 실천이라고 할 수 있다.** 그러니 이론과 실천은 항상 동시에 해야 하는 것이다.

그리고 먼저 자신이 아는 것과 모르는 것을 깨달아야 한다. 그런 후에 모르는 부분을 집중적으로 공부 한다면 나 자신도 모르게 수학에 대한 두려움도 사라지고 자신감이 생기게 된다. 등산하기 위하여 높은 산 앞에 서서 산을 바라볼 때에는 산 정상이 까마득하게만 보이지만 한 걸음씩 올라가다보면 어느덧 정상까지 올라온 자신을 바라보고 통쾌함과 함께 나도 할 수 있다는 자신감이 생기는 것과 같을 것이다.

수학문제를 풀 때의 마음가짐과 순서

어떤 문제를 풀 때는 반드시 다음과 같이 3단계로 머릿속에 먼저 그려보고 문제를 풀어나가는 것이 필요하다.

① **이해단계** : 문제의 의도가 무엇인가?
② **서술단계** : 문제를 어떻게 전개할 것인가?
③ **표현단계** : 문제를 어떻게 결론을 간략하게 나타낼 것인가?

문제를 풀 때마다 이러한 방법을 습관적으로 사용하게 되면 문제에 대한 수학적 사고력과 문제 해결 능력이 향상된다.

수학은 많은 공식을 외워야 되는 것이 아니고 또 복잡한 문제를 푸는 것보다 되도록이면 많은 문제를 풀어 보아야 한다. 그래야 논리적 사고력과 문제 해결력이 향상되고, 따라서 어떤 방법으로 풀어 나갈 것인가 하는 과학적 사고방식을 몸에 익히게 되어 수학에 대한 강자가 될 수 있는 것이다.

이 책의 특징

이 책의 중요한 특징은 다음과 같다

① 어려운 수식 전개를 최소화하여 문제에 대한 싫증을 느끼지 않도록 하였다.
② 전공과목을 이해하고 학습하는 데에 꼭 필요한 정도의 내용을 수록 하였다.
③ 각 장마다 해당 장의 내용을 왜 배워야 하며, 학습목표가 무엇인지를 제시하여 학습방향을 미리 알 수 있도록 하였다.
④ 중요한 공식과 정리는 박스를 사용하여 중요도를 인식할 수 있도록 하였다.
⑤ 본문 내용에 관련된 중요한 자료는 **[참고]** 및 **[주]**를 제시함으로써 본문의 내용을 쉽게 파악 할 수 있도록 하였다.
⑥ 본문에서 다룬 개념마다 많은 예제와 풀이를 통하여 개념파악을 쉽게 할 수 있도록 하였다.
⑦ 역사적으로 유명한 수학자들을 각 장마다 간략하게 소개함으로써 수학에 대한 친근감을 더 가질수 있게 하였다.
⑧ 각 장의 마지막에는 연습문제를 통하여 본문에서 익힌 내용을 제대로 이해를 하였는지 점검할 수 있도록 하였다.

감사의 글

이 책의 기획에서 출판까지 수고를 아끼지 않은 도서출판 북스힐의 조승식 대표님과 편집부 직원 여러분께 깊은 감사의 말을 전한다.

INTRODUCTION

들어가기에 앞서

수학이란 무엇인가?

수학은 철학 · 천문학 · 약학 등과 같이 인류의 역사상 가장 옛날부터 발달해 내려온 학문이다.

수학은 본질적인 것만을 파악하여 기호로 표현한 '과학의 언어이자 공학의 도구'라고 일컬어지고 있으며, 자연과학의 이론과 기술의 발전은 물론 사회 · 인문 · 군사 등 거의 모든 분야에 크게 공헌하고 있는 기초학문이다. 수학의 역사는 고대 인도 · 중국 · 이집트 · 바빌로니아 등지에서 그 뿌리를 찾을 수 있으나, 학문으로서의 체계를 갖추게 된 것은 그리스 문화에서부터이다. 당시 그리스 철학자들은 자연과 우주의 근본 원리를 탐구하였고, 그 중에서 천문학이 가장 두드러지게 발전한 과학분야 였으며, 수학과 의학도 함께 발전하였다. 특히 수학에서는 피다고라스(Pythagoras), 의학에서는 히포크라테스(Hippocrates)가 유명하다.

이렇게 수학은 경제 활동에 필요한 계산을 위함과 동시에 농경 생활을 위한 천문 관찰 및 측량 등 인간의 삶을 위해 수천 년에 걸쳐 발전해왔다.

또한, 수학은 자연과학에서 당연하게 사용되는 언어이며 방법이다. 가장 쉽게 접할 수 있는 과학의 대다수의 공식은 수학적 기호와 공식으로 이루어져 있다. 가장 쉽게 생각해 볼 수 있는 예로 뉴턴의 운동법칙(Newton's laws of motion) 중 하나인 $F=ma$라는 공식은 수학적 기호로 표현되어 있으며 수식의 의미를 포함하고 있다.

수학의 도구와 언어의 발달

수학의 도구 및 언어의 발달에 주목할 만한 성과를 나타낸 것은 16세기와 17세기였다. 네이피어(J. Napier)가 발명한 로그(logarithm) 덕분에 복잡한 계산 과정에서 소요되는 수고를 상당량 줄일 수 있었으며, 이 과정에서 계산자와 같은 계산 도구가 개발되었다. 수학에서는 보다 낫고, 보다 간결하며, 보다 유용한 표기법의 진화 또한 매우 중요하다. 예를 들어 네이피어는 스테빈(CS. Stevin)의 10진 표기법을 발전시켰으며, 소수점의 사용을 널리 보급하였다.
한편, 대수학이 발전한 아랍권 국가들은 기호없이 아랍어로만 수학문제를 만들고 풀었다. 이는 문제를 이해하기도 풀기도 어려웠으며, 문제가 점점 복잡해지면서 수학자들은 간소화의 필요성을 느꼈고 15세기 무렵 유럽에서부터 시작되었다.
현재 우리가 널리 사용하고 있는 기호를 처음 사용한 사람들을 간략하게 정리하였다.

- 사칙연산중 덧셈과 뺄셈 기호 : 15세기 독일의 요하네스 비트만(1489년)
- 사칙연산중 곱셈 기호 : 17세기 영국의 윌리엄 오트레드
- 거듭제곱, 등호 : 16세기 영국의 수학자 로버트 레코드(1557년)
- 소수점 : 17세기 네덜란드의 루돌프 스넬리우스
- 부등호 : 영국의 토머스 헤리엇
- 원주율(π) : 17세기 영국의 윌리엄 오트레드
- 사칙연산중 나눗셈 기호 : 17세기 독일의 요한란(1659년)

학습 로드맵

이 책은 기본적으로 한 학기 동안 1장(수학의 기초)부터 7장(적분)까지 가급적 순차적으로 학습하도록 구성하였다. 그러나 학과의 특성에 따라 8장(라플라스 변환), 9장(푸리에 급수), 10장(기수법), 11장(부울 대수)은 선택적으로 학습할 수 있을 것이다.

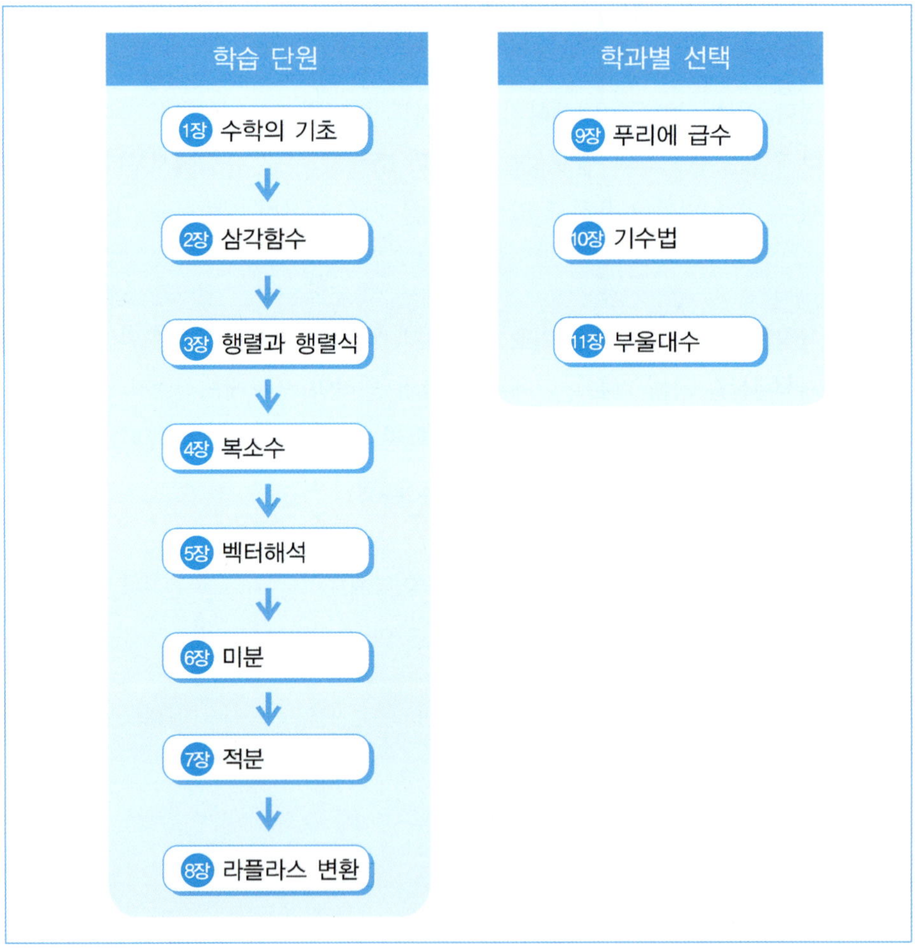

강의 계획서

1안

주	장	주 제
1	1장	산술연산, 분수
2	1장	지수함수
3	1장	로그함수
4	2장	삼각함수
5	2장	삼각함수의 성질
6	3장	행렬
7	3장	행렬식
8		중간고사
9	4장	복소수
10	5장	벡터해석
11	6장	미분법
12	6장	미분방정식
13	7장	부정적분
14	7장	적분법
15	8장	라플라스 변환
16		기말고사

2안

주	장	주 제
1	1장	산술연산
2	1장	분수
3	1장	지수함수, 로그함수
4	2장	삼각함수
5	3장	행렬과 행렬식
6	4장 5장	복소수, 벡터해석
7	6장	미분
8		중간고사
9	6장	미분
10	7장	적분
11	7장	적분
12	8장	라플라스 변환
13	9장	푸리에 급수
14	10장	기수법
15	11장	부울 대수
16		기말고사

CONTENT

차례

1장

수학의 기초

학습목표

- 산술의 기본규칙(가감승제)에 대하여 이해할 수 있다.
- 분수의 덧셈, 빼셈, 곱셈, 나눗셈을 이해할 수 있다.
- 항등식과 방정식을 이해하고 여러 가지 방정식의 해를 구할 수 있다.
- 함수의 일반적인 정의를 이해하고, 1,2차 방정식의 그래프의 성질을 이해할 수 있다.
- 공학에서 자주 사용되는 지수함수와 로그함수의 정의와 성질을 이해할 수 있다.

피타고라스
(Pythagoras, BC 497~BC 582)

" 모든 것은 수이다. "

그리스의 종교가 · 철학자 · 수학자. 에게해(海)의 사모스섬[島]에서 출생하였다. 피타고라스는 '피타고라스의 정리'로 유명하지만 그것이 자신의 업적인지 제자들의 업적인지는 아직도 불분명하며, 그의 증명법 또한 알려지지 않고 있다(현재 그 정리의 증명법은 유클리드로부터 유래한다). 오늘날에는 제자인 필로라오스와 기타 학자들의 저술에 의하여 당시 피타고라스 학파의 업적이라고 알려져 있다. 그는 만물의 근원을 '수(數)'로 보았다. 여기서 수는 자연수를 말하는 것으로 이들 수와 기하학에서의 점을 대응시켰다. 예컨대 자연수 계열의 연속항의 임의의 항까지의 합은 삼각형수이고, 마찬가지로 기수계열의 합은 정사각형수, 우수계열의 합은 직사각형수라는 방법으로 정의하였다. 또 완전수, 인수의 합, 비례와 평균의 연구, 상가평균, 조화평균 등도 분류하였다. 피타고라스와 그의 제자들은 임의의 삼각형의 내각의 합이 2직각(180°)과 같음을 발견하고 이를 증명하였다. '플라톤의 다면체(多面體)'로 불리는 정사면체 · 정육면체 · 정팔면체 · 정십이면체를 알고 있었으며, 정십이면체는 정오각형의 작도를 필요로 하지만 한 선분을 중외비(中外比)로 끊는 문제로 환원시켜 이 작도에 성공하였다. 그리하여 피타고라스는 이 정오각형에서 생기는 별 모양 오각형(星形五角形)을 그의 교단의 휘장(徽章)으로 채택하였다고 한다. 피타고라스가 수학에 기여한 공적은 매우 크며, 그의 영향은 플라톤, 유클리드를 거쳐 현대까지 미치고 있다.

이 장에서는 수학을 학습하는데 가장 기본이 되는 산술의 기본규칙(가감승제)에 대한 것과 전기, 전자 통신공학의 계산에서 자주 발생하는 분수에 대한 계산법을 포함하고 있다. 분수를 어떻게 더하고 빼기를 하는지를 이해하는 것이 중요하다. 그러므로 이들 개념들은 철저한 설명과 많은 예를 통하여 계산 절차를 잘 익힐 수 있도록 하였다.

또한 공학에서 자주 사용되는 지수함수와 로그함수의 정의와 성질에 대하여 학습한다.

1.1 | 수와 등식의 기본 성질

1 수

수(number)를 크게 분류하면 **실수**(real number)와 **허수**(imaginary number)로 나눌 수 있다. 실수는 유리수와 무리수로 분류되며, 허수는 제곱하여 음수가 되는 수를 허수라고 한다.

- 실수
  - 유리수
    - 정수
      - 양의 정수(자연수) : 1, 2, 3, ⋯
      - 영 : 0
      - 음의정수: −1, −2, −3, ⋯
    - 정수가 아닌 유리수
      - 유한 소수: 0.2, 1.25, $-\frac{1}{2}$, $\frac{1}{5}$, ⋯
      - 순환 소수: $\frac{1}{3}$, $-\frac{1}{7}$, $0.\dot{5}$, $0.\dot{1}\dot{2}$, ⋯
  - 무리수(비순환 무한소수) : $\sqrt{2}$, $-\sqrt{3}$, π, sin10°, cos20°, ⋯

[참고] 무리수

무리수는 어떤 경우라도 분수로 표시할 수 없다.
즉, 분수로 표시할 수 없는 무한 소수를 무리수라고 한다.

모든 자연수는 1, 소수, 그리고 합성수 이렇게 세 가지로 분류될 수 있다. 자연수에서 1과 소수를 제외한 나머지 수는 모두 합성수가 된다. **합성수**는 서로 다른 두 개 이상의 소수의 곱으로 이루어진 수이다. 소수인 2와 3과 4의 곱인 24도 합성수에 해당된다. 이 합성수들을 보면 약수가 세 개 이상이다. 6은 1, 2, 3, 6 총 네 개의 약수를 가지며, 24는 1,

2, 3, 4, 6, 8, 12, 24와 같이 총 8개의 약수를 가진다.

2 등식의 기본 성질

등식의 기본성질은 다음과 같다.

① 등식의 양변에 같은 수 또는 식을 더해도 등식이 된다.
즉, $a=b$ 이면 $a+c=b+c$

② 등식의 양변에 같은 수 또는 식을 빼도 등식이 된다.
즉, $a=b$ 이면 $a-c=b-c$

③ 등식의 양변에 0 이 아닌 같은 수 또는 미지수를 포함하지 않는 식을 곱해도 등식이 된다.
즉, $a=b$ 이고 $c\neq 0$ 이면 $ac=bc$

④ 등식의 양변을 0 이 아닌 같은 수 또는 미지수를 포함하지 않는 식을 나누어도 등식이 된다.
즉, $a=b$ 이고 $c\neq 0$ 이면 $\frac{a}{c}=\frac{b}{c}$

이상의 성질로부터 다음과 같은 결과를 구할 수 있다.

(1) $a+b=c$ 이면, $a=c-b$
(2) $a=b$ 이면, $a-b=0$
(3) $a=b$ 이면, $a^2=b^2$
(4) $a=b$, $c=d$ 이면 $ac=bd$
(5) $a=b$, $c=d$ 이면 $\frac{a}{c}=\frac{b}{d}$(단, $c\neq 0$, $d\neq 0$)

예제 1 혼합 계산

다음을 계산하여라.

$$4\times 19-36+6\div 2$$

풀이 한 식에 여러 가지 기호가 섞여 있는 경우에 계산 우선 순위는 다음과 같다.

괄호 〉 거듭제곱 〉 곱셈, 나눗셈 〉 덧셈, 뺄셈

동등한 우선 순위를 가지는 연산의 경우는 순서대로 계산하며, 왼쪽에서 오른쪽으로 계산한다. 예를 들어 덧셈과 뺄셈만 있는 식은 왼쪽부터 놓인 순서대로 계산한다. 곱셈과 나눗셈만 있는 경우도 동일하다.

따라서 먼저 계산하여야 할 곱셈과 나눗셈을 괄호로 묶어보면 다음과 같다.

$$(4\times 19)-36+(6\div 2)=76-36+3$$

$$\therefore\ 76-36+3=43$$

예제 2 혼합 계산

다음을 계산하여라.

$$5\times 17-(12+4)\div 2\times 3$$

풀이 괄호부터 먼저 계산하면

$$5\times 17-(12+4)\div 2\times 3=5\times 17-(16)\div 2\times 3$$

다음에 왼쪽에서 오른쪽으로 곱셈과 나눗셈을 순서대로 계산하면

$$=5\times 17-(16)\div 2\times 3$$

$$=85-8\times 3$$

$$=85-24=61$$

[주] 계산식 가운데 거듭제곱 계산이 있을 경우에 곱셈, 나눗셈보다 가장 먼저 계산한다. 루트도 사실상 1/2제곱과 같기 때문에 거듭제곱과 같은 우선 순위를 가진다.

예제 3 도체의 저항

고유저항 $\rho=1.724\times 10^{-8}$ $[\Omega\text{-m}]$, 단면적 $A=5$ $[\text{mm}^2]$인 동선의 길이 $l=1$ $[\text{km}]$일 때 저항$[\Omega]$을 구하여라.

풀이 $R=\rho\cdot\dfrac{l}{A}=1.724\times 10^{-8}\times\dfrac{1\times 10^3}{5\times 10^{-6}}=3.448\,[\Omega]$

[참고] 고유저항

모든 물질은 도체나 부도체를 막론하고 모두 저항값을 가지고 있다.

도체의 저항(R)은 도체의 고유저항(ρ)과 길이l(m)에 비례하고, 단면적A(m^2)에 반비례한다.

예제 4 키르히호프의 제1법칙

그림 1.1과 같은 회로에서 저항 R_2 에 흐르는 전류 I [A]를 구하여라.

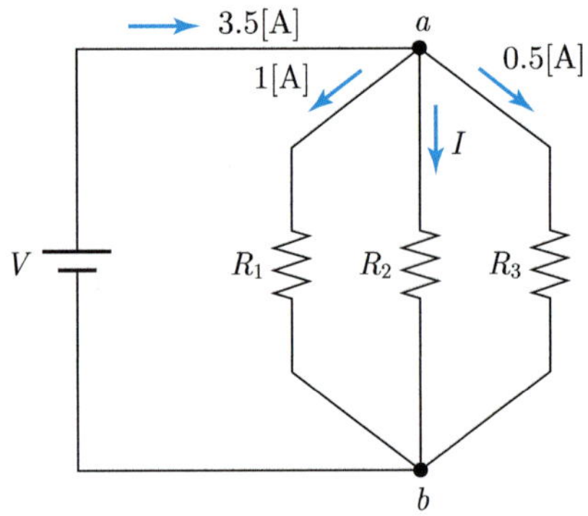

그림 1.1

풀이 접속점 a 에 키르히호프의 제1법칙을 적용하여 식을 만들면

$$3.5+(-1)+(-I)+(-0.5)=0$$

$$\therefore\ I=2\,[\mathrm{A}]$$

[참고] 키르히호프의 법칙

- 제1법칙(전류법칙): 회로상의 한 교차점으로 들어오는 전류의 합은 나가는 전류의 합과 같다.
- 제2법칙(전압법칙): 회로상의 어떤 폐곡선을 선택하여도 기전력의 총합은 전압강하의 총합과 같다.

예제 5 키르히호프의 제 2 법칙

그림 1.2와 같은 직류회로의 전류 I [A]를 구하여라.

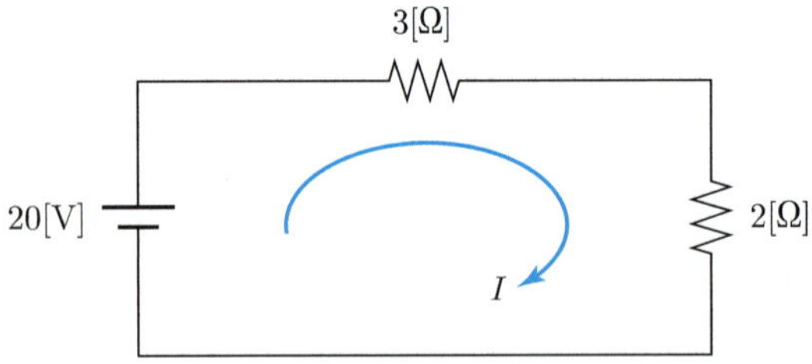

그림 1.2

풀이 그림 1.2와 같이 시계방향으로 일주하면서 키르히호프의 제2법칙을 적용하면

$$3I + 2I = 20$$

$$\therefore I = 4[\text{A}]$$

예제 6 휘트스톤 브리지 회로

그림 1.3과 같은 회로에서 스위치 S를 개폐할 때 검류계 G는 진동하지 않는다. 저항 X를 구하여라.

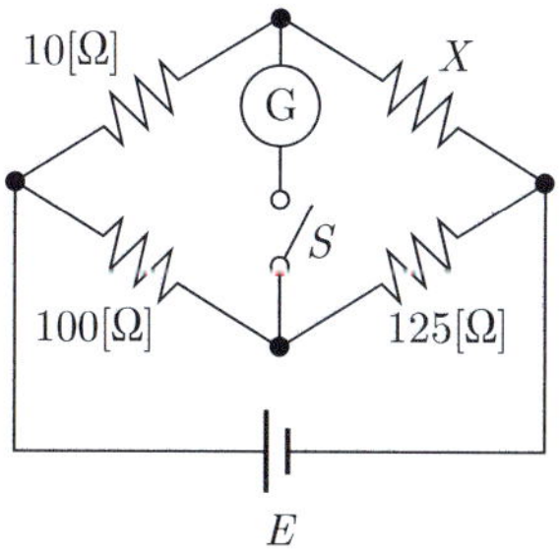

그림 1.3

풀이 스위치 S를 개폐할 때 검류계 G가 진동하지 않는다는 것은 검류계 G에 전류가 흐르지 않는다는 것이며, 회로가 평형상태가 되었다고도 한다. 이와 같이 브리지 회로에서 평형상태가 되었을 때에는 서로 마주보는 임피던스를 곱한 값은 같다. 따라서

$$10 \times 125 = 100 \cdot X$$

$$\therefore X = \frac{10}{100} \times 125 = 12.5[\Omega]$$

[참고] 검류계

검류계(Galvanometer)는 미소 전류를 측정하는 계기로서, 전류의 크기를 측정하는 것보다 미소한 전류의 유무를 측정할 때에 널리 사용되고 있다. 브리지 회로에서 검류계 대신 수화기(receiver)를 사용하여 전류의 유무를 측정하는 경우도 있다.

1.2 | 산술연산

산술연산에는 덧셈, 뺄셈, 곱셈, 나눗셈의 네 가지 연산이 있다.

뺄셈은 덧셈의 반대이다. 예를 들어,

$$\text{만약 } 10+5=15 \quad \text{이라면} \quad 15-5=10$$

나눗셈은 곱셈의 반대이다. 예를 들어,

$$\text{만약 } 4\times 3=12 \quad \text{이라면} \quad 12\div 3=4$$

1 교환법칙

뺄셈은 덧셈의 반대이고 나눗셈은 곱셈의 반대이기 때문에 산수는 덧셈과 곱셈으로 정의된다.

교환법칙은 두 수를 전환 또는 교환하기 위하여 적용한다. 두 수 a와 b를 어떻게 더하거나 곱하여도 차이가 없다. 즉 수의 계산에서 계산의 순서를 바꾸어 계산하여도 그 결과가 같을 때, 그 계산은 교환법칙이 성립한다고 한다.

$$a+b = b+a$$

$$a\times b = b\times a$$

예를 들어,

$$3+6=9 \quad \text{그리고} \quad 6+3=9$$

$$3\times 5=15 \quad \text{그리고} \quad 5\times 3=15$$

뺄셈과 나눗셈은 교환법칙이 성립하지 않는다는 것에 유의하여야한다. 뺄셈을 하거나 나눗셈을 할 때 어떤 수가 앞에 오느냐에 따라 값이 달라진다.

2 결합법칙

결합법칙은 세 개의 숫자를 연산하기 위한 순서를 정하는 데 적용한다. 세 개의 숫자 a, b, c를 더하거나 곱할 때, 첫 번째와 두 번째 숫자를 또는 두 번째와 세 번째 숫자를 먼저 시작하여도 차이가 없다.

$$(a+b)+c=a+(b+c)$$

$$(a\times b)\times c=a\times(b\times c)$$

* 괄호 안부터 먼저 연산한다.

예를 들어,

$$6+3+2$$

위의 계산은 두 가지 방법이 있다. 연산을 가장 먼저 시작하는 것을 가리키는 괄호를 사용하면 그 두 가지 방법은 다음과 같다.

$$(6+3)+2=9+2=11$$

$$6+(3+2)=6+5=11$$

곱셈에서도 마찬가지로

$$8\times4\times2$$

에 대한 연산 방법도 두 가지 방법이 있다.

$$(8\times4)\times2=32\times2=64$$

$$8\times(4\times2)=8\times8=64$$

빼셈과 나눗셈에 대해서는 결합법칙이 성립하지 않는다. 빼셈 기호와 나눗셈 기호는 오직 왼쪽에서 오른쪽으로 만 적용된다.

$15-10-2$ 는 $(15-10)-2=5-2=3$

을 의미한다.

즉, $15-(10-2)=15-8=7$ 이 아니다.

$16\div4\div2$는 $(16\div4)\div2=4\div2=2$

를 의미한다.

즉, $16\div(4\div2)=16\div2=8$ 이 아니다.

3 분배법칙

곱셈과 덧셈으로 묶여 있는 세 번째 법칙은 분배법칙이다. 이 법칙은 덧셈을 하기 전에 분배하여 곱셈을 할 수 있음을 말한다.

$$a \times (b+c) = (a \times b) + (a \times c)$$

예를 들어, $3 \times (2+4)$를 계산하려면, 괄호 안부터 먼저 계산하여

$$3 \times (2+4) = 3 \times 6 = 18$$

또는 분배법칙을 적용하여 3으로 각각 곱하여서 더해주면 된다.

$$3 \times (2+4) = (3 \times 2) + (3 \times 4) = 6 + 12 = 18$$

이 분배법칙은 방정식의 해를 구하는 대수학(사칙연산을 이용하여 x나 y의 해를 구하는 것, 복잡한 식들을 이항과 약분으로 간단하게 만드는 것, 소인수분해 등)에 중요하다. 산술 연산은 반듯이 왼쪽에서부터 오른쪽으로 계산해야 한다.

4 연산 순서

산술 연산의 순서는 다음의 순서로 한다.

(1) 괄호 : (소괄호), {중괄호}, [대괄호] 순으로

(2) 곱셈 또는 나눗셈

(3) 덧셈 또는 뺄셈

예제 1

다음을 계산하여라.

$$4 \times 19 - 36 + 6 \div 2$$

풀이 계산 순서는 왼쪽에서부터 오른쪽으로 이동하면서 계산하고, 괄호로 묶은 곱셈과 나눗셈을 각각 먼저 계산한다.

$$(4 \times 19) - 36 + (6 \div 2) = 76 - 36 + 3$$

그리고 나서 뺄셈과 덧셈을 왼쪽에서부터 오른쪽으로 이동하면서 계산한다.

$$(76 - 36) + 3 = 40 + 3 = 43$$

※ 반듯이 왼쪽에서 오른쪽으로 3을 더하기 전에 76에서 36을 빼주어야 한다. 만약 36에 3을 먼저 합하고 76으로 빼기를 하면 37이라고 하는 틀린 답을 얻게 된다.

예제 2

다음을 계산하여라.

$$5\times 17-(12+4)\div 2\times 3$$

풀이 괄호부터 먼저 계산한다.

$$5\times 17-(12+4)\div 2\times 3$$
$$=5\times 17-(16)\div 2\times 3$$

왼쪽에서부터 오른쪽으로 곱셈과 나눗셈을 한다.

$$5\times 17-16\div 2\times 3$$
$$=85-8\times 3$$
$$=85-24=61$$

※ 여기서 3으로 곱하기 전에 2로 먼저 16을 나누어주고 계산을 해야 한다는 것을 주의하여야 한다.

5 식의 전개

단항식은 $5x$나 6, 등 하나의 문자로만 나타내는 것이라고 할 수 있고, **다항식**은 1개 이상의 단항식을 대수의 합으로 연결한 식을 말한다. 다항식의 최고차수 항이 n차 일 경우, 그 다항식을 n차 다항식이라고 한다.

$3ax$, $5x^2$ 등과 같이 수 및 문자를 곱하여 결합한 식을 단항식이라 하고, 이들을 덧셈(또는 뺄셈)으로 연결한 $3ax+5x^2$과 같은 식을 다항식이라 한다.

[주] · 전개 : 단항식과 다항식의 곱을 하나의 다항식으로 나타내는 것
· 전개식 : 전개하여 얻은 다항식

(단항식)×(다항식)의 계산은 분배법칙을 이용하여 단항식을 다항식의 각 항에 곱한다.

(단항식)×(다항식), (다항식)×(다항식)과 같은 곱의 형태를 하나의 다항식으로 나타내는 것을 **식의 전개**라고 한다. 즉,

$$(x+1)(x+2)=x^2+3x+2$$

가 된다. 이와 같은 다항식의 곱셈은 분배법칙을 반복 사용하여 식을 전개하고, 교환법칙, 결합법칙, 분배법칙으로 간단하게 정리하여 내림차순 또는 오름차순으로 정리하는 것이다.

또 역으로 하나의 다항식을 두 개 이상의 다항식의 곱의 형태로 나타내는 것을 **인수분해**라고 하며, 이때 곱으로 표시된 각 식을 **인수**(factor)라고 한다.

① $(a+b)^2 = a^2+2ab+b^2$ $\qquad$ $(a-b)^2 = a^2-2ab+b^2$

② $(a+b)(a-b) = a^2-b^2$

③ $(x+a)(x+b) = x^2+(a+b)x+ab$

④ $(ax+b)(cx+d) = acx^2+(ad+bc)x+bd$

예제 1

다음 식을 전개하여라.

(1) $(x+3y)^2$ $\qquad$ (2) $(x+2)(x-6)$

(3) $(2x-3)(3x-1)$ $\qquad$ (4) $(x+2)(x^2-2x+4)$

풀이 (1) $(x+3y)^2 = x^2+2\cdot x\cdot 3y+(3y)^2 = x^2+6xy+9y^2$

(2) $(x+2)(x-6) = x^2+(2-6)x+2\cdot(-6) = x^2-4x-12$

(3) $(2x-3)(3x-1) = (2\cdot 3)x^2+(2\cdot(-1)+(-3)\cdot 3)x+(-3)\cdot(-1)$

$= 6x^2-11x+3$

(4) $(x+2)(x^2-2x+4) = x^3+2^3 = x^3+8$

1.3 | 분수

분수는 나눗셈으로 표시할 수 있다. 분수는 분자와 분모에 괄호를 한 것과 같다. $\dfrac{18+36}{4-1}$은 $\dfrac{(18+36)}{(4-1)}$ 또는 $(18+36)\div(4-1)$과 같다.

예제 1

다음을 계산하여라.

$$\frac{18+36}{4-1}-5\times 2$$

풀이 분수의 분모와 분자를 괄호로 취급하여 계산해야 한다.

$$\frac{18+36}{4-1}-5\times 2=\frac{54}{3}-5\times 2$$

그 다음 나눗셈과 곱셈을 계산한다.

$$\frac{54}{3}-5\times 2=18-10$$

그리고 뺄셈을 계산한다.

$$18-10=8$$

예제 2

다음을 계산하여라.

$$\frac{(10-5)\times 3}{2+3}$$

풀이 괄호부터 먼저 계산하면

$$\frac{(10-5)\times 3}{2+3}=\frac{5\times 3}{2+3}$$

그 다음 분모와 분자를 각각 계산하고, 마지막으로 나눗셈을 한다.

$$\frac{5\times 3}{2+3}=\frac{15}{5}=3$$

1.4 | 분수의 곱셈과 나눗셈

1 등치분수

개념이 잘 못 이해되면 분수는 종종 오류가 생긴다. 분수는 두 개의 정수사이의 비율 또는 비교이다. 예를 들어, 짧은 거리와 긴 거리를 비교할 때 짧은 거리는 긴 거리의 2/3

라고 말 할 수 있다. 실제 거리는 2와 3이 될 필요가 없다. 어쨌거나 같은 인자로 분수의 분모와 분자를 나누어 줌으로써 실제 거리의 비는 2/3로 줄어든다.

예를 들어, 짧은 거리가 100이고 긴 거리가 150이라고 하면, 50으로 분모와 분자를 나누어 주면 2/3로 줄어든다.

$$\frac{100}{150}=\frac{100/(50)}{150/(50)}=\frac{2}{3}$$

분수 $\frac{100}{150}$은 분수 $\frac{2}{3}$에 대하여 동등하다. 즉 짧은 거리 3개는 긴 거리 2개와 같다는 것이다. 분수에 분모와 분자에 공통 **약수**(devisor)가 있을 때 이것을 **인수**(factor)라고 하며, 이것은 분수를 나눌 수 있으므로 **약분**하여 **기약분수**로 만들 수 있다.

[주] · 인수(factor) : 어떤 수나 식이 다른 수나 식들의 곱으로 표시 될 때 이들을 인수라 한다.
· 소인수(prime factor) : 어떤 자연수의 약수를 인수라 하며 이 인수 중에서 소수인 수.
· 약분(devisor) : 분모와 분자를 그들의 공약수로 나누는 것
· 기약분수 : 분모와 분자 사이에 공약수를 갖지 않는 분수
· 등치분수 : 두 분수가 동일한 기약분수로 축소할 수 있으면, 두 분수는 등치분수이다.

2 소인수분해

합성수를 그의 소인수(2, 3, 5, 7 등)들의 곱으로 나타내는 것을 **소인수분해**라고 한다. 소인수분해를 하는 가장 단순한 방법으로는 2, 3, 5, 7, 11, 등의 소수로 차례로 나누어 직접 소인수를 찾아 그것들의 곱으로 나타내는 방법이 있다.

예를 들어, 45를 소인수분해하려면, 소인수로 더 이상 나눌 수 없을 때까지 다음과 같이 나누어주면 된다.

$$\begin{array}{r|l} 3 & 45 \\ \hline 3 & 15 \\ \hline 5 & 5 \\ \hline & 1 \end{array}$$

따라서 $45=3\times3\times5=3^2\times5$로 소인수 분해가 되므로 소인수는 3과 5이다.

예제 1

126의 소인수를 구하여라.

풀이 126을 소인수분해하려면 다음과 같이 소인수로 나누어 준다.

$$\begin{array}{r|r} 2 & 126 \\ \hline 3 & 63 \\ \hline 3 & 21 \\ \hline 7 & 7 \\ \hline & 1 \end{array}$$

따라서 $126 = 2 \times 3^2 \times 7$로 소인수분해가 되고, 소인수는 2, 3, 7이 된다.

[주] 소인수는 분수의 약분이나 나눗셈 등을 할 때 정수가 어떤 수들의 곱으로 이루어져 있는지 알기 쉽게 하고, 최대공약수나 최소공배수 등을 구할 때에도 유용하다.

3 최대공약수(GCD)

최대공약수(GCD)는 주어진 수들을 각각 소인수분해하여 공통으로 나타나는 수를 모두 곱하여 구할 수 있다. 즉 두 정수 이상의 공통 약수 중 가장 큰 수를 말한다.

예를 들어, 두 정수 $a = 12$와 $b = 30$의 최대공약수(GCD)를 구해 보자.

12를 두 정수의 곱으로 나타내면 $12 = 12 \times 1 = 6 \times 2 = 4 \times 3$ 이므로 12의 양의 약수는 1, 2, 3, 4, 6, 12이다. 마찬가지로 30을 두 수의 곱으로 나타내면 $30 = 30 \times 1 = 15 \times 2 = 10 \times 3 = 6 \times 5$이므로 30의 양의 약수는 1, 2, 3, 5, 6, 10, 15, 30이다. 따라서 12와 30의 공약수는 1, 2, 3, 6이고, 12와 30의 최대공약수(GCD)는 공약수 중에 가장 큰 수인 6이 된다.

위에서 12와 30의 최대공약수를 찾기 위해 두 정수의 모든 약수들을 각각 찾은 후, 공약수를 찾고, 그중에서 가장 큰 수를 찾는다.

(1) 소인수분해를 이용하여 최대공약수(GCD)를 구하는 방법

① 각 수를 소인수분해를 한다.

② 공통인 소인수 중에서 거듭제곱의 지수가 같으면 그대로, 다르면 작은 것을 선택하여 모두 곱한다.

예제 2

12와 30의 최대공약수를 소인수분해를 이용하여 구하라.

풀이 12와 30을 각각 소인수분해하면

$$12 = 2^2 \times 3$$

$$30 = 2 \times 3 \times 5$$

이므로 12와 30의 최대공약수(GCD)는 다음과 같다.

$$2 \times 3 = 6$$

(2) 나눗셈을 이용하여 최대공약수를 구하는 방법

① 두 수의 공통인 소인수로 각 수를 나눈다.

② 공통인 소인수를 왼쪽에 표시하고 몫은 아래 식으로 내린다.

③ 몫이 서로소(relatively prime)가 될 때까지 계속 나눈다.

④ 공통으로 나온 소인수를 모두 곱한다

[주] • 서로소 : 두 정수의 공약수가 1밖에 존재하지 않을 때, 두 정수를 서로소라고 한다.

예제 3

12와 30의 최대공약수(GCD)를 나눗셈을 이용하여 구하라.

풀이 12와 30을 다음과 같이 공통인 소인수로 몫이 서로소가 될 때까지 나누어 준다.

$$\begin{array}{r|rr} 2 & 12 & 30 \\ \hline 3 & 6 & 15 \\ \hline & 2 & 5 \end{array}$$

서로소

이때 공통인 소인수가 2와 3이므로 이들을 모두 곱하면 최대공약수(GCD)가 된다.

$$2 \times 3 = 6$$

예제 4

기약분수로 축소하여라.

$$\frac{12}{20}$$

풀이 12와 20의 **최대공약수(GCD)**는 4이므로 분모와 분자에 4를 나누어 준다.

$$\frac{12}{20} = \frac{12/(4)}{20/(4)} = \frac{3}{5}$$

[주] • 기약분수 : 분모와 분자 사이에 공약수를 갖지 않는 분수(즉, 더 이상 약분이 되지 않는 분수)

예제 5

기약분수로 축소하여라.

$$\frac{28}{42}$$

풀이 28과 42는 여러 개의 인수를 가지고 있다. 나눗셈을 하기 전에 각 숫자를 가장 적은 인수로 나누어 준다.

$$\frac{28}{42} = \frac{(2)(2)(7)}{(2)(3)(7)}$$

[주] 여기서 괄호는 곱셈 기호(×) 대신에 사용되고 있다.
곱셈 기호(×)와 미지수 (x)와 혼돈하지 않기 위하여 특별히 대수학에서 괄호 또는 점(•)이 곱셈에 사용된다. 이제 공통 인자 2와 7을 나누어 주면 여기서 28과 42의 가장 적은 인수를 나타내고 있다. 숫자의 가장 적은 인수를 **소수**(prime number)라고 부른다.

$$\frac{28}{42} = \frac{\overset{1}{\cancel{(2)}}(2)\overset{1}{\cancel{(7)}}}{\underset{1}{\cancel{(2)}}(3)\underset{1}{\cancel{(7)}}} = \frac{2}{3}$$

[주] • 소수 : 1과 자기 자신만으로 나누어 떨어지는 1보다 큰 양의 정수를 말한다.
소수는 2, 3, 5, 7, 11, 13, 17, 19, 23, 29, 등이다.

4 최소공배수(LCM)

최소공배수란 주어진 수들을 각각 소인수분해하여 양쪽에 공통으로 나타나는 수와 이들

이외에 어느 한 쪽에만 나타나는 수를 모두 곱하여 구할 수 있다. 즉 두 수 이상의 공통 배수 중 가장 작은 수를 말한다. 예를 들면, 4의 배수는 4, 8, 12, 16, 20,…이고, 6의 배수는 6, 12, 18, 24, 30,…으로서 12가 최소공배수이다. 다른 공배수는 모두 12의 배수이다. 최소공배수를 구하는 또 다른 방법은 우선 **소인수**로 분해하여 각 수 중에서 적어도 어느 한 곳에라도 있는 약수를 모두 찾아서 곱해주면 된다. 예를 들면, 4는 (2)(2)로, 6은 (2)(3)으로 분해되어 $4=2^2$, $6=2\times3$로 표시되므로, 구하는 최소공배수는 2^2과 3의 곱인 $2^2\times3=12$이다.

예제 6

20, 60, 18의 **최소공배수를 구하여라.**

풀이 20, 60, 18의 소인수 분해를 하면

$$20\text{은}\quad 2\times2\times5=2^2\times5$$
$$60\text{은}\quad 2\times2\times3\times5=2^2\times3\times5$$
$$18\text{은}\quad 2\times3\times3=2\times3^2$$

여기서 최소공배수가 되려면 2^2*3^2*5가 모두 다 있어야하기 때문에 이를 곱해서 최소공배수는

$$2^2\times3^2\times5=180$$

또는 다음과 같이 나눗셈을 이용하는 방법이 있다.

$$\begin{array}{r|rrr}
2) & 20 & 60 & 18 \\ \hline
2) & 10 & 30 & 9 \\ \hline
5) & 5 & 15 & 9 \\ \hline
3) & 1 & 3 & 9 \\ \hline
 & 1 & 1 & 3
\end{array}$$

왼쪽숫자로 나누어서 밑에 적어주는데 나누어지지 않으면 그대로 적으면 된다. 나누어지는 것만 나누어주고 더 이상 나누어지는 것이 없을 때까지 계속하고 ㄴ자로 곱하여주면 최소공배수를 구할 수 있다.
따라서 최소공배수는

$$2\times2\times5\times3\times1\times1\times3=180$$

예제 7

30, 35, 42의 최소공배수를 구하여라.

풀이 각 숫자에 대하여 소인수분해를 하면

$$30\text{은} \quad 2\times3\times5$$

$$35\text{는} \quad 5\times7$$

$$42\text{는} \quad 2\times3\times7$$

최소공배수가 되려면 2*3*5*7이 다 있어야하기 때문에 이를 곱해서
최소공배수는 $2\times3\times5\times7=210$이 된다.
또는 30, 35, 42를 다음과 같이 나란히 배열하고, 2, 3, 5, 7등의 정수로 나누어 준다.

$$\begin{array}{r|rrr} 2 & 30 & 35 & 42 \\ \hline 5 & 15 & 35 & 21 \\ \hline 3 & 3 & 7 & 21 \\ \hline 7 & 1 & 7 & 7 \\ \hline & 1 & 1 & 1 \end{array}$$

따라서 최소공배수는

$$2\times5\times3\times7\times1\times1\times1=210$$

예제 8

두 수 A, B가 다음과 같을 때, 최대공약수와 최소공배수를 구하여라.

$$A=2^2\times3^3\times5\times7$$

$$B=2\times3^2\times5^2\times11$$

풀이 최대공약수는 공통인수들을 뽑아서 곱으로 연결해주면 되므로

$$2\times3^2\times5$$

최소공배수는 두 수 이상의 공통 배수 중 가장 작은 수를 뽑아서 곱으로 연결해주면 된다.

$$2^2\times3^3\times5^2\times7\times11$$

5 가분성 규칙

(1) 끝자리가 짝수인 0, 2, 4, 6, 8이면 원래의 수는 2의 배수이다.

(2) 각 자리 수의 합이 3의 배수이면 원래의 수도 3의 배수이다.

(3) 끝자리가 0 또는 5이면 원래의 수는 5의 배수이다.

예를 들어, 34는 끝자리 수 4가 짝수이므로 2로 나누어진다. 48은 끝자리 수 8이 짝수이고, 숫자의 합 $8+4=12$가 3으로 나누어지므로 2와 3으로 나누어진다. 105는 숫자의 합 $1+5=6$이 3으로 나누어지고, 끝자리 수가 5이므로 3과 5로 나누어진다.

6 분수의 곱하기

분수의 곱하기는 분모는 분모끼리 분자는 분자끼리 서로 곱한다.

$$\frac{A}{B}\times\frac{C}{D}=\frac{A\times C}{B\times D}$$

곱셈을 하기 전에 각 분수의 분모와 분자에 공통 인자로 나누어 주어야 한다. 이것은 곱셈을 간단하게 해 준다.

(1) 분모는 분모끼리, 분자는 분자끼리 곱한다.

예 $\frac{1}{3}\times\frac{2}{5}=\frac{1\times 2}{3\times 5}=\frac{2}{15}$

(2) (진분수)×(정수)의 곱셈은 분모는 그대로 두고, 분자와 정수를 곱해서 구한다.

예 $\frac{1}{3}\times 2=\frac{1\times 2}{3}=\frac{2}{3}$

(3) 대분수는 가분수로 고쳐서 계산하고, 답은 약분해서 기약분수로 나타낸다
즉, 분모는 대분수의 분모를 그대로 쓰고, 분자는 정수와 분모의 곱에 분자를 더해서 쓴다.

예 $2\frac{1}{4}=\frac{2\times 4+1}{4}=\frac{9}{4}$

예제 9

다음 분수를 계산하여라.

$$\frac{3}{10}\times\frac{4}{9}$$

풀이 숫자를 소수로 분해하여 분자와 분모에서 인수 2와 3으로 나누어 준다.

$$\frac{3}{10}\times\frac{4}{9}=\frac{\overset{1}{\cancel{3}}}{\underset{1}{\cancel{(2)}}(5)}\times\frac{\overset{1}{\cancel{(2)}}(2)}{\underset{1}{\cancel{(3)}}(3)}$$

그리고 나서 분자와 분모를 곱한다.

$$=\frac{1}{5}\times\frac{2}{3}=\frac{(1)(2)}{(5)(3)}=\frac{2}{15}$$

예제 10

다음 분수를 계산하여라.

$$3\times\frac{3}{14}\times\frac{7}{15}$$

풀이 곱하기를 하기 전에 정수 3을 분모가 1인 분수로 표시한다. 그리고 나서 숫자를 소수로 분해하여 분자와 분모에서 공통인수로 나누어 준다.

$$\frac{3}{1}\times\frac{\overset{1}{\cancel{3}}}{(2)\underset{1}{\cancel{(7)}}}\times\frac{\overset{1}{\cancel{7}}}{\underset{1}{\cancel{(3)}}(5)}=\frac{3}{10}$$

7 분수의 나누기

분수의 나누기는 나눗수(divisor: 나누기 기호 다음의 분수)를 역으로 변환하고 곱셈으로 바꾸어 계산한다.

$$\frac{A}{B}\div\frac{C}{D}=\frac{A}{B}\times\frac{D}{C}=\frac{A\times D}{B\times C}$$

분수를 역으로 변환하면 역수가 된다. 예를 들어, 숫자들과 그들의 역수들은 다음과 같다.

예제 11

다음 분수를 계산하여라.

$$\frac{5}{12} \div \frac{15}{16}$$

풀이 나누기 기호 다음의 분수를 역으로 변환하고 곱셈으로 바꾸어 계산한다.

$$\frac{5}{12} \div \frac{15}{16} = \frac{5}{12} \times \frac{16}{15}$$

그리고 나서 공통인수로 나누어주고 곱셈을 한다.

$$= \frac{\overset{1}{\cancel{5}}}{\underset{1}{\cancel{(2)}}\underset{1}{\cancel{(2)}}(3)} \times \frac{\overset{1}{\cancel{(2)}}\overset{1}{\cancel{(2)}}(2)(2)}{(3)\underset{1}{\cancel{(5)}}} = \frac{4}{9}$$

예제 12

다음 분수를 계산하여라.

$$2 \div \frac{8}{15} \times \frac{1}{5}$$

풀이 왼쪽에서부터 오른쪽으로 계산을 한다. 나눗셈부터 먼저 계산한다. 나눗셈을 곱셈으로 바꾸기 위하여 2를 $\frac{2}{1}$로 바꾸고, $\frac{8}{15}$을 역수로 바꾼다.

$$2 \div \frac{8}{15} \times \frac{1}{5} = \frac{2}{1} \times \frac{15}{8} \times \frac{1}{5}$$

그 다음에 공통인수로 나누고 곱해준다.

$$= \frac{\overset{1}{\cancel{2}}}{1} \times \frac{(3)\overset{1}{\cancel{(5)}}}{\underset{1}{\cancel{(2)}}(2)(2)} \times \frac{1}{\underset{1}{\cancel{5}}} = \frac{3}{(2)(2)} = \frac{3}{4}$$

1.5 | 분수의 덧셈

분수는 분모가 같다면 더하거나 뺄 수 있다. 두 분수를 통분하여 분모가 같을 때, 분자를 서로 합함으로써 분수의 덧셈을 할 수 있다. 예를 들어,

$$\frac{1}{8}+\frac{5}{8}=\frac{1+5}{8}=\frac{6}{8}=\frac{3}{4}$$

1 분수의 덧셈

분모가 서로 다른 분수를 합하려면 모든 분수의 분모는 공통분모를 가져야 하므로 각 분수는 등치분수로 변환하여야 한다. 분수는 분모와 분자를 같은 인수로 곱하거나 공통인자로 나누어 줌으로써 등치분수를 만들 수 있다. 예를 들어, 다음 분수는 모두 등치분수이다.

$$\frac{30}{100}=\frac{9}{30}=\frac{6}{20}=\frac{3}{10}$$

분수 $\frac{3}{10}$은 $\frac{6}{20}$, $\frac{9}{30}$, $\frac{30}{100}$과 등치분수이며 기약분수이다. 각 분수는 $\frac{3}{10}$에 분모와 분자에 동일한 인수를 곱하여 구할 수 있다. 예를 들어, $\frac{3}{10}$의 분모와 분자에 3을 곱하면 $\frac{9}{30}$가 된다. 분모가 서로 다른 두 개의 분수를 합하는 과정을 다음 예에서 살펴보기로 하자.

예제 1

다음 분수를 계산하여라.

$$\frac{2}{3}+\frac{1}{6}$$

풀이 분모가 서로 다르므로 공통분모가 되도록 분수의 분모를 한 개 또는 둘 다 변환 하여야 한다. **최소공배수(LCM)**는 각 분모의 모든 인수를 포함하는 가장 작은 수이다. 분모 $6=(2)(3)$은 첫 번째 분수의 분모인 3의 인수를 포함하고 있다. 그러므로 최소공배수(LCM)는 6이 된다. 첫 번째 분수의 분모와 분자에 2를 곱하여 6의 분모를 가진 등치분수로 변환한다.

$$\frac{2(2)}{3(2)}+\frac{1}{6}=\frac{4}{6}+\frac{1}{6}$$

그 다음 LCM $=6$에 대한 분수를 합한다.

$$=\frac{4+1}{6}=\frac{5}{6}$$

예제 2

다음 분수를 계산하여라.

$$\frac{1}{6}+\frac{5}{8}$$

풀이 먼저 6과 8의 최소공배수(LCM)를 구한다. 다른 분모가 배수들 중에 하나로 나누어질 때까지 더 큰 분모를 찾아야 한다. 6은 $8(2)=16$으로 분리되지 않는다. 6은 $8(3)=24$로 분리된다. 그러므로 24는 최소공배수(LCM)이다.

다른 방법은 각 분모를 소인수로 분리하는 것으로써 대수학에서 필요하기 때문에 알아두는 것이 중요하다. 각 분모를 소인수로 분해하면 다음과 같다.

$$6=(2)(3)$$

$$8=(2)(2)(2)$$

다음과 같이 분모의 소인수들을 적는 데, 같은 값은 같은 자리에 오도록 배치하여 필요한 인수를 아래로 내려서 모든 분모의 인수가 포함된 최소공배수(LCM)를 구한다.

$$\begin{array}{rcl} 6 &=& \quad\quad\quad\ (2)(3) \\ 8 &=& (2)(2)(2) \\ & & \downarrow\ \ \downarrow\ \ \downarrow\ \ \downarrow \\ \hline \text{LCM} &=& (2)(2)(2)(3)=24 \end{array}$$

분모에 소인수가 한 개 이상 나타난다면 최소공배수(LCM)에 같은 수가 나타나야 한다. 8은 소인수로 세 개의 2를 가지고 있으므로 최소공배수(LCM)는 세 개의 2를 포함해야 한다. 최소공배수(LCM)로 변환하여 각 분수에 무엇을 곱할 것인지는 분모에서 무슨 인수가 빠져 있는지를 살펴보아야 한다. 6=(2)(3)은 LCM=(2)(2)(2)(3)의 인수 중에서 (2)(2)가 빠졌으므로 4로 곱해야 한다. 8=(2)(2)(2)은 (3)이 빠졌으므로 3을 곱할 필요가 있다.

$$\frac{1(4)}{6(4)}+\frac{5(3)}{8(3)}=\frac{4}{24}+\frac{15}{24}=\frac{19}{24}$$

예제 3

다음 분수를 계산하여라.

$$\frac{19}{20}+\frac{2}{15}-\frac{1}{12}$$

풀이 마지막 분수는 뺄셈이라는 것을 주의하라. 계산 과정은 마지막 분수가 덧셈이 아니라 뺄셈이지만 덧셈 과정과 동일하다. 최소공배수(LCM)를 구하기 위하여 소인수 분해를 한다. 소인수를 같은 값은 같은 자리에 오도록 배치하여 필요한 인수를 아래로 내려서 모든 분모의 인수가 포함된 최소공배수(LCM)를 구한다.

$$\begin{array}{rl} 20 = & (2)(2)\quad(5) \\ 15 = & \qquad\;\;(3)(5) \\ 12 = & (2)(2)(3) \\ & \downarrow\;\downarrow\;\downarrow\;\downarrow \\ \hline \text{LCM} = & (2)(2)(3)(5) = 60 \end{array}$$

분모의 인수에 2가 두 번 나타나므로 최소공배수(LCM)에 인수 2가 두 번 나타나야 한다. 각 분모의 소인수는 최소공배수(LCM)의 인수로 나누어 진다. 이제 각 분모를 60으로 변환하기 위하여 각 분모와 분자에 필요한 인수를 곱해 준다.

$$\frac{19}{20}+\frac{2}{15}-\frac{1}{12}=\frac{19(3)}{20(3)}+\frac{2(4)}{15(4)}-\frac{1(5)}{12(5)}=\frac{57}{60}+\frac{8}{60}-\frac{5}{60}$$

그 다음 분수를 묶어준다.

$$=\frac{57+8-5}{60}=\frac{60}{60}=1$$

예제 4

다음 분수를 계산하여라.

$$\frac{4}{5}\times\frac{1}{2}+\frac{3}{4}$$

풀이 덧셈을 하기 전에 연산 순서에 따라 곱셈부터 계산한다.

$$\frac{4}{5}\times\frac{1}{2}+\frac{3}{4}=\frac{(2)(2)}{5}\times\frac{1}{2}+\frac{3}{4}=\frac{2}{5}+\frac{3}{4}$$

5와 4의 최소공배수(LCM)를 구한다.

$$\begin{array}{rl} 5 = & \qquad\quad(5) \\ 4 = & (2)(2) \\ & \downarrow\;\downarrow\;\downarrow \\ \hline \text{LCM} = & (2)(2)(5) = 20 \end{array}$$

필요한 인수로 분수를 곱하고 공통분모의 분자를 더해준다.

$$\frac{2}{5}+\frac{3}{4}=\frac{2(4)}{5(4)}+\frac{3(5)}{4(5)}=\frac{8+15}{20}=\frac{23}{20}$$

답은 1보다 큰 분수이다. 이것은 다음과 같다.

$$\frac{23}{20} = \frac{20+3}{20} = \frac{20}{20} + \frac{3}{20} = 1 + \frac{3}{20}$$

예제 5 저항의 병렬 접속

2개의 저항 r_1, r_2가 병렬로 접속된 경우의 합성저항 R을 구하여라.

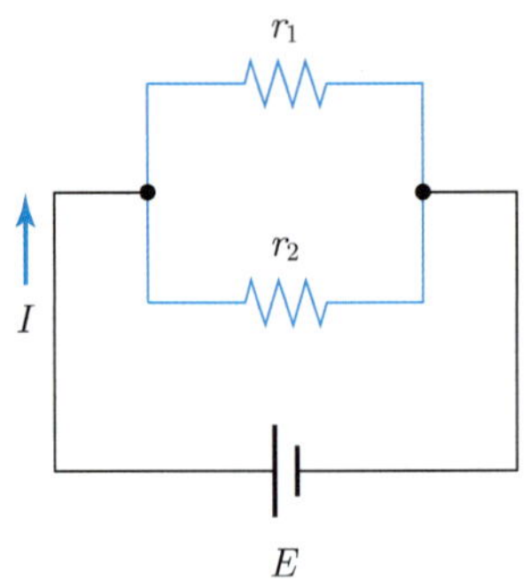

그림 1.4

풀이 $\frac{1}{R} = \frac{1}{r_1} + \frac{1}{r_2}$

$$\therefore\ R = \frac{1}{\frac{1}{r_1} + \frac{1}{r_2}} = \frac{r_1 r_2}{r_1 + r_2}$$

예제 6 콘덴서의 합성 정전용량

3개의 콘덴서 C_1, C_2, C_3가 직렬로 접속된 경우의 합성정전 용량 C를 구하여라.

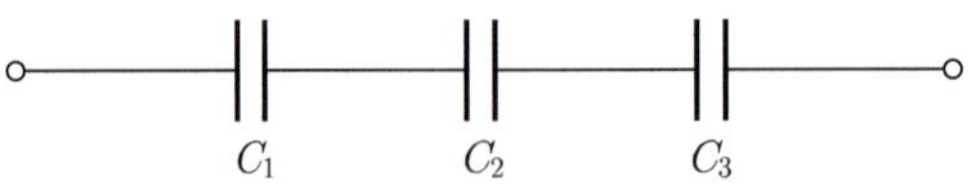

그림 1.5

풀이 $C = \frac{1}{\frac{1}{C_1} + \frac{1}{C_2} + \frac{1}{C_3}} = \frac{C_1 C_2 C_3}{C_1 C_2 + C_2 C_3 + C_3 C_1}$

예제 7 콘덴서의 직렬접속

1 [μF]와 2 [μF]인 두 개의 콘덴서가 직렬로 연결된 양단에 150 [V]의 전압이 가해졌을 때, 2 [μF]의 콘덴서에 걸리는 전압은 몇 [V]인가?

풀이 합성 정전용량 C는 $\frac{1}{C} = \frac{1}{C_1} + \frac{1}{C_2} = \frac{1}{1} + \frac{1}{2} = \frac{3}{2}$

$$\therefore\ C = \frac{2}{3}\ [\mu\text{F}],$$

1[μF]에 걸리는 전압을 V_1, 2 [μF]에 걸리는 전압을 V_2라고 하면

$$V_1 = \frac{Q}{C_1} = \frac{CV}{C_1} = \frac{\frac{2}{3} \times 10^{-6} \times 150}{1 \times 10^{-6}} = 100\ [\text{V}]$$

$$\therefore\ V_2 = V - V_1 = 150 - 100 = 50\ [\text{V}]$$

[참고] 콘덴서의 접속

- 직렬접속 : 합성정전용량의 역수는 각 콘덴서의 정전용량의 역수의 합과 같다.
- 병렬접속 : 합성정전용량은 각 콘덴서의 정전용량의 합과 같다.

2 가분수

분자가 분모보다 크거나, 분자와 분모가 같은 분수를 **가분수**라고 한다.

예제 8

다음 분수를 계산하여라.

$$\frac{3}{25} - \frac{1}{10} \div 5$$

풀이 나눗셈부터 계산한다. 5의 역수로 변환하여 곱셈을 한다.

$$\frac{3}{25} - \frac{1}{10} \div 5 = \frac{3}{25} - (\frac{1}{10} \times \frac{1}{5}) = \frac{3}{25} - \frac{1}{50}$$

최소공배수(LCM)를 구한다.

$$\begin{array}{rcl} 25 &=& (5)(5) \\ 50 &=& (2)(5)(5) \\ & & \downarrow\ \downarrow\ \downarrow \\ \hline \text{LCM} &=& (2)(5)(5) = 50 \end{array}$$

최소공배수로 통분하여 분모를 바꾸어 준다.

$$\frac{3}{25}-\frac{1}{50}=\frac{3(2)}{25(2)}-\frac{1}{50}=\frac{6}{50}-\frac{1}{50}$$

분수를 뺄셈한 후에 답을 기약분수로 약분한다.

$$=\frac{6-1}{50}=\frac{5}{50}=\frac{1}{10}$$

예제 9

다음 분수를 계산하여라.

$$\frac{7}{10}-\frac{2}{5}+\frac{8}{15}\times\frac{1}{2}$$

풀이 곱셈부터 먼저 계산한다.

$$\frac{7}{10}-\frac{2}{5}+\frac{8}{15}\times\frac{1}{2}=\frac{7}{10}-\frac{2}{5}+\left(\frac{(2)(2)(2)}{15}\times\frac{1}{2}\right)=\frac{7}{10}-\frac{2}{5}+\frac{4}{15}$$

최소공배수(LCM)를 구한다.

$$\begin{array}{rcl} 10 &=& (2)(5) \\ 5 &=& (5) \\ 15 &=& (3)(5) \\ & & \downarrow\ \downarrow\ \downarrow \\ \hline \text{LCM} &=& (2)(3)(5) = 30 \end{array}$$

각 분수의 분모를 30으로 변환(통분)하기 위하여 필요한 인수를 각 분수에 곱해 준다.

$$\frac{7(3)}{10(3)}-\frac{2(6)}{5(6)}+\frac{4(2)}{15(2)}=\frac{21}{30}-\frac{12}{30}+\frac{8}{30}$$

최소공배수에 대한 분자를 계산한다.

$$\frac{21-12+8}{30}=\frac{17}{30}$$

예제 10

병렬회로의 저항이 각각 $15[\Omega]$, $10[\Omega]$, $75[\Omega]$일 때, 합성저항(R)을 구하여라.

풀이 $\frac{1}{R}=\frac{1}{15}+\frac{1}{10}+\frac{1}{75}$

각 분모의 소인수를 같은 값은 같은 자리에 오도록 배치하여 필요한 인수를 아래로 내려서 모든 분모의 인수가 포함된 최소공배수(LCM)를 구한다.

$$\begin{array}{rl} 15 = & \quad (3)(5) \\ 10 = & (2)\quad (5) \\ 75 = & \quad (3)(5)(5) \\ \hline \text{LCM} = & (2)(3)(5)(5) = 150 \end{array}$$

최소공배수(LCM)은 각 분모의 모든 인수를 포함해야 한다. 각 분모의 최소공배수 LCM=150으로 변환하기 위해 필요한 인수를 곱한다.

$$\frac{1}{R}=\frac{1(10)}{15(10)}+\frac{1(15)}{10(15)}+\frac{1(2)}{75(2)}=\frac{10}{150}+\frac{15}{150}+\frac{2}{150}$$

공통분모의 상태에서 분자를 합하고 약분하여준다.

$$=\frac{10+15+2}{150}=\frac{27}{150}=\frac{9}{50}$$

이 결과는 합성저항 R의 역수이므로 합성저항 R은

$$R=\frac{50}{9}\,\Omega\,(=5.6\,\Omega)$$

1.6 | 비(ratio)의 성질

a 와 b 의 비(ratio)를 표시하는 기호로서는 $a:b$ 가 있으나 여기서는 a/b 를 사용한다.

① $\frac{a}{b}=\frac{b}{c}$ 이면 $b^2=ac$

② $\frac{a}{b}=\frac{c}{d}$ 이면 $ad=bc$

③ $\dfrac{a}{b}=c$ 이면 $a=bc$

④ $\dfrac{a}{b}=\dfrac{c}{d}$ 이면 $\dfrac{a}{c}=\dfrac{b}{d}$ 또는 $\dfrac{d}{b}=\dfrac{c}{a}$

⑤ $\dfrac{a}{b}=\dfrac{c}{d}$ 이면 $\dfrac{b}{a}=\dfrac{d}{c}$

⑥ $\dfrac{a}{b}=\dfrac{c}{d}$ 이면 $\dfrac{a\pm b}{b}=\dfrac{c\pm d}{d}$ $\left(\because \dfrac{a}{b}\pm 1=\dfrac{c}{d}\pm 1\right)$

⑦ $\dfrac{a}{b}=\dfrac{c}{d}=\dfrac{e}{f}=\cdots=\dfrac{a+c+e+\cdots}{b+d+f+\cdots}$

예제 1 — 전류분배기

그림 1.6과 같이 2개의 저항 r_1, r_2가 병렬로 접속된 회로에서 $r_1=40\,[\Omega]$, $r_2=10\,[\Omega]$일 때, r_1, r_2에 흐르는 전류 i_1, i_2를 구하여라(단, 본선에 흐르는 전류의 크기 $I=50\,[\mathrm{A}]$ 이다).

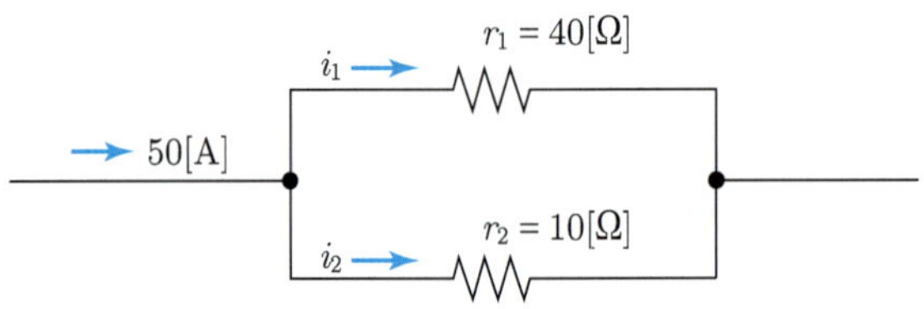

그림 1.6

풀이 $i_1+i_2=50\,[\mathrm{A}]$ … ①

병렬회로에서 저항에 흐르는 전류는 저항에 반비례하므로

$$\frac{i_1}{i_2}=\frac{10}{40} \qquad \therefore\ i_1=\frac{1}{4}i_2 \qquad \cdots ②$$

②식을 ①식에 대입하면

$$\frac{1}{4}i_2+i_2=50 \qquad \therefore\ i_2=40\,[\mathrm{A}]$$

이 값을 ①식에 대입하면

$$i_1=10\,[\mathrm{A}]$$

별해 위의 과정을 간략하게 나타내면 다음과 같다.

$$i_1=\frac{r_2}{r_1+r_2}\cdot I=\frac{10}{40+10}\times 50=10\,[\mathrm{A}]$$

$$i_2 = \frac{r_2}{r_1 + r_2} \cdot I = \frac{10}{40 + 10} \times 50 = 40\,[\mathrm{A}]$$

예제 2 — **전류분배기**

그림 1.7과 같은 회로에서 ab 단자에 20[V]의 직류 전압을 공급할 때 5[A]의 전류가 흘렀다. r_1과 r_2에 흐르는 전류의 비가 1:2가 되게 하려고 한다. r_1과 r_2의 저항값을 구하여라.

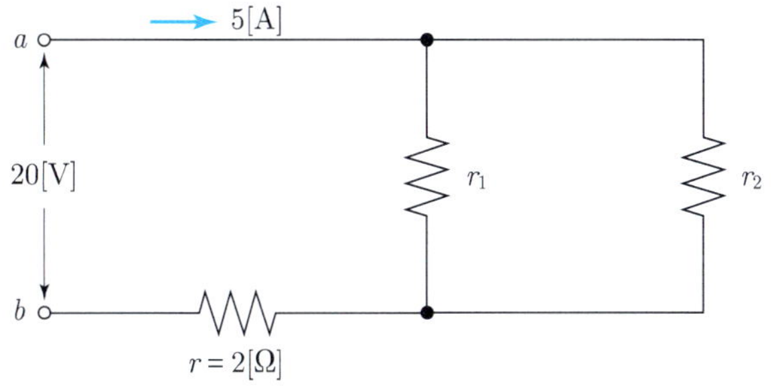

그림 1.7

풀이 회로의 합성저항 R은

$$R = \frac{V}{I} = \frac{20}{5} = 4\,[\Omega]$$

r_1과 r_2의 합성저항 R'는

$$R' = \frac{r_1 r_2}{r_1 + r_2} = R - r = 4 - 2 = 2\,[\Omega] \qquad \cdots ①$$

한편, 전류의 비는 저항에 반비례하므로

$$\frac{1}{2} = \frac{r_2}{r_1}, \qquad \therefore r_1 = 2r_2 \qquad \cdots ②$$

②식을 ①식에 대입하면

$$\frac{2r_2^2}{3r_2} = \frac{2}{3}r_2 = 2 \qquad \therefore r_2 = 3\,[\Omega]$$

이 값을 ②식에 대입하면

$$r_1 = 6\,[\Omega]$$

예제 3 중성선 단락

그림 1.8과 같은 회로에서 중성선이 X점에서 단선되었다면 부하 A와 부하 B의 단자전압[V]은 얼마인가? (단, 부하의 역률은 1이다)

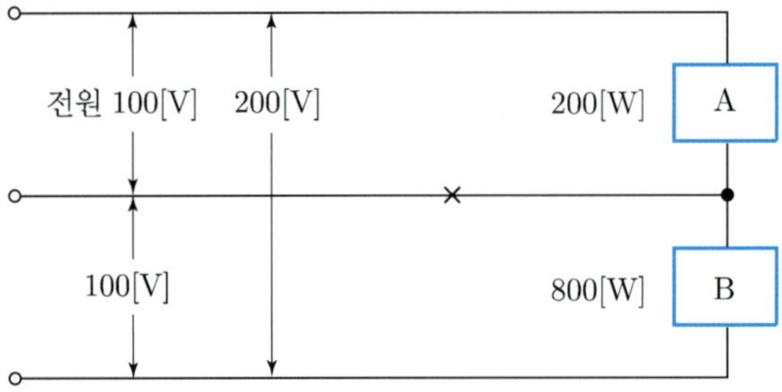

그림 1.8

풀이 $R=\dfrac{V^2}{P}$ 에서

$$R_A=\frac{100^2}{200}=50\,[\Omega],\ \ R_B=\frac{100^2}{800}=12.5\,[\Omega]$$

따라서

$$V_A=\frac{V}{R_A+R_B}\times R_A=\frac{200}{50+12.5}\times 50=160\ [\mathrm{V}]$$

$$V_B=\frac{V}{R_A+R_B}\times R_B=\frac{200}{50+12.5}\times 12.5=40\ [\mathrm{V}]$$

예제 4 소비전력

그림 1.9와 같은 교류 3상 3선식 전로에 연결된 3상 평형 부하가 있다. 이때 c상의 P 점이 단선된 경우, 이 부하의 소비전력은 단선전 소비전력의 몇 배가 되는가?

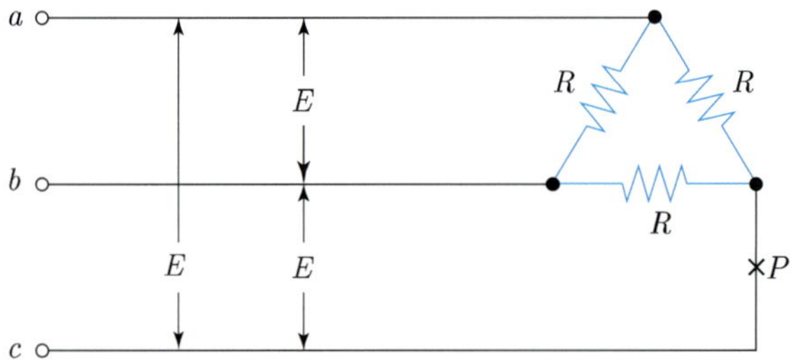

그림 1.9

풀이 단선전의 소비전력 $P_1 = 3 \times \dfrac{E^2}{R}$

단선후의 소비전력 P_2 는

$$P_2 = \frac{E^2}{R} + \frac{E^2}{2R} = \frac{3E^2}{2R}$$

$$\therefore \frac{P_2}{P_1} = \frac{3E^2/2R}{3E^2/R} = \frac{1}{2}$$

예제 5 변압기의 최대효율

3/4부하에서 효율이 최대인 주상변압기는 전부하시에 있어서의 철손과 동손의 비는?

풀이 철손을 P_i, 동손을 P_c 라 하면 $P_i = P_c$ 일 때 효율이 최대이며, 동손은 부하의 제곱에 비례하므로

$$P_i = \left(\frac{3}{4}\right)^2 \cdot P_c = \frac{9}{16} P_c$$

$$\therefore \frac{P_i}{P_c} = \frac{9}{16}$$

예제 6 유도 전동기의 기동 토크

200[V], 7.5[kW], 6극 3상 농형 유도 전동기를 정격전압으로 기동하면 기동 전류는 500[%] 흐르고, 기동 토크(torque)는 220[%]이다. 기동전류를 300[%]로 제한하려면 기동 토크는 몇 [%]가 되는가?

(단, 기동 전류(I_s)는 기동 전압(V_1)에 비례하고, 기동 토크(T_s)는 기동 전압(V_1)의 제곱에 비례한다)

풀이 $I_s \propto V_1$ 이고, $T_s \propto V_1^2 \propto I_s^2$ 이므로 구하고자 하는 기동 토크 T_x 는

$$220 : T_x = 500^2 : 300^2$$

$$\therefore T_x = \left(\frac{300}{500}\right)^2 \times 220$$

$$= 0.6^2 \times 220$$

$$= 79.2\,[\%]$$

1.7 | 연립 1차 방정식

1차 방정식의 미지수가 2개 이상이 있고, 미지수를 포함하는 방정식이 2개 이상으로 구성된 한 조의 방정식을 일반적으로 연립 1차 방정식이라고 한다. 그리고 이들 방정식을 동시에 성립시키는 미지수의 값을 연립 방정식의 근(根) 또는 해(解)라고 한다. 연립 방정식의 풀이에는 다음과 같은 대입법과 소거법을 병용하여 널리 사용하고 있으며, 연립 1차 방정식의 경우에는 행렬식에 의한 해법이 편리하다.

(1) **대입법 :** 한 개의 식을 하나의 미지수에 대해 풀어서 이것을 다른 식에 대입하여 순차적으로 근을 구하는 방법.

(2) **소거법 :** 소거법은 가감법이라고도 한다. 이것은 각각의 식에 적당한 수를 곱하여 미지수의 인수를 동일하게 한 다음 식과 식을 서로 가감함으로써 하나의 미지수에 대한 일원일차방정식으로 만들어 근을 구하는 방법.

① **1원 1차 방정식 :** 등식 중에 미지수가 한 개이고, 차수가 1차인 것
(선형 방정식이라고도 한다)

예 $2x+3=0$

② **1원 2차 방정식 :** 등식 중에 미지수가 한 개이고, 차수가 2차인 것

예 $2x^2+3x-4=0$

③ **2원 1차 방정식 :** 등식 중에 미지수가 두 개이고, 차수가 1차인 것

예 $2x+3y+4=0$

예제 1 — 대입법

그림 1.10과 같은 회로에서 $V_1=84[\mathrm{V}]$, $V_2=21[\mathrm{V}]$이고, $R_1=12[\Omega]$, $R_2=3[\Omega]$, $R_3=6[\Omega]$일 때, 각 저항에 흐르는 전류 I_1, I_2, I_3을 구하여라.

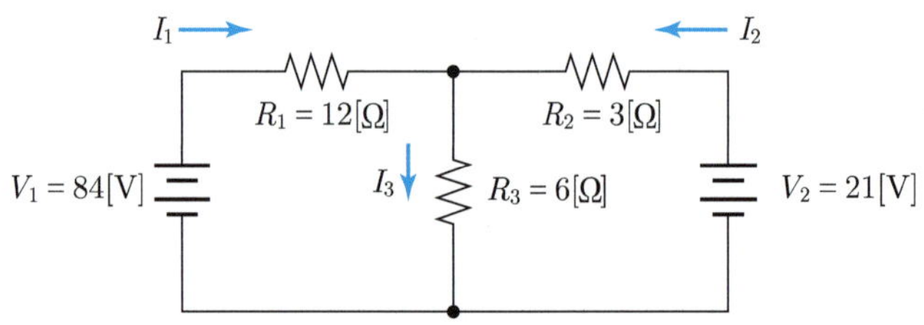

그림 1.10

풀이 키르히호프의 법칙을 적용하면

$$I_1 + I_2 = I_3 \quad \cdots ①$$

$$12\,I_1 + 6\,I_3 = 84 \quad \cdots ②$$

$$3\,I_2 + 6\,I_3 = 21 \quad \cdots ③$$

①식을 ②식과 ③식에 대입하면

$$12\,I_1 + 6(I_1 + I_2) = 84$$

$$3\,I_2 + 6(I_1 + I_2) = 21$$

이들을 정리하여

$$18\,I_1 + 6\,I_2 = 84 \quad \cdots ②'$$

$$6\,I_1 + 9\,I_2 = 21 \quad \cdots ③'$$

②′ − 3 × ③′을 하면

$$\begin{array}{rl} & 18\,I_1 + 6\,I_2 = 84 \\ -) & 18\,I_1 + 27\,I_2 = 63 \\ \hline & -21\,I_2 = 21 \end{array}$$

$$\therefore\ I_2 = -1\,[\mathrm{A}] \quad \cdots ④$$

④식을 ②′식에 대입하면

$$18\,I_1 + 6 \times (-1) = 84$$

$$\therefore\ I_1 = 5\,[\mathrm{A}] \quad \cdots ⑤$$

④식과 ⑤식을 ①식에 대입하면

$$5 - 1 = I_3$$

$$\therefore\ I_3 = 4\,[\mathrm{A}]$$

별해 지로의 전류를 구하는 방법에는 **지로 전류법, 절점 전압법, 망 전류법**이 있으며, 위의 방식이 지로 전류법에 의한 방법이며, 망 전류법에 의한 계산 방법은 다음과 같다.

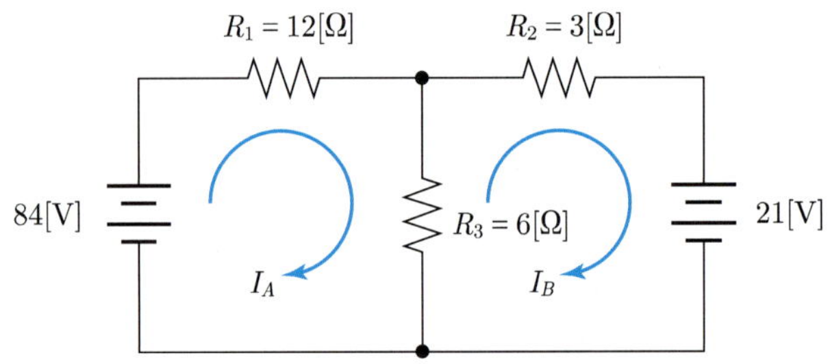

그림 1.11

키르히호프의 제2법칙에 의해서 각 망에서 전압 방정식을 세우면 다음과 같다.

A망 : $12I_A + 6(I_A - I_B) = 84$ … ①

B망 : $3I_B + 6(I_B - I_A) = -21$ … ②

이들을 정리하여

$18I_A - 6I_B = 84$ … ①′

$-6I_A + 9I_B = -21$ … ②′

①′ + 3 × ②′을 하면

$$\begin{array}{rr} 18I_A - 6I_B = & 84 \\ +)\ -18I_A + 27I_B = & -63 \\ \hline 21I_B = & 21 \end{array}$$

$\therefore I_B = 1\,[\text{A}]$ … ③

③식을 ①′식에 대입하면

$18I_A - 6 \times 1 = 84$

$\therefore I_A = 5\,[\text{A}]$ … ④

따라서 $I_1 = I_A$ 이므로 $I_1 = 5\,[\text{A}]$, I_2는 I_B와 크기는 같고 방향이 반대이므로 $I_2 = -1\,[\text{A}]$, I_3는 $I_3 = I_A - I_B$이므로 $I_3 = 5 - 1 = 4\,[\text{A}]$가 된다.

1.8 | 2차 방정식

등식 중에 미지수가 한 개이고, 차수가 2차인 방정식을 **2차 방정식**이라고 하며, 그 풀이는 간단한 식인 경우에는 단순히 평방근을 구하면 되지만 일반적으로 **인수분해**에 의한 방법과 근의 공식에 의한 방법이 널리 사용되고 있다.

1 인수분해에 의한 방법

인수분해의 기본적인 유형에는 다음과 같이 세가지 방법이 있다.

(1) **공통인수**로 묶는 방법
(2) **기본공식**을 적용하는 방법
(3) **인수정리**를 이용하는 방법

먼저 공통인수가 있는지를 확인한 후에 기본공식의 적용을 고려하는 것이 일반적인 해법이다. 인수정리를 이용하는 방법을 3차 이상의 고차 방정식에서 적용하는 경우가 많다.

① $ax^2 + bx = x(ax + b)$
② $x^2 - y^2 = (x + y)(x - y)$
③ $x^2 + 2xy + y^2 = (x + y)(x + y) = (x + y)^2$
④ $x^2 - 2xy + y^2 = (x - y)(x - y) = (x - y)^2$

예제 1

$10t - 4t^2 = 0$ 을 계산하여라.

풀이 $10t - 4t^2 = 2t(5 - 2t) = 0$

따라서

$$t = 0 \quad \text{또는} \quad t = 2.5$$

예제 2

$x^3 + 2x^2 - 3x - 6 = 0$ 을 계산하여라.

풀이 $x^3 + 2x^2 - 3x - 6 = (x+2)(x^2 - 3) = 0$

$$\therefore x_1 = -2, \quad x_2 = \sqrt{3}, \quad x_3 = -\sqrt{3}$$

예제 3 — 인수분해

$6x^2 - 23x + 21 = 0$을 계산하여라.

풀이 x^2 항의 계수와 상수항의 계수의 곱을 구하면

$$6 \times 21 = 126$$

이 126을 합이 x 항의 계수 23이 되도록 두 개의 인수로 나누면

$$126 = 63 \times 2 = 42 \times 3 = 21 \times 6 = 18 \times 7 = 14 \times 9$$

등과 같이 되며, 14×9 가 $14 + 9 = 23$ 이 되므로 $-23x$ 는 $(-9x - 14x)$ 로 치환할 수 있다. 따라서

$$\begin{aligned} 6x^2 - 23x - 21 &= 6x^2 - 9x - 14x - 21 \\ &= 3x(2x-3) - 7(2x-3) \\ &= (2x-3) \cdot (3x-7) \end{aligned}$$

각 인수를 0과 같게 놓으면

$$2x - 3 = 0, \quad 3x - 7 = 0$$

$$\therefore x = \frac{3}{2} \quad \text{또는} \quad x = \frac{7}{3}$$

예제 4 — 혼합 계산

$5x^2 + 16x + 3 = 0$ 을 계산하여라.

풀이 x^2 항의 계수와 상수항의 계수의 곱을 구하면

$$5 \times 3 = 15$$

이 15를 합이 x 항의 계수 16이 되도록 두 개의 인수로 나누면

$$15 = 15 \times 1 = 5 \times 3$$

등과 같이 되며, 15×1이 $15+1=16$이 되므로 $16x$ 는 $(15x + x)$로 치환할 수 있

다. 따라서

$$5x^2+16x+3=5x^2+15x+x+3$$
$$=5x(x+3)+(x+3)$$
$$=(x+3)\cdot(5x+1)$$

각 인수를 0과 같게 놓으면

$$x+3=0, \qquad 5x+1=0$$
$$\therefore\ x=-3 \text{ 또는 } x=-0.2$$

2 근의 공식에 의한 방법

근의 공식은 다음과 같은 과정에 의해 구해진다.

$$ax^2+bx+c=0 \qquad (a\neq 0)$$

에서

$$ax^2+bx+c=a\left\{x^2+\frac{b}{a}x+\left(\frac{b}{2a}\right)^2-\left(\frac{b}{2a}\right)^2\right\}+c$$
$$=a\left\{\left(x+\frac{b}{2a}\right)^2-\left(\frac{b}{2a}\right)^2\right\}+c$$
$$=a\left\{\left(x+\frac{b}{2a}\right)^2-\frac{b^2-4ac}{4a^2}\right\}=0$$

위의 식을 만족시키기 위해서는 대괄호 안의 값이 0이 되어야 하므로

$$\left(x+\frac{b}{2a}\right)^2=\frac{b^2-4ac}{4a^2}$$
$$x+\frac{b}{2a}=\pm\frac{\sqrt{b^2-4ac}}{2a}$$

따라서 **근의 공식**은 다음과 같이 된다.

$$x=\frac{-b\pm\sqrt{b^2-4ac}}{2a}$$

예제 5

$5x^2 + 2x - 4 = 0$ 을 계산하여라.

풀이 $a = 5,\quad b = 2,\quad c = -4$ 이므로

$$x = \frac{-b \pm \sqrt{b^2 - 4ac}}{2a}$$

$$= \frac{-2 \pm \sqrt{2^2 - 4 \times 5 \times (-4)}}{2 \times 5}$$

$$\therefore x_1 = 0.717,\qquad x_2 = -1.117$$

예제 6 저항의 합성저항

2개의 저항이 있는데 병렬로 연결할 때는 1.2[Ω]이 되고, 직렬로 접속할 때는 5[Ω]이라고 한다. 각 저항기의 저항값은 몇 [Ω]인가?

풀이 R_1 과 R_2 을 각 저항기의 저항값이라고 하면,

직렬로 접속한 합성저항 R_s 는

$$R_s = R_1 + R_2$$

병렬로 접속한 합성저항 R_P 는

$$R_P = \frac{R_1 \cdot R_2}{R_1 + R_2}$$

문제의 저항값을 대입하면

$$R_1 + R_2 = 5\,[\Omega] \qquad \cdots ①$$

$$\frac{R_1 \cdot R_2}{R_1 + R_2} = 1.2\,[\Omega] \qquad \cdots ②$$

②식에 ①식을 곱하면

$$R_1 \cdot R_2 = 1.2 \times 5 = 6 \qquad \cdots ③$$

①식에서

$$R_2 = 5 - R_1 \qquad \cdots ④$$

④식을 ③식에 대입하면

$$R_1(5 - R_1) = 6$$

$$\therefore 5R_1 - R_1^2 = 6$$

양변에 (—)를 곱하여 2차방정식 모양으로 정리하면

$$R_1^2 - 5R_1 + 6 = 0$$

이 2차 방정식을 근의 공식에 의하여 풀면 $a=1$, $b=-5$, $c=6$ 이므로

$$R_1 = \frac{5 \pm \sqrt{5^2 - 4 \times 6}}{2 \times 1} = \frac{5 \pm 1}{2}$$

복부호에서 위의 부호 (+)를 사용하면

$$R_1 = \frac{6}{2} = 3\,[\Omega], \quad R_2 = 2\,[\Omega]$$

아래의 부호 (−)를 사용하면 R_1 과 R_2 의 값만 바뀌어진다.

예제 7 근의 공식

전압 600[V]의 직류 선원에서 저항 0.4[Ω]의 선로를 경유하여 60[kW]의 부하에 전력을 공급할 경우 전류와 부하양단의 전압을 계산하여라.

풀이 전류를 I, 부하양단의 전압을 V라 하면

$$VI = 60{,}000\,[\mathrm{W}] \qquad \cdots ①$$

$$V = V_s - IR = 600 - 0.4I\,[\mathrm{V}] \qquad \cdots ②$$

①식에 ②식의 관계를 대입하면

$$60{,}000 = (600 - 0.4I)I$$

$$0.4I^2 - 600I + 60{,}000 = 0$$

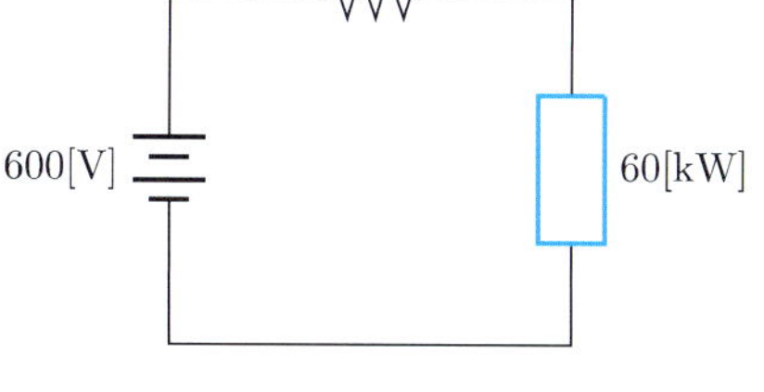

그림 1.12

이 2차 방정식을 근의 공식에 의해서 풀면 전류 I는

$$I = \frac{600 \pm \sqrt{600^2 - 4 \times 0.4 \times 60{,}000}}{2 \times 0.4}$$

$$= \frac{600 \pm 513.8}{0.8} = 1392.3\,[\mathrm{A}] \text{ 또는 } 107.8\,[\mathrm{A}]$$

큰 쪽의 값을 사용하면 선로의 손실이 매우 크며 이용 효율이 낮아지므로 답은 $I = 107.8\,[\mathrm{A}]$를 취한다.

부하양단의 전압 V는 ②식에서

$$V = 600 - 0.4 \times 107.8 = 556.9\,[\mathrm{V}]$$

1.9 | 2항 정리

다음과 같은 $(a+b)^n$ 의 전개식을 **2항 정리**(bionomial theorem)라고 한다.

$$\begin{aligned}(a+b)^n = a^n + na^{n-1}b + \frac{n(n-1)}{1 \times 2}a^{n-2}b^2 \\ + \frac{n(n-1)(n-2)}{1 \times 2 \times 3}a^{n-3}b^3 \\ + \frac{n(n-1)(n-2)(n-3)}{1 \times 2 \times 3 \times 4}a^{n-4}b^4 + \cdots\end{aligned}$$

2항 정리에서 $a = 1$, $b = x$ 로 할 때, $x \ll 1$ 이면

$$(1+x)^n \fallingdotseq 1 + nx$$

가 된다. 이것을 **근사값의 정리**라고 한다.

[참고] 계승

1부터 n 까지의 양의 정수를 모두 곱한 것을 n 의 계승(factorial)이라 하며 $n!$ 로 표시한다. 예를 들면

$$2! = 1 \times 2, \quad 3! = 1 \times 2 \times 3, \quad 4! = 1 \times 2 \times 3 \times 4,$$

$$n! = 1 \times 2 \times 3 \times \cdots\cdots \times n$$

예제 1 2항정리

$(0.97)^{3.6}$ 을 계산하여라.

풀이 $(0.97)^{3.6} = (1-0.03)^{3.6}$

$$= 1 - 3.6 \times (-0.03) + \frac{3.6 \times 2.6}{1 \times 2} \times (-0.03)^2 + \cdots$$

$$= 1 - 0.108 + 0.00421 + \cdots$$

$$\fallingdotseq 0.896$$

예제 2 백열전구의 수명

정격전압 100 [V], 60 [W] 전구의 수명이 1000 [h]이다. 96 [V]로 점등할 때의 수명을 구하여라(단, 수명은 전압의 13제곱에 반비례한다).

풀이 수명은 전압의 13제곱에 반비례한다고 하였으므로 수명의 전압특성 방정식은

$$\frac{L}{L_o} = \left(\frac{V}{V_o}\right)^{-13}$$

그러므로

$$L = \left(\frac{V}{V_o}\right)^{-13} \cdot L_o = \left(\frac{96}{100}\right)^{-13} \times 1000 = (1-0.04)^{-13} \times 1000$$

따라서, 위의 식은 근사값의 정리에 의하여 다음과 같이 된다.

$$L = (1-0.04)^{-13} \times 1000 = (1 + 13 \times 0.04) \times 1000 = 1520 \text{ [h]}$$

예제 3 백열전구의 전압특성

정격전압 100 [V], 100 [W] 가스입 전구의 직하 1.2 [m]되는 곳의 조도가 60 [lx]이다. 98[V]로 점등할 때의 조도를 구하여라. 여기서 광속의 전압지수는 3.6으로 한다.

풀이 광속의 전압지수가 3.6이라고 하였으므로 광속의 전압 특성 방정식은

$$\frac{F}{F_o} = \left(\frac{V}{V_o}\right)^{3.6}$$

조도 E는 광도 I에 비례하고, 광도 I는 광속 F에 비례하므로 다음 방정식이 성립한다.

$$\frac{E}{E_o} = \left(\frac{V}{V_o}\right)^{3.6}$$

따라서

$$E_o = \left(\frac{V}{V_o}\right)^{3.6} \cdot E = \left(\frac{98}{100}\right)^{3.6} \times 60$$
$$= (1-0.02)^{3.6} \times 60 = (1-3.6\times 0.02)\times 60$$
$$= 55.68\ [\mathrm{lx}]$$

1.10 | 함수(function)

1 함수의 정의

변수 x와 y 사이에 x의 값이 정해지면 따라서 y값이 정해진다는 관계가 있을 때, **y는 x의 함수**라고 한다.

또 x를 **독립변수**, y를 **종속변수**라고 한다.

y가 x의 함수일 때, 문자 f를 써서 기호로

$$y = f(x)$$

와 같이 나타낸다. 이때, $x=a$로 되는 함수값을 $f(a)$ 등으로 나타낸다. 또 독립변수가 2개 이상의 함수를 **다변수함수**라고 한다. $z=f(x,y)$는 z가 x와 y의 함수임을 보인다.

[주] $y=f(x)$에서 알파벳 f는 function(함수)의 첫글자에서 나왔다.
읽기 편하게 에프엑스라고 부르지만 영어권에서는 "function of x", 짧게는 "f of x"로 읽는다. 즉 x의 함수라는 말이다.

실생활에서도 함수에 해당하는 것은 매우 많으며, 예를 들면 열차의 운임은 거리(km)의 함수이다. 즉, 거리가 정해지면 그것에 대응하여 운임이 결정된다. 이와 비슷한 관계는 실로 헤아릴 수 없을 만큼 많다. 많은 함수들은 다음과 같은 식으로 나타낼 수 있다.

(1) 1차 함수 $y = ax + b \quad (a \neq 0,\ a, b$는 상수)

(2) 2차 함수 $y = ax^2 + bx + c$

(3) 분수 함수 $y = \dfrac{1}{1+x^2}$

(4) 무리 함수 $y = z\sqrt{4} - x^2$

(5) 삼각 함수　　$y = \sin x$,　$y = \cos x$

(6) 지수 함수　　$y = e^{x}$

(7) 로그 함수　　$y = \log x$　　$(x > 0)$

x와 y가 모두 실수일 때를 **실함수**(實函數), 복소수일 때를 **복소함수**라 한다.

2 함수의 그래프

(1) 1차 함수의 그래프

① 1차 함수 $y = ax + b (a \neq 0,\ a, b$는 상수)

$$y = ax + b \begin{cases} a: \text{기울기} \ (a = \tan\theta) \\ b: y\text{절편} \end{cases}$$

» 기울기(a)의 성질

- $a = \dfrac{\Delta y}{\Delta x}$(단, Δx는 x의 증가량, Δy는 y의 증가량)
- $a > 0$일 때, x의 값이 증가하면 y의 값도 증가한다.
- $a < 0$일 때, x의 값이 증가하면 y의 값은 감소한다.
- $a = 0$일 때, x축에 평행한 직선
- a의 값이 클수록 직선이 y축에 가깝다

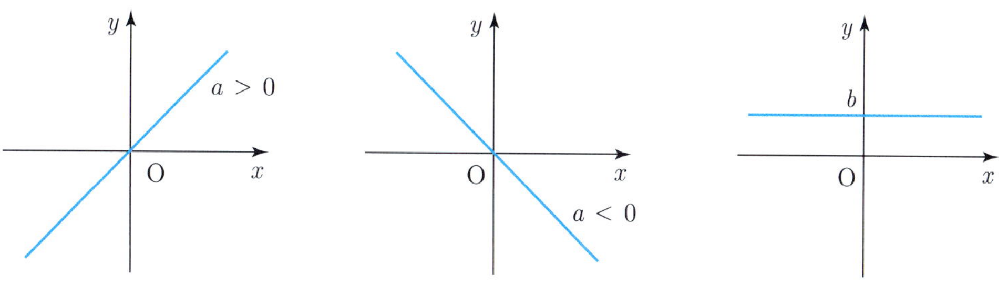

(a) $a > 0$일 때　　(b) $a < 0$일 때　　(c) $a = 0$일 때

그림 1.13 1차 함수의 그래프

» y 절편(b)의 성질

- $b > 0$일 때, 원점 위쪽에서 y 축과 만나는 직선
- $b < 0$일 때, 원점 아래쪽에서 y 축과 만나는 직선
- $b = 0$일 때, 원점을 지나는 직선

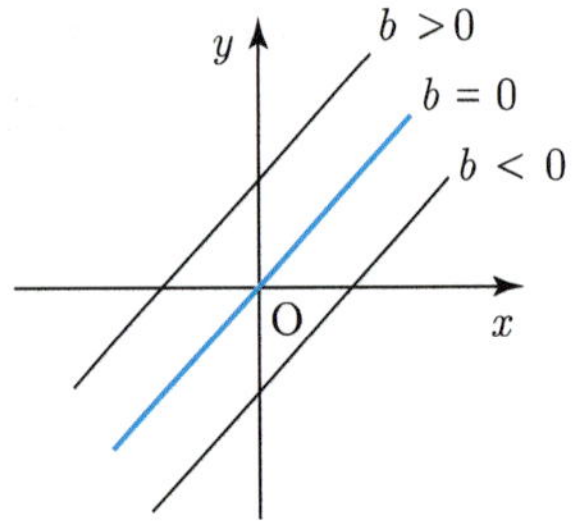

그림 1.14

» x 절편

$$0 = ax + b \quad \Rightarrow \quad x = -\frac{b}{a}$$

$$\Leftrightarrow \left(-\frac{b}{a},\ 0\right) \ : \text{1차 방정식의 해(근)}$$

» x축으로 m만큼, y축으로 n만큼 평행이동

$$\Rightarrow y - n = a(x - m) + b$$

» x축에 대하여 대칭이동 $\Rightarrow$ y의 부호를 반대로 바꾸어 준다.

- y축에 대하여 대칭이동 $\Rightarrow$ x의 부호를 반대로 바꾸어 준다.
- 원점축에 대하여 대칭이동 $\Rightarrow$ x, y의 부호를 반대로 바꾸어 준다.
- $y = x$에 대하여 대칭이동 $\Rightarrow$ x는 y로, y는 x로 바꾸어 준다.

» $y = ax + b$와 $y = cx + d$가 수직 $\Rightarrow$ $ac = -1$

② 1차 함수 $y = \frac{a}{x}$ $(a \neq 0)$

- 원점에 대하여 대칭인 한 쌍의 곡선이다.
- $a > 0$일 때, x의 값이 증가하면 y의 값은 감소한다.
- $a < 0$일 때, x의 값이 증가하면 y의 값도 증가한다.
- a의 값이 클수록 원점에서 멀어진다.

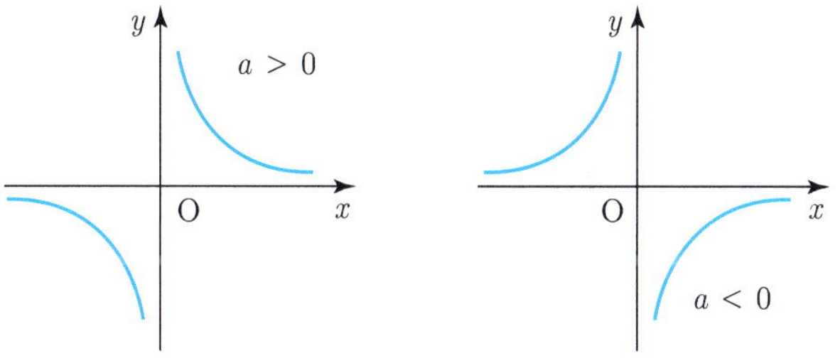

(a) $a > 0$일 때 (b) $a < 0$일 때

그림 1.15

예제 1

두 점 $(-2,\ 0)$, $(2,\ 2)$를 지나는 직선의 방정식을 구하여라.

풀이 $y = ax + b$에서 두 점 $(-2,\ 0)$, $(2,\ 2)$가 직선 위의 점이므로 기울기 a는

$$\frac{2-0}{2-(-2)} = \frac{1}{2}$$

$y = \frac{1}{2}x + b$ 에서 $(2,\ 2)$를 대입하면 $b = 1$이다.

따라서

$$y = \frac{1}{2}x + 1$$

(2) 2차 함수의 그래프

① $y = ax^2$ ($a \neq 0$, a는 상수)

- 꼭짓점은 원점$(0,\ 0)$을 지난다.
- 대칭축: $x = 0$ (y축)
- $a > 0$이면 아래로 볼록한 모양의 그래프
- $a < 0$이면 위로 볼록한 모양의 그래프
- a의 값이 클수록 y축에 가깝다(폭이 좁다).

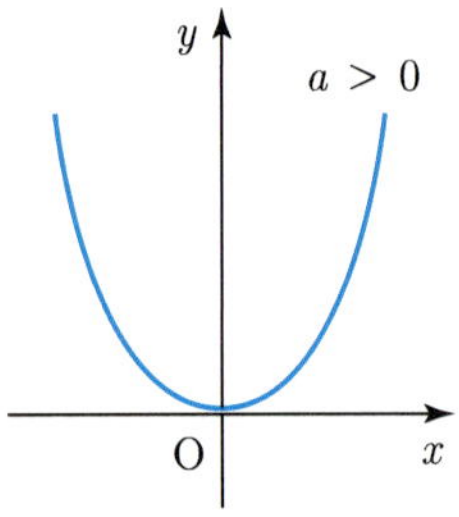

(a) $a > 0$일 때

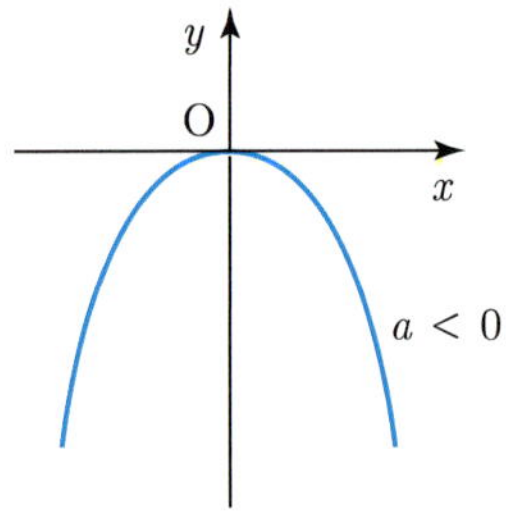

(b) $a < 0$일 때

그림 1.16 2차 함수의 그래프

② $y = a(x-m)^2 + n$ ($a \neq 0$, a, m, n은 상수)

$y = ax^2$의 그래프를 x축으로 m, y축으로 n만큼 평행이동한 그래프이다.

- 꼭짓점: (m, n)
- 대칭축: $x = m$

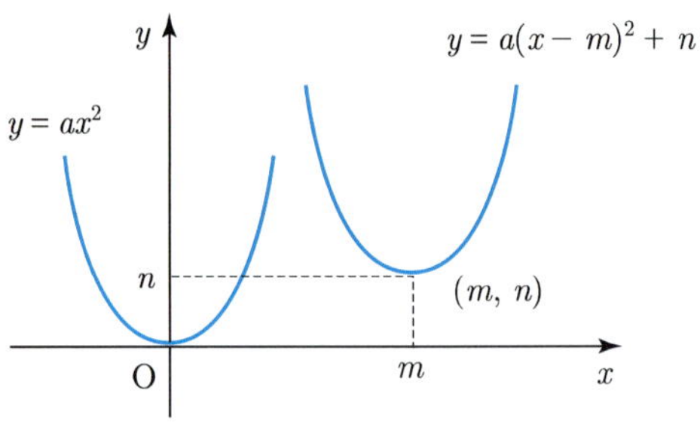

그림 1.17 2차함수의 평행이동

③ $y = ax^2 + bx + c$ ($a \neq 0$, a, b, c는 상수)

2차 함수 $y = ax^2 + bx + c$의 완전제곱 형태를 $y = a(x-m)^2 + n$이라고 하면, 그림 (1.17)과 같이 원점을 지나는 $y = ax^2$의 그래프를 x축 방향으로 m, y축 방향으로 n만큼 평행이동한 그래프가 된다. 즉,

$$\begin{aligned} y &= ax^2 + bx + c = a(x^2 + \frac{b}{a}x) + c \\ &= a(x + \frac{b}{2a})^2 - \frac{b^2 - 4ac}{4a} \end{aligned}$$

이므로 대칭축과 꼭짓점은 다음과 같은 포물선이 된다.

- 꼭짓점: $(-\frac{b}{2a}, -\frac{b^2 - 4ac}{4a})$

· 대칭축: $X = -\dfrac{b}{2a}$

예제 2

2차 함수 $y = x^2 - 6x + 7$에 대한 꼭짓점의 좌표와 축과 최댓값, 최솟값을 구하여라.

풀이 2차 함수를 완전제곱 형태 $y = a(x-m)^2 + n$로 먼저 바꾼다.

$$y = x^2 - 6x + 7 = (x^2 - 6x + 9 - 9) + 7 = (x+3)^2 - 2$$

따라서 $a > 0$이므로 아래로 볼록한 포물선이고, 꼭짓점의 좌표는 $(-3,\ -2)$이고, 최솟값은 -2이고, 최댓값은 없다. 대칭축은 $x = -3$이고, 점$(0,\ 7)$을 지난다.

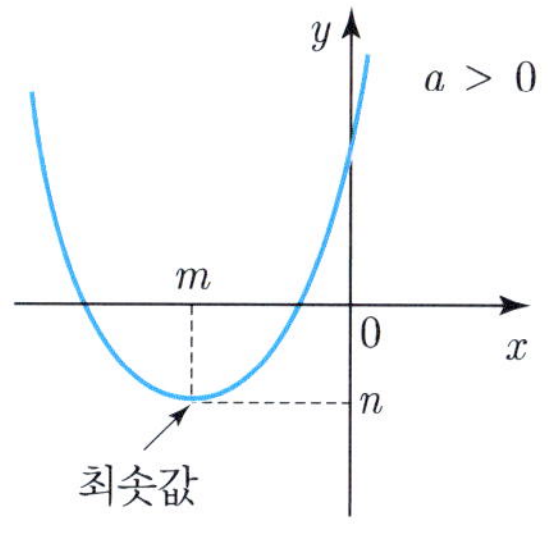

그림 1.18

예제 3

2차 함수 $y = -x^2 + 6x - 5$에 대한 꼭짓점의 좌표와 축과 최댓값, 최솟값을 구하여라.

풀이 2차 함수를 완전제곱 형태 $y = a(x-m)^2 + n$로 바꾼다.

$$y = -x^2 + 6x - 5 = -(x^2 - 6x + 9 - 9) - 5 = -(x-3)^2 + 4$$

따라서 a<0 이므로 위로 볼록한 포물선이 되며, 꼭짓점의 좌표는 (3, 4)이고, 최댓값은 4, 최솟값은 없다. 축은 $x = 3$이며, 점 $(0,\ -5)$를 지난다

1.11 | 지수 함수

1 지수함수의 정의

지수함수를 정의하기 위하여 기본이 되는 거듭제곱과 거듭제곱근에 대하여 알아보자. 어떤 수 a를 n번 곱한 것

$$a^n = a \cdot a \cdot \cdots \cdot a$$

를 '**a의 n제곱**'이라 하고, 이것을 a^n으로 나타낸다. 특히 $a^1 = a$로 나타내며, a^1, a^2, a^3, … 을 모두 a의 거듭제곱이라고 한다. 또한 a^n에서 a를 거듭제곱의 밑, n을 거듭제곱의 지수라고 한다. 그리고 어떤 수 b를 제곱하여 실수 a가 되는 경우, 즉 $b^2 = a$ 일 때, b를 a의 **제곱근** 이라 하고, 특히 b가 양의 실수이면 $b = \sqrt{a}$ 로 나타낸다.

[정의 1] 지수함수

임의의 실수 a가 $a > 0$이고, $a \neq 1$이면, x가 실수일 때

$$y = a^x$$

를 **지수함수**라 한다. 이때 a를 **밑**, x를 **지수**라 한다.

$a = 1$이면 $y = a^x = 1^x = 1$이 되므로 지수함수의 의미가 사라져, 밑인 a는 1이 아니어야 한다.

2 증가함수와 감소함수

a의 범위가 1을 기준으로 하여 $a > 1$인 경우와 $0 < a < 1$인 경우의 밑의 조건에 따라 그래프의 모양이 다음과 같이 달라진다.

(1) a가 1보다 클 때 ($a > 1$)

a가 1보다 클 때 지수함수 $y = a^x$는 **증가함수**가 된다. 즉 x의 값이 커질수록 y의 값도 커진다. 반대로 x의 값이 작아질수록 y의 값이 작아지고 그래프는 점(0, 1)을 지나고, $y = 0$에 가까워지는 점근선을 이룬다.

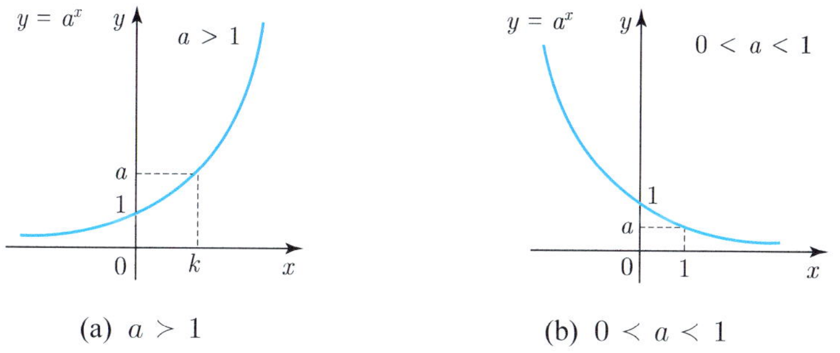

그림 1.19 지수함수의 그래프

(2) a가 1보다 작을 때 $(0 < a < 1)$

a는 양수이므로 1보다 작을 때 a의 범위는 $0 < a < 1$이 된다. 이 경우 지수함수 $y = a^x$는 **감소함수**가 된다. x의 값이 커질수록 y의 값은 작아지면서, 그래프는 $y = 0$에 가까워지는 점근선이 된다.

그림 1.20과 같이 $a > 1$이면 a가 커질수록 지수함수 $y = a^x$는 더욱 가파르게 증가한다. $y = 3^x$의 그래프보다 $y = 5^x$가, $y = 5^x$보다 $y = 8^x$이 항상 더 위쪽에 있는 것을 알 수 있다.

그리고 $0 < a < 1$이면 a가 커질수록 그래프의 모양은 완만하게 감소한다.

또한 지수함수 $y = a^x$를 평행이동시킨 형태의 함수들인 $y = a^{x-k} + t$, $y = ka^{mx} + n$ 등도 당연히 지수함수가 된다.

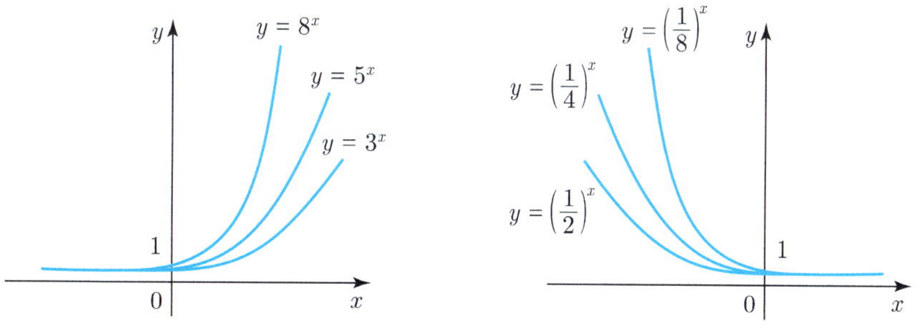

그림 1.20 a의 값에 따른 $y = a^x$의 그래프

[참고] 지수함수의 성질

지수함수 $y = a^x (a > 0, a \neq 1)$에서

- $a > 1$인 경우 x의 값이 증가하면 y 값도 증가한다.
- $0 < a < 1$인 경우 x의 값이 증가하면 y의 값은 감소한다.
- 그래프는 항상 점$(0, 1)$을 지나고 x축이 점근선이다.

예제 1

다음 지수함수의 그래프를 그려라.

(1) $y = 2^{-x}$ (2) $y = -4^x$

풀이 (1) $y = 2^{-x} = \left(\frac{1}{2}\right)^x$ 이므로 밑이 $\frac{1}{2}$ 인 지수함수의 그래프이다.

(2) $y = -4^x$ 의 그래프는 $y = 4^x$ 의 그래프를 x축에 대칭한 그래프이다.

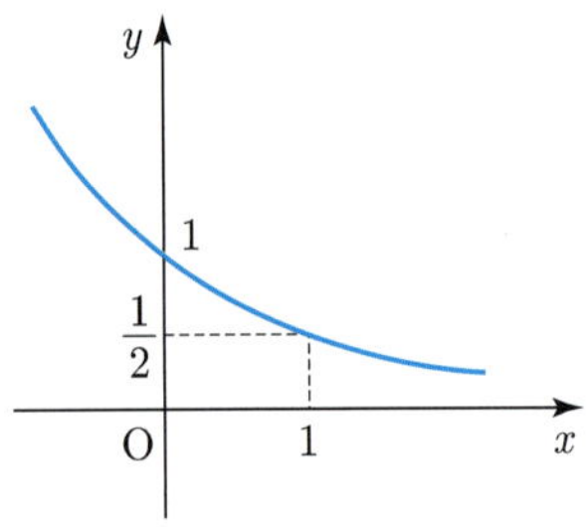

그림 1.21 $y = 2^{-x}$ 의 그래프

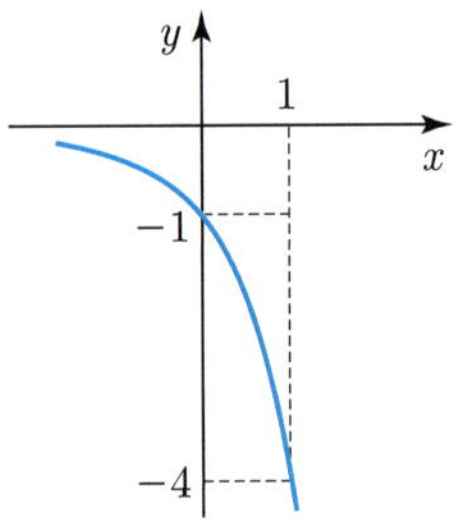

그림 1.22 $y = -4^x$ 의 그래프

3 지수 법칙

지수 함수는 다음의 지수법칙을 만족한다(a, b가 1이 아닌 양수 일 때).

① $a^m \cdot a^n = a^{m+n}$ ② $a^m \div a^n = a^{m-n}$

③ $(a^m)^n = a^{m \cdot n}$ ④ $(a \cdot b)^m = a^m \cdot b^m$

⑤ $(a/b)^m = a^m / b^m$ ⑥ $a^{-n} = 1/a^n$

⑦ $a^{m/n} = \sqrt[n]{a^m}$ ⑧ $a^0 = 1 (a \neq 0)$

⑨ $a^n = b$ 이면 $a = b^{\frac{1}{n}} = \sqrt[n]{b}$

예제 2 옴의 법칙

1 [kΩ]의 저항에 1 [mA]의 전류가 흐르고 있는 경우 저항 양단의 전압은 몇 [V]인가?

풀이 옴의 법칙에서

$$V = I \cdot R = 1 \times 10^{-3} \times 1 \times 10^{3}$$

$$= 1 \times 10^{-3+3} = 1 \times 10^{0} = 1\ [\mathrm{V}]$$

예제 3 옴의 법칙

대지간의 절연 저항이 0.1 [MΩ]인 옥내배선에 대지전압 100 [V]를 가할 경우에 흐르는 전류는 몇 [A]인가?

풀이

$$I = \frac{V}{R} = \frac{100}{0.1 \times 10^{6}} = \frac{1 \times 10^{2}}{1 \times 10^{5}}$$

$$= 1 \times 10^{2} \times 1 \times 10^{-5} = 1 \times 10^{2-5} = 1 \times 10^{-3}$$

$$= 0.001\ [\mathrm{A}]$$

예제 4 옴의 법칙

1 [MΩ]의 저항에 1 [μA]의 전류가 흐르고 있는 경우 저항 양단의 전압은 몇 [V]인가?

풀이 $V = I \cdot R = 1 \times 10^{-6} \times 1 \times 10^{6} = 1\ [\mathrm{V}]$

예제 5 제곱근의 계산

$\sqrt{144}$ 를 구하여라.

풀이

1 2	
√1′44	1
1	1
44	22
44	2
0	

$$\therefore \sqrt{144} = 12$$

※ 소수점을 기준으로 하여 2자리 수로 분리하여 단계적으로 계산한다.

예제 6 제곱근의 계산

$\sqrt{8}$ 을 구하여라.

풀이

2 · 8 2 8	
$\sqrt{8' \cdot 00'00'00'}$	2
4	2
4 00	48
3 84	8
16 00	562
11 24	2
4 76 00	5648
4 51 84	8
24 16	

$$\therefore \sqrt{8} \fallingdotseq 2.828$$

예제 7 자계의 세기

반지름 6[cm], 권수 50회인 원형 코일에 10[A]의 전류를 흘릴 때, 코일의 중심 축상 8[cm] 떨어진 점의 자계의 세기를 구하여라.

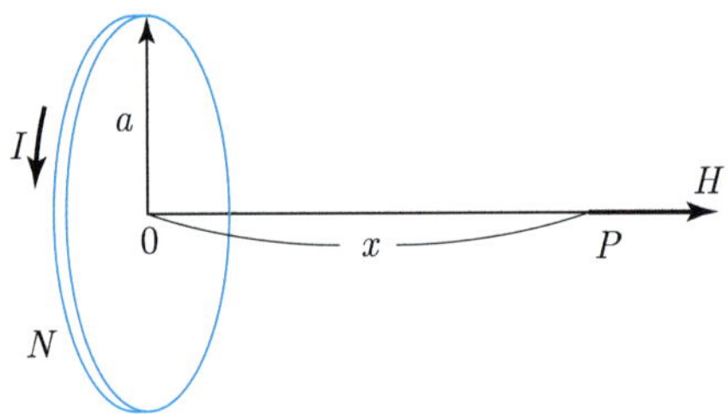

그림 1.23

풀이 원형코일의 중심 축상의 자계의 세기 H 는

$$H = \frac{NIa^2}{2(a^2+x^2)^{3/2}} = \frac{50\times 10\times 6^2\times 10^{-4}}{2\times\{(6^2+8^2)\times 10^{-4}\}^{3/2}}$$

$$= 900\ [\mathrm{AT/m}]$$

4 지수함수의 역함수

지수함수와 로그함수는 서로 역함수 관계이다. 역함수를 구하기 위해 $y=a^x$에서 x와 y의 자리를 바꾸어 계산해보면 다음과 같기 때문이다.

[참고] 지수함수의 역함수

$y=a^x$ ← x와 y의 자리를 바꾸어 쓴다.

$x=a^y$ ← log의 정의에 의해 지수를 로그로 바꾸어준다.

$$y=\log_a x$$

역함수 관계

$$y=\log_a x \longleftrightarrow y=a^x$$

역함수의 기하학적 의미는 $y=x$에 대하여 대칭이동 한 것을 뜻하므로 역함수를 구하는 방법은 y대신 x로 바꿔 써준 다음 등식을 정리해 주면 된다.

따라서 함수 $y=x$의 그래프와 그 함수의 역함수 $y=f^{-1}(x)$의 그래프는 그림 1-24에서와 같이 $y=x$의 그래프를 기준으로 서로 대칭 이동한 그래프가 된다.

예제 8

다음 함수의 역함수를 구하여라.

(1) $y=2x+1$ (2) $y=\dfrac{1}{x+1}$

풀이 (1) $y=2x+1$에서 x와 y의 자리를 바꾸어 쓰면

$$x=2y+1$$
$$2y=x-1$$

따라서 $y=\dfrac{1}{2}x-\dfrac{1}{2}$

(2) $y=\dfrac{1}{x+1}$에서 x와 y의 자리를 바꾸어 쓰면

$$x=\frac{1}{y+1}$$
$$\frac{1}{x}=y+1$$

따라서 $y=\dfrac{1}{x}-1$

1.12 | 로그 함수

$2^x = 4$를 만족하는 x의 값을 구해보면 $x = 2$이다. 이번에는 $2^x = 10$을 만족하는 x의 값을 유리수 범위에서는 찾을 수 없다. 이러한 경우 x의 값을 무리수 범위까지 확장한 기호 로그(logarithm)를 사용하여 나타낼 수 있다. 즉,

$$2^x = 10 \quad \Leftrightarrow \quad x = \log_2 10$$

이다. 여기서 $x = \log_2 10$을 **'2를 밑으로 하는 10의 로그'**라고 한다. 로그는 $\log_a b$의 형태로 표시하며, log는 logarithm(대수)의 약자이다.

로그를 사용하면 곱셈은 덧셈으로, 나눗셈은 뺄셈으로, 누승계산은 곱셈으로, 누승근계산은 나눗셈계산으로 간소화 할 수 있다. 특히 큰 수를 취급할 경우에 편리하다. 특히 미지수가 지수인 경우에는 로그에 의하여 계산하여야 한다.

1 로그함수의 정의

$$10^0 = 1, \quad 10^1 = 10, \quad 10^2 = 100, \quad 10^3 = 1000, \quad \cdots$$

위에서 좌변은 지수로 표시하고 있지만, 로그의 형태로 바꾸어 표시하면 다음과 같이 된다.

$$0 = \log_{10} 1, \quad 1 = \log_{10} 10, \quad 2 = \log_{10} 100, \quad 3 = \log_{10} 1000, \quad \cdots$$

즉, 지수함수 $x = a^y \, (a = \sqrt[y]{x}\,)$를 역함수인 로그함수로 나타내면 $y = \log_a x$가 된다.

여기서 $y = \log_a x$를 **'y는 a를 밑으로 하는 x의 로그'**라고 하며, x를 로그 y의 **참값**(진수)이라 한다.

우리가 일상생활에서 10진법을 널리 사용하고 있으므로 로그를 계산 할 때에 그 밑을 10으로 사용하면 편리하다. 이와 같이 밑을 10으로 사용하는 로그를 **상용로그**(common logarithm) 또는 **상용대수**라고 하며, 일반적으로 밑 10을 생략하고 쓰지 않는 경우가 많다. 즉,

$$\log_{10} x = \log x$$

그리고 밑을 10으로 사용하는 대신에 $e = 2.71828 \cdots$로 사용하는 **자연로그**(natural logarithm) 또는 **자연대수**도 있다. $\log_e$ 대신에 간단하게 ln이라고 표시하여 상용로그와

구분하기도 한다. 즉,

$$\log_e x = \ln x$$

상용로그와 자연로그의 사이에는 다음과 같은 관계가 있다.

$$\log_e x = \frac{\log_{10} x}{\log_{10} e} \approx \frac{\log_{10} x}{\log_{10} 2.718} \approx \frac{\log_{10} x}{0.4342}$$

$$\approx 2.303 \log_{10} x$$

[참고] 중요한 로그의 값

$\log_{10} 1 = 0$	$\log_{10} 2 = 0.301$	$\log_{10} 3 = 0.477$
$\log_{10} \pi = 0.497$	$\log_e \pi = 1.144$	$\log_e 2 = 0.693$
$\log_{10} e = 0.434$	$\log_e 10 = 2.302$	$\log_{10} 7 = 0.845$

2 로그함수 $y = \log_a x$ ($a > 0$, $a \neq 1$)의 그래프

(1) $a > 1$이면 x가 증가할 때 y도 증가(단조증가)

$0 < a < 1$이면 x가 증가할 때 y는 감소(단조감소)

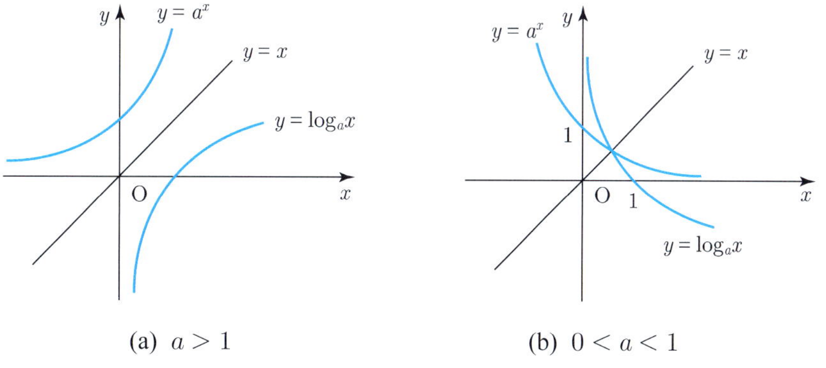

그림 1.24

(2) 점(1, 0)을 지난다.

(3) 점근선 : y축 ($x = 0$)

(4) $y = a^x$과 직선 $y = x$에 대해 대칭관계

3 로그의 대소관계

$x > 0,\ y > 0,\ a > 0,\ a \neq 1$에 대하여

(1) $x = y \Leftrightarrow \log_a x = \log_a y$

(2) $a > 0$ 일 때 $x < y \Leftrightarrow \log_a x < \log_a y$

(3) $0 < a < 1$일 때 $x < y \Leftrightarrow \log_a x > \log_a y$

4 로그함수의 성질

[참고] 로그함수의 성질

로그함수 $y = \log_a x\ (a > 0,\ a \neq 1)$에서

- 로그의 밑은 항상 1이 아닌 양(+)수이다.
- 0 또는 음(−)의 로그 값은 없다.
- 그래프는 점(1, 0)을 항상 지나고, y축이 점근선이다.
- 밑과 같은 수의 로그는 1이다.
- 1의 로그는 0이다.

예 $\log_a a = 1$

$\log_a 1 = 0$

예제 1

$\log_{10} 5$, $\log_{10} 8$ 의 값을 각각 구하여라.

풀이 $\log_{10} 5 = \log_{10} \dfrac{10}{2} = \log_{10} 10 - \log_{10} 2$

$= 1 - 0.301 = 0.699$

$\log_{10} 8 = \log_{10} 2^3 = 3 \cdot \log_{10} 2 = 3 \times 0.301 = 0.903$

예제 2

$\log_{10} 1.2$ 의 값을 구하여라.

풀이 $\log_{10} 1.2 = \log_{10} \dfrac{2 \times 2 \times 3}{10} = \log_{10} \dfrac{2^2 \times 3}{10}$

$$= 2 \cdot \log_{10} 2 + \log_{10} 3 - \log_{10} 10$$

$$= 0.602 + 0.477 - 1 = 0.079$$

예제 3

다음 함수의 역함수를 구하여라.

(1) $y = \log_2(4x-2)$　　　(2) $y = \log_3(x-1)$

풀이 (1) 역함수를 구하기 위해 y에 대한 식을 구하면

$$4x - 2 = 2^y$$

$$x = \frac{1}{4}(2^y + 2) = 2^{y-2} + \frac{1}{2}$$

이다. x와 y를 바꾸면

$$y = 2^{x-2} + \frac{1}{2}$$

(2) 역함수를 구하기 위해 y에 대한 식을 구하면

$$x - 1 = 3^y$$

$$x = 3^y + 1$$

이다. x와 y를 바꾸면

$$y = 3^x + 1$$

지수법칙에서 유도되는 로그의 기본적인 성질은 다음과 같다.

① $\log_a A \cdot B = \log_a A + \log_a B$

② $\log_a \dfrac{A}{B} = \log_a A - \log_a B$

③ $\log_a A^n = n \log_a A$

④ $\log_a \sqrt[n]{A} = \dfrac{1}{n} \log_a A$

⑤ $\log_a b = \dfrac{\log_n b}{\log_n a}$ (밑의 변환공식)

⑥ $\log_a b = \dfrac{1}{\log_b a}$

5 상용로그 함수표 찾기

상용로그 함수표에는 1.00에서 9.99까지의 수에 대한 상용로그 함수의 값을 반올림하여 소숫점 아래 넷째자리까지 구한 값이 실려 있다.

상용로그 함수표를 이용하여 다음의 값을 구하여 보자.

$$\log 6.25 = x \quad \cdots ①$$

$$\log x = 0.6222 \quad \cdots ②$$

①에서 x 를 구할 경우에는 상용로그 함수표에서 밖의 부분에 있는 수 6.2와 5가 마주치는 값 .7959를 택한다. 즉

$$x = \log 6.25 = 0.7959 \qquad \therefore\ x = 0.7959$$

②에서 x 를 구할 경우에는 상용로그 함수표에서 안쪽에 있는 수 .6222에서 왼쪽과 위쪽으로 각각 직선을 그어보면 4.1과 9와 만나게 된다. 즉

$$\log x = 0.6222, \quad \log 4.19 = 0.6222$$

$$\therefore\ x = 4.19$$

6 상용로그 함수의 지표와 가수

상용로그 함수 $\log x$ 의 값을

$$\log x = \text{'정수'} + \text{'0 또는 양의 소수'}$$

의 모양으로 나타낼 때, '정수'를 $\log x$ 의 **지표**라고 하며, '0 또는 양의 소수'를 $\log x$ 의 **가수**라고 한다. 예를 들면,

$$\log 6.25 = 0.7959 = 0 + 0.7959$$

$$\log 41.9 = 1.6222 = 1 + 0.6222$$

$$\log 100 = 2 = 2 + 0$$

$$\log 0.815 = -0.0888 = -1 + 0.9112$$

에 있어서 지표는 각각 0, 1, 2, -1이고, 가수는 0.7959, 0.6222, 0, 0.9112가 됨을 알 수 있다.

예제 4

$\log_{10}2 = 0.3010$ 및 $\log_{10}3 = 0.4771$을 사용하여 다음 수의 로그를 구하여라.

(1) 30　　(2) $1/2$　　(3) 2^7　　(4) $\sqrt{5}$

풀이 (1) $\log_{10} 30 = \log_{10}(10 \times 3) = \log_{10} 10 + \log_{10} 3$

$= 1 + \log_{10} 3 = 1.4771$

(2) $\log_{10} \frac{1}{2} = \log_{10} 1 - \log_{10} 2 = 0 - \log_{10} 2$

$= -0.3010$

(3) $\log_{10} 2^7 = 7\log_{10} 2 = 7 \times 0.3010 = 2.1070$

(4) $\log_{10} \sqrt{5} = \log_{10} 5^{\frac{1}{2}} = \frac{1}{2}\log_{10} 5 = \frac{1}{2}\log_{10}\frac{10}{2}$

$= \frac{1}{2}(\log_{10} 10 - \log_{10} 2) = \frac{1}{2}(1 - 0.3010)$

$= 0.3495$

예제 5 변전실의 면적계산

특고압에서 저압으로 변압시키는 자가용 변전소의 변압기 용량이 총 1200 [kVA]일 때 변전실의 넓이 [m^2]를 구하여라

(단, 변전실의 면적 [m^2] $= 1.4\times$(변압기의 용량 [kVA]$)^{0.7}$, $\log_{10}1.2 = 0.0792$, $\log_{10}1.43 = 0.1554$)

풀이 변전실의 면적 $= 1.4\times1200^{0.7}$ [m^2]이므로 $1200^{0.7}$의 값을 구하기 위하여 $x = 1200^{0.7}$ 으로 놓고 양변에 상용로그를 취하면

$$\log_{10} x = \log_{10} 1200^{0.7} = \log_{10}(1.2 \times 10^3)^{0.7}$$

$$= \log_{10} 1.2^{0.7} \times 10^{3\times0.7}$$

$$= 0.7 \cdot \log_{10} 1.2 + 2.1 \cdot \log_{10} 10$$

$$= 0.7 \times 0.0792 + 2.1 \times 1$$

$$= 2.1554$$

대수 0.1554의 참값은 1.43이고, 지표가 2이므로 $x = 143$

$\therefore$ 변전실의 면적 $= 1.4 \times 143 = 200.2$ [m^2]

연습문제 01

1. 다음을 계산하여라.

(1) $30 - 12 \div 4 \times 3 + 5$

(2) $15 \div 5 \times 6 - 4 + 3$

(3) $(10 + 20) \div 3 - 5$

(4) $7 \times 4 \div 2 - 1 + 7$

(5) $2 \times (300 - 150) - 10$

2. 전기회로에서 전류 I[A]가 다음과 같을 때, 전류는 몇 [A]인가?

$$I = \frac{24}{12 + 2 + 10}$$

3. 전기회로에서 전압 V[V]가 다음과 같을 때, 전압은 몇 [V]인가?

$$V = 3 \times \left(\frac{5 \times 20}{5 + 20}\right)$$

4. 그림 1.25와 같은 회로에서 a, b 단자에 200 [V]를 가할 때 저항 2 [Ω]에 흐르는 전류 I_1 [A]는 얼마인가?

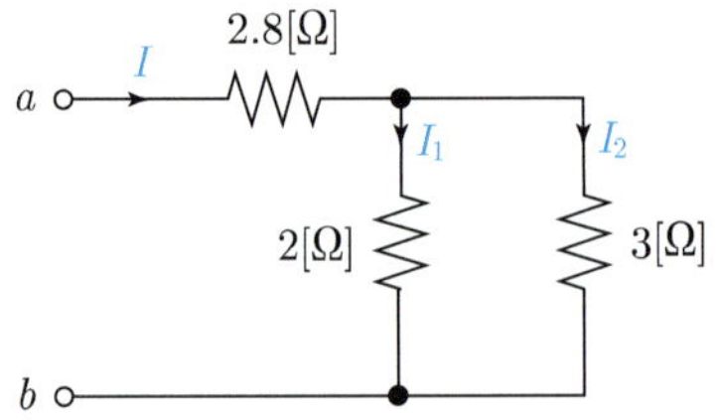

그림 1.25

5. 저항 $r_1 = 100$ [kΩ], $r_2 = 300$ [kΩ]이 그림 1.26과 같이 직렬회로와 병렬회로로 접속하였을 때 각각의 합성저항을 구하여라.

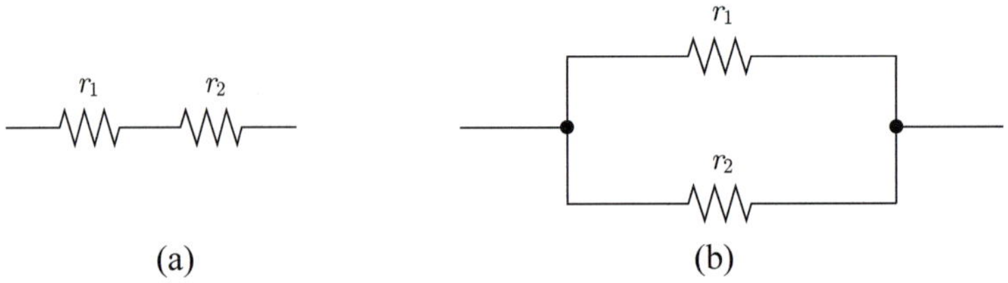

그림 1.26

6. 그림 1.27과 같은 회로에서 저항 r_1 과 r_2 에 흐르는 전류 i_1 , i_2 를 구하여라.

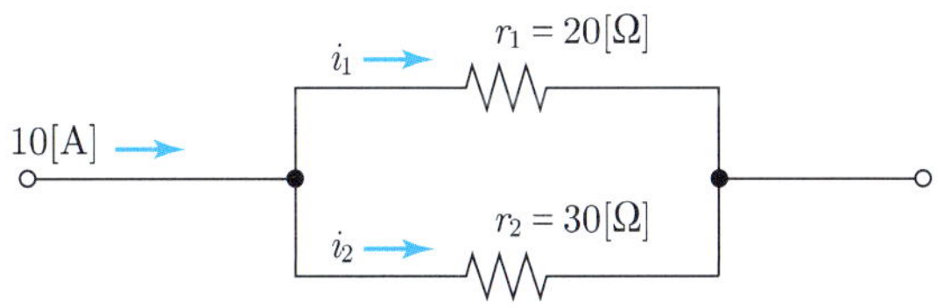

그림 1.27

7. 정전용량 20 [μF], 30 [μF] 2개의 커패시터를 직렬접속할 때의 합성용량 C_1 과 병렬접속 할 때의 합성 용량 C_2 을 구하여라.

8. 2개의 저항이 있는데 병렬로 접속할 때는 1.82 [Ω]이 되고, 직렬로 접속할 때는 10 [Ω]이 된다면, 각 저항기의 저항값 r_1 , r_2 는 각각 몇 [Ω]이 되는가?

9. 그림 1.28에서 지로전류 i_1 , i_2 , i_3 을 구하고, 또 단자 a , b 사이의 전압 V_{ab} 을 구하여라.

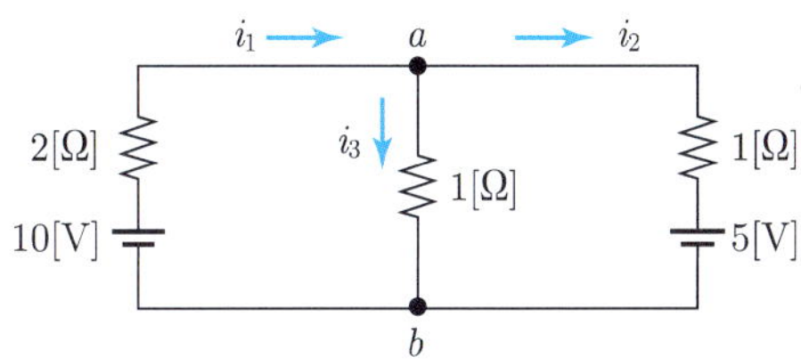

그림 1.28

10. 절연전선 200 [m]마다의 절연저항이 40 [MΩ]이면 10[km]는 몇 [MΩ]이 되겠는가? (단, 절연저항은 길이에 반비례한다)

2장

삼각함수

학습목표

- 일반각과 호도법을 이해하고, 호도법을 이용하여 각을 표시할 수 있다.
- 삼각비의 여러 가지 성질을 이해하고 응용할 수 있다.
- 삼각비와 삼각함수의 관계를 이해할 수 있다.
- 삼각함수의 덧셈, 뺄셈, 배각/반각의 공식, 삼각함수의 역함수에 대하여 이해할 수 있다.
- 삼각함수의 테일러 급수 및 오일러 공식을 이해할 수 있다.

" 무한대와 무한소는 우리의 유한한 이해를 초월한다. 무한대는 엄청나게 크기 때문이고 무한소는 매우 작기 때문이다. 이 둘이 결합하면 무엇이 될지 상상해 보라. "

갈릴레이
(Galileo Galilei, 1564~1642)

이탈리아의 수학자 · 천문학자 · 물리학자. 1609년에 망원경을 스스로 제작하여 1610년에 목성의 위성, 토성의 띠, 달 표면의 요철, 태양의 흑점 등을 발견하고, 코페르니쿠스의 지동설에 강력한 근거를 부여하였다. 같은 해에 피렌체 대공(大公)의 초청을 받아 그의 보호 아래 연구에 전념할 수 있게 되었다. 그의 연구에 대한 교회관계자의 비난에 대답하기 위해 스스로 로마에 가서 해명했지만, 결국 1616년 종교재판에 회부되어 지동설 주장을 철회할 것을 명령받았다. 이후 그는 피렌체로 돌아와 ≪천문대화≫(天文對話, 1632)를 저술하였다. 검열을 받아 출판을 한 책임에도 불구하고 1633년 그는 다시 로마에 소환되어 유폐되었는데, 지동설의 포기를 언약하고 사면되었다. 그때 그는 "그래도 지구는 돈다"라는 말을 중얼거렸다고 전해 내려온다.

삼각함수는 공학에서 가장 꽃과 같은 수학분야이다.

주기성을 갖는 자연현상이나, 전자공학의 각종신호 또는 전력 전달 현상의 표현에 $\sin(x)$, $\cos(x)$로 표현되는 삼각함수가 가장 효과적인 함수다. 이러한 여러 가지 주기성을 갖는 삼각함수 여러 개를 시리즈로 더하면 어떤 주기 함수도 다 표현할 수 있다. 이것을 푸리에 급수라고 한다. 그래서 자연과학 또는 공학 문제를 풀어 나갈 때, 절대적으로 삼각함수가 유용하다. 첨단 반도체 설계, 메모리 설계, 스마트폰 설계, 자율주행자동차 설계 등 모든 분야에 핵심적으로 사용된다. 과학자, 공학 연구원이 되거나 제품 개발자가 되거나 모두 삼각함수와 평생 살게 된다.

이 장에서는 삼각비의 정의와 삼각함수 및 삼각함수의 성질에 대하여 학습한다.

2.1 | 일반각의 표시

그림 2.1과 같이 평면 위에 고정된 직선 OX와 점 O를 중심으로 회전하는 직선 OP가 있을 때, 직선 OP가 직선 OX의 위치에서 회전하여 현 위치 OP까지 올 때 그 회전한 양을 $\angle XOP$의 크기로 정의한다. 이때 직선 OX를 **시초선**, 직선 OP를 **동경**이라 하고, 점 O를 각의 **꼭짓점**이라고 한다.

한편, 동경 OP가 점 O를 중심으로 회전하는 방법에는 두 가지가 있는데, 시계 바늘이 도는 방향과 반대인 방향을 **양의 방향**이라 하고 시계 바늘이 도는 방향을 **음의 방향**이라고 한다.

동경 OP의 위치가 정해지면, 동경 OP는 시초선 OX를 출발하여 양 또는 음의 방향으로 몇 번 회전한 다음 그 위치에 멈춘 것으로 생각할 수 있다.

따라서 $\angle XOP$의 크기를 나타낼 수 있는 방법은 무수히 많다. 일반적으로 $\angle XOP$의 크기의 하나를 θ라고 할 때, $\angle XOP$의 크기를 나타낼 수 있는 값들은

$$\theta = n \times 360^\circ + \alpha \quad (n = 0, \pm 1, \pm 2, \cdots)$$

이다. 이때 각 θ 를 동경 OP가 나타내는 **일반각**이라고 한다

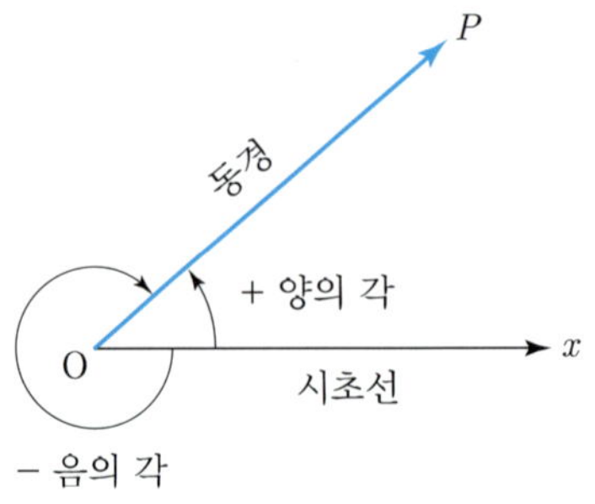

그림 2.1 일반각의 표시

2.2 | 60분법과 호도법

1 60분법

각의 측정법 중 60분법은 1도(1°라고 씀)를 1회전각의 1/360로 정의한다. 따라서 1회전각은 360°, 1/2회전각은 180°, 1/4회전각은 90°(직각이라고 부름)이다.

다시 1도를 60등분하여 1분(minute)이라 하고 1분을 다시 60등분하여 1초(second)라고 한다.

오늘날에도 천체 관측이나 항해 등에서 각을 '도'로 측정하고 있고, 시간의 단위에도 60분법을 사용한다. 각을 측정하는 단위로서 또 다른 단위를 얼마든지 생각할 수 있다. 문제는 그것이 얼마나 효율적이고 편리한가에 달려 있다. 우리가 각의 단위로서 선택할 또 다른 단위인 라디안은 여러 가지 불편한 점이 있음에도 불구하고 각에 관한 수학적 식을 표현하는 데 매우 간단하고, 또 계산을 수행하는 데 있어서도 매우 편리하다.

2 호도법

임의의 원에서 반지름과 같은 길이의 호가 만드는 중심각을 단위로 한 것을 **호도법**이라고 하며, 단위는 **라디안**(radian)이다. 반지름의 길이가 r인 원 O에서 길이가 r인 호에 대한 중심각의 크기를 θ라고 하면

$$\frac{\theta}{360^\circ} = \frac{r}{2\pi r}$$

$$\therefore \ \theta = \frac{360^\circ}{2\pi}$$

따라서 중심각의 크기 θ는 반지름의 길이에 관계없이 항상 일정하다. 이 일정한 각의 크기를 1**호도** 또는 1 **라디안**(radian)이라 하고 1 rad라고 쓴다.

$$1[\text{rad}] = \frac{180^\circ}{\pi} = 57^\circ 17' 45''$$
$$1^\circ = \frac{\pi}{180^\circ} \approx 0.01715\ [\text{rad}]$$

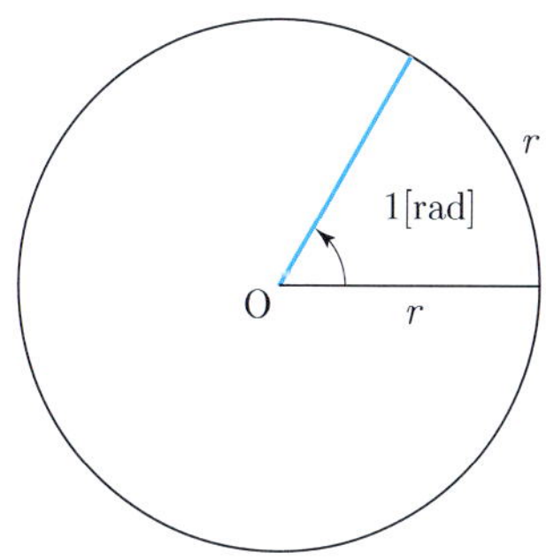

그림 2.2 호도법

표 2.1 60분법과 호도법의 관계

60분법	0°	30°	45°	60°	90°	120°	135°	150°	180°	270°	360°
호도법	0	$\frac{\pi}{6}$	$\frac{\pi}{4}$	$\frac{\pi}{3}$	$\frac{\pi}{2}$	$\frac{2\pi}{3}$	$\frac{3\pi}{4}$	$\frac{5\pi}{6}$	π	$\frac{3\pi}{2}$	2π

예제 1

$\pi/6$ [rad]을 60분법으로 표시하여라.

풀이 $\frac{\pi}{6} \times \left(\frac{180}{\pi}\right) = 30^\circ$

예제 2

45°를 [rad]으로 표시하여라.

풀이 $45 \times \left(\frac{\pi}{180}\right) = \frac{\pi}{4}$ [rad]

2.3 | 삼각비의 정의

그림 2.3과 같이 직각 삼각형에서 한 개의 각(θ)이 주어지면 삼각형의 크기에 관계없이 $\sin\theta$, $\cos\theta$, $\tan\theta$의 값이 정해진다. 이 때, $\sin\theta$, $\cos\theta$, $\tan\theta$, $\sec\theta$, $\mathrm{cosec}\,\theta$, $\cot\theta$를 통틀어서 $\angle\theta$의 **삼각비**라고 한다.

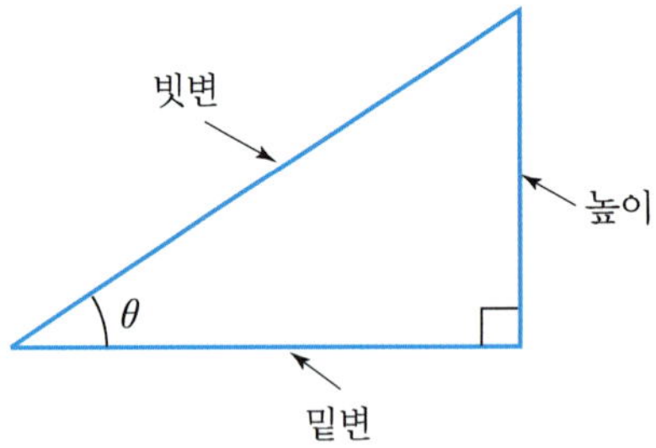

그림 2.3 삼각비

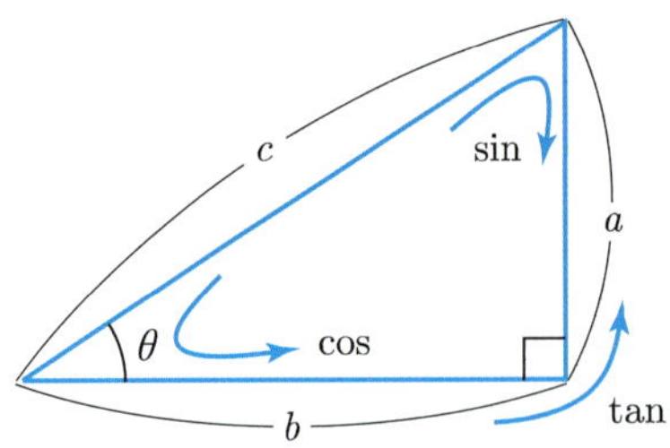

그림 2.4 삼각비의 정의

따라서, 그림 2.4에서 삼각비의 정의는 다음과 같다.

사 인	$\sin\theta = \dfrac{a}{c}$	코시컨트	$\mathrm{cosec}\,\theta = \dfrac{c}{a}$
코사인	$\cos\theta = \dfrac{b}{c}$	시컨트	$\sec\theta = \dfrac{c}{b}$
탄젠트	$\tan\theta = \dfrac{a}{b}$	코탄젠트	$\cot\theta = \dfrac{b}{a}$

[주] sin의 역수는 cosec 또는 csc로도 표시한다.

특수 각에 대한 삼각비의 값

삼각비 \ θ	0°	30°	45°	60°	90°
$\sin\theta$	0	$\frac{1}{2}$	$\frac{1}{\sqrt{2}}$	$\frac{\sqrt{3}}{2}$	1
$\cos\theta$	1	$\frac{\sqrt{3}}{2}$	$\frac{1}{\sqrt{2}}$	$\frac{1}{2}$	0
$\tan\theta$	0	$\frac{1}{\sqrt{3}}$	1	$\sqrt{3}$	$\pm\infty$

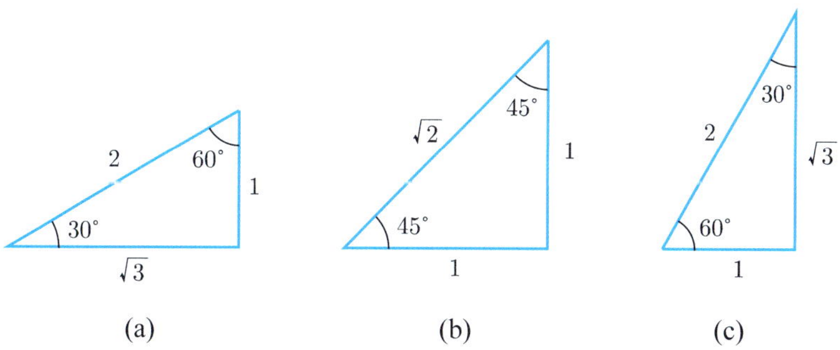

그림 2.5 특수각의 삼각비

예제 1 지선의 소선수

그림 2.6에서 전선의 장력은 500 [kg]으로 지선과 지표면과의 설치 각도는 60°이다. 지선으로 인장하중이 440 [kg]인 4 [mm] 철선을 사용하고 안전율을 2.5로 할 경우에 소선의 최소 가닥수는 얼마인가?

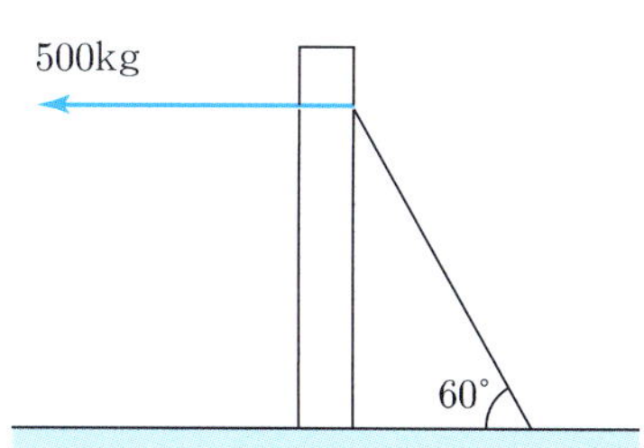

그림 2.6

풀이 전주에 가해지는 수평장력 P는

$$P = T\sin\theta$$

이므로, 지선의 장력 T는

$$T = \frac{P}{\sin\theta} = \frac{500}{\sin 30°} = 1000\ [\text{kg}]$$

따라서, 소선의 가닥수 n 는

$$n = \frac{\text{지선의 장력}}{\text{소선 1가닥의 인장하중}} \times \text{안전율}$$

$$= \frac{1000}{440} \times 2.5 = 5.68$$

$$\fallingdotseq 6\ [\text{가닥}]$$

예제 2 — **입사각 여현의 법칙**

광도가 150 [cd]인 점광원에서 5 [m] 떨어진 거리에서, 그 방향과 직각인 면과 기울기 60°로 설치된 간판의 조도 [1x]는 얼마인가?

풀이 광도 I [cd]의 광원에서 r [m] 떨어진 점에서 $\theta°$ 만큼 기울어진 면의 조도 E [lx]는

$$E = \frac{I}{r^2}\cos\theta = \frac{150}{5^2} \times \cos 60° = 3\ [\text{lx}]$$

예제 3 — **조도의 계산**

그림 2.7과 같이 지표상 3 [m] 높이에 광도 50 [cd]인 백열 전등을 장치하고 가로 조명을 하는 경우 전등 바로 아래에서 4 [m]의 위치에 대한 P점의 법선 조도, 수평면 조도 및 수직면 조도를 계산하여라.

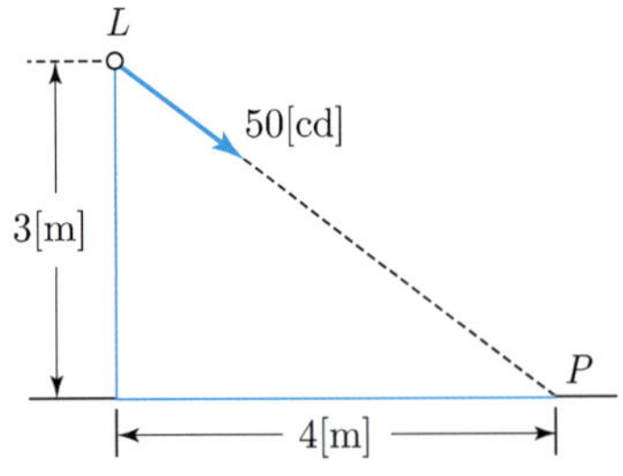

그림 2.7

풀이 먼저 LP 길이를 계산하면

$$\overline{LP} = \sqrt{3^2 + 4^2} = 5\ [\text{m}]$$

광도를 I, 피조면의 법선과 빛의 방향이 만드는 각을 θ, 광원과 피조점의 거리를 r 이라 하면 조도 E 는

$$E = \frac{I}{r^2} \times \cos\theta$$

그러므로 문제의 각 조도는 다음과 같이 된다.

① 법선 조도

$$I = 50\ [\mathrm{cd}], \quad r = 5\ [\mathrm{m}], \quad \cos\theta = \cos 0° = 1$$

$$\therefore\ E = \frac{I}{r^2}\cos\theta = \frac{50}{5^2} \times 1 = 2\ [\mathrm{lx}]$$

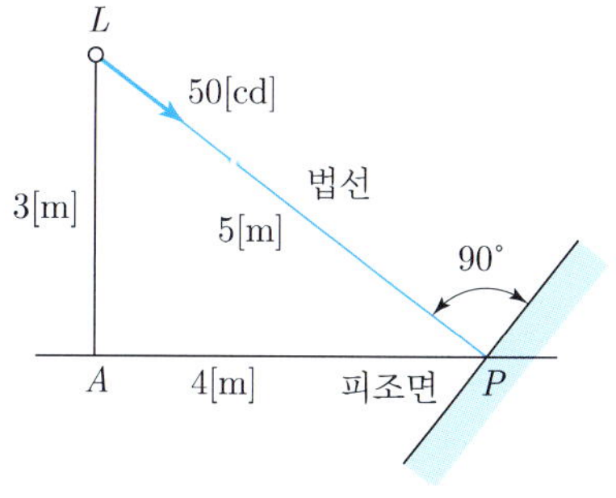

그림 2.8

② 수평면 조도

$$I = 50\ [\mathrm{cd}], \quad r = 5\ [\mathrm{m}]$$

$$\cos\theta = \frac{\overline{LA}}{\overline{LP}} = \frac{3}{5}$$

$$\therefore\ E = \frac{I}{r^2}\cos\theta = \frac{50}{5^2} \times \frac{3}{5} = 1.2\ [\mathrm{lx}]$$

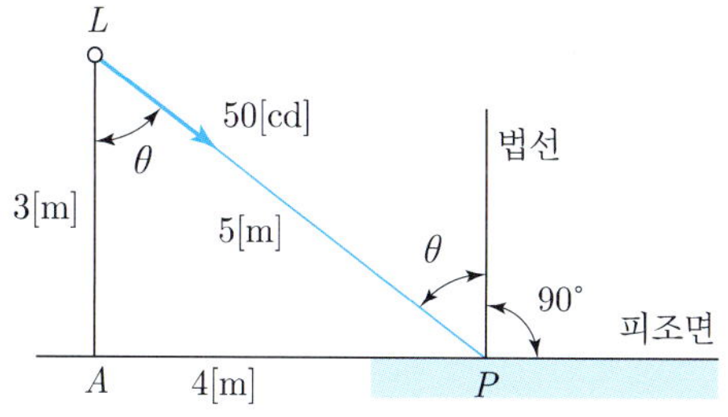

그림 2.9

③ 수직면 조도

$$I = 50\ [\text{cd}], \quad r = 5\ [\text{m}]$$

$$\cos\theta = \frac{\overline{AP}}{\overline{LP}} = \frac{4}{5}$$

$$\therefore E = \frac{I}{r^2}\cos\theta = \frac{50}{5^2} \times \frac{4}{5} = 1.6\ [\text{lx}]$$

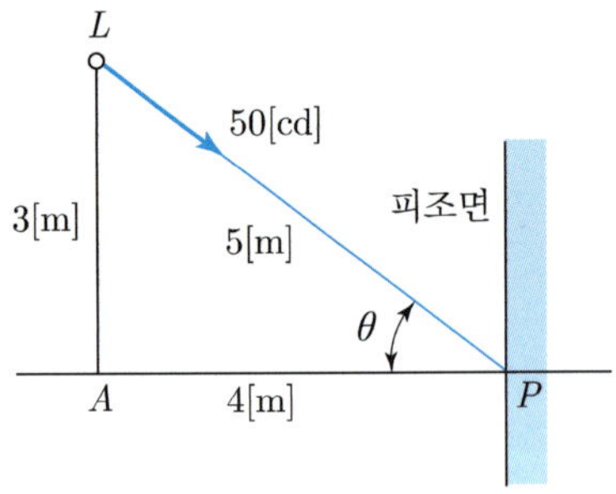

그림 2.10

2.4 | 삼각함수

그림 2.11에서 동경(회전벡터) $\overrightarrow{OP}$가 나타내는 일반각의 크기를 θ라고 하고 점 P의 좌표를 (x, y), 선분 $\overrightarrow{OP}$의 길이를 r 라 하면 $\frac{y}{r}$, $\frac{x}{r}$, $\frac{y}{x}$ 의 값은 θ의 값에 따라 오직 한 개가 결정된다. 따라서, θ에 비의 값 $\frac{y}{r}$, $\frac{x}{r}$, $\frac{y}{x}$ 를 대응시키는 관계는 함수이며, 이들은 각각 **사인함수**, **코사인함수**, **탄젠트함수**라 하며

$$\sin\theta = \frac{y}{r}, \quad \cos\theta = \frac{x}{r}, \quad \tan\theta = \frac{y}{x}$$

와 같이 나타낸다.

또 이들의 역수를

$$\operatorname{cosec}\theta = \frac{r}{y}, \quad \sec\theta = \frac{r}{x}, \quad \cot\theta = \frac{x}{y}$$

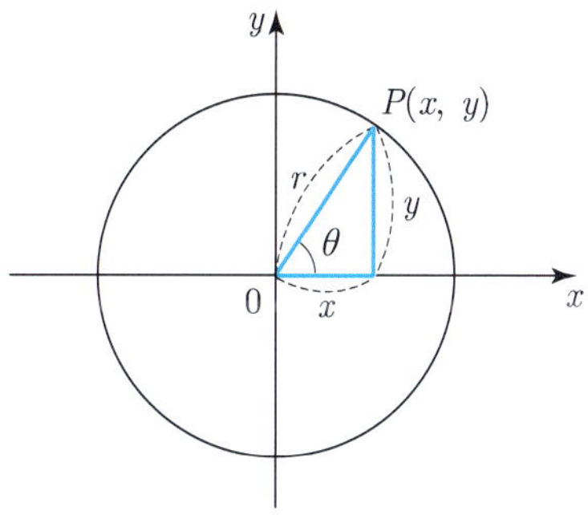

그림 2.11

와 같이 나타낸다.

삼각함수의 값의 부호는 각 θ, 즉 동경 $\overrightarrow{OP}$가 제Ⅰ상한인가, 제Ⅱ상한인가, 제Ⅲ상한인가 또는 제Ⅳ상한인가에 따라 정해진다.

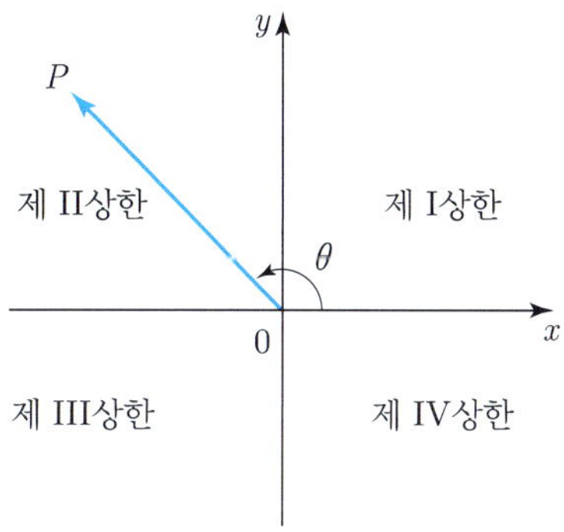

그림 2.12 삼각함수의 값의 부호

예제 1

원점과 점 $P(3,\ 4)$를 맺는 선분을 동경으로 하는 각을 θ라 할 때, 다음 삼각함수의 값을 구하여라.

(1) $\sin\theta$ (2) $\cos\theta$ (3) $\tan\theta$

풀이 그림 2.13에서 피타고라스의 정리에 의하여

$$\overrightarrow{OP}^2 = \overrightarrow{PQ}^2 + \overrightarrow{OQ}^2 = 4^2 + 3^2 = 25 \qquad \therefore\ \overrightarrow{OP} = 5$$

(1) $\sin\theta = \dfrac{4}{5}$ (2) $\cos\theta = \dfrac{3}{5}$

(3) $\tan\theta = \frac{4}{3}$

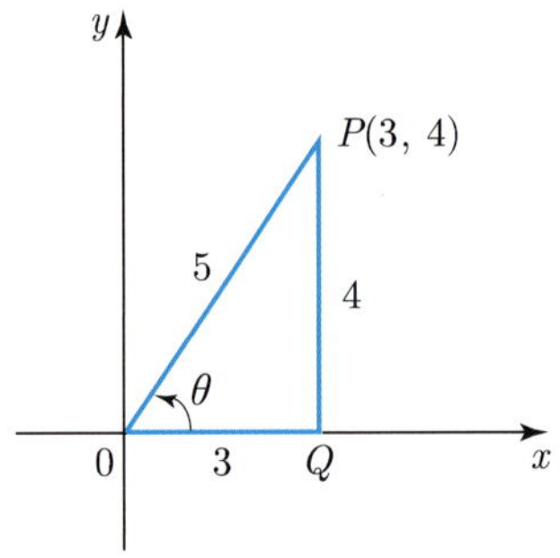

그림 2.13

2.5 | 삼각함수의 성질

1 기본공식

그림 2.14와 각 θ의 동경(회전벡터)과 단위원(반지름이 1인원)과의 교점을 $P(x,\ y)$라고 하면,

$$\sin\theta = y, \quad \cos\theta = x, \quad \tan\theta = \frac{y}{x}$$

이므로 다음과 같이 나타낼 수 있다.

$$\tan\theta = \frac{\sin\theta}{\cos\theta}$$

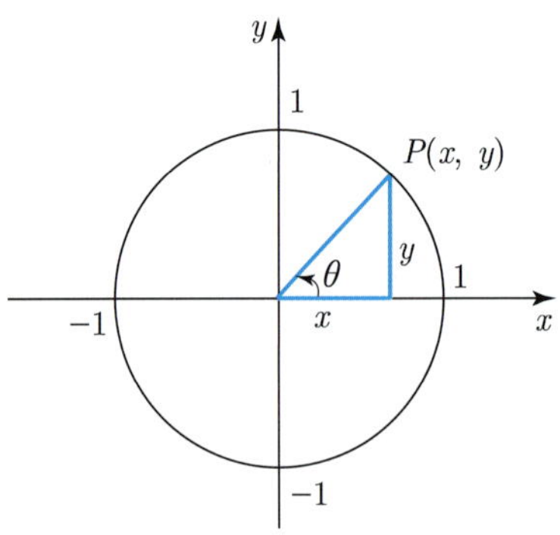

그림 2.14 단위원의 삼각함수

또, 피타고라스의 정리에 의하여 $x^2+y^2=1$ 이므로

$$\cos^2\theta+\sin^2\theta=1$$

여기서 양변을 $\cos^2\theta$ 으로 나누면

$$1+\tan^2\theta=\sec^2\theta$$

그리고 $\sin^2\theta$ 으로 나누면

$$\cot^2\theta+1=\mathrm{cosec}^2\theta$$

와 같은 관계식이 얻어진다.

앞의 삼각함수의 성질로부터 다음과 같은 공식을 얻을 수 있다.

① $360°\pm\theta$ 의 삼각함수

$$\sin(360°\pm\theta)=\pm\sin\theta$$
$$\cos(360°\pm\theta)=\cos\theta$$
$$\tan(360°\pm\theta)=\pm\tan\theta$$

② $-\theta$ 의 삼각함수

$$\sin(-\theta)=-\sin\theta$$
$$\cos(-\theta)=\cos\theta$$
$$\tan(-\theta)=-\tan\theta$$

③ $90°+\theta$ 의 삼각함수

$$\sin(90°+\theta)=\cos\theta$$
$$\cos(90°+\theta)=-\sin\theta$$
$$\tan(90°+\theta)=-\cot\theta$$

④ $90°-\theta$ 의 삼각함수

$$\sin(90°-\theta)=\cos\theta$$
$$\cos(90°-\theta)=\sin\theta$$
$$\tan(90°-\theta)=\cot\theta$$

⑤ $180°+\theta$ 의 삼각함수

$$\sin(180°+\theta)=-\sin\theta$$
$$\cos(180°+\theta)=-\cos\theta$$
$$\tan(180°+\theta)=\tan\theta$$

⑥ $180°-\theta$ 의 삼각함수

$$\sin(180°-\theta)=\sin\theta$$
$$\cos(180°-\theta)=-\cos\theta$$
$$\tan(180°-\theta)=-\tan\theta$$

⑦ $270°+\theta$ 의 삼각함수

$$\sin(270°+\theta)=-\cos\theta$$
$$\cos(270°+\theta)=\sin\theta$$
$$\tan(270°+\theta)=-\cot\theta$$

⑧ $270°-\theta$ 의 삼각함수

$$\sin(270°-\theta)=-\cos\theta$$
$$\cos(270°-\theta)=-\sin\theta$$
$$\tan(270°-\theta)=\cot\theta$$

예제 1

다음 삼각함수의 값을 구하여라.

(1) $\sin 750°$ (2) $\cos(-405°)$ (3) $\sin 210°$

풀이 (1) $\sin 750° = \sin(2 \times 360° + 30°) = \sin 30° = \frac{1}{2}$

(2) $\cos(-405°) = \cos 405° = \cos(360° + 45°) = \cos 45° = \frac{1}{\sqrt{2}}$

(3) $\sin 210° = \sin(270° - 60°) = -\cos 60° = -\frac{1}{2}$

예제 2 — 역율 개선용 콘덴서의 용량

부하의 선간 전압 3300 [V], 피상전력 330 [kVA], 역률 60 [%]인 평형 3상 부하가 있다. 부하의 역률을 80 [%]로 개선하는 데 필요한 전력용 콘덴서의 용량 [kVA]을 구하여라.

풀이 전력용 콘덴서의 용량 Q_c는

$$Q_c = P(\tan\theta_1 - \tan\theta_2)$$

$$= P\left(\frac{\sin\theta_1}{\cos\theta_1} - \frac{\sin\theta_2}{\cos\theta_2}\right) = 330 \times 0.6 \times \left(\frac{0.8}{0.6} - \frac{0.6}{0.8}\right)$$

$$= 115.4 \text{ [kVA]}$$

2 삼각함수의 가법정리

$$\sin(a \pm b) = \sin a \cos b \pm \cos a \sin b$$

$$\cos(a \pm b) = \cos a \cos b \mp \sin a \sin b$$

$$\tan(a \pm b) = \frac{\tan a \pm \tan b}{1 \mp \tan a \tan b}$$

3 삼각 함수의 합

$$\sin a \pm \sin b = 2\sin\frac{a \pm b}{2} \cdot \cos\frac{a \mp b}{2}$$

$$\cos a + \cos b = 2\cos\frac{a+b}{2} \cdot \cos\frac{a-b}{2}$$

$$\cos a - \cos b = -2\sin\frac{a+b}{2} \cdot \sin\frac{a-b}{2}$$

4 삼각함수의 곱

$$\sin a \cdot \cos b = \frac{1}{2}\{\sin(a+b) + \sin(a-b)\}$$

$$\cos a \cdot \sin b = \frac{1}{2}\{\sin(a+b) - \sin(a-b)\}$$

$$\sin a \cdot \sin b = \frac{1}{2}\{\cos(a-b) - \cos(a+b)\}$$

$$\cos a \cdot \cos b = \frac{1}{2}\{\cos(a+b) + \cos(a-b)\}$$

5 배각의 삼각함수

$$\sin 2a = 2\sin a \cdot \cos a$$

$$\cos 2a = \cos^2 a - \sin^2 a = 2\cos^2 a - 1 = 1 - 2\sin^2 a$$

$$\tan 2a = \frac{2\tan a}{1-\tan^2 a}$$

2.6 | 삼각함수의 그래프

그림 2.15는 삼각함수를 그래프로 표시한 것이다. 삼각함수의 그래프에서 가장 기본적인 것은 사인의 그래프이며, 이것을 **사인파**(정현파) 또는 **사인 커브**라고 한다.

사인 커브는 동경(회전벡터)을 0 에서부터 반시계 방향으로 회전시킬 때 회전각 x ([도] 또는 [rad])에 따라 각 값에 대한 y 의 값을 $x-y$ 좌표에 투영시켜서 이것을 곡선으로 표시한 것이다.

사인 커브와 코사인 커브는 같은 형태이나, 코사인 커브가 사인 커브보다 동경의 출발점이 90° 앞서 있음을 알 수 있다. 즉, $\sin(\theta+90°)=\cos\theta$ 또는 $\cos(\theta-90°)=\sin\theta$ 로 된다.

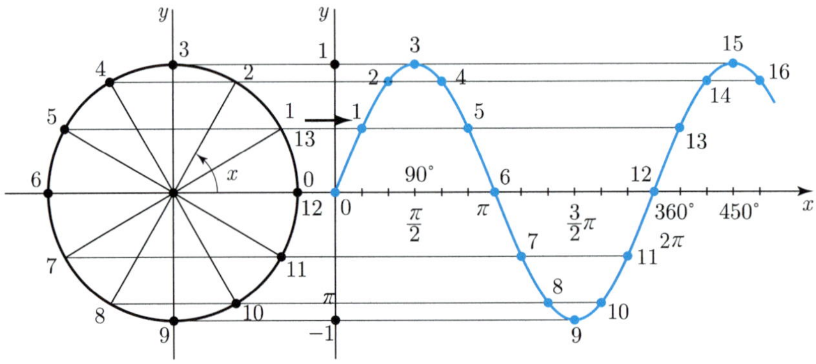

(a) $y=\sin x$ 의 그래프

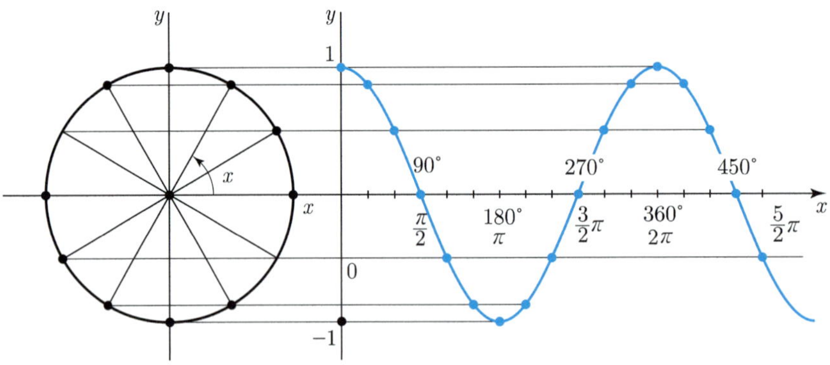

(b) $y=\cos x$ 의 그래프

그림 2.15 삼각함수의 그래프

2.7 | 각속도

각속도(angular velocity)란 기준선에서 출발하여 반시계방향으로 회전하는 동경이 단위 시간에 얼마 정도의 속도로 변화하는가를 나타내는 것이며, 기호는 ω로 표시하고 단위는 [rad/s]를 사용한다.

각속도를 함수로 표시하면 다음과 같다.

$$y = \sin \omega t$$

여기서 ω는 각속도 [rad/s], t 는 시간 [s]이다.

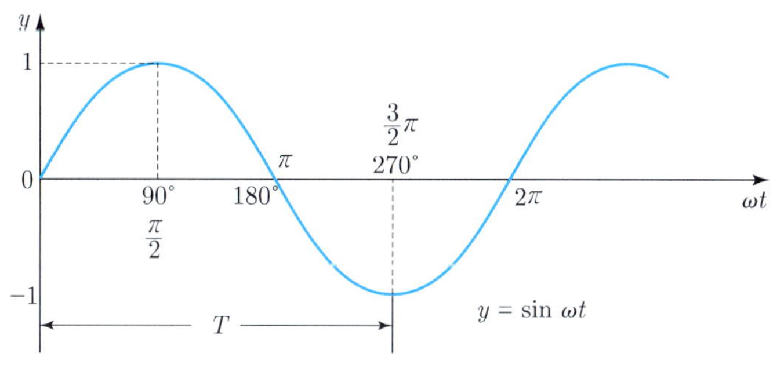

그림 2.16 각속도

그림 2.16과 같이 교류의 파형이 완전히 변화(동경이 원을 한바퀴 일주)하여 처음 상태로 되돌아오는데 걸리는 시간을 **주기**(period)라 하고 T 로 표시하며 단위는 초[s]를 사용한다.

또, 교류의 1초 동안에 반복되는 주파(cycle)의 수를 **주파수**(frequency)라 하고, 기호로는 f 로 표시하며, 단위는 헤르츠(Hertz: Hz)를 사용한다.

주기 T 와 주파수 f 사이에는 다음의 관계가 있다.

$$f = \frac{1}{T}\ [\text{Hz}] \qquad \text{또는} \qquad T = \frac{1}{f}\ [\text{s}]$$

교류에서 1주파의 각을 2π [rad]로 정하여 이것을 **전기각**(electric angle)이라 하고, 1초 동안에 변화하는 전기각을 **각속도**(angular velocity) 또는 **각주파수**(angular frequency)라

한다.

따라서 1주기를 T초 동안에 2π [rad]만큼 증가하므로 1초 동안에는 $2\pi / T$ [rad/s]만큼 증가한다. 그러므로 다음의 식이 성립한다.

$$\omega = \frac{2\pi}{T} = 2\pi f \text{ [rad/s]}$$

예제 1

우리나라에서 사용되는 교류의 상용주파수(60 [Hz])의 각속도[rad/s]는 얼마인가?

풀이 $\omega = 2\pi f = 2 \times 3.14 \times 60 = 377$ [rad/s]

예제 2

$v = 100\sqrt{2}\sin 100\pi t$ [V]인 전압 파형에 대해 주파수[Hz]와 주기[s]를 구하여라.

풀이 $100\pi t = \omega t$이므로 $\omega = 100\pi = 2\pi f$

$$\therefore f = \frac{100\pi}{2\pi} = 50 \text{ [Hz]}$$

$$T = \frac{1}{f} = \frac{1}{50} = 0.02 \text{ [s]}$$

2.8 | 교류의 일반식

정현파 교류에서 전압과 전류에 대하여 식으로 표시하면 다음과 같다.

$$e = E_m \sin \omega t \text{ [Hz]}$$

$$i = I_m \sin \omega t \text{ [A]}$$

여기서, e 와 i 는 각 순간의 크기를 나타내므로 **순싯값**(instantaneous value)이라고 E_m과 I_m 은 전압과 교류의 **최댓값**(maximum value)이라고 한다.

일반적으로 정현파 교류의 전압이나 전류를 코일이나 콘덴서에 가하면 그 전압 또는 전류에 시간적인 오차가 발생한다. 이 시간적인 오차를 각도로 표시한 것을 **위상차**(phase difference)라고 한다.

정현파 교류 전압의 일반식에서 정현함수의 인자는 $(\omega t+\theta)$이고, θ를 **위상**(phase) 또는 **위상각**(phase angle)이라 한다. 따라서

$$e_1 = E_m \sin \omega t$$

$$e_2 = E_m \sin(\omega t + \theta)$$

$$e_3 = E_m \sin(\omega t - \delta)$$

라 할 때 각 순시 전압의 위상과 파형을 나타내면 그림 2.17과 같다.

그림 2.17에서 e_1의 위상을 기준으로 할 때 e_2의 위상은 e_1의 위상보다 θ [rad]만큼 **앞선다**(lead) 또는 **진상**이라 하고, e_3의 위상은 e_1의 위상보다 δ [rad]만큼 **뒤진다**(lag) 또는 **지상**이라고 한다. 최댓값과 관계없이 두 개의 정현파 교류의 위상이 일치하면 **동상**(in-phase)이라고 한다.

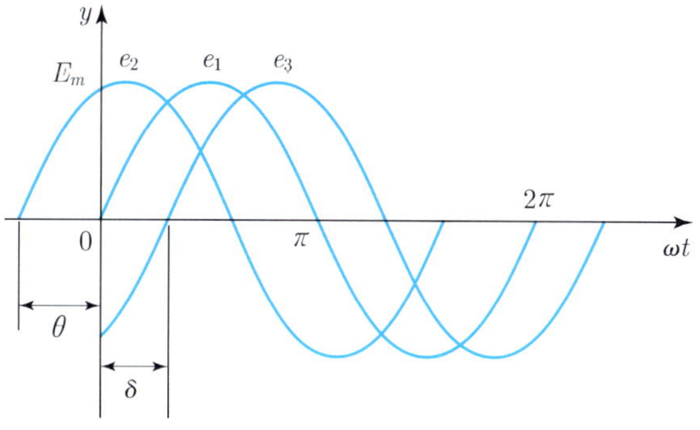

그림 2.17 전압의 위상과 파형

예제 1

$i_1 = I_m \sin \omega t$와 $i_2 = I_m \cos \omega t$의 두 교류 전류의 위상차는 몇 도인가?

풀이

$$i_1 = I_m \sin \omega t$$

$$i_2 = I_m \cos \omega t = I_m \sin(\omega + 90°)$$

$$\therefore \text{ 위상차 } \theta = 90° \ (i_2 \text{가 } i_1 \text{ 보다 } 90° \text{ 앞선다})$$

예제 2

$i = I_m \sin\left(\omega t - \frac{\pi}{4}\right)$와 $e = E_m \sin\left(\omega t - \frac{\pi}{6}\right)$와의 위상차를 구하여라.

풀이 위상차 $\theta = -\frac{\pi}{4} - \left(-\frac{\pi}{6}\right) = -\frac{3\pi}{12} + \frac{2\pi}{12}$

$$= -\frac{\pi}{12}\ [\text{rad}]$$

예제 3

전압 $v = 120 \cos\left(314t + \frac{\pi}{4}\right)$[V]에 대하여 주파수[Hz]와 위상각[도]을 구하여라.

풀이 $\omega = 2\pi f = 314$ 이므로

$$\therefore f = \frac{314}{2\pi} = 50\ [\text{Hz}]$$

위상각

$$\theta = \frac{\pi}{4} \times \left(\frac{360}{2\pi}\right) = 45°$$

연습문제 02

1. 다음에서 60분법의 각도는 호도법으로, 호도법의 각도는 60분법으로 표시하여라.

(1) $30°$ (2) $120°$ (3) 2 [rad] (4) $\frac{3\pi}{4}$ [rad]

2. 다음 삼각함수의 값을 구하여라.

(1) $\sin\ 150°$ (2) $\cos\ 405°$

3. 삼각함수의 가법정리를 사용해서 $\sin\ 75°$의 값을 구하여라.

4. $e = 100\sqrt{2}\ \sin\left(\omega t + \frac{\pi}{6}\right)$와 $i = 5\sqrt{2}\ \cos\left(\omega t - \frac{2}{3}\pi\right)$와의 위상차는 얼마인가?

5. $e = 100\sqrt{2}\ \sin\left(100\pi t - \frac{\pi}{3}\right)$인 정현파 교류 전압의 주파수는 몇 [Hz]인가?

6. 60 [Hz]인 교류 전압과 전류의 위상차가 $\pi/3$일 때, 이 위상차를 시간으로 표시하면 몇 [sec]인가?

7. 전압 $v = 120\sin\left(377t + \frac{\pi}{2}\right)$ [V]에 대하여 주파수[Hz]와 위상각[도]을 구하여라.

3장

행렬과 행렬식

학습목표

- 행렬의 정의를 이해하고 여러 가지 행렬의 특성을 이해할 수 있다.
- 행렬의 덧셈, 뺄셈 및 곱셈의 연산 방법을 이해하고 응용할 수 있다.
- 역 행렬 및 전치 행렬과 특수 행렬을 이해할 수 있다.
- 연립 1차 방정식과 가우스의 소거법을 이해할 수 있다.
- 행렬식의 정의를 이해할 수 있다.
- 2차 및 3차 행렬식을 이해하고, 연립방정식의 해를 구할 수 있다.
- 크래머(Cramer)의 법칙을 이해할 수 있다.
- 크래머(Cramer)의 공식을 이용하여 연립방정식의 해를 구할 수 있다.

"나는 공식이 모두 옳다고 생각하지 않는다."

오귀스탱 루이 코시
(Augustin Louis Cauchy, 1789~1857)

프랑스의 수학자. 바스티유 감옥이 시민군에 의해 함락되고 프랑스 혁명(1789~1799)이 시작되던 해에 파리에서 변호사의 맏아들로 태어났다. 16세의 나이에 에콜 폴리테크니크(高等理工科學校)에 입학하여 수석으로 졸업하였고 1815년 수학상의 업적이 인정되어 모교인 에콜 폴리테크니크의 교수가 되었다. 그는 수학적 창의성이 아주 풍부하여, 그 풍부함을 겨룰 만한 사람은 두 사람, 즉 오일러(Leonhard Euler)와 케일리(Arthur Cayley)뿐이었다. 현대 수학은 두 가지 주요 문제에서 18세기 수학과는 확연히 구분되는데, 이는 실로 코시(Cauchy)의 덕택이다. 코시의 가장 큰 공로는 수학적 해석에 엄밀성을 도입한 것이다. 무한소라는 애매한 개념상에 있던 미적분을 극한(極限), 연속, 급수의 합 등의 개념을 확립함으로써 합리화시켰다. 또 실변수의 함수에 정적분의 문제에서 복수변수의 함수의 연구에 손을 대어 복소함수론의 기초정리를 확립하고, 대수학에서는 행렬식(行列式) 및 군(群)의 이론을 연구했다. 그리고 그때까지 계산으로 푸는 것만이 시도(試圖)되던 미분방정식에 대해 해(解)의 존재를 증명했다. 코시는 해석학을 단순 계산에서 논리의 단계로 올려놓았다고 할 수 있다.

행렬은 이론적으로 매우 명쾌하며, 기호적으로도 간결하기 때문에 그 응용이 상당히 넓으며, 공학이나 물리학, 특히 양자역학에서는 꼭 필요한 존재이다. 일반 회로망 해석에 널리 사용되고 있는데 특히 4단자 회로망의 계산에 사용하면 편리하다. 행렬식이란 정사각 행렬에 어떤 특정한 방법으로 하나의 수를 대응시키는 함수이다.

행렬식은 역행렬이 존재하는지를 판단하는 근거가 되며, 문자의 수와 식의 수가 같은 연립 1차방정식의 근이 유일하게 존재하는지를 결정하는 데 중요한 역할을 한다. 회로이론, 제어공학, 통신공학 등의 연립 1차방정식의 해석에 매우 유익하게 사용되고 있다.

이 장에서는 행렬의 정의와 덧셈, 뺄셈, 곱셈의 연산 방법과 행렬의 응용 및 행렬식의 정의를 이해하고, 2차 및 3차 행렬식 및 크래머(Cramer)의 법칙에 대하여 학습한다.

[주] '행렬(matrix)'이란 용어는 19세기 중엽의 실베스터(Sylvester.J; 1814~1897)에 의하여 처음으로 사용하였다. 실베스터는 항(term)들의 직사각형 모양의 배열을 matrix라고 정의했으며, 지금과 같은 행렬의 이론은 1858년 영국의 케일리(Cayley. A; 1821~1895)의 논무 '행렬론'이 발표된 후, 학문적으로 체계를 갖추게 되었으며 처음으로 수학에 도입되었다.

3.1 | 행렬의 정의

일반적으로 문자 또는 숫자를 직사각형 모양으로 배열하여 소괄호로 묶은 것을 **행렬**이라고 하며, 특히 전기 전자공학분야에서는 원어 그대로 **매트릭스**(matrix)라고 많이 부르고 있다. 행렬은 일반 회로망 해석에 사용되고 있으며, 4단자 회로망의 계산에 사용하면 편리하다.

예 $\begin{pmatrix} 2 & 5 \\ 4 & 1 \end{pmatrix}$, $\begin{bmatrix} 4 & 3 & 1 \\ 3 & -5 & 8 \end{bmatrix}$, $[a_1\ a_2\ a_3]$

행렬은 $m \times n$ 의 문자 또는 숫자를 m 행, n 열의 단형으로 배열한 것이며, 위의 예와 같이 소괄호 또는 각이 있는 괄호속에 표시한다.

$$\boldsymbol{A} = \begin{bmatrix} a_{11} & a_{12} \\ a_{21} & a_{22} \end{bmatrix}$$

이와 같은 표기법은 계수 a_{jk} 의 위치를 곧 식별할 수 있다는 잇점이 있다. 왜냐하면 첫째 첨자는 행(가로 배열)의 수를, 둘째 첨자는 열(세로 배열)의 수를 나타내기 때문이다.

일반적으로 실수 또는 복소수를 다음과 같이 직사각형 모양으로 배열한 것

$$\begin{bmatrix} a_{11} & a_{12} & \cdots & a_{1n} \\ a_{21} & a_{22} & \cdots & a_{2n} \\ \cdot & \cdot & \cdots & \cdot \\ a_{m1} & a_{m2} & \cdots & a_{mn} \end{bmatrix}$$

을 **행렬**(matrix)이라 하며, 행렬을 구성하는 각 문자(숫자)(a_{11}, …, a_{mn})를 **원소**(또는 요소)(element)라 한다. 가로의 줄을 이 행렬의 **행**(row) 세로의 줄을 **열**(column)이라 한다. 또 m 개의 행과 n 개의 열을 갖는 행렬을 $\boldsymbol{m \times n}$ **행렬**이라 한다.

행렬은 $\boldsymbol{A}$, $\boldsymbol{B}$ 등과 같이 보통 고딕체 대문자 또는 $[a_{jk}]$, $[b_{ij}]$ 등과 같이 괄호 속에 그 행렬의 일반적인 원소로 표시한다.

특히 단 하나의 행만을 갖는 행렬을 **행 행렬**(row matrix)이라 부르며, 단 하나의 열만을 갖는 행렬을 **열 행렬**(column matrix)이라 한다.

예 행 행렬 : $\boldsymbol{A} = [a_1 \;\; a_2 \;\; \cdots \;\; a_n]$

열 행렬 : $\boldsymbol{B} = \begin{bmatrix} b_1 \\ b_2 \\ \vdots \\ b_m \end{bmatrix}$

행렬의 원소는 실수 또는 복소수일 수 있다. 만일 행렬의 모든 원소가 실수이면 그 행렬은 **실수 행렬**(real matrix)이라 한다.

행과 열의 수가 같은 행렬을 **정방 행렬**(square matrix)이라 하고, 이때 그 행 또는 열의 수를 그 행렬의 **차수**(order)라 한다. 이와 같은 정방 행렬에서 원소 a_{11}, a_{22}, …, a_{nn}을 포함하는 대각선을 **주대각선**(principal diagonal)이라 하고, 주대각선에 있는 원소를 **주대각선 원소**라 한다.

주어진 $m \times n$ 행렬 $\boldsymbol{A}$ 로부터 몇 개의 행과 열을 소거하여 얻은 행렬을 $\boldsymbol{A}$ 의 **부분 행렬**(submatrix)이라 한다.

3.2 | 행렬의 상등성

두 행렬 $\boldsymbol{A}$, $\boldsymbol{B}$가 같은 $m \times n$행렬이면서 동일한 행과 열에 대응하는 원소가 서로 같을 때, 두 행렬은 **상등**이다 또는 **같다**고 하며, $\boldsymbol{A} = \boldsymbol{B}$로 나타낸다. 두 행렬 $\boldsymbol{A}$, $\boldsymbol{B}$가 상등이 되기 위한 조건은 다음과 같다.

① 두 행렬 $\boldsymbol{A}$, $\boldsymbol{B}$가 같은 수의 행 및 열을 가질 것.

② 서로 대응하는 원소가 같을 것($a_{jk} = b_{jk}$)

예 두 행렬 $\boldsymbol{A}$, $\boldsymbol{B}$가 $\boldsymbol{A} = \boldsymbol{B}$이라면

$$\boldsymbol{A} = \begin{bmatrix} a_{11} & a_{12} \\ a_{21} & a_{22} \end{bmatrix}, \quad \boldsymbol{B} = \begin{bmatrix} b_{11} & b_{12} \\ b_{21} & b_{22} \end{bmatrix} \text{일 때,}$$

$$a_{11} = b_{11}, \quad a_{12} = b_{12}$$

$$a_{21} = b_{21} \quad a_{22} = b_{22}$$

예제 1

$\begin{bmatrix} x & x-y \\ x+y & y \end{bmatrix} = \begin{bmatrix} 3 & 1 \\ 5 & 2 \end{bmatrix}$를 만족시키는 x, y를 구하여라.

풀이 행렬의 상등성에 의하여

$$x = 3, \quad x - y = 1, \quad x + y = 5, \quad y = 2$$

이므로

$$x = 3, \quad y = 2$$

3.3 | 행렬의 가감법 및 상수배

1 행렬의 가감법

행과 열의 수가 같은 행렬에서만 정의할 수 있으며, 행렬의 합 또는 차는 대응하는 원소를 서로 합하거나 빼주면 된다. 즉

$$A=\begin{bmatrix}a_{11} & a_{12}\\ a_{21} & a_{22}\end{bmatrix}, \qquad B=\begin{bmatrix}b_{11} & b_{12}\\ b_{21} & b_{22}\end{bmatrix}$$

일 때

$$A+B=\begin{bmatrix}a_{11} & a_{12}\\ a_{21} & a_{22}\end{bmatrix}+\begin{bmatrix}b_{11} & b_{12}\\ b_{21} & b_{22}\end{bmatrix}=\begin{bmatrix}a_{11}+b_{11} & a_{12}+b_{12}\\ a_{21}+b_{21} & a_{22}+b_{22}\end{bmatrix}$$

$$A-B=\begin{bmatrix}a_{11} & a_{12}\\ a_{21} & a_{22}\end{bmatrix}-\begin{bmatrix}b_{11} & b_{12}\\ b_{21} & b_{22}\end{bmatrix}=\begin{bmatrix}a_{11}-b_{11} & a_{12}-b_{12}\\ a_{21}-b_{21} & a_{22}-b_{22}\end{bmatrix}$$

예제 1

$A=\begin{bmatrix}-4 & 6 & 3\\ 0 & 1 & 2\end{bmatrix}$, $B=\begin{bmatrix}5 & -1 & 0\\ 3 & 1 & 0\end{bmatrix}$일 때 $A+B$ 행렬을 구하여라.

풀이 $A+B=\begin{bmatrix}-4+5 & 6-1 & 3+0\\ 0+3 & 1+1 & 2+0\end{bmatrix}=\begin{bmatrix}1 & 5 & 3\\ 3 & 2 & 2\end{bmatrix}$

모든 원소가 0인 행렬을 **영 행렬**(zero matrix)이라고 하며 그 값은 0이다. 따라서 행렬의 가법에 대한 성질은 다음과 같다.

① $A+B=B+A$

② $(A+B)+C=A+(B+C)$

③ $A+0=A$

④ $A+(-A)=0$

$-A=(a_{jk})$는 A의 모든 원소에 -1을 곱하여 얻은 $m\times n$ 행렬이고, A의 **음 행렬**(negative matrix)이라 부른다.

예제 2

$A=\begin{bmatrix}5 & 4\\ 3 & 2\end{bmatrix}$, $B=\begin{bmatrix}4 & 2\\ 3 & 1\end{bmatrix}$일 때 $A-B$ 행렬을 구하여라.

풀이 $A-B=\begin{bmatrix}5-4 & 4-2\\ 3-3 & 2-1\end{bmatrix}=\begin{bmatrix}1 & 2\\ 0 & 1\end{bmatrix}$

2 행렬의 상수배

$m \times n$ 행렬 $\boldsymbol{A}$에 임의의 수 k의 곱을 $k\boldsymbol{A}$ 또는 $\boldsymbol{A}k$로 표시하며, $\boldsymbol{A}$의 모든 원소에 k를 곱하여 얻어진 $m \times n$ 행렬을 말한다. 즉

$$k\boldsymbol{A} = \boldsymbol{A}k = \begin{bmatrix} ka_{11} & ka_{12} & \cdots & ka_{1n} \\ ka_{21} & ka_{22} & \cdots & ka_{2n} \\ \cdots & \cdots & \cdots & \cdots \\ ka_{m1} & ka_{m2} & \cdots & ka_{mn} \end{bmatrix}$$

예제 3

행렬 $\boldsymbol{A} = \begin{bmatrix} 1 & 2 \\ 3 & 4 \end{bmatrix}$일 때 $\boldsymbol{B} = 3\boldsymbol{A}$의 행렬을 구하여라.

풀이 $\boldsymbol{B} = 3\boldsymbol{A} = 3\begin{bmatrix} 1 & 2 \\ 3 & 4 \end{bmatrix} = \begin{bmatrix} 3\times 1 & 3\times 2 \\ 3\times 3 & 3\times 4 \end{bmatrix} = \begin{bmatrix} 3 & 6 \\ 9 & 12 \end{bmatrix}$

정의로부터 임의의 $m \times n$ 행렬과 임의의 수에 대하여 다음과 같은 성질을 알 수 있다.

① $k(\boldsymbol{A}+\boldsymbol{B}) - k\boldsymbol{A}+k\boldsymbol{B}$

② $(c+k)\boldsymbol{A} = c\boldsymbol{A}+k\boldsymbol{A}$

③ $c(k\boldsymbol{A}) = (ck)\boldsymbol{A}$

④ $1\boldsymbol{A} = \boldsymbol{A}$

3.4 | 전치 행렬과 특수 행렬

1 전치 행렬

$m \times n$ 행렬 $\boldsymbol{A} = [a_{jk}]$의 행과 열을 바꾸어 얻은 $n \times m$ 행렬을 $\boldsymbol{A}$의 **전치 행렬**(transposed matrix)이라고 하며 $\boldsymbol{A}^T$로 표시한다. 즉,

$$\boldsymbol{A}^T = [a_{kj}] = \begin{bmatrix} a_{11} & a_{21} & \cdots & a_{m1} \\ a_{12} & a_{22} & \cdots & a_{m2} \\ \cdots & \cdots & \cdots & \cdots \\ a_{1n} & a_{2n} & \cdots & a_{mn} \end{bmatrix}$$

예제 1

다음 행렬의 전치 행렬을 구하여라.

$$\boldsymbol{A} = \begin{bmatrix} 5 & 8 & 1 \\ 3 & 5 & 7 \end{bmatrix}$$

풀이 $\boldsymbol{A}^T = \begin{bmatrix} 5 & 3 \\ 8 & 5 \\ 1 & 7 \end{bmatrix}$

전치 행렬의 성질은 다음과 같다.

① $(\boldsymbol{A}^T)^T = \boldsymbol{A}$

② $(\boldsymbol{A} + \boldsymbol{B})^T = \boldsymbol{A}^T + \mathrm{B}^T$

③ $(k\boldsymbol{A})^T = k\boldsymbol{A}^T$

④ $(\boldsymbol{AB})^T = \boldsymbol{B}^T\boldsymbol{A}^T$

실수정방 행렬 $\boldsymbol{A} = [a_{jk}]$ 가 그 전치 행렬과 같을 때, 즉

$$\boldsymbol{A}^T = \boldsymbol{A}, \quad a_{kj} = a_{jk} \ (j, k = 1, \cdots, n)$$

일 때, 행렬 $\boldsymbol{A}$ 는 **대칭 행렬**(symmetric matrix)이라고 한다.

그리고 실수정방 행렬 $\boldsymbol{A} = [a_{jk}]$ 가

$$\boldsymbol{A}^T = -\boldsymbol{A}, \quad a_{kj} = -a_{jk} \ (j, k = 1, \cdots, n) \tag{3-1}$$

일 때, 행렬 $\boldsymbol{A}$ 는 **왜대칭 행렬**(skew-symmetric matrix)이라고 한다. 식(3-1)에서 $k = j$ 이면 $a_{jj} = -a_{jj}$ 가 되므로 왜대칭 행렬의 주대각선 원소는 모두 0이 됨을 알 수 있다.

임의의 실수정방 행렬 $\boldsymbol{A}$ 는 대칭 행렬 $\boldsymbol{R}$ 과 왜대칭 행렬 $\boldsymbol{S}$ 의 합으로 표시할 수 있으며, 이 때 $\boldsymbol{R}$ 과 $\boldsymbol{S}$ 는 다음과 같다.

$$R = \frac{1}{2}(A + A^T), \quad S = \frac{1}{2}(A - A^T)$$

예를 들어 행렬 A, B가 다음과 같을 때

$$A = \begin{bmatrix} -3 & 1 & 5 \\ 1 & 0 & -2 \\ 5 & -2 & 4 \end{bmatrix}, \quad B = \begin{bmatrix} 0 & -4 & 1 \\ 4 & 0 & -5 \\ -1 & 5 & 0 \end{bmatrix}$$

A는 대칭 행렬, B는 왜대칭 행렬이다.

그러나 행렬

$$A = \begin{bmatrix} 2 & 3 \\ 5 & -1 \end{bmatrix}$$

은 대칭 행렬도 왜대칭 행렬도 아닌 실수정방 행렬이지만 다음과 같은 대칭 행렬 R과 왜대칭 행렬 S의 합으로 나타낼 수 있다.

$$R = \frac{1}{2}(A + A^T) = \begin{bmatrix} 2 & 4 \\ 4 & -1 \end{bmatrix}$$

$$S = \frac{1}{2}(A - A^T) = \begin{bmatrix} 0 & -1 \\ 1 & 0 \end{bmatrix}$$

2 삼각 행렬

행렬 $A = [a_{jk}]$의 주대각선의 위쪽(또는 아래쪽)에 있는 원소가 모두 0인 행렬을 **삼각 행렬**(triangular)이라 한다.

예 $T_1 = \begin{bmatrix} 1 & 0 & 0 \\ -2 & 3 & 0 \\ 5 & 0 & 2 \end{bmatrix}, \quad T_2 = \begin{bmatrix} 1 & 6 & -1 \\ 0 & 2 & 3 \\ 0 & 0 & 4 \end{bmatrix}$

3 대각 행렬

정방 행렬 $A = [a_{jk}]$의 주대각선의 위쪽과 아래쪽에 있는 원소가 모두 0인 행렬을 **대각 행렬**(diagonal matrix)이라 한다.

예 $\begin{bmatrix} 2 & 0 & 0 \\ 0 & 1 & 0 \\ 0 & 0 & -4 \end{bmatrix}, \quad \begin{bmatrix} 2 & 0 & 0 \\ 0 & 2 & 0 \\ 0 & 0 & 2 \end{bmatrix}$

3.5 | 행렬의 곱셈법

행렬의 곱셈법은 교환법칙이 성립하지 않는다. 즉

$$AB \neq BA$$

행렬의 곱셈법은 행렬식(determinant)의 곱과 같으며, 예를 들어

$$A = \begin{bmatrix} a_{11} & a_{12} \\ a_{21} & a_{22} \end{bmatrix}, \qquad B = \begin{bmatrix} b_{11} & b_{12} \\ b_{21} & b_{22} \end{bmatrix}$$

라 하면, 두 행렬의 곱은

$$AB = \begin{bmatrix} a_{11} & a_{12} \\ a_{21} & a_{22} \end{bmatrix} \cdot \begin{bmatrix} b_{11} & b_{12} \\ b_{21} & b_{22} \end{bmatrix} = \begin{bmatrix} a_{11}b_{11} + a_{12}b_{21} & a_{11}b_{12} + a_{12}b_{22} \\ a_{21}b_{11} + a_{22}b_{21} & a_{21}b_{12} + a_{22}b_{22} \end{bmatrix}$$

가 된다. 만약 곱하는 순서를 바꾸어 BA 라 하면 다음과 같이 된다.

$$BA = \begin{bmatrix} b_{11} & b_{12} \\ b_{21} & b_{22} \end{bmatrix} \cdot \begin{bmatrix} a_{11} & a_{12} \\ a_{21} & a_{22} \end{bmatrix} = \begin{bmatrix} b_{11}a_{11} + b_{12}a_{21} & b_{11}a_{12} + b_{12}a_{22} \\ b_{21}a_{11} + b_{22}a_{21} & b_{21}a_{12} + b_{22}a_{22} \end{bmatrix}$$

예제 1

$A = \begin{bmatrix} 2 & 1 \\ 3 & 4 \end{bmatrix}$, $B = \begin{bmatrix} 1 & -2 \\ 5 & 3 \end{bmatrix}$ 일 때, 행렬의 곱 AB를 구하여라.

풀이 $AB = \begin{bmatrix} 2 & 1 \\ 3 & 4 \end{bmatrix} \cdot \begin{bmatrix} 1 & -2 \\ 5 & 3 \end{bmatrix} = \begin{bmatrix} 2 \cdot 1 + 1 \cdot 5 & 2 \cdot (-2) + 1 \cdot 3 \\ 3 \cdot 1 + 4 \cdot 5 & 3 \cdot (-2) + 4 \cdot 3 \end{bmatrix}$

$= \begin{bmatrix} 7 & -1 \\ 23 & 6 \end{bmatrix}$

[정리 1]

$A = [a_{jk}]$ 를 $m \times n$ 행렬, $B = [b_{jk}]$ 를 $r \times p$ 행렬이라고 하면, 두 행렬의 곱 AB는 오직 $r = n$ 일 때만 정의되고, 그 원소는

$$c_{jk} = a_{j1}b_{1k} + a_{j2}b_{2k} + \ldots + a_{jn}b_{nk} = \sum_{i=1}^{n} a_{ji}b_{ik}$$

로 주어지는 $m \times p$ 행렬 $C = [c_{jk}]$ 이다.

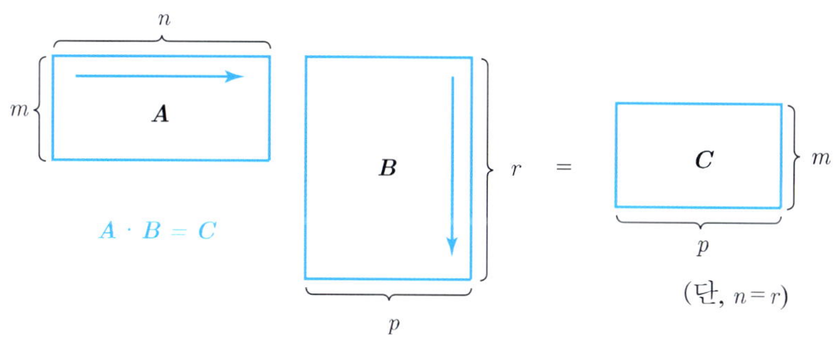

그림 3.1 행렬의 곱셈

위의 정리에서 c_{jk} 는 첫째 행렬 $\boldsymbol{A}$ 의 j 번째 행과 둘째 행렬 $\boldsymbol{B}$ 의 k 번째 열의 스칼라 적임을 알 수 있다. 즉

$$\boldsymbol{A} = \begin{bmatrix} a_1 \\ a_2 \\ \vdots \\ a_m \end{bmatrix}, \quad \boldsymbol{B} = [b_1,\ b_2 \cdots,\ b_p]$$

라고 하면

$$\boldsymbol{C} = \begin{bmatrix} a_1 \cdot b_1 & a_1 \cdot b_2 & \cdots & a_1 \cdot b_p \\ a_2 \cdot b_1 & a_2 \cdot b_2 & \cdots & a_2 \cdot b_p \\ \cdots & \cdots & \cdots & \cdots \\ a_m \cdot b_1 & a_m \cdot b_2 & \cdots & a_m \cdot b_p \end{bmatrix}$$

이다. 따라서 행렬의 곱셈과정은 행을 열에 곱하는 과정이라고 말할 수 있다.

다음은 두 행렬의 곱의 규칙을 여러 가지 행렬 형태에 대하여 정리한 것이다.

(1) $\boldsymbol{A} = [a_1\ \ a_2\ \ a_3], \quad \boldsymbol{B} = \begin{bmatrix} b_1 \\ b_2 \\ b_3 \end{bmatrix}$

$$\therefore\ \boldsymbol{AB} = [a_1 b_1 + a_2 b_2 + a_3 b_3]$$

(2) $\boldsymbol{A} = \begin{bmatrix} a_{11} & a_{12} \\ a_{21} & a_{22} \end{bmatrix}, \quad \boldsymbol{B} = \begin{bmatrix} b_1 \\ b_2 \end{bmatrix}$

$$\therefore\ \boldsymbol{AB} = \begin{bmatrix} a_{11}\, b_1 + a_{12}\, b_2 \\ a_{21}\, b_1 + a_{22}\, b_2 \end{bmatrix}$$

(3) $\boldsymbol{A} = \begin{bmatrix} a_{11} & a_{12} \\ a_{21} & a_{22} \end{bmatrix}, \quad \boldsymbol{B} = \begin{bmatrix} b_{11} & b_{12} \\ b_{21} & b_{22} \end{bmatrix}$

$$\therefore AB = \begin{bmatrix} a_{11}b_{11} + a_{12}b_{21} & a_{11}b_{12} + a_{12}b_{22} \\ a_{21}b_{11} + a_{22}b_{21} & a_{21}b_{12} + a_{22}b_{22} \end{bmatrix}$$

두 행렬의 곱은 순서가 바뀌면 다른 행렬이 되므로 교환법칙이 성립하지 않음에 주의해야 한다.($AB \neq BA$)

예제 2

$A = \begin{bmatrix} 3 & 2 & -1 \\ 0 & 4 & 6 \end{bmatrix}$, $B = \begin{bmatrix} 1 & 0 & 2 \\ 5 & 3 & 1 \\ 6 & 4 & 2 \end{bmatrix}$일 때, 행렬의 곱 AB를 구하여라.

풀이

$$AB = \begin{bmatrix} 3 & 2 & -1 \\ 0 & 4 & 6 \end{bmatrix} \cdot \begin{bmatrix} 1 & 0 & 2 \\ 5 & 3 & 1 \\ 6 & 4 & 2 \end{bmatrix} = \begin{bmatrix} 7 & 2 & 6 \\ 56 & 36 & 16 \end{bmatrix}$$

여기서 BA는 정의되지 않는다.

예제 3

다음 행렬의 곱을 구하여라.

(1) $\begin{bmatrix} 1 \\ 2 \\ 4 \end{bmatrix} \cdot \begin{bmatrix} 3 & 6 & 1 \end{bmatrix}$ (2) $\begin{bmatrix} 3 & 6 & 1 \end{bmatrix} \cdot \begin{bmatrix} 1 \\ 2 \\ 4 \end{bmatrix}$

풀이 (1) $\begin{bmatrix} 1 \\ 2 \\ 4 \end{bmatrix} \cdot \begin{bmatrix} 3 & 6 & 1 \end{bmatrix} = \begin{bmatrix} 3 & 6 & 1 \\ 6 & 12 & 2 \\ 12 & 24 & 4 \end{bmatrix}$

(2) $\begin{bmatrix} 3 & 6 & 1 \end{bmatrix} \cdot \begin{bmatrix} 1 \\ 2 \\ 4 \end{bmatrix} = [3 + 12 + 4] = [19]$

행렬의 곱셈법은 다음과 같은 성질이 있다.

(1) 행렬의 곱셈법은 결합법칙을 만족하고, 행렬의 가감법은 분배법칙을 만족한다. 즉,

① $(kA)B = k(AB) = A(kB)$

② $A(BC) = (AB)C$

③ $(A + B)C = AC + BC$

④ $C(A + B) = CA + CB$

여기서, k 는 임의의 수이다.

(2) 행렬의 곱셈법은 일반적으로 교환법칙을 만족하지 않는다. 즉

$$\boldsymbol{AB} \neq \boldsymbol{BA}$$

(3) 소거법칙은 일반적으로 성립하지 않는다. 즉 $\boldsymbol{AB} = \boldsymbol{0}$ 는 반드시 $\boldsymbol{A} = 0$ 또는 $\boldsymbol{B} = 0$ 를 의미하지는 않는다.

성질 (3)에 대한 증명은 다음의 예로부터 알 수 있다.

$$\begin{bmatrix} 1 & 1 \\ 2 & 2 \end{bmatrix} \begin{bmatrix} -1 & 1 \\ 1 & -1 \end{bmatrix} = \begin{bmatrix} 0 & 0 \\ 0 & 0 \end{bmatrix}$$

성질 (2)는 특정한 경우에만 $\boldsymbol{AB} = \boldsymbol{BA}$ 가 성립함을 말하며, 특정한 경우란 다음과 같다. 대각선원소가 모두 같은 대각 행렬을 **스칼라 행렬**(scalar matrix)이라 한다. 즉

$$\boldsymbol{S} = \begin{bmatrix} k & 0 & \cdots & 0 \\ 0 & k & \cdots & 0 \\ \cdot & \cdot & \cdots & \cdot \\ 0 & 0 & \cdots & k \end{bmatrix}$$

와 같은 형태이다. 여기서, k 는 임의의 수이다. 만일 $\boldsymbol{S}$ 가 n 차의 스칼라 행렬이고, $\boldsymbol{A}$ 를 임의의 $n \times n$ 행렬이라 하면

$$\boldsymbol{AS} = \boldsymbol{SA} = k\boldsymbol{A}$$

이다. 즉 n 차의 정방 행렬 $\boldsymbol{A}$ 와 n 차의 스칼라 행렬을 곱하면 그 결과는 $\boldsymbol{A}$ 에 임의의 수를 곱한 것과 같은 결과이므로 $\boldsymbol{S}$ 는 임의의 $n \times n$ 행렬과 교환가능하다. 특히 n 차의 단위행렬에 대해서는

$$\boldsymbol{AI} = \boldsymbol{IA} = \boldsymbol{A}$$

이다.

행렬의 곱을 전치한 것은 각 행렬을 전치하여 역순으로 곱한 것과 같다. 즉,

$$(\boldsymbol{AB})^T = \boldsymbol{B}^T \boldsymbol{A}^T$$

3.6 | 연립 1차 방정식과 가우스의 소거법

다음과 같은 연립 1차 방정식의 집합

$$
\begin{aligned}
a_{11}x_1 + \cdots + a_{1n}x_n &= b_1 \\
a_{21}x_1 + \cdots + a_{2n}x_n &= b_2 \\
\cdots\cdots\cdots\cdots&\cdots\cdots \\
a_{m1}x_1 + \cdots + a_{mn}x_n &= b_m
\end{aligned}
\tag{3-2}
$$

을 미지수가 n 개이고 방정식이 m 개인 연립 1차 방정식이라고 부른다. 여기서 a_{ik} 는 연립 방정식의 **계수**(coefficient)라 하며, a_{ik} 및 b_i 는 주어진 수들이다. 만일 b_i 가 모두 0이면 식 (3-2)는 **제차 연립방정식**(homogeneous simultaneous equation)이라 하고, b_i 중에서 적어도 하나가 0이 아니면 **비제차 연립방정식**(nonhomogeneous simultaneous equation)이라고 한다.

이때, m 개의 방정식을 모두 만족하는 수 x_1, x_2, ⋯, x_n 의 집합을 방정식(3-2)의 **해**라고 한다.

행렬의 곱셈법의 정의로부터 연립방정식(3-2)의 m 개의 방정식은 한 개의 벡터방정식

$$\boldsymbol{A}x = \boldsymbol{b}$$

로 표시할 수 있다. 여기서 계수 행렬 $\boldsymbol{A} = [a_{ik}]$ 는 $m \times n$ 행렬

$$
\boldsymbol{A} = \begin{bmatrix} a_{11} & a_{12} & \cdots & a_{1n} \\ a_{21} & a_{22} & \cdots & a_{2n} \\ \cdot & \cdot & \cdots & \cdot \\ a_{m1} & a_{m2} & \cdots & a_{mn} \end{bmatrix}
$$

이며,

$$
\boldsymbol{x} = \begin{bmatrix} x_1 \\ \vdots \\ x_n \end{bmatrix}, \quad \boldsymbol{b} = \begin{bmatrix} b_1 \\ \vdots \\ b_m \end{bmatrix}
$$

는 열 행렬이고 $\boldsymbol{x}$ 는 n 개의 성분을, $\boldsymbol{b}$ 는 m 개의 성분을 갖는다. 계수 a_{ik} 가 모두가 0 이 아니라고 가정하면 $\boldsymbol{A}$ 는 영 행렬은 아니다.

행렬 $\boldsymbol{A}$ 에 열 행렬 $\boldsymbol{b}$ 를 첨가하여 얻어진 행렬

$$B = \begin{bmatrix} a_{11} & \cdots & a_{1n} & b_1 \\ \cdot & \cdots & \cdot & \cdot \\ \cdot & \cdots & \cdot & \cdot \\ a_{m1} & \cdots & a_{mn} & b_m \end{bmatrix}$$

을 연립방정식(3-2)의 **첨가 행렬**(augmented matrix)이라고 한다.

이제 **가우스의 소거법**(Gauss elimination)에 의하여 해를 구하는 방법을 몇 개의 전형적인 예로써 고찰하기로 한다.

연립방정식은 그 첨가 행렬에 의하여 완전히 결정되므로 소거과정은 단순히 그 행렬을 고찰함으로써 수행할 수 있다. 이와 같은 대응관계를 알아보기 위하여 연립방정식과 첨가 행렬을 나란히 표기하기로 한다.

예제 1 — **가우스의 소거법**

다음과 같은 네 개의 미지수를 갖는 세 개의 연립 1차 방정식을 풀어라.

$$\begin{aligned} 3.0x_1 + 2.0x_2 + 2.0x_3 - 5.0x_4 &= 8.0 \\ 0.6x_1 + 1.5x_2 + 1.5x_3 - 5.4x_4 &= 2.7 \\ 1.2x_1 - 0.3x_2 - 0.3x_3 + 2.4x_4 &= 2.1 \end{aligned} \quad \Rightarrow \quad \begin{bmatrix} 3.0 & 2.0 & 2.0 & -5.0 & 8.0 \\ 0.6 & 1.5 & 1.5 & -5.4 & 2.7 \\ 1.2 & -0.3 & -0.3 & 2.4 & 2.1 \end{bmatrix}$$

풀이 [제1단계] 둘째 방정식에서 첫째 방정식의 0.6/3.0=0.2배를 빼고, 셋째 방정식에서 첫째 방정식의 1.2/3.0=0.4배를 빼줌으로써, 둘째와 셋째 방정식에서 x_1 을 소거한다. 그러면 다음과 같은 새로운 연립방정식을 얻는다.

$$\begin{aligned} 3.0x_1 + 2.0x_2 + 2.0x_3 - 5.0x_4 &= 8.0 \\ 1.1x_2 + 1.1x_3 - 4.4x_4 &= 1.1 \\ -1.1x_2 - 1.1x_3 + 4.4x_4 &= -1.1 \end{aligned} \quad \Rightarrow \quad \begin{bmatrix} 3.0 & 2.0 & 2.0 & -5.0 & 8.0 \\ 0 & 1.1 & 1.1 & -4.4 & 1.1 \\ 0 & -1.1 & -1.1 & 4.4 & -1.1 \end{bmatrix}$$

[제2단계] 셋째 방정식에서 둘째 방정식의 $-1.1/1.1=-1$배를 빼줌으로써 위의 셋째 방정식에서 x_2 를 소거하면 다음과 같은 연립방정식을 얻는다.

$$\begin{aligned} 3.0x_1 + 2.0x_2 + 2.0x_3 - 5.0x_4 &= 8.0 \\ 1.1x_2 + 1.1x_3 - 4.4x_4 &= 1.1 \\ 0 &= 0 \end{aligned} \quad \Rightarrow \quad \begin{bmatrix} 3.0 & 2.0 & 2.0 & -5.0 & 8.0 \\ 0 & 1.1 & 1.1 & -4.4 & 1.1 \\ 0 & 0 & 0 & 0 & 0 \end{bmatrix}$$

위의 둘째 방정식에서 $x_2 = 1 - x_3 + 4x_4$ 이고, 이것과 첫째 방정식으로부터 $x_1 = 2 - x_4$ 을 얻는다. 한편 x_3 과 x_4 는 임의이므로 무한히 많은 해를 갖는다. 만일 하나의 x_3 의 값과 하나의 x_4 의 값을 택하면, 이에 대응하는 x_1 및 x_2 의 값은 유일하게 결정된다.

예제 2 해가 존재하지 않는 경우의 가우스의 소거법

해가 존재하지 않는 연립방정식에 가우스의 소거법을 적용하면 모순이 발생하여 해가 존재하지 않음을 알 수 있다. 예를 들어

$$\begin{aligned} 3x_1+2x_2+\ \ x_3&=3 \\ 2x_1+\ \ x_2+\ \ x_3&=0 \\ 6x_1+2x_2+4x_3&=6 \end{aligned} \quad \Rightarrow \quad \begin{bmatrix} 3 & 2 & 1 & 3 \\ 2 & 1 & 1 & 0 \\ 6 & 2 & 4 & 6 \end{bmatrix}$$

을 풀어 보자.

풀이 [제1단계] 둘째 방정식에서 첫째 방정식의 2/3배를 빼고, 셋째 방정식에서 첫째 방정식의 6/3=2배를 빼줌으로써, 둘째와 셋째 방정식에서 x_1을 소거하면 다음과 같은 방정식을 얻는다.

$$\begin{aligned} 3x_1+2x_2+\ \ x_3&=\ \ 3 \\ -\frac{1}{3}x_2+\frac{1}{3}x_3&=-2 \\ -\ 2x_2+2x_3&=\ \ 0 \end{aligned} \quad \Rightarrow \quad \begin{bmatrix} 3 & 2 & 1 & 3 \\ 0 & -\frac{1}{3} & \frac{1}{3} & -2 \\ 0 & -2 & 2 & 0 \end{bmatrix}$$

[제2단계] 둘째 방정식에 6을 곱하여 셋째 방정식을 빼줌으로써, 둘째와 셋째 방정식에서 x_2를 소거하면

$$\begin{aligned} 3x_1+2x_2+\ \ x_3&=\ \ 3 \\ -\frac{1}{3}x_2+\frac{1}{3}x_3&=-2 \\ 0&=\ 12 \end{aligned} \quad \Rightarrow \quad \begin{bmatrix} 3 & 2 & 1 & 3 \\ 0 & -\frac{1}{3} & \frac{1}{3} & -2 \\ 0 & 0 & 0 & 12 \end{bmatrix}$$

와 같이 모순이 발생하여 해가 없음을 뜻한다.

예제 3 유일한 해가 존재할 경우의 가우스의 소거법

연립방정식

$$\begin{aligned} -x_1+\ \ x_2+2x_3&=2 \\ 3x_1-\ \ x_2+\ \ x_3&=6 \\ -x_1+3x_2+4x_3&=4 \end{aligned} \quad \Rightarrow \quad \begin{bmatrix} -1 & 1 & 2 & 2 \\ 3 & -1 & 1 & 6 \\ -1 & 3 & 4 & 4 \end{bmatrix}$$

을 풀어라.

풀이 [제1단계] 둘째 방정식에서 첫째 방정식의 3배를 합하고, 셋째 방정식에서 첫째 방정식을 빼 줌으로써 둘째와 셋째 방정식으로부터 x_1을 소거하면 다음과 같은 방정식을 얻는다.

$$\begin{aligned} -x_1 + x_2 + 2x_3 &= 2 \\ 2x_2 + 7x_3 &= 12 \\ 2x_2 + 2x_3 &= 2 \end{aligned} \quad \Rightarrow \quad \begin{bmatrix} -1 & 1 & 2 & 2 \\ 0 & 2 & 7 & 12 \\ 0 & 2 & 2 & 2 \end{bmatrix}$$

[제2단계] 둘째 방정식에서 셋째 방정식을 빼줌으로서 셋째 방정식의 x_2 를 소거하면

$$\begin{aligned} -x_1 + x_2 + 2x_3 &= 2 \\ 2x_2 + 7x_3 &= 12 \\ -5x_3 &= -10 \end{aligned} \quad \Rightarrow \quad \begin{bmatrix} -1 & 1 & 2 & 2 \\ 0 & 2 & 7 & 12 \\ 0 & 0 & -5 & -10 \end{bmatrix}$$

가 되고, 마지막 식에서 시작하여 차례로 $x_3 = 2,\ x_2 = -1,\ x_1 = 1$ 을 얻게 된다.

일반적으로 연립방정식

$$\begin{aligned} a_{11}x_1 + \cdots + a_{1n}x_n &= b_1 \\ a_{21}x_1 + \cdots + a_{2n}x_n &= b_2 \\ &\cdots\cdots \\ a_{m1}x_1 + \cdots + a_{mn}x_n &= b_m \end{aligned}$$

에 대하여 **가우스의 소거법**을 다음과 같이 공식화할 수 있다.

[제1단계] 둘째, 셋째, ⋯, m 째 방정식에서 x_1 을 소거한다. 즉

$$\begin{aligned} &(\text{둘째 방정식}) - \frac{a_{21}}{a_{11}} \times (\text{첫째 방정식}) \\ &(\text{셋째 방정식}) - \frac{a_{31}}{a_{11}} \times (\text{첫째 방정식}) \\ &\cdots\cdots \\ &(m\text{ 째 방정식}) - \frac{a_{m1}}{a_{11}} \times (\text{첫째 방정식}) \end{aligned}$$

을 함으로써 둘째, 셋째, 넷째, ⋯, m 째 방정식으로부터 x_1 을 소거할 수 있다. 이렇게 하면

$$\begin{aligned} a_{11}x_1 + a_{12}x_2 + \cdots + a_{1n}x_n &= b_1 \\ c_{22}x_2 + \cdots + c_{2n}x_n &= b_2{}^* \\ &\cdots\cdots \\ c_{m2}x_2 + \cdots + c_{mn}x_n &= b_m{}^* \end{aligned} \tag{3-3}$$

와 같은 형태의 새로운 연립방정식을 얻는다.

[제2단계]　연립방정식(3-3)의 셋째, …, m째 방정식에서 x_2를 소거한다. 즉

$$(\text{셋째 방정식}) - \frac{c_{32}}{c_{22}} \times (\text{둘째 방정식})$$

$$(\text{넷째 방정식}) - \frac{c_{42}}{c_{22}} \times (\text{둘째 방정식})$$

$$\cdots\cdots\cdots\cdots\cdots\cdots\cdots\cdots\cdots\cdots$$

$$(m\text{째 방정식}) - \frac{c_{m2}}{c_{22}} \times (\text{둘째 방정식})$$

을 함으로써 셋째, 넷째, …, m째 방정식으로부터 x_2을 소거할 수 있다. 이와 같은 과정을 계속하면 제3단계에서 x_3가 제4단계에서 x_4가 소거된다. 이 과정은 방정식이 하나도 남지 않거나, 남아있는 방정식의 모든 미지수의 계수가 0일 때에 끝이 난다. 결국

$$\begin{aligned} a_{11}x_1 + a_{12}x_2 + \cdots + a_{1n}x_n &= b_1 \\ c_{22}x_2 + \cdots + c_{2n}x_n &= b_2^* \\ \cdots\cdots\cdots\cdots\cdots\cdots\cdots \\ k_{rr}x_r + \cdots + k_{rn}x_n &= \tilde{b}_r \\ 0 &= \tilde{b}_{r+1} \end{aligned} \tag{3-4}$$

와 같은 형태의 새로운 연립방정식을 얻는다. 여기서 $r \leqq m$이고, $a_{11} \neq 0$, $c_{22} \neq 0$, …, $r_{rr} \neq 0$이다. 그리고 여기에는 다음과 같은 세 가지의 경우가 있음을 알 수 있다.

(1) $r < m$이고, $\tilde{b}_{r+1}$, …, $\tilde{b}_m$ 중 하나가 0이 아니면 해가 없다.

(2) $r = n$이고, $\tilde{b}_{r+1}$, …, $\tilde{b}_m$이 모두 0이면 단 하나의 해가 존재한다. 이 해는 식(3-4)의 n째 방정식을 x_n에 관해서 풀고 다음에 $(n-1)$째 방정식을 x_{n-1}에 관해서 풀고, 이와 같이 계속함으로써 얻을 수 있다.

(3) $r < n$이고, $\tilde{b}_{r+1}$, …, $\tilde{b}_m$이 모두 0이면 무한히 많은 해가 존재한다. 이때 임의의 해는 미지수 x_{r+1}, …, x_n의 값을 마음대로 택하여, r째 방정식을 x_r에 관해서 풀고, 다음에 $(r-1)$째 방정식을 x_{r-1}에 관해서 풀고, 이와 같이 계속함으로써 얻어진다.

3.7 | 역 행렬

임의의 $n \times n$ 정방 행렬 $\boldsymbol{A} = [a_{jk}]$ 에 대한 **역 행렬**(inverse matrix)은 $\boldsymbol{A}^{-1}$ 로 표시하고

$$\boldsymbol{A}\boldsymbol{A}^{-1} = \boldsymbol{A}^{-1}\boldsymbol{A} = \boldsymbol{I} \tag{3-5}$$

인 $n \times n$ 행렬로 정의된다. 여기서 $\boldsymbol{I}$ 는 n 행의 단위 행렬이다.

만일 $\boldsymbol{A}$ 가 역 행렬을 갖는다면 $\boldsymbol{A}$ 를 **정칙 행렬**(nonsingular matrix)이라 하고, $\boldsymbol{A}$ 가 역 행렬을 갖지 않는다면 **특이 행렬**(singular matrix)이라 한다.

만일 $\boldsymbol{A}$ 가 역 행렬을 갖는다면, 그 역은 유일하다. 실제로 $\boldsymbol{B}$ 와 $\boldsymbol{C}$ 가 모두 $\boldsymbol{A}$ 의 역 행렬이라 하면

$$\boldsymbol{A}\boldsymbol{B} = \boldsymbol{I}, \quad \boldsymbol{C}\boldsymbol{A} = \boldsymbol{I}$$

이고

$$\boldsymbol{B} = \boldsymbol{I}\boldsymbol{B} = (\boldsymbol{C}\boldsymbol{A})\boldsymbol{B} = \boldsymbol{C}(\boldsymbol{A}\boldsymbol{B}) = \boldsymbol{C}\boldsymbol{I} = \boldsymbol{C}$$

가 되어 유일성이 증명된다.

역 행렬의 개념을 고찰하기 위하여 행렬 $\boldsymbol{A}$ 로부터 이에 대응하는 선형변환

$$y = \boldsymbol{A}\boldsymbol{x} \tag{3-6}$$

를 고찰해 보기로 한다. 여기서 x 와 y 는 각각 n 개의 성분 $x_1, \cdots, x_n$ 과 $y_1, \cdots, y_n$ 을 갖는 열 행렬이다. 만일 역 행렬 $\boldsymbol{A}^{-1}$ 가 존재한다면 식(3-6)의 앞에 $\boldsymbol{A}^{-1}$ 를 곱하여 $\boldsymbol{A}^{-1}y = \boldsymbol{A}^{-1}\boldsymbol{A}\boldsymbol{x} = \boldsymbol{I}\boldsymbol{x} = \boldsymbol{x}$ 즉, 역변환(inverse transformation)

$$\boldsymbol{x} = \boldsymbol{A}^{-1}y$$

를 얻는다. 이것은 x 를 y 로 나타낸 식이고 역 행렬 $\boldsymbol{A}^{-1}$ 를 포함하고 있다.

주어진 y 에 대하여 방정식(3-6)은 n 개의 미지수 $x_1, \cdots, x_n$ 을 갖는 n 개의 연립 1차 방정식으로 볼 수 있으며, 그것이 유일한 해를 가질 필요 충분조건은 $\boldsymbol{A}$ 의 계수가 n 인 것이다. 이로써 다음의 정리가 증명된다.

$\boldsymbol{A}$ 의 역 행렬 $\boldsymbol{A}^{-1}$ 를 실제로 결정한다는 것은 결국 연립방정식 $\boldsymbol{A}\boldsymbol{x} = y$ 를 푸는 것과 같으며, 이에 대응하는 방법이 가우스의 소거법이다. 이 방법은 주어진 정방 행렬로부터 삼각 행렬을 만드는 것이다. 이 삼각 행렬로부터 기본연산을 더욱 계속함으로써 쉽게 대각 행렬을 얻을 수 있다. 즉 $\boldsymbol{A}$ 와 $\boldsymbol{I}$ 에서 시작하여 $\boldsymbol{I}$ 와 $\boldsymbol{A}^{-1}$ 로 끝냄으로써

$$\boldsymbol{Ax} = \boldsymbol{y} = \boldsymbol{Iy} \text{를 } \boldsymbol{Ix} = \boldsymbol{x} = \boldsymbol{A}^{-1}\boldsymbol{y}$$

와 같은 형태로 바꿀 수 있다. 이와 같이 가우스의 소거법을 약간 확장한 것을 종종 **가우스-조르단 소거법**(Gauss-Jordan elimination)이라 부른다.

예제 1

행렬 $\boldsymbol{A} = \begin{bmatrix} -1 & 1 & 2 \\ 3 & -1 & 1 \\ -1 & 3 & 4 \end{bmatrix}$의 역 행렬 $\boldsymbol{A}^{-1}$를 구하여라.

풀이 가우스-조르단 소거법에 의하여 $\boldsymbol{Ax} = \boldsymbol{y} = \boldsymbol{Iy}$ 를 $\boldsymbol{Ix} = \boldsymbol{x} = \boldsymbol{A}^{-1}\boldsymbol{y}$ 의 형태로 바꾸기 위하여

$$\boldsymbol{A} = \begin{bmatrix} -1 & 1 & 2 \\ 3 & -1 & 1 \\ -1 & 3 & 4 \end{bmatrix} \left|\left| \begin{bmatrix} 1 & 0 & 0 \\ 0 & 1 & 0 \\ 0 & 0 & 1 \end{bmatrix} \right.\right.$$

에서 시작하여 이웃한 두 행렬에 가우스의 소거법을 적용함으로써 다음의 행렬을 얻는다.

$$\begin{bmatrix} -1 & 1 & 2 \\ 0 & 2 & 7 \\ 0 & 2 & 2 \end{bmatrix} \left|\left| \begin{bmatrix} 1 & 0 & 0 \\ 3 & 1 & 0 \\ -1 & 0 & 1 \end{bmatrix} \right.\right. \qquad \begin{matrix} \\ (2\text{행}) + 3 \times (1\text{행}) \\ (3\text{행}) - (1\text{행}) \end{matrix}$$

$$\begin{bmatrix} -1 & 1 & 2 \\ 0 & 2 & 7 \\ 0 & 0 & -5 \end{bmatrix} \left|\left| \begin{bmatrix} 1 & 0 & 0 \\ 3 & 1 & 0 \\ -4 & -1 & 1 \end{bmatrix} \right.\right. \qquad \begin{matrix} \\ \\ (3\text{행}) - (2\text{행}) \end{matrix}$$

다음 단계는 가우스-조르단 소거법을 적용한다.

$$\begin{bmatrix} 1 & -1 & 0 \\ 0 & 1 & 0 \\ 0 & 0 & 1 \end{bmatrix} \left|\left| \begin{bmatrix} \frac{3}{5} & \frac{2}{5} & -\frac{2}{5} \\ -\frac{13}{10} & -\frac{2}{10} & \frac{7}{10} \\ \frac{4}{5} & \frac{1}{5} & -\frac{1}{5} \end{bmatrix} \right.\right. \qquad \begin{matrix} -(1\text{행}) - \frac{2}{5} \times (3\text{행}) \\ \frac{1}{2} \times (2\text{행}) + \frac{7}{10} \times (3\text{행}) \\ -\frac{1}{5} \times (3\text{행}) \end{matrix}$$

$$\boldsymbol{I} = \begin{bmatrix} 1 & 0 & 0 \\ 0 & 1 & 0 \\ 0 & 0 & 1 \end{bmatrix} \left|\left| \begin{bmatrix} -\frac{7}{10} & \frac{2}{10} & \frac{3}{10} \\ -\frac{13}{10} & -\frac{2}{10} & \frac{7}{10} \\ \frac{4}{5} & \frac{1}{5} & -\frac{1}{5} \end{bmatrix} \right.\right. \qquad \begin{matrix} +(1\text{행}) + (2\text{행}) \\ = \boldsymbol{A}^{-1} \\ \end{matrix}$$

따라서, 위의 우변의 행렬은 $\boldsymbol{A}$ 의 역 행렬이다.

검산

$$\begin{bmatrix} -1 & 1 & 2 \\ 3 & -1 & 1 \\ -1 & 3 & 4 \end{bmatrix}\begin{bmatrix} -0.7 & 0.2 & 0.3 \\ -1.3 & -0.2 & 0.7 \\ 0.8 & 0.2 & -0.2 \end{bmatrix} = \begin{bmatrix} 1 & 0 & 0 \\ 0 & 1 & 0 \\ 0 & 0 & 1 \end{bmatrix}$$

식(3-5)에서와 같이 $\boldsymbol{A}\boldsymbol{A}^{-1} = \boldsymbol{I}$가 됨을 확인할 수 있다.

역 행렬에 관한 몇 가지 유용한 공식을 열거하면 다음과 같다.

2×2 정칙 행렬에 대해서는

$$\boldsymbol{A} = \begin{bmatrix} a_{11} & a_{12} \\ a_{21} & a_{22} \end{bmatrix} \text{이면} \quad \boldsymbol{A}^{-1} = \frac{1}{\det \boldsymbol{A}}\begin{bmatrix} a_{22} & -a_{12} \\ -a_{21} & a_{11} \end{bmatrix}$$

이다. 여기서 $\det \boldsymbol{A} = a_{11}a_{22} - a_{12}a_{21}$ 이고, 이것에 관해서는 3장 행렬식에서 고찰하도록 한다.

마찬가지로 정칙대각 행렬에 대해서는

$$\boldsymbol{A} = \begin{bmatrix} a_{11} & \cdots & 0 \\ \cdot & \cdots & \cdot \\ \cdot & \cdots & \cdot \\ \cdot & \cdots & a_{nn} \end{bmatrix}, \qquad \boldsymbol{A}^{-1} = \begin{bmatrix} 1/a_{11} & \cdots & 0 \\ \cdot & \cdots & \cdot \\ \cdot & \cdots & \cdot \\ 0 & \cdots & 1/a_{nn} \end{bmatrix}$$

이다. 즉 주대각선상에 있는 $\boldsymbol{A}^{-1}$의 원소는 $\boldsymbol{A}$의 원소의 역수이다.

예제 2

$\boldsymbol{A} = \begin{bmatrix} 3 & 1 \\ 2 & 4 \end{bmatrix}$의 역 행렬 $\boldsymbol{A}^{-1}$를 구하여라.

풀이 $\boldsymbol{A}^{-1} = \frac{1}{10}\begin{bmatrix} 4 & -1 \\ -2 & 3 \end{bmatrix} = \begin{bmatrix} 0.4 & -0.1 \\ -0.2 & 0.3 \end{bmatrix}$

예제 3

대각 행렬 $\boldsymbol{A} = \begin{bmatrix} -0.5 & 0 & 0 \\ 0 & 4 & 0 \\ 0 & 0 & 1 \end{bmatrix}$의 역 행렬 $\boldsymbol{A}^{-1}$를 구하여라.

풀이 $\boldsymbol{A}^{-1} = \begin{bmatrix} -2 & 0 & 0 \\ 0 & 0.25 & 0 \\ 0 & 0 & 1 \end{bmatrix}$

역 행렬의 역은 주어진 행렬 $\boldsymbol{A}$ 이다. 즉,

$$(\boldsymbol{A}^{-1})^{-1} = \boldsymbol{A}$$

행렬의 곱 $\boldsymbol{AC}$의 역은 각 인자의 역을 구하여 그 결과를 역순으로 곱하면 얻어진다. 즉,

$$(\boldsymbol{AC})^{-1} = \boldsymbol{C}^{-1}\boldsymbol{A}^{-1} \tag{3-7}$$

이다.

식(3-7)을 증명하기 위하여 식(3-5)로부터 $\boldsymbol{A}$ 대신 $\boldsymbol{AC}$를 대입한다. 즉,

$$\boldsymbol{AC}(\boldsymbol{AC})^{-1} = \boldsymbol{I}$$

이다. $\boldsymbol{A}^{-1}$을 이 식의 앞에 곱하고, $\boldsymbol{A}^{-1}\boldsymbol{A} = \boldsymbol{I}$를 사용하면

$$\boldsymbol{C}(\boldsymbol{AC})^{-1} = \boldsymbol{A}^{-1}$$

을 얻고, 또 다시 $\boldsymbol{C}^{-1}$를 이 식의 앞에 곱하면 원하는 결과를 얻는다. 즉,

$$(\boldsymbol{AC})^{-1} = \boldsymbol{C}^{-1}\boldsymbol{A}^{-1}$$

가 된다. 이 식에서 셋 이상의 행렬의 곱으로 일반화하면

$$(\boldsymbol{AC} \ \cdots \ \boldsymbol{PQ})^{-1} = \boldsymbol{Q}^{-1}\boldsymbol{P}^{-1}\cdots \ \boldsymbol{C}^{-1}\boldsymbol{A}^{-1}$$

를 얻는다.

더욱이 행렬의 곱셈법에서는 일반적으로 상쇄법칙이 성립하지 않는다. 즉 $\boldsymbol{AB} = 0$ 이면 $\boldsymbol{A} = 0$ 또는 $\boldsymbol{B} = 0$ 을 뜻하지는 않는다.

이것은 다음의 예를 보면 알 수 있다.

$$\begin{bmatrix} 1 & 1 \\ 2 & 2 \end{bmatrix} \begin{bmatrix} -1 & 1 \\ 1 & -1 \end{bmatrix} = \begin{bmatrix} 0 & 0 \\ 0 & 0 \end{bmatrix}$$

3.8 | 행렬의 응용

1 임피던스 행렬과 어드미턴스 행렬

일반적으로 n 개의 미지항을 갖고 있는 전기회로는 키르히호프(Kirchhoff)의 제2법칙에

따라

$$\begin{cases} V_1 = z_{11} I_1 + z_{12} I_2 + z_{13} I_3 + \ldots + z_{1n} I_n \\ V_2 = z_{21} I_1 + z_{22} I_2 + z_{23} I_3 + \ldots + z_{2n} I_n \\ \cdots\cdots\cdots\cdots\cdots\cdots\cdots\cdots \\ V_n = z_{n1} I_1 + z_{n2} I_2 + z_{n3} I_3 + \ldots + z_{nn} I_n \end{cases}$$

로 나타낼 수 있다. 여기서 $n = 3$ 인 경우에는

$$\begin{cases} V_1 = z_{11} I_1 + z_{12} I_2 + z_{13} I_3 \\ V_2 = z_{21} I_1 + z_{22} I_2 + z_{23} I_3 \\ V_3 = z_{31} I_1 + z_{32} I_2 + z_{33} I_3 \end{cases} \tag{3-8}$$

와 같이 된다. 식(3-8)을 행렬로 표시하면

$$\begin{bmatrix} V_1 \\ V_2 \\ V_3 \end{bmatrix} = \begin{bmatrix} z_{11} & z_{12} & z_{13} \\ z_{21} & z_{22} & z_{23} \\ z_{31} & z_{32} & z_{33} \end{bmatrix} \begin{bmatrix} I_1 \\ I_2 \\ I_3 \end{bmatrix} \tag{3-9}$$

가 되고, 식(3-9)는

$$[\boldsymbol{V}] = [\boldsymbol{Z}]\ [\boldsymbol{I}] \tag{3-10}$$

와 같이 간단하게 나타낼 수 있다. 여기서 $[Z]$ 를 **임피던스 행렬**이라 하고, 임피던스 행렬은 $z_{jk} = z_{kj}$ 이므로 대칭 행렬이다.

식(3-10)의 양변에 $[\boldsymbol{Z}]^{-1}$ 을 곱하면

$$[\boldsymbol{Z}]^{-1}[\boldsymbol{V}] = [\boldsymbol{Z}]^{-1}[\boldsymbol{Z}][\boldsymbol{I}]$$

$$\therefore\ [\boldsymbol{I}] = [\boldsymbol{Z}]^{-1}\ [\boldsymbol{V}] = [\boldsymbol{Y}]\ [\boldsymbol{V}]$$

가 되므로 I_1, I_2, I_3는 다음 식으로부터 구할 수 있다.

$$\begin{bmatrix} I_1 \\ I_2 \\ I_3 \end{bmatrix} = \begin{bmatrix} Y_{11} & Y_{12} & Y_{13} \\ Y_{21} & Y_{22} & Y_{23} \\ Y_{31} & Y_{32} & Y_{33} \end{bmatrix} \begin{bmatrix} V_1 \\ V_2 \\ V_3 \end{bmatrix}$$

여기서

$$[\boldsymbol{Z}]^{-1} = [\boldsymbol{Y}] = \begin{bmatrix} Y_{11} & Y_{12} & Y_{13} \\ Y_{21} & Y_{22} & Y_{23} \\ Y_{31} & Y_{32} & Y_{33} \end{bmatrix}$$

이것을 **어드미턴스 행렬**이라 하며, 어드미턴스 행렬 $[\boldsymbol{Y}]$는 임피던스 행렬 $[\boldsymbol{Z}]$의 역 행렬이다. 어드미턴스 행렬 $[\boldsymbol{Y}]$의 원소 Y_{jk}는 앞에서 설명한 바와 같이 다음의 관계식으로 구할 수 있다.

$$\boldsymbol{Y}_{jk} = \frac{(-1)^{j+k}|\boldsymbol{Z}_{kj}|}{|\boldsymbol{Z}|} \tag{3-11}$$

여기서, $|\boldsymbol{Z}_{kj}|$는 행렬식 $|z|$의 k행 j열을 제외한 **소행렬식**이다.

2 4단자회로망 행렬

그림 3.2에 표시한 4단자회로의 입력과 출력 사이의 관계를 나타내는 정수를 4단자 파라미터라 하고, V_1, V_2, I_1, I_2 중에서 임의의 2개를 독립변수로 하고 나머지 2개를 종속변수로 하여 방정식을 만들면 6조의 연립방정식을 만들 수 있으나, 실용적으로 어드미턴스 파라미터, 임피던스 파라미터, 4단자 정수가 많이 쓰이고 있다.

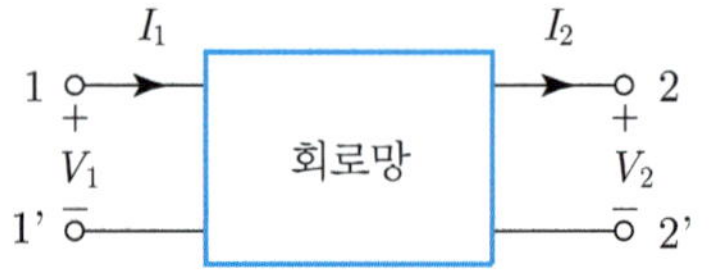

그림 3.2

(1) 어드미턴스 파라미터

4단자회로망의 입력전류와 출력전류의 관계를 구하기 위해 도입되는 매개변수를 **어드미턴스 파라미터**라고 한다.

$$\begin{bmatrix} I_1 \\ I_2 \end{bmatrix} = \begin{bmatrix} Y_{11} & Y_{12} \\ Y_{21} & Y_{22} \end{bmatrix} \begin{bmatrix} V_1 \\ -V_2 \end{bmatrix} \tag{3-12}$$

여기서

$$\left.\begin{aligned} Y_{11} &= \left(\frac{I_1}{V_1}\right)_{V_2=0} \\ Y_{22} &= \left(-\frac{I_2}{V_2}\right)_{V_1=0} \end{aligned}\right\}$$

단락구동점 어드미턴스
(출력측을 단락한 때의
입력전류와 입력전압의 비)

$$\left.\begin{aligned} Y_{12} &= \left(-\frac{I_1}{V_2}\right)_{V_1=0} \\ Y_{21} &= \left(\frac{I_2}{V_1}\right)_{V_2=0} \end{aligned}\right\}$$

단락전달 어드미턴스
(출력측을 단락한 때의
출력전류와 입력전압의 비)

그리고 $Y_{12} = Y_{21}$ 이다.

즉 Y_{11} 은 출력단자 2-2′를 단락하여 입력단자 1-1′에서 본 어드미턴스,

Y_{22} 는 1-1′를 단락하여 2-2′에서 본 어드미턴스,

Y_{21} 은 2-2′를 단락하였을 때의 I_2 와 V_1 의 비,

Y_{12} 는 1-1′를 단락하였을 때의 I_1 과 V_2 의 비이다.

식(3-12)에서 V_2 에 −를 붙인 것은 I_2 의 정방향과 V_2 의 정방향을 반대로 정하였기 때문이다.

(2) 임피던스 파라미터

$$\begin{bmatrix} V_1 \\ -V_2 \end{bmatrix} = \begin{bmatrix} Z_{11} & Z_{12} \\ Z_{21} & Z_{22} \end{bmatrix} \begin{bmatrix} I_1 \\ I_2 \end{bmatrix} \tag{3-13}$$

여기서

$$\left.\begin{aligned} Z_{11} &= \left(\frac{V_1}{I_1}\right)_{I_2=0} \\ Z_{22} &= \left(-\frac{V_2}{I_2}\right)_{I_1=0} \end{aligned}\right\}$$

개방구동점 임피던스
(출력측을 개방한 때의
입력전압과 입력전류의 비)

$$Z_{12} = \left(\frac{V_1}{I_2}\right)_{I_1=0}$$

$$Z_{21} = \left(-\frac{V_2}{I_1}\right)_{I_2=0}$$

개방전달 임피던스
(출력측을 개방한 때의
출력전압과 입력전류의 비)

그리고 $Z_{12} = Z_{21}$ 이다.

(3) 4단자 정수

$$\begin{bmatrix} V_1 \\ I_1 \end{bmatrix} = \begin{bmatrix} \boldsymbol{A} & \boldsymbol{B} \\ \boldsymbol{C} & \boldsymbol{D} \end{bmatrix} \begin{bmatrix} V_2 \\ I_2 \end{bmatrix} \tag{3-14}$$

여기서

$$\boldsymbol{A} = \left(\frac{V_1}{V_2}\right)_{I_2=0}, \quad \boldsymbol{B} = \left(\frac{V_1}{I_2}\right)_{V_2=0}, \quad \boldsymbol{C} = \left(\frac{I_1}{V_2}\right)_{I_2=0}, \quad \boldsymbol{D} = \left(\frac{I_1}{I_2}\right)_{V_2=0}$$

식(3-14)의 $\boldsymbol{A}, \boldsymbol{B}, \boldsymbol{C}, \boldsymbol{D}$를 **4단자 정수** 또는 **4단자 파라미터**라 한다.

4단자 정수와 어드미턴스 파라미터 및 임피던스 파라미터와의 관계는 다음과 같다.

$$\begin{cases} \boldsymbol{A} = \dfrac{Y_{22}}{Y_{12}} = -\dfrac{Z_{11}}{Z_{12}}, \quad \boldsymbol{B} = \dfrac{1}{Y_{12}} = \dfrac{{Z_{12}}^2 - Z_{11} Z_{22}}{Z_{12}} \\[2ex] \boldsymbol{C} = \dfrac{Y_{11} Y_{22} - {Y_{12}}^2}{Y_{12}} = -\dfrac{1}{Z_{12}}, \quad \boldsymbol{D} = \dfrac{Y_{11}}{Y_{12}} = -\dfrac{Z_{22}}{Z_{12}} \end{cases} \tag{3-15}$$

식(3-15)로부터 다음 식이 성립한다.

$$\begin{vmatrix} \boldsymbol{A} & \boldsymbol{B} \\ \boldsymbol{C} & \boldsymbol{D} \end{vmatrix} = \boldsymbol{AD} - \boldsymbol{BC} = 1$$

$$Y_{11} = \frac{\boldsymbol{D}}{\boldsymbol{B}}, \quad Y_{12} = Y_{21} = \frac{1}{\boldsymbol{B}}, \quad Y_{22} = \frac{\boldsymbol{A}}{\boldsymbol{B}}$$

$$Z_{11} = \frac{\boldsymbol{A}}{\boldsymbol{C}}, \quad Z_{12} = Z_{21} = -\frac{1}{\boldsymbol{C}}, \quad Z_{22} = \frac{\boldsymbol{D}}{\boldsymbol{C}}$$

예제 2

그림 3.3과 같은 회로망에서 4단자 정수를 구하여라.

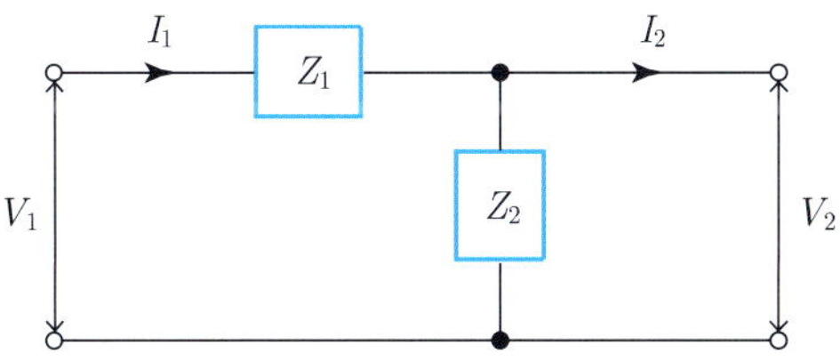

그림 3.3

풀이 그림 3.3에서

$$V_1 = V_2 + Z_1 I_1 = \left(1 + \frac{Z_1}{Z_2}\right) V_2 + Z_1 I_2$$

$$I_1 = \frac{1}{Z_2} V_2 + I_2$$

가 되므로 이것을 행렬로 표시하면

$$\begin{bmatrix} V_1 \\ I_1 \end{bmatrix} = \begin{bmatrix} 1 + \dfrac{Z_1}{Z_2} & Z_1 \\ \dfrac{1}{Z_2} & 1 \end{bmatrix} \begin{bmatrix} V_2 \\ I_2 \end{bmatrix}$$

따라서

$$\boldsymbol{A} = 1 + \frac{Z_1}{Z_2}, \quad \boldsymbol{B} = Z_1, \quad \boldsymbol{C} = \frac{1}{Z_2}, \quad \boldsymbol{D} = 1$$

3.9 | 행렬식의 정의

2차 행렬식은 두 개의 미지수 x_1, x_2를 갖는 연립 1차방정식

$$\begin{aligned} a_{11}x_1 + a_{12}x_2 &= b_1 \\ a_{21}x_1 + a_{22}x_2 &= b_2 \end{aligned} \tag{3-16}$$

와 관련되어 있다. 위의 연립방정식을 풀기 위하여 첫째 방정식에 a_{22}를 곱하고, 둘째 방

정식에 $-a_{12}$를 곱하여 서로 합하면

$$(a_{11}a_{22}-a_{21}a_{12})x_1 = a_{22}b_1 - a_{12}b_2$$

가 되고, 또 식(3-16)의 첫째 방정식에 $-a_{21}$을 곱하고, 둘째 방정식에 a_{11}을 곱하여 서로 합하면

$$(a_{11}a_{22}-a_{21}a_{12})x_2 = a_{11}b_2 - a_{21}b_1$$

이 된다. 만일 $a_{11}a_{22}-a_{21}a_{12} \neq 0$ 이면, 위의 식의 양변을 이것으로 나누면

$$x_1 = \frac{a_{22}b_1 - a_{12}b_2}{a_{11}a_{22}-a_{21}a_{12}}$$
$$x_2 = \frac{a_{11}b_2 - a_{21}b_1}{a_{11}a_{22}-a_{21}a_{12}} \tag{3-17}$$

와 같은 결과를 얻을 수 있다. 여기서 분모의 식을

$$\begin{vmatrix} a_{11} & a_{12} \\ a_{21} & a_{22} \end{vmatrix}$$

와 같은 형태로 쓰고, 이것을 **2차 행렬식**(determinant of second order)이라고 부른다. 즉,

$$\boldsymbol{D} = \det(\boldsymbol{A}) = \begin{vmatrix} a_{11} & a_{12} \\ a_{21} & a_{22} \end{vmatrix} = a_{11}a_{22} - a_{21}a_{12} \tag{3-18}$$

이다. 여기서 네 개의 수 a_{11}, a_{12}, a_{21}, a_{22}를 행렬식의 **원소**(element)라고 하며, 가로로 배열된 원소를 **행**(row), 세로로 배열된 원소를 **열**(column)이라고 한다.

[주] 행렬과 행렬식의 다른 점

(1) 행렬은 소괄호(또는 각이 있는 직선)으로 나타내고, 행렬식은 양쪽에 직선을 그어서 나타낸다.
(2) 행렬은 행의 수와 열의 수가 다를 수 있지만, 행렬식은 행의 수와 열의 수가 항상 같아야 한다.
(3) 행렬식은 한 개의 수를 나타내지만, 행렬은 하나의 수를 나타내지 않으며, 수치를 계산하지 못한다. 하지만 행렬사이에는 일정한 연산을 할 수 있다.

행렬식(determinant)은 행렬(matrix)과 구분하기 위하여 원소의 집합 양쪽에 두 개의 수직선으로 표시한다.

2차 행렬식의 전개는 식(3.18)의 우변에 표시한 것과 같이 주대각선상의 요소의 곱과

역대각선상의 요소의 곱이 성립되며, 그 부호는 주대각선을 만드는 것이 양(+), 역대각선을 만드는 것이 음(−)이 된다. 그것을 나타내면 그림 4.1과 같다.

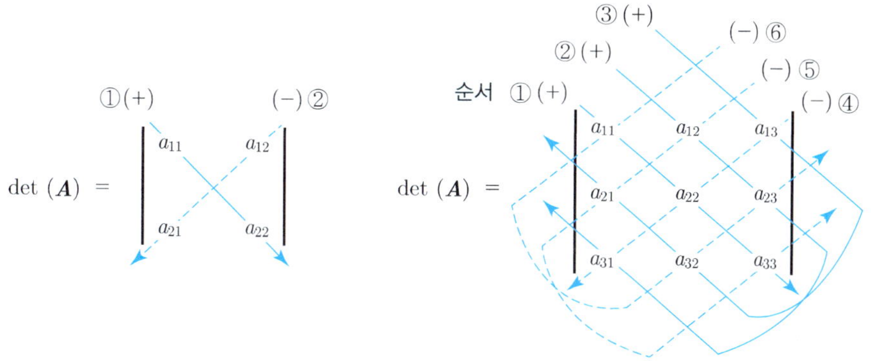

그림 3.4 행렬식의 전개법

연립방정식(3-16)의 해 (3-17)은

$$x_1 = \frac{\boldsymbol{D}_1}{\boldsymbol{D}}, \quad x_2 = \frac{\boldsymbol{D}_2}{\boldsymbol{D}} \quad (D \neq 0) \tag{3-19}$$

와 같은 형태로 쓸 수 있다. 여기서

$$\boldsymbol{D} = \begin{vmatrix} a_{11} & a_{12} \\ a_{21} & a_{22} \end{vmatrix}, \quad \boldsymbol{D}_1 = \begin{vmatrix} b_1 & a_{12} \\ b_2 & a_{22} \end{vmatrix}, \quad \boldsymbol{D}_2 = \begin{vmatrix} a_{11} & b_1 \\ a_{21} & b_2 \end{vmatrix}$$

이다. 이 공식을 **크래머(Cramer)의 공식**이라 한다. $\boldsymbol{D}_1$은 $\boldsymbol{D}$의 첫째 열을, $\boldsymbol{D}_2$는 $\boldsymbol{D}$의 둘째 열을 각각 b_1, b_2 원소의 열로 대치함으로써 얻는다.

만일 b_1과 b_2가 모두 0이면 그 연립방정식은 **제차**(homogeneous)라고 말한다. 이 경우에 그 방정식은 적어도 $x_1 = 0$, $x_2 = 0$ 인 **자명한 해**를 갖는다. 그것이 또 다른 해를 가질 필요충분조건은 $\boldsymbol{D} = 0$ 인 것이다.

만일 b_1과 b_2 중 적어도 하나가 0이 아니면 그 연립방정식은 **비제차**(nonhomogeneous)라고 말한다. 이때 $\boldsymbol{D} \neq 0$ 이면 식(3-19)로 주어지는 오직 하나의 해를 갖는다.

3차 행렬식은 세 개의 미지수 x_1, x_2, x_3를 갖는 연립 1차방정식

$$a_{11}x_1 + a_{12}x_2 + a_{13}x_3 = b_1$$
$$a_{21}x_1 + a_{22}x_2 + a_{23}x_3 = b_2 \tag{3-20}$$

$$a_{31}x_1 + a_{32}x_2 + a_{33}x_3 = b_3$$

과 관련되어 있다. 지금 x_1만을 포함하는 하나의 방정식을 얻기 위하여, 위의 방정식에 각각

$$(a_{22}a_{33} - a_{32}a_{23}), \quad -(a_{12}a_{33} - a_{32}a_{13}), \quad (a_{12}a_{23} - a_{22}a_{13})$$

을 곱한다. 이들은 2차 행렬식

$$\boldsymbol{M}_{11} = \begin{vmatrix} a_{22} & a_{23} \\ a_{32} & a_{33} \end{vmatrix}, \quad -\boldsymbol{M}_{21} = \begin{vmatrix} a_{12} & a_{13} \\ a_{32} & a_{33} \end{vmatrix}, \quad \boldsymbol{M}_{31} = \begin{vmatrix} a_{12} & a_{13} \\ a_{22} & a_{23} \end{vmatrix}$$

으로 쓸 수 있다. 위의 결과로 생기는 방정식을 모두 합하면

$$(a_{11}\boldsymbol{M}_{11} - a_{21}\boldsymbol{M}_{21} + a_{31}\boldsymbol{M}_{31})x_1 = b_1\boldsymbol{M}_{11} - b_2\boldsymbol{M}_{21} + b_3\boldsymbol{M}_{31} \tag{3-21}$$

을 얻는다. 또 x_2, x_3 만을 각각 포함하는 두 개의 또 다른 방정식도 같은 방법으로 얻을 수 있다.

표기방법을 간단히 하기 위하여 **3차 행렬식**을

$$\boldsymbol{D} = \begin{vmatrix} a_{11} & a_{12} & a_{13} \\ a_{21} & a_{22} & a_{23} \\ a_{31} & a_{32} & a_{33} \end{vmatrix}$$

$$= a_{11}\begin{vmatrix} a_{22} & a_{23} \\ a_{32} & a_{33} \end{vmatrix} - a_{21}\begin{vmatrix} a_{12} & a_{13} \\ a_{32} & a_{33} \end{vmatrix} + a_{31}\begin{vmatrix} a_{12} & a_{13} \\ a_{22} & a_{23} \end{vmatrix} \tag{3-22}$$

로 정의한다. 이때 식(3-21)에서 x_1 의 계수는

$$\boldsymbol{D} = a_{11}\boldsymbol{M}_{11} - a_{21}\boldsymbol{M}_{21} + a_{31}\boldsymbol{M}_{31}$$

임을 알 수 있다. 그리고 식(3-22)에서 2차 행렬식을 풀어 쓰면

$$\boldsymbol{D} = a_{11}a_{22}a_{33} - a_{11}a_{32}a_{23} + a_{21}a_{32}a_{13} - a_{21}a_{12}a_{33} + a_{31}a_{12}a_{23} - a_{31}a_{22}a_{13} \tag{3-23}$$

이 된다. 분명히 $a_{i1}\,(i = 1, 2, 3)$ 을 곱한 식(3-7)의 우변의 각 행렬식은 $\boldsymbol{D}$에서 첫째 열과 i 번째 행을 제거함으로써 얻어진다.

식(3-19)는

$$\boldsymbol{D}\boldsymbol{x}_1 = \boldsymbol{D}_1, \qquad \boldsymbol{D}_1 = \begin{vmatrix} b_1 & a_{12} & a_{13} \\ b_2 & a_{22} & a_{23} \\ b_3 & a_{32} & a_{33} \end{vmatrix}$$

와 같이 쓸 수 있다. 마찬가지로 x_2 만을 포함하는 방정식은

$$\boldsymbol{D}\boldsymbol{x}_2 = \boldsymbol{D}_2, \qquad \boldsymbol{D}_2 = \begin{vmatrix} a_{11} & b_1 & a_{13} \\ a_{21} & b_2 & a_{23} \\ a_{31} & b_3 & a_{33} \end{vmatrix}$$

와 같이 쓸 수 있고, x_3 만을 포함하는 방정식은

$$\boldsymbol{D}\boldsymbol{x}_3 = \boldsymbol{D}_3, \qquad \boldsymbol{D}_3 = \begin{vmatrix} a_{11} & a_{12} & b_1 \\ a_{21} & a_{22} & b_2 \\ a_{31} & a_{32} & b_3 \end{vmatrix}$$

와 같이 쓸 수 있다.

만일 $D \neq 0$ 이면, 연립방정식(3-20)은 유일한 해

$$x_1 = \frac{\boldsymbol{D}_1}{\boldsymbol{D}}, \quad x_2 = \frac{\boldsymbol{D}_2}{\boldsymbol{D}}, \quad x_3 = \frac{\boldsymbol{D}_3}{\boldsymbol{D}} \quad \textbf{(크래머의 공식)} \tag{3-24}$$

을 갖는다.

만일 연립방정식(3-20)이 제차이면, 즉 $b_1 = b_2 = b_3 = 0$ 이면 그것은 적어도 자명한 해 $x_1 = x_2 = x_3 = 0$ 을 갖는다. 그리고 0이 아닌 해가 존재할 필요충분조건은 $\boldsymbol{D} = 0$ 인 것이다.

만일 연립방정식(3-20)이 비제차이고 $\boldsymbol{D} \neq 0$ 이면, 그것은 오직 하나의 해를 갖고 그 해는 식(3-24)로부터 얻어진다.

예제 1

크래머(Cramer)의 공식으로 다음 연립방정식을 풀어라.

$$\begin{aligned} 2x_1 - x_2 + 2x_3 &= 2 \\ x_1 + 10x_2 - 3x_3 &= 5 \\ -x_1 + x_2 + x_3 &= -3 \end{aligned}$$

풀이 이 연립방정식의 계수행렬식은

$$\boldsymbol{D} = \begin{vmatrix} 2 & -1 & 2 \\ 1 & 10 & -3 \\ -1 & 1 & 1 \end{vmatrix} = 46$$

이고, 식(3-9)의 분자의 행렬식은

$$D_1 = \begin{vmatrix} 2 & -1 & 2 \\ 5 & 10 & -3 \\ -3 & 1 & 1 \end{vmatrix} = 92,$$

$$D_2 = \begin{vmatrix} 2 & 2 & 2 \\ 1 & 5 & -3 \\ -1 & -3 & 1 \end{vmatrix} = 0,$$

$$D_3 = \begin{vmatrix} 2 & -1 & 2 \\ 1 & 10 & 5 \\ -1 & 1 & -3 \end{vmatrix} = -46$$

이다. 따라서 $x_1 = 2$, $x_2 = 0$, $x_3 = -1$을 얻는다.

예제 2

그림 3.5와 같은 회로의 부하 임피던스 Z_L에 흐르는 전류 I_2를 키르히호프의 법칙에 의해 산출하여라.

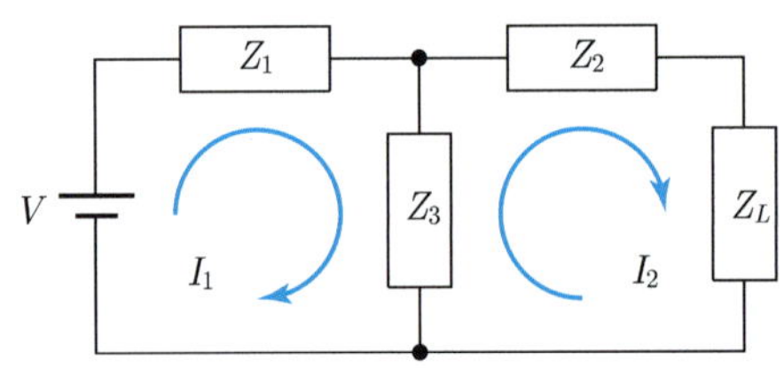

그림 3.5

풀이 키르히호프의 제2법칙에 의해 전압방정식을 세우면 다음과 같다.

$$\begin{cases} V = Z_1 I_1 + Z_3(I_1 - I_2) \\ 0 = Z_3(I_2 - I_1) + (Z_2 + Z_L) I_2 \end{cases}$$

위의 식을 다시 쓰면

$$\begin{cases} V = (Z_1 + Z_3) I_1 & - Z_3 \ I_2 \\ 0 = \quad - Z_3 \ I_1 & + (Z_3 + Z_2 + Z_L) I_2 \end{cases}$$

$$D = \begin{vmatrix} Z_1 + Z_3 & -Z_3 \\ -Z_3 & Z_3 + Z_2 + Z_L \end{vmatrix} = Z_1 Z_3 + Z_1 Z_2 + Z_1 Z_L + Z_3 Z_2 + Z_3 Z_L$$

$$\therefore I_2 = \frac{\begin{vmatrix} Z_1 + Z_3 & V \\ -Z_3 & 0 \end{vmatrix}}{D} = \frac{V Z_3}{Z_1 Z_3 + Z_1 Z_2 + Z_1 Z_L + Z_3 Z_2 + Z_3 Z_L}$$

행렬식에 관한 중요한 성질들을 고찰해 보면 다음과 같다.

[정리 1] 전치

한 행렬식의 행을 같은 순서의 열로 바꾸어 써도 그 행렬식의 값은 변하지 않는다.

예 $$\begin{vmatrix} 1 & 3 & 0 \\ 2 & 6 & 4 \\ -1 & 0 & 2 \end{vmatrix} = \begin{vmatrix} 1 & 2 & -1 \\ 3 & 6 & 0 \\ 0 & 4 & 2 \end{vmatrix} = -12$$

[정리 2] 상수의 곱

행렬식의 한 행(또는 열)의 각 원소에 다른 행(또는 열)의 이에 대응하는 원소에 임의의 상수를 곱하여 합하여도 그 행렬식의 값은 변하지 않는다.

예 $$\begin{vmatrix} -6 & 21 & -30 \\ 1 & -3 & 5 \\ 2 & 7 & -4 \end{vmatrix} = \begin{vmatrix} -6+1\cdot 7 & 21-3\cdot 7 & -30+5\cdot 7 \\ 1 & -3 & 5 \\ 2 & 7 & -4 \end{vmatrix}$$

$$= \begin{vmatrix} 1 & 0 & 5 \\ 1 & -3 & 5 \\ 2 & 7 & -4 \end{vmatrix} = \begin{vmatrix} 1 & 0 & 5 \\ 0 & -3 & 0 \\ 2 & 7 & -4 \end{vmatrix}$$

[정리 3] 행 또는 열의 비례

한 행렬식의 두 행(또는 열)의 대응하는 원소가 비례하면 그 행렬식의 값은 0이다.

예 $$\begin{vmatrix} 3 & 6 & -4 \\ 1 & 1 & 2 \\ -6 & -12 & 8 \end{vmatrix} = 0$$

[정리 4] 행 또는 열의 공통인수

임의의 행(또는 열)의 원소에 공통된 인수는 그 행렬식 앞에 나올 수 있다.

예 $$\begin{vmatrix} 4 & 6 & 1 \\ 3 & -9 & 2 \\ -1 & 12 & 5 \end{vmatrix} = \begin{vmatrix} 4 & 2\cdot 3 & 1 \\ 3 & -3\cdot 3 & 2 \\ -1 & 4\cdot 3 & 5 \end{vmatrix} = 3\begin{vmatrix} 4 & 2 & 1 \\ 3 & -3 & 2 \\ -1 & 4 & 5 \end{vmatrix}$$

[정리 2]와 [정리 4]로부터 다음의 결론을 얻을 수 있다.

[정리 5] 2항식 행렬의 분리

만일, 행렬식의 한 행(또는 열)의 각 원소가 2항식으로 표시되면 그 행렬식은 두 행렬식의 합으로 나타낼 수 있다.

예 $$\begin{vmatrix} 4x+3 & 2 & 1 \\ x & 3 & 4 \\ 2x-1 & 1 & -1 \end{vmatrix} = \begin{vmatrix} 4x & 2 & 1 \\ x & 3 & 4 \\ 2x & 1 & -1 \end{vmatrix} + \begin{vmatrix} 3 & 2 & 1 \\ 0 & 3 & 4 \\ -1 & 1 & -1 \end{vmatrix}$$

[정리 6] 두 행 또는 열의 교환

한 행렬식의 임의의 두 행(또는 두 열)을 바꾸면 그 행렬식의 값은 원래의 행렬식의 값에 -1을 곱한 것과 같다.

예 $$\begin{vmatrix} 1 & 3 \\ 2 & 4 \end{vmatrix} = -\begin{vmatrix} 3 & 1 \\ 4 & 2 \end{vmatrix} \qquad \begin{vmatrix} 2 & 6 & 4 \\ 1 & 3 & 0 \\ -1 & 0 & 2 \end{vmatrix} = -\begin{vmatrix} 1 & 3 & 0 \\ 2 & 6 & 4 \\ -1 & 0 & 2 \end{vmatrix} = 12$$

식(3-22)의 3차 행렬식 D로부터 한 행과 한 열을 소거시킴으로써 얻어진 2차 행렬식을, 소거한 행과 열에 속하는 원소의 **소행렬식**(minor)이라고 부른다.

예 D에서 a_{21}, a_{22}의 소행렬식은 각각

$$\begin{vmatrix} a_{12} & a_{13} \\ a_{32} & a_{33} \end{vmatrix}, \quad \begin{vmatrix} a_{11} & a_{13} \\ a_{31} & a_{33} \end{vmatrix}$$

이다.

행렬식 D에서 i 번째 행과 k 번째 열에 있는 원소의 **여인자**(cofactor)는 그 원소의 소행렬식에 $(-1)^{i+k}$를 곱한 값으로 정의된다.

예 식(3-22)의 3차 행렬식에서 a_{21}, a_{22}의 여인자는 각각

$$-\begin{vmatrix} a_{12} & a_{13} \\ a_{32} & a_{33} \end{vmatrix}, \quad \begin{vmatrix} a_{11} & a_{13} \\ a_{31} & a_{33} \end{vmatrix}$$

이다.

여기서 $(-1)^{i+k}$ 의 부호는 다음과 같이 교대로 각 원소에 나열한 것과 같다.

$$\begin{matrix} + & - & + \\ - & + & - \\ + & - & + \end{matrix}$$

더욱이 행렬식(3-22)는

$$\boldsymbol{D} = a_{11}\boldsymbol{C}_{11} + a_{21}\boldsymbol{C}_{21} + a_{31}\boldsymbol{C}_{31}$$

과 같은 형태로 쓸 수 있음을 알 수 있다. 여기서 $\boldsymbol{C}_{i1}$ 은 $\boldsymbol{D}$ 에서 a_{i1} 의 여인자이다.

이것과 정리 1과 2로부터 다음과 같은 성질을 얻는다.

[정리 7] 행렬식의 전개

행렬식 $\boldsymbol{D}$ 는 임의의 행이나 열에 관하여 전개할 수 있다. 즉 $\boldsymbol{D}$ 는 임의의 행(또는 열)의 원소에 그 여인지를 곱한 것의 합으로 표시할 수 있디.

예 $$\boldsymbol{D} = -a_{21}\begin{vmatrix} a_{12} & a_{13} \\ a_{32} & a_{33} \end{vmatrix} + a_{22}\begin{vmatrix} a_{11} & a_{13} \\ a_{31} & a_{33} \end{vmatrix} - a_{23}\begin{vmatrix} a_{11} & a_{12} \\ a_{31} & a_{32} \end{vmatrix}$$

이 성질로부터 다음을 얻는다.

[정리 8] 행렬의 곱

지금 $\boldsymbol{A} = [a_{ik}]$, $\boldsymbol{B} = [b_{ik}]$ 를 n 차 정방행렬이라 하면

$$\det(\boldsymbol{AB}) = \det(\boldsymbol{A})\det(\boldsymbol{B}) \tag{3-25}$$

이고, 이것은

$$\begin{vmatrix} a_{11} & \cdots & a_{1n} \\ \cdot & \cdots & \cdot \\ \cdot & \cdots & \cdot \\ a_{n1} & \ldots & a_{nn} \end{vmatrix}\begin{vmatrix} b_{11} & \cdots & b_{1n} \\ \cdot & \cdots & \cdot \\ \cdot & \cdots & \cdot \\ b_{n1} & \cdots & b_{nn} \end{vmatrix} = \begin{vmatrix} c_{11} & \cdots & c_{1n} \\ \cdot & \cdots & \cdot \\ \cdot & \cdots & \cdot \\ c_{n1} & \cdots & c_{nn} \end{vmatrix} \tag{3-26}$$

와 같은 값이다. 여기서 i 번째 행, k 번째 열의 원소 c_{ik} 는

$$c_{ik} = a_{i1}b_{1k} + a_{i2}b_{2k} + \ldots + a_{in}b_{nk}$$

이고, 이것은 첫째 행렬식의 i 번째 행벡터와 둘째 행렬식의 k 번째 열벡터의 스칼라적이다.

증명 여기서는 $n=2$ 에 대한 증명만 제시하고, 임의의 n 에 대한 증명은 $n=2$ 인 경우의 확장이므로 생략하기로 한다. 지금

$$\boldsymbol{D}_1 = \begin{vmatrix} a_{11} & a_{12} \\ a_{21} & a_{22} \end{vmatrix}, \qquad \boldsymbol{D}_2 = \begin{vmatrix} b_{11} & b_{12} \\ b_{21} & b_{22} \end{vmatrix}$$

$$\boldsymbol{D} = \boldsymbol{D}_1 \boldsymbol{D}_2$$

이라 하고, 먼저

$$\boldsymbol{D} = \boldsymbol{D}_1 \boldsymbol{D}_2 = \begin{vmatrix} a_{11} & a_{12} & 0 & 0 \\ a_{21} & a_{22} & 0 & 0 \\ -1 & 0 & b_{11} & b_{12} \\ 0 & -1 & b_{21} & b_{22} \end{vmatrix} \tag{3-27}$$

가 됨을 보자.

식(3-27)을 증명하기 위하여, 우변의 행렬식을 첫째 행에 관하여 전개한 다음 이 결과로 생긴 두 행렬식을 또다시 그들의 첫째 행에 관하여 전개하면

$$\begin{aligned} \boldsymbol{D} &= a_{11} \begin{vmatrix} a_{22} & 0 & 0 \\ 0 & b_{11} & b_{12} \\ -1 & b_{21} & b_{22} \end{vmatrix} - a_{12} \begin{vmatrix} a_{21} & 0 & 0 \\ -1 & b_{11} & b_{12} \\ 0 & b_{21} & b_{22} \end{vmatrix} \\ &= a_{11}a_{22} \begin{vmatrix} b_{11} & b_{12} \\ b_{21} & b_{22} \end{vmatrix} - a_{12}a_{21} \begin{vmatrix} b_{11} & b_{12} \\ b_{21} & b_{22} \end{vmatrix} = (a_{11}a_{22} - a_{12}a_{21}) \boldsymbol{D}_2 \\ &= \boldsymbol{D}_1 \boldsymbol{D}_2 \end{aligned}$$

이다. 이제 식(3-31)의 행렬식에 대하여 셋째 행에 a_{11} 을 곱하고, 넷째 행에 a_{12} 를 곱하여 첫째 행에 합하면, 첫째 행은

$$0 \qquad 0 \qquad a_{11}b_{11} + a_{12}b_{21} \qquad a_{11}b_{12} + a_{12}b_{22}$$

와 같은 형태가 된다. 또 셋째 행에 a_{21} 을 곱하고, 넷째 행에 a_{22} 를 곱하고, 둘째 행에 합하면, 둘째 행은

$$0 \qquad 0 \qquad a_{21}b_{11} + a_{22}b_{21} \qquad a_{21}b_{12} + a_{22}b_{22}$$

가 된다. 따라서

$$\boldsymbol{D} = \begin{vmatrix} 0 & 0 & a_{11}b_{11} + a_{12}b_{21} & a_{11}b_{12} + a_{12}b_{22} \\ 0 & 0 & a_{21}b_{11} + a_{22}b_{21} & a_{21}b_{12} + a_{22}b_{22} \\ -1 & 0 & b_{11} & b_{12} \\ 0 & -1 & b_{21} & b_{22} \end{vmatrix}$$

이다. 이 행렬식을 첫째 열에 관하여 전개한 다음, 이 결과로 생긴 3차 행렬식을 다시 첫

째 열에 관하여 전개하면

$$D = \begin{vmatrix} a_{11}b_{11} + a_{12}b_{21} & a_{11}b_{12} + a_{12}b_{22} \\ a_{21}b_{11} + a_{22}b_{21} & a_{21}b_{12} + a_{22}b_{22} \end{vmatrix} = D_1 D_2$$

을 얻는다. 이것은 $n = 2$ 일 때의 식(3-26)이다. ■

예

$$\begin{vmatrix} 2 & 4 & 3 \\ 6 & 10 & 14 \\ 4 & 7 & 9 \end{vmatrix} \begin{vmatrix} 4 & 0 & 5 \\ -2 & 1 & -1 \\ 3 & 0 & 4 \end{vmatrix} = \begin{vmatrix} 9 & 4 & 8 \\ 46 & 10 & 76 \\ 29 & 7 & 49 \end{vmatrix}$$

3.10 | n 차 행렬식

차수가 n 인 행렬식은 두 개의 수직선 사이에 n^2 개의 원소를 정방향으로 배열한 것이다.

$$D = \begin{vmatrix} a_{11} & a_{12} & \cdots & a_{1n} \\ a_{21} & a_{22} & \cdots & a_{2n} \\ \cdot & \cdot & \cdots & \cdot \\ \cdot & \cdot & \cdots & \cdot \\ a_{n1} & a_{n2} & \cdots & a_{nn} \end{vmatrix} \tag{3-28}$$

행렬식 D 로부터 i 번째 행과 k 번째 열을 제거함으로써 $(n-1)$ 차 행렬식을 얻을 수 있으며, 이것을 원소 a_{ik} 의 **소행렬식**이라 하고 M_{ik} 로 나타낸다.

소행렬식 M_{ik} 에 $(-1)^{i+k}$ 를 곱한 것을 a_{ik} 의 **여인자**라 하고, C_{ik} 로 나타낸다. 즉

$$C_{ik} = (-1)^{i+k} M_{ik} \tag{3-29}$$

이다. 예를 들어 3차 행렬식

$$\begin{vmatrix} a_{11} & a_{12} & a_{13} \\ a_{21} & a_{22} & a_{23} \\ a_{31} & a_{32} & a_{33} \end{vmatrix}$$

에서는

$$C_{11} = M_{11} = \begin{vmatrix} a_{22} & a_{23} \\ a_{32} & a_{33} \end{vmatrix}$$

$$C_{32} = -M_{32} = -\begin{vmatrix} a_{11} & a_{13} \\ a_{21} & a_{23} \end{vmatrix}$$

등이다.

[정의 1] n 차 행렬식

$$D = \begin{vmatrix} a_{11} & a_{12} & \cdots & a_{1n} \\ a_{21} & a_{22} & \cdots & a_{2n} \\ \cdot & \cdot & \cdots & \cdot \\ \cdot & \cdot & \cdots & \cdot \\ a_{n1} & a_{n2} & \cdots & a_{nn} \end{vmatrix}$$

이것을 **n 차 행렬식**(determinant of order n)이라 한다. 여기서 $n=1$ 이면 이것은 a_{11} 을 뜻하며, $n \geqq 2$ 인 경우에는 임의의 행(또는 열)의 원소와 그들의 각 여인자의 곱의 합을 의미한다. 즉

$$D = a_{i1}C_{i1} + a_{i2}C_{i2} + \cdots + a_{in}C_{in} \quad (i = 1, 2, \cdots n) \tag{3-30}$$

또는

$$D = a_{1k}C_{1k} + a_{2k}C_{2k} + \cdots + a_{nk}C_{nk} \; (k = 1, 2, \cdots, n) \tag{3-30'}$$

이다.

이와 같이 D는 n 개의 $(n-1)$ 차 행렬식으로 정의되며, 이들 $(n-1)$ 차 행렬식의 각각은 다시 $(n-1)$ 개의 $(n-2)$ 차 행렬식으로 정의된다. 이를 계속하면, 결국 2차 행렬식에 도달하게 되며 여기에서는 원소의 여인자 행렬식이 D의 단일원소가 된다. 만일 D의 원소가 실수이면 D의 값은 실수가 됨을 알 수 있다.

또한 정의로부터 D를 임의의 행 또는 열에 관하여 전개할 수 있다. 식(3-12)에서

$$D = \sum_{k=1}^{n} (-1)^{i+k} a_{ik} M_{ik} \quad (i = 1, 2, \cdots, n) \tag{3-31}$$

$$D = \sum_{i=1}^{n} (-1)^{i+k} a_{ik} M_{ik} \quad (k = 1, 2, \cdots, n) \tag{3-32}$$

와 같이 소행렬식으로 쓸 수 있다.

예제 1

다음 행렬식 D에 대하여 첫째 행과 첫째 열에 관하여 각각 전개를 하고, D의 값을 구하여라.

$$D = \begin{vmatrix} 1 & 3 & 0 \\ 2 & 6 & 4 \\ -1 & 0 & 2 \end{vmatrix}$$

풀이 첫째 행에 관한 전개

$$D = 1\begin{vmatrix} 6 & 4 \\ 0 & 2 \end{vmatrix} - 3\begin{vmatrix} 2 & 4 \\ -1 & 2 \end{vmatrix} = 1(12-0) - 3(4+4) = -12$$

첫째 열에 관한 전개

$$D = 1\begin{vmatrix} 6 & 4 \\ 0 & 2 \end{vmatrix} - 2\begin{vmatrix} 3 & 0 \\ 0 & 2 \end{vmatrix} - 1\begin{vmatrix} 3 & 0 \\ 6 & 4 \end{vmatrix} = 12 - 12 - 12 = -12$$

예제 2

다음 행렬식 D의 값을 구하여라.

$$D = \begin{vmatrix} 1 & 24 & 21 & 93 \\ 2 & -37 & -1 & 194 \\ -2 & 35 & 0 & -171 \\ -3 & 177 & 63 & 234 \end{vmatrix}$$

풀이 둘째 행은 셋째 행에 합하고, 첫째 행의 3배를 넷째 행에 합하고, 첫째 행의 2배를 둘째 행으로부터 뺀다. 이 결과로 생긴 행렬식을 첫째 행에 관하여 전개하면

$$D = \begin{vmatrix} 1 & 24 & 21 & 93 \\ 0 & -85 & -43 & 8 \\ 0 & -2 & -1 & 23 \\ 0 & 249 & 126 & 513 \end{vmatrix} = \begin{vmatrix} -85 & -43 & 8 \\ -2 & -1 & 23 \\ 249 & 126 & 513 \end{vmatrix}$$

이 된다. 또 첫째 행을 3배하여 셋째 행에 합하면

$$D = \begin{vmatrix} -85 & -43 & 8 \\ -2 & -1 & 23 \\ -6 & -3 & 537 \end{vmatrix}$$

이다. 여기서 또다시 둘째 열의 2배를 첫째 열에서 빼고, 이 결과로 생긴 행렬식을 첫째 열에 관하여 전개하면

$$D = \begin{vmatrix} 1 & -43 & 8 \\ 0 & -1 & 23 \\ 0 & -3 & 537 \end{vmatrix} = \begin{vmatrix} -1 & 23 \\ -3 & 537 \end{vmatrix} = -537 + 69 = -468$$

을 얻는다.

n 차 정방행렬 $A = [a_{ik}]$ 의 원소로 된 행렬식을 "**행렬 A 의 행렬식**(determinant of matrix A)"이라 부르고 $\det(A)$로 나타낸다. 즉

$$\det(A) = \begin{vmatrix} a_{11} & \cdots & a_{1n} \\ \cdot & \cdots & \cdot \\ \cdot & \cdots & \cdot \\ a_{n1} & \cdots & a_{nn} \end{vmatrix}$$

3.11 | 크래머의 법칙

[정리 1] 크래머의 법칙

만일 n 개의 미지수 $x_1, x_2, \cdots, x_n$ 의 수와 같은 n 개의 연립 1차방정식

$$\begin{aligned} a_{11}x_1 + a_{12}x_2 + \cdots + a_{1n}x_n &= b_1 \\ a_{21}x_1 + a_{22}x_2 + \cdots + a_{2n}x_n &= b_2 \\ \cdots\cdots\cdots\cdots\cdots\cdots\cdots\cdots \\ a_{n1}x_1 + a_{n2}x_2 + \cdots + a_{nn}x_n &= b_n \end{aligned}$$

행렬식 $D = \det(A)$가 0 이 아니면, 이 연립방정식은 오직 하나의 해를 갖고, 이 해는 다음과 같은 **크래머의 공식**으로 주어진다.

$$x_1 = \frac{D_1}{D}, \quad x_2 = \frac{D_2}{D}, \quad \cdots, \quad x_n = \frac{D_n}{D} \tag{3-33}$$

여기서 D_k 는 D 의 k 번째 열을 $b_1, \cdots, b_n$ 을 원소로 갖는 열로 대치하여 얻은 행렬식이다.

예제 1

다음 연립 1차방정식을 크래머의 공식을 이용하여 풀어라.

$$\begin{cases} 2x + 3y = -5 \\ 6x - 2y = 7 \end{cases}$$

풀이 $A = D = \begin{vmatrix} 2 & 3 \\ 6 & -2 \end{vmatrix} \quad X = \begin{vmatrix} x \\ y \end{vmatrix} \quad B = \begin{vmatrix} -5 \\ 7 \end{vmatrix}$

$D_1 = \begin{vmatrix} -5 & 3 \\ 7 & -2 \end{vmatrix}$, $D_2 = \begin{vmatrix} 2 & -5 \\ 6 & 7 \end{vmatrix}$ 이므로

$x = \dfrac{D_1}{D}$, $y = \dfrac{D_2}{D}$ 에서

$$x = \frac{\begin{vmatrix} -5 & 3 \\ 7 & -2 \end{vmatrix}}{\begin{vmatrix} 2 & 3 \\ 6 & -2 \end{vmatrix}} = \frac{10-21}{-4-18} = \frac{1}{2}$$

$$y = \frac{\begin{vmatrix} 2 & -5 \\ 6 & 7 \end{vmatrix}}{\begin{vmatrix} 2 & 3 \\ 6 & -2 \end{vmatrix}} = \frac{14-(-30)}{-4-18} = -2$$

예제 2

다음 연립 1차방정식을 크래머의 공식을 이용하여 해를 구하여라.

$$\begin{cases} x + y + z = 6 \\ 2x - y + z = 3 \\ 3x + 2y - z = 4 \end{cases}$$

풀이

$$D = \begin{vmatrix} 1 & 1 & 1 \\ 2 & -1 & 1 \\ 3 & 2 & -1 \end{vmatrix}$$

이므로

$$D_1 = \begin{vmatrix} 6 & 1 & 1 \\ 3 & -1 & 1 \\ 4 & 2 & -1 \end{vmatrix} = 11$$

$$D_2 = \begin{vmatrix} 1 & 6 & 1 \\ 2 & 3 & 1 \\ 3 & 4 & -1 \end{vmatrix} = 22$$

$$D_3 = \begin{vmatrix} 1 & 1 & 6 \\ 2 & -1 & 3 \\ 3 & 2 & 4 \end{vmatrix} = 33$$

따라서

$$x = \frac{D_1}{D} = \frac{11}{11} = 1, \quad y = \frac{D_2}{D} = \frac{22}{11} = 2, \quad z = \frac{D_3}{D} = \frac{33}{11} = 3$$

[정리 2] 정칙행렬의 역행렬

$(n \times n)$ 정칙행렬 $\boldsymbol{A} = [a_{jk}]$ 의 역행렬은

$$\boldsymbol{A}^{-1} = \frac{1}{\det(\boldsymbol{A})} \begin{bmatrix} A_{11} & A_{21} & \cdots & A_{n1} \\ A_{12} & A_{22} & \cdots & A_{n2} \\ \cdot & \cdot & \cdot & \cdot \\ A_{1n} & A_{2n} & \cdots & A_{nn} \end{bmatrix} \tag{3-34}$$

으로 주어진다. 여기서 $\boldsymbol{A}_{jk}$ 는 $\det(\boldsymbol{A})$ 에서 a_{jk} 의 여인자 행렬식이다[$\boldsymbol{A}^{-1}$ 에서 여인자 행렬식$\boldsymbol{A}_{jk}$ 는 $\boldsymbol{A}$ 에서 a_{kj}(a_{jk} 가 아니라)가 위치한 자리에 위치한다는 것을 유의하여야 한다]

예제 3

그림 3.6과 같은 회로에서 폐로 전류를 I_1, I_2라고 할 때, 저항 $3[\Omega]$에 흐르는 전류를 행렬식에 의해 구하여라.

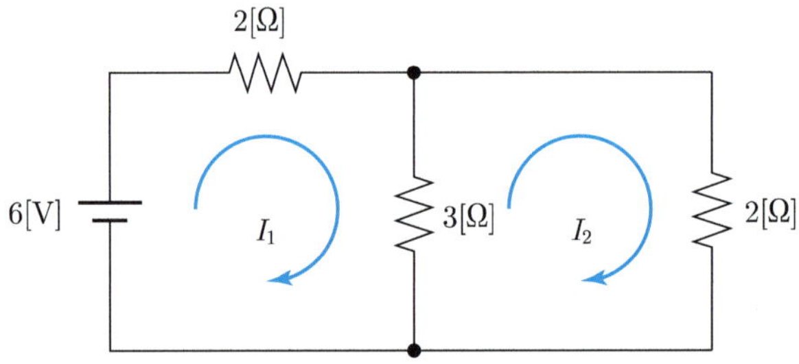

그림 3.6

풀이 두 폐로에 폐로 방정식을 먼저 구하면

$$2I_1 + 3(I_1 - I_2) = 6$$

$$2I_2 + 3(I_2 - I_1) = 0$$

정리하면

$$5I_1 - 3I_2 = 6$$

$$-3I_1 + 5I_2 = 0$$

이것을 행렬로 변환하면

$$\begin{pmatrix} 5 & -3 \\ -3 & 5 \end{pmatrix}\begin{pmatrix} I_1 \\ I_2 \end{pmatrix}\begin{pmatrix} 6 \\ 0 \end{pmatrix}$$

따라서 폐로 전류 I_1, I_2는 크래머 공식에 의해

$$D = \begin{vmatrix} 5 & -3 \\ -3 & 5 \end{vmatrix} = 25 - 9 = 16$$

$$D_1 = \begin{vmatrix} 6 & -3 \\ 0 & 5 \end{vmatrix} = 30 + 0 = 30$$

$$D_2 = \begin{vmatrix} 5 & 6 \\ -3 & 0 \end{vmatrix} = 0 + 18 = 18$$

$$I_1 = \frac{D_1}{D} = \frac{30}{16}, \quad I_2 = \frac{D_2}{D} = \frac{18}{16}$$

저항 3[Ω]에 흐르는 전류는 폐로 전류 I_1, I_2의 차가 흐르므로

$$\therefore\ I = \frac{30}{16} - \frac{18}{16} = \frac{12}{16} = \frac{3}{4}\,[\mathrm{A}]$$

연습문제 03

1. $A=\begin{bmatrix}2&1\\1&3\end{bmatrix}$, $B=\begin{bmatrix}-2&0\\3&4\end{bmatrix}$, $C=\begin{bmatrix}3&2&0\\1&0&4\end{bmatrix}$라 하고 다음을 구하여라.

(1) $A+B$, $B-A$ (2) $4A-2B$

(3) A^T, B^T, C^T (4) $(A+B)^T$, $A+A^T$

(5) B의 대칭 행렬 R과 왜대칭 행렬 S를 구하여라.

2. $A=\begin{bmatrix}2&0&0\\-1&1&0\\3&-4&0\end{bmatrix}$, $B=\begin{bmatrix}3&8\\4&-1\\7&2\end{bmatrix}$, $C=\begin{bmatrix}2&1&4\\8&0&0\\3&-1&1\end{bmatrix}$라 하고 다음을 구하여라.

(1) $A+C$, $A-C$ (2) $3A+2C$

(3) $A+A^T$, $A-A^T$ (4) $(A-C)^T$, $(3C)^T$

(5) A의 대칭 행렬 R과 왜대칭 행렬 S를 구하여라.

3. $A=\begin{bmatrix}1&2\\3&4\end{bmatrix}$, $B=\begin{bmatrix}5&6\\7&8\end{bmatrix}$라 하고 AB와 BA를 구하여라.

4. 다음 연립 1차방정식을 가우스의 소거법으로 풀어라.

(1) $\begin{aligned}2x+y&=4\\5x-2y&=1\end{aligned}$ (2) $\begin{aligned}x+y&=0\\3x-4y&=1\end{aligned}$

(3) $\begin{aligned}-x+y+2z&=0\\3x+4y+z&=0\\2x+5y+3z&=1\end{aligned}$ (4) $\begin{aligned}3x-7y+z&=4\\x+5y+z&=0\\2x-y+3z&=-2\end{aligned}$

5. 키르히호프의 법칙을 사용하여 다음의 전류를 구하여라.

(1)

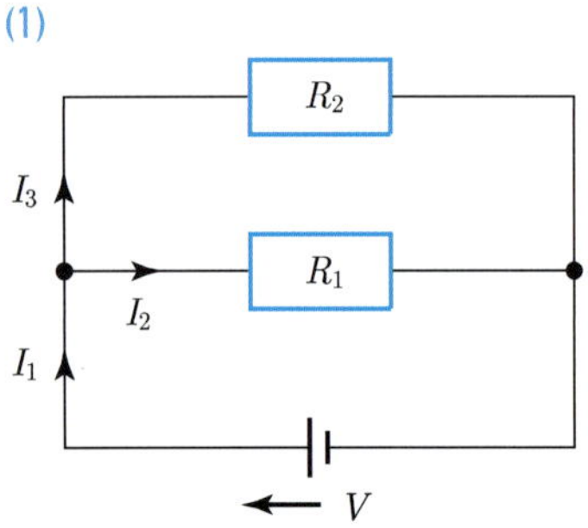

그림 3.7

(2)

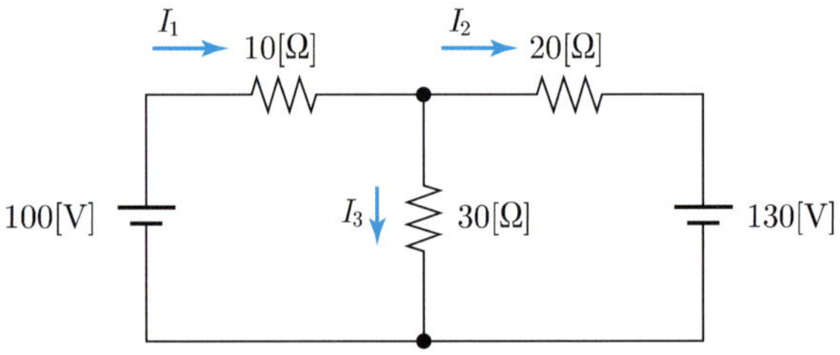

그림 3.8

6. 다음 행렬의 역행렬을 구하여라.

(1) $\begin{bmatrix} -3 & 5 \\ 2 & 1 \end{bmatrix}$ (2) $\begin{bmatrix} 3 & -1 \\ -5 & 2 \end{bmatrix}$

(3) $\begin{bmatrix} 4 & -2 & 2 \\ -2 & -4 & 4 \\ -4 & 2 & 8 \end{bmatrix}$ (4) $\begin{bmatrix} 0 & 0 & 1 \\ 0 & 1 & 0 \\ 1 & 0 & 0 \end{bmatrix}$

(5) $\begin{bmatrix} 3 & -1 & 1 \\ -15 & 6 & -5 \\ 5 & -2 & 2 \end{bmatrix}$ (6) $\begin{bmatrix} 0 & 1 & 0 \\ 1 & 0 & 0 \\ 0 & 0 & 1 \end{bmatrix}$

7. 그림 3.9와 같은 4단자 회로망의 4단자 정수를 구하여라.

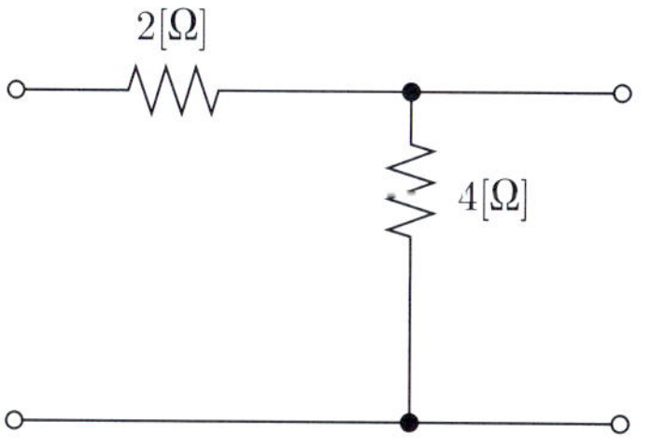

그림 3.9

8. 그림 3.10과 같은 4단자 회로망의 4단자 정수를 구하여라.

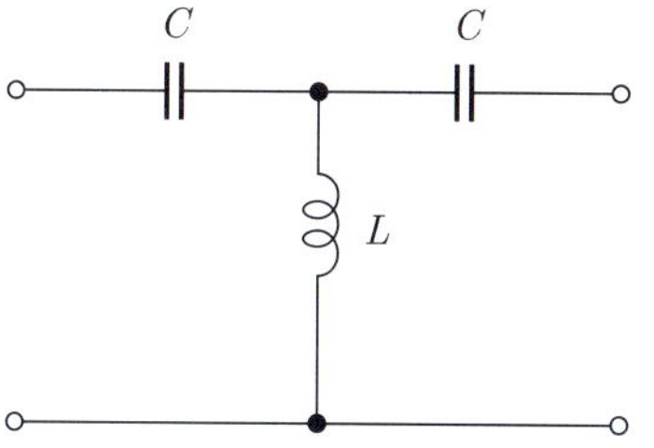

그림 3.10

9. 그림 3.11과 같은 π 형 4단자 회로망의 4단자 정수를 구하여라.

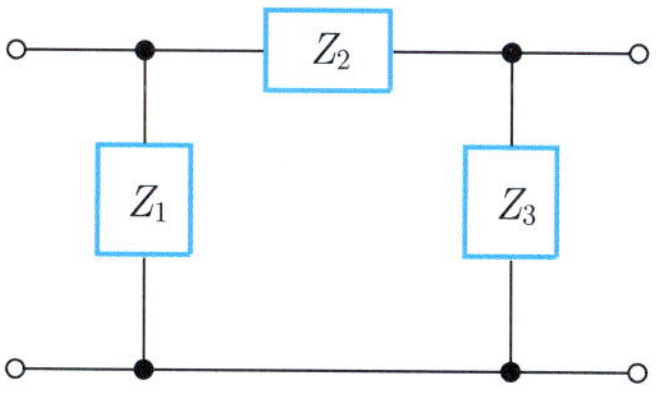

그림 3.11

10. 다음 행렬식의 값을 구하여라.

(1) $A = \begin{vmatrix} 2 & 1 & 4 \\ 3 & 2 & 2 \\ 0 & -1 & 3 \end{vmatrix}$　(2) $B = \begin{vmatrix} 3 & 3 & 1 \\ -1 & 0 & -1 \\ 4 & -1 & 3 \end{vmatrix}$　(3) $C = \begin{vmatrix} 1 & 2 & -1 & 2 \\ 3 & 0 & 1 & 1 \\ 1 & -2 & 0 & 3 \\ -2 & -4 & 1 & 6 \end{vmatrix}$

11. 다음 행렬식이 성립하기 위한 x 의 값을 구하여라.

(1) $\begin{vmatrix} 5 & 0 & 1 \\ 1 & 3 & -1 \\ 2x & 2x+3 & -1 \end{vmatrix} = 0$　(2) $\begin{vmatrix} 1 & 1 & -1 \\ 1+x & x & 3x \\ 2 & 3 & 1 \end{vmatrix} = 0$

12. 다음 연립 1차방정식을 크래머(Cramer)의 공식을 써서 풀어라.

(1) $\begin{cases} 2x + y + 4z = 16 \\ x + 3y - 2z = 1 \\ 7x - 6y + z = -2 \end{cases}$　(2) $\begin{cases} 2x + 4y + z = 7 \\ 3x + 2y + 3z = 7 \\ 5x - 4y + 4z = 9 \end{cases}$

13. 다음 행렬식 A 와 B 의 곱의 행렬식을 구하여라.

(1) $A = \begin{vmatrix} 1 & 2 & 3 \\ 4 & 5 & 6 \\ 7 & 8 & 9 \end{vmatrix}$　(2) $B = \begin{vmatrix} 1 & 4 & 7 \\ 2 & 5 & 8 \\ 3 & 6 & 9 \end{vmatrix}$

14. 다음 연립방정식의 해를 소행렬식을 이용하여 구하여라.

(1) $\begin{cases} x - y + z = 1 \\ 2x + y - 2z = 0 \\ -x + 3y - z = 3 \end{cases}$　(2) $\begin{cases} 2x - y - z = 3 \\ 4x + 2y - z = 15 \\ 4x + 3y = 18 \end{cases}$

15. 그림 3.12와 같은 회로에서 각 저항에 흐르는 전류 I_a, I_b, I_c를 행렬식에 의해 구하여라.

[hint] $3I_a + 2I_c = 6$,　$4I_b - 2I_c = 3$,　$I_a = I_b + I_c$

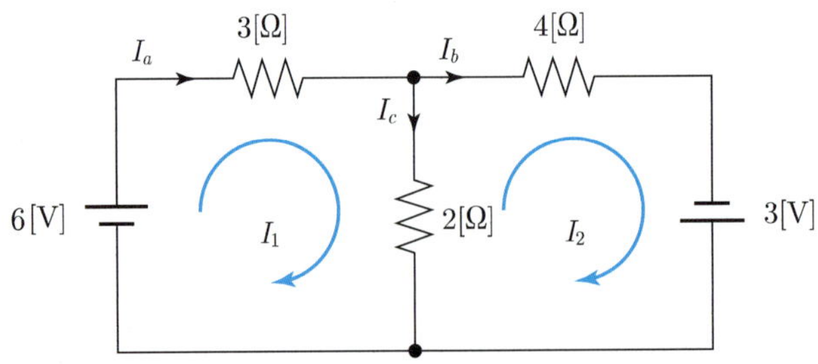

그림 3.12

16. 그림 3.13과 같은 회로에서 각 저항에 흐르는 전류 I_a, I_b, I_c를 행렬식에 의해 구하여라.

[hint] $2I_a + I_c = 6$, $2I_b - I_c = -3$, $I_a = I_b + I_c$

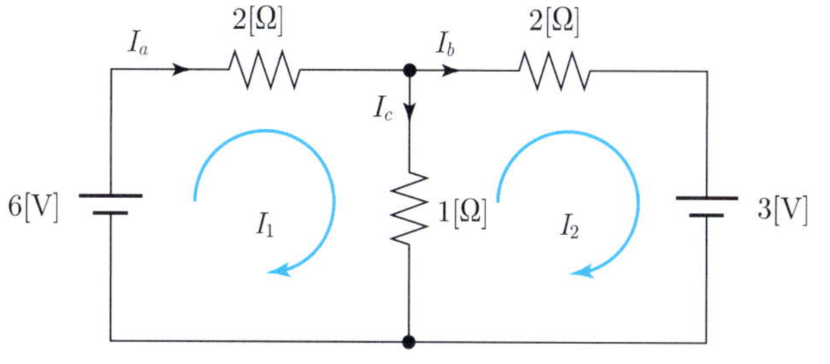

그림 3.13

4장

복소수

학습목표

- 복소수의 정의를 이해할 수 있다.
- 복소수의 연산(가, 감, 승, 제)을 이해할 수 있다.
- 공액 복소수를 이해할 수 있다.
- 복소수를 극좌표 형식, 지수함수 형식, 삼각함수 형식으로 변환할 수 있다.

레온하르트 오일러
(Leonhard Euler, 1707~1783)

" 수학은 모든 경우에 있어서의 관계를 알아야 하고 그 원리를 밝혀야 한다. "

스위스의 수학자 · 물리학자. 스위스의 바젤에서 칼빈파 목사의 아들로 태어났다. 바젤 대학의 베르누이 밑에서 수학과 물리학을 배우고 나서, 러시아의 상트페테르부르크 학사원에서 수학과 물리학을 가르쳤다. 후에 프로이센의 프리드리히 2세의 초청을 받아 베를린 학사원에서 교편을 잡다가, 다시 상트페테르부르크에 돌아와 그곳에서 죽었다. 수학에 능통한 그는 천문의 계산을 자신이 고안해 낸 방법으로 하였다. 그 후 병으로 60세가 넘은 나이에 실명까지 했으나 세상을 떠날 때까지 연구를 그치지 않았으며, 그 무렵의 연구들 중 오일러가 관계하지 않은 것이 하나도 없었다고 한다. 다양한 오일러의 업적 중에서도 그를 유명한 함수 수학자로 만들어 주었던 업적은 바로 오일러가 최초로 함수 기호 $f(x)$를 사용한 것이다. 그 외에도 원주율의 기호(π), 삼각 함수의 기호 사인(sin), 코사인(cos), 탄젠트(tan)와 허수 단위의 기호(i), 자연 대수의 밑(e), 삼각형의 내접원과 외접원의 기호 등을 만들어 처음 쓰기 시작하여 수학 전반에 많은 변화를 가지고 왔으며, 유명한 함수 수학자로 불리게 되었다.

허수와 실수를 아울러 일컫는 이름인 복소수(complex number)는 제곱하면 0보다 커지는 실수 부분과 제곱하면 0보다 작아지는 허수 부분의 두 요소로 이루어져 있다는 뜻이다.

이 장에서는 복소수의 정의와 복소평면에 대하여 학습하고, 복소수의 연산과 복소수를 극좌표 형식, 지수함수 형식, 삼각함수 형식 등으로의 변환에 대하여 학습한다.

4.1 | 복소수의 정의

자연수 1, 2, 3, ⋯ 에서부터 수의 범위를 확장하여 보면 자연수에 0 과 음의 수를 포함하여 **정수**라 하고, 분수를 포함하여 **유리수**라 하고, $\sqrt{2}$ 와 같은 **무리수**를 포함하여 **실수**라고 한다.

어떤 방정식 중에서는 실수로서 만족하지 않는 것이 있는데 이러한 결점을 해결하기 위해 복소수의 개념이 도입되었다.

$$x^2+3=0$$

와 같은 방정식의 해는 실수의 체계로서는 구할 수 없다. 즉 $x^2+3=0$의 해는 $x=\pm\sqrt{-3}$ 이 되므로 실수는 제곱하면 언제나 정의 수가 되는데 $\sqrt{-3}$ 은 그렇지 않으므로 실수가 아니다. 일반적으로 복소수(complex number)는 $x+jy$ 인 형태로 쓰는데 $\mathbf{z}$, $\dot{z}$와 같이 고딕체 대문자 또는 대문자에 점(dot)을 찍어서 표기하고 단일문자 z로 표시하기도 한다. 즉

$$z=x+jy \tag{4-1}$$

이며, 여기서 기호 j는 **허수단위**(imaginary unit)라 한다. 일반적으로는 i 로 표시하지만 전기·전자공학에서는 전류를 i 로 표시하므로 관습상 j 로 표시한다. 실수 x 는 z의 **실수부**(real part), 실수 y 는 z의 **허수부**(imaginary part)라 하며 다음과 같이 표시한다.

$$\mathrm{Re}\, z=x, \quad \mathrm{Im}\, z=y \tag{4-2}$$

복소수를 평면상의 점으로 표시하려면 그림 4.1과 같이 수평선을 x 축, 수직선을 y 축으로 잡고 양축상에 같은 단위의 길이를 택한 직각좌표계에 복소수를 기하학적으로 나타낼 수 있으며, 복소수가 표시된 평면을 **복소평면**(complex plane)이라 하고, x 축을 **실축**(real

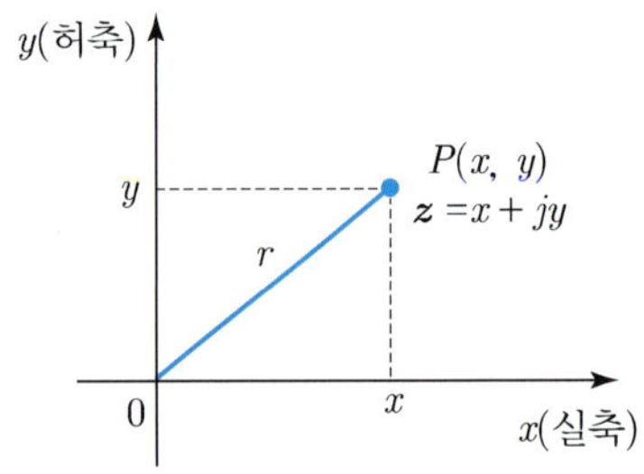

그림 4.1 복소평면

axis), y 축을 **허축**(imaginary axis)이라고 한다.

또 두 복소수가

$$z_1 = x_1 + jy_1, \quad z_2 = x_2 + jy_2 \tag{4-3}$$

일 때, 그 실수부가 서로 같고 또 그 허수부가 서로 같을 때 이 두 복소수는 서로 같다고 한다. 즉 $x_1 = x_2$, $y_1 = y_2$ 일 때

$$z_1 = z_2 \tag{4-4}$$

이다.

4.2 | 공액 복소수

복소수 $z = x + jy$ 에 대하여 복소수 $x - jy$ 를 z 의 **공액 복소수**(conjugate)라고 하며 $\bar{z}$ 로 표시한다. 즉

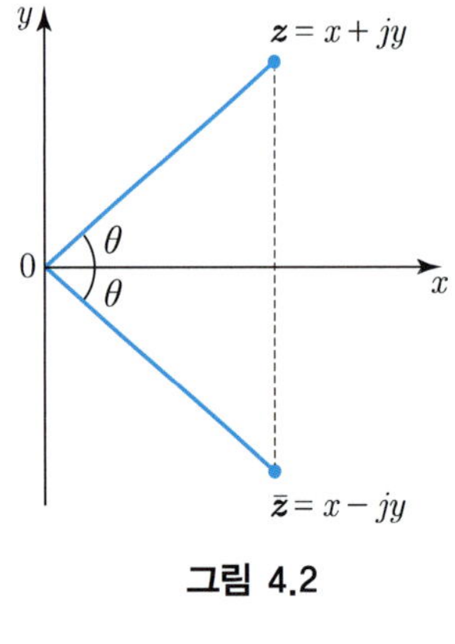

그림 4.2

$$z = x + jy, \quad \bar{z} = x - jy \tag{4-5}$$

이다.

$$\begin{aligned} z + \bar{z} &= (x + jy) + (x - jy) = 2x \\ z \cdot \bar{z} &= (x + jy) \cdot (x - jy) = x^2 + y^2 \end{aligned} \tag{4-6}$$

이 되므로 두 복소수의 합과 곱의 값이 실수이면 그들은 서로 공액이다.

4.3 | 복소수의 형식

복소수의 표현 형식은 일반적으로 실수부와 허수부로 구성된 $x + jy$의 형태인 **직각좌표 형식**이 기본적으로 사용되고 있다. 그러나 복소평면에서 임의의 한 점에 대응하는 복소수는 원점에서부터 거리에 해당하는 **크기**(modulus)와 양의 실축으로부터 복소수의 선분까지 이르는 **각**(angle)으로도 한 점을 나타낼 수 있다. 따라서 복소수는 크기와 각을 갖는 표현 방식에 따라 **직각좌표 형식**, **삼각함수 형식**, **극좌표 형식** 및 **지수함수 형식** 등으로 나타낼 수 있다.

1 직각좌표 형식

그림 4.3과 같이 복소평면 상에서 한 점 $P(x, y)$를 다음과 같이 직각좌표의 복소수로 표시하는 형식을 **직각좌표 형식**이라 한다.

$$\boldsymbol{z} = x + jy$$

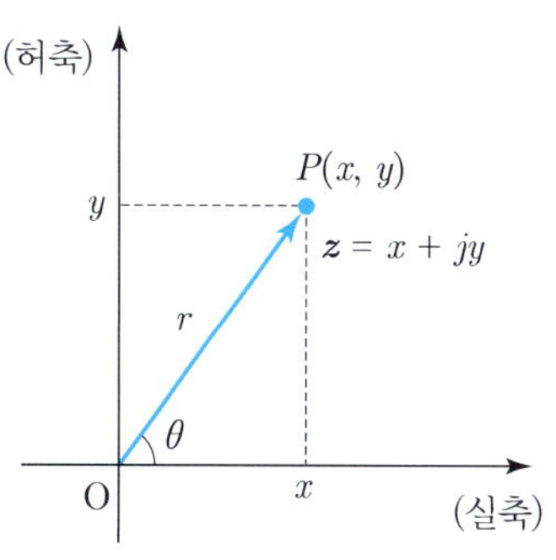

그림 4.3 직각좌표

2 삼각함수 형식

그림 4.3에서 점 P의 극좌표를 (x, y)라 하면,

$$\begin{cases} x = r\cos\theta \\ y = r\sin\theta \end{cases} \tag{4-7}$$

$$z = x + jy = r(\cos\theta + j\sin\theta) \tag{4-8}$$

$$\begin{cases} \text{크기 : } |\boldsymbol{z}| = z = \sqrt{x^2 + y^2} \\ \text{편각 : } \theta = \arg(z) = \tan^{-1}\dfrac{y}{x} \end{cases}$$

로 표시할 수 있다. 이와같이 직각좌표 형식의 복소수를 삼각함수로 나타낸 것을 **삼각함수 형식**이라 한다.

3 극좌표 형식

극좌표는 그림 4.4에서 동경 OP의 길이 r과 시초선 OX가 이루는 편각 θ로 나타내는 좌표형식 $P(r,\ \theta)$ 를 의미한다.

복소수 $\boldsymbol{z}$에서 동경 OP의 길이는 z의 절대값 $r = |\boldsymbol{z}| = z$이므로 원점 O에서부터 점 P까지의 거리이다. 또 편각 θ는 양의 실축인 시초선 OX에서 동경 OP까지 이르는 원점을 중심으로 하는 반시계 방향으로 회전하는 각을 정방향으로 하여 **양의 각**이라 하고, 원점에서 시계방향으로 회전하는 각을 **음의 각**이라고 한다.

$$z = x + jy = z\angle\theta \tag{4-9}$$

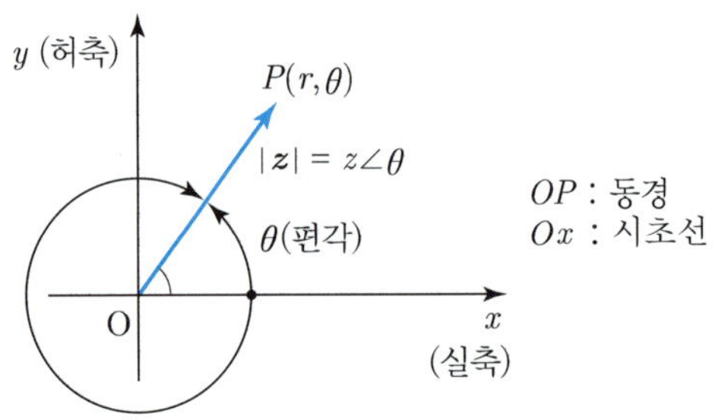

그림 4.4 극좌표

이와같이 직각좌표 형식의 복소수를 크기 z와 편각 θ로 나타낸 식을 **극좌표 형식**이라고 한다.

복소수 $z = x + jy = z\angle\theta$의 공액복소수는 직각좌표 형식에서는 $\overline{z} = x - jy$이고, 극좌표 형식에서는 $\overline{z} = z\angle -\theta$가 된다.

4 지수함수 형식

그림 4.5에서 $x = r\cos\theta$, $y = r\sin\theta$이므로 복소수 z는 다음과 같다.

$$z = x + jy = r\cos\theta + jr\sin\theta = r(\cos\theta + j\sin\theta) \tag{4-10}$$

여기서 삼각함수와 지수함수의 관계를 나타내는 다음의 **오일러의 공식**(Euler's formula)에서

$$e^{jx} = \cos x + j\sin x \tag{4-11}$$

$\cos(-x) = \cos x$, $\sin(-x) = -\sin x$ 이므로

$$\begin{aligned} e^{-jx} &= \cos(-x) + j\sin(-x) \\ &= \cos x - j\sin x \end{aligned} \tag{4-12}$$

$$e^{jx} + e^{-jx} = 2\cos x$$

그러므로

$$\cos x = \frac{1}{2}(e^{jx} + e^{-jx}) \tag{4-13}$$

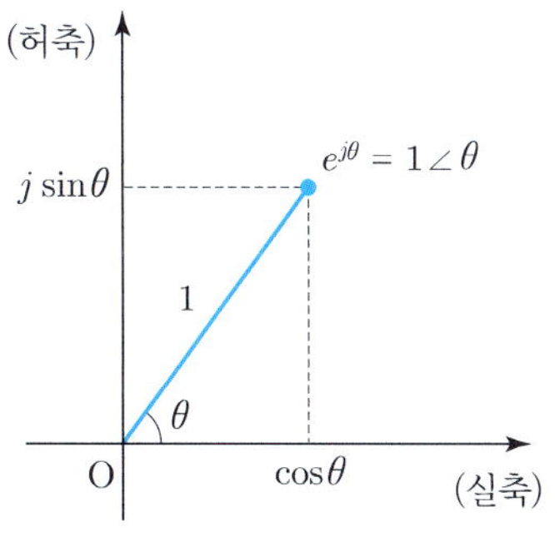

그림 4.5 지수함수 형식

그리고

$$e^{jx} - e^{-jx} = j2\sin x$$

그러므로

$$\sin x = \frac{1}{2}(e^{jx} - e^{-jx}) \tag{4-14}$$

가 된다.

다시 오일러의 공식을 적용하여 처음의 복소수를 **지수함수 형식**으로 변환하면 다음과 같다.

$$z = x + jy = r(\cos\theta + j\sin\theta) = r\,e^{j\theta} \tag{4-15}$$

그리고 지수함수 형식을 극좌표 형식으로 변경하면

$$|e^{j\theta}| = |\cos\theta + j\sin\theta| = \sqrt{\cos^2\theta + \sin^2\theta} = 1$$

그러므로

$$e^{j\theta} = 1\angle\theta \tag{4-16}$$

와 같이 극좌표 형식으로 된다. 비슷한 방법으로

$$\begin{aligned} j &= e^{j\frac{\pi}{2}} = 1\angle\frac{\pi}{2} = \cos\frac{\pi}{2} + j\sin\frac{\pi}{2} \\ -j &= e^{j(-\frac{\pi}{2})} = 1\angle-\frac{\pi}{2} = \cos(-\frac{\pi}{2}) + j\sin(-\frac{\pi}{2}) \end{aligned} \tag{4-17}$$

따라서 복소수 $\boldsymbol{z}$에 대하여 직각좌표 형식, 삼각함수 형식, 극좌표 형식, 지수함수 형식으로 각각 나타내어 보면 다음과 같다.

$$\boldsymbol{z} = x + jy = z(\cos\theta + j\sin\theta) = z\angle\theta = z\,e^{j\theta} \tag{4-18}$$

여기서 $x = z\cos\theta$, $y = z\sin\theta$

$$|\boldsymbol{z}| = z = \sqrt{x^2 + y^2}, \qquad \theta = \arg(z) = \tan^{-1}\frac{y}{x}$$

4.4 | 복소수의 계산

1 복소수의 합과 차

복소수의 합과 차에 대한 계산은 실수부는 실수부, 허수부는 허수부끼리의 합과 차를 구하면 된다.

즉 두 개의 복소수가 $z_1 = x_1 + jy_1$, $z_2 = x_2 + jy_2$일 때 이들의 합과 차를 구하면 다음과 같다.

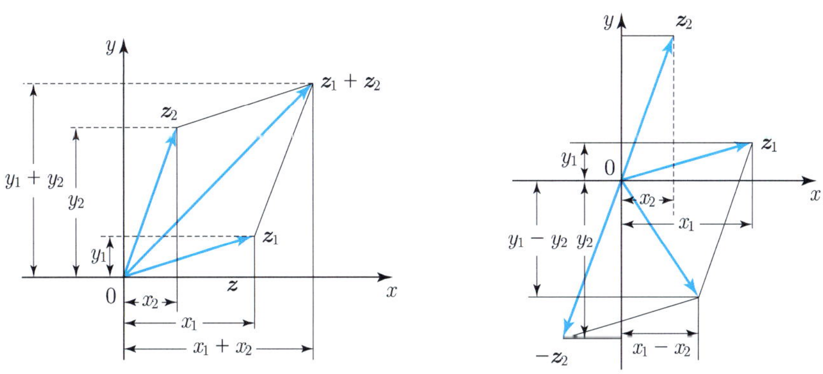

(a) 복소수의 합 (b) 복소수의 차

그림 4.6

$$
\begin{cases} z_1 + z_2 = (x_1 + jy_1) + (x_2 + jy_2) = (x_1 + x_2) + j(y_1 + y_2) \\ z_1 - z_2 = (x_1 + jy_1) - (x_2 + jy_2) = (x_1 - x_2) + j(y_1 - y_2) \end{cases} \tag{4-19}
$$

이 관계를 그림으로 표시하면 그림 4-6과 같이 된다.

예제 1

$\boldsymbol{A}_1 = 12 + j8$, $\boldsymbol{A}_{21} = 3 + j4$일 때 $\boldsymbol{A}_1 + \boldsymbol{A}_2$를 구하여라.

풀이 $\boldsymbol{A}_1 + \boldsymbol{A}_2 = (12 + j8) + (3 + j4) = 15 + j12$

2 복소수의 곱하기

허수단위 j는 다음의 관계가 있으므로

$$j=\sqrt{-1}, \quad j^2=-1, \quad j^3=-j, \quad j^4=1$$

이들의 관계를 주의하여 대수적으로 계산하면 된다.

두 개의 복소수 z_1, z_2가 다음과 같을 때

$$z_1=x_1+jy_1=|z_1|e^{j\theta_1} \ (\text{단, } |z_1|=\sqrt{x_1{}^2+y_1{}^2}, \ \theta_1=\tan^{-1}\frac{y_1}{x_1})$$

$$z_2=x_2+jy_2=|z_2|e^{j\theta_2} \ (\text{단, } |z_2|=\sqrt{x_2{}^2+y_2{}^2}, \ \theta_2=\tan^{-1}\frac{y_2}{x_2})$$

이 두 복소수의 곱을 구해 보자.

(1) 직각좌표 형식인 경우

$$\begin{aligned} z_1\times z_2 &= (x_1+jy_1)(x_2+jy_2)=x_1x_2+jx_1y_2+jy_1x_2+j^2y_1y_2 \\ &= (x_1x_2-y_1y_2)+j(x_1y_2+y_1x_2) \end{aligned} \quad (4\text{-}20)$$

(2) 삼각함수 형식인 경우

$$\begin{aligned} z_1\cdot z_2 &= r_1r_2(\cos\theta_1+j\sin\theta_2)(\cos\theta_2+j\sin\theta_2) \\ &= r_1r_2(\cos\theta_1\cos\theta_2-\sin\theta_1+\sin\theta_2) \\ &\quad +j(\sin\theta_1\cos\theta_2+\cos\theta_1\sin\theta_2) \\ &= r_1r_2\{(\cos\theta_1\cos\theta_2-\sin\theta_1+\sin\theta_2)\} \end{aligned} \quad (4\text{-}21)$$

(3) 극좌표 형식인 경우

$$z_1\times z_2=|z_1|e^{j\theta_1}\times|z_2|e^{j\theta_2}=|z_1|\cdot|z_2|^{j(\theta_1+\theta_2)}$$

또는

$$z_1\times z_2=|z_1|\angle\theta_1\times z_2\angle\theta_2=|z_1|\cdot|z_2|\angle\theta_1+\theta_2 \quad (4\text{-}22)$$

이상의 결과로부터 두 개의 복소수 z_1과 z_2를 곱하면, 각각의 절대치를 곱한 값

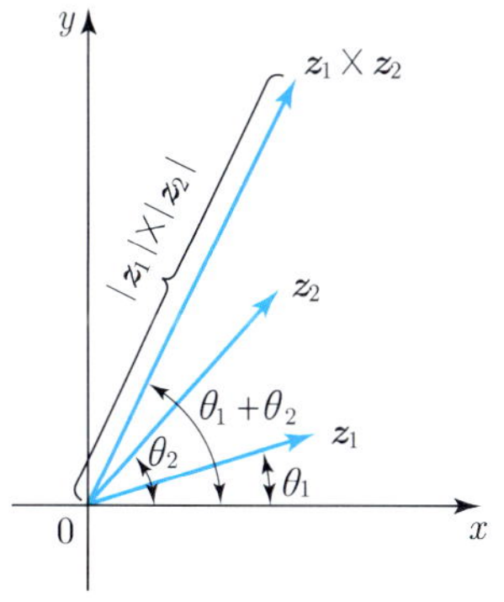

그림 4.7 복소수의 곱셈

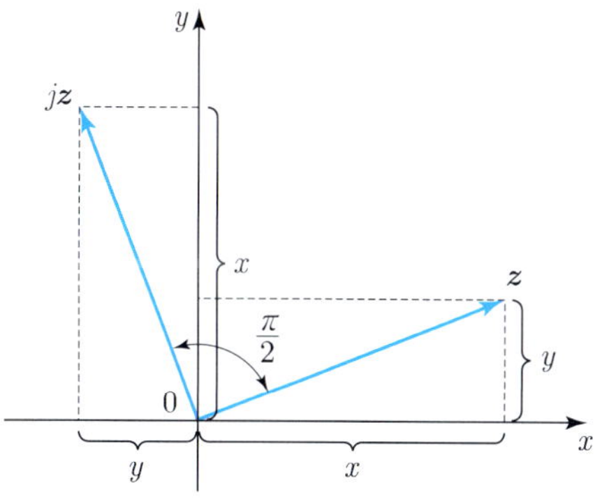

그림 4.8 회전 연산자

$|z_1| \cdot |z_2|$가 절대치가 되고, 편각의 합 $(\theta_1+\theta_2)$가 위상각이 되는 복소수가 된다는 것을 알 수 있다.

이것을 그림으로 나다내면 그림 4.7과 깉다.

그러므로 벡터 $\boldsymbol{z}=x+jy$에 허수 j를 곱하면, $j\boldsymbol{z}=j(x+jy)=-y+jx$로 되어 그림 4.8과 같이 벡터의 크기는 변함이 없고 편각만 $\pi/2\,[\text{rad}]$만큼 정방향으로 앞서게 된다.

그래서 허수단위 j를 회전연산자(rotational operator)라고도 한다.

[정리 1]　　복소수의 곱셈

두 복소수의 곱의 절대치는 각 복소수의 절대치의 곱과 같으며, 그 편각은 각 복소수의 편각의 합과 같다.

예　　$z_1 = r_1 \angle \theta_1, \quad z_2 = r_2 \angle \theta_2$

라고 할 때

$$z_1 \cdot z_2 = r_1 r_2 \angle \theta_1+\theta_2 \tag{4-23}$$

3 복소수의 나누기

직각좌표형식의 복소수의 나누기인 경우에는 일반적으로 분모를 유리화하기 위해 분모의 공액수(conjugate)를 분모와 분자에 곱하여 정리하면 된다.

공액복소수란 복소수의 허수부의 부호를 바꾼 것으로, 예를 들면,

$\boldsymbol{V} = a + jb$인 복소수의 공액수는 $\overline{\boldsymbol{V}} = a - jb$가 되고,

$\boldsymbol{V} = Ve^{j\theta} = V\angle\theta$인 복소수의 공액수는 $\overline{\boldsymbol{V}} = Ve^{-j\theta} = V\angle -\theta$가 된다.

지금

$$\boldsymbol{V} = a + jb = Ve^{j\theta_1} = V\angle\theta_1 \quad (\text{단, } V = \sqrt{a^2 + b^2},\ \theta_1 = \tan^{-1}\frac{b}{a})$$

$$\boldsymbol{I} = c + jd = Ie^{j\theta_2} = I\angle\theta_2 \quad (\text{단, } I = \sqrt{c^2 + d^2},\ \theta_2 = \tan^{-1}\frac{d}{c})$$

가 있을 때 $\boldsymbol{Z} = \boldsymbol{V}/\boldsymbol{I}$를 구해 보자.

(1) 직각좌표형식인 경우

$$\boldsymbol{Z} = \frac{\boldsymbol{V}}{\boldsymbol{I}} = \frac{a + jb}{c + jd} = \frac{(a + jb)(c - jd)}{(c + jd)(c - jd)} = \frac{ac + bd + j(bc - ad)}{c^2 + d^2}$$

$$= \frac{ac + bd}{c^2 + d^2} + j\frac{bc - ad}{c^2 + d^2} \tag{4-24}$$

그러므로

$$|\boldsymbol{Z}| = Z = \sqrt{\left(\frac{ac + bd}{c^2 + d^2}\right)^2 + \left(\frac{bc - ad}{c^2 + d^2}\right)^2} = \frac{\sqrt{a^2 + b^2}}{\sqrt{c^2 + d^2}} = \frac{V}{I} \tag{4-25}$$

$$\theta = \tan^{-1}\frac{bc - ad}{ac - bd} = \tan^{-1}\frac{\dfrac{b}{a} - \dfrac{d}{c}}{1 + \dfrac{b}{a}\cdot\dfrac{d}{c}}$$

$$= \tan^{-1}\frac{b}{a} - \tan^{-1}\frac{d}{c} = \theta_1 - \theta_2$$

(2) 삼각함수 형식의 경우

$$\frac{z_1}{z_2} = \frac{r_1}{r_2}\cdot\frac{\cos\theta_1 + j\sin\theta_1}{\cos\theta_2 + j\sin\theta_2}$$

$$= \frac{r_1}{r_2}\cdot\frac{(\cos\theta_1 + j\sin\theta_1)(\cos\theta_2 - j\sin\theta_2)}{(\cos\theta_2 + j\sin\theta_2)(\cos\theta_2 - j\sin\theta_2)}$$

$$= \frac{r_1}{r_2}\cdot\frac{(\cos\theta_1\cos\theta_2 + \sin\theta_1\sin\theta_2) + j(\sin\theta_1\cos\theta_2 - \cos\theta_1\sin\theta_2)}{\cos^2\theta_2 + j\sin^2\theta_2}$$

$$= \frac{r_1}{r_2}\cdot\cos(\theta_1 - \theta_2) + j\sin(\theta_1 - \theta_2)$$

(3) 극좌표형식인 경우

$$\boldsymbol{Z} = \frac{\boldsymbol{V}}{\boldsymbol{I}} = \frac{Ve^{j\theta_1}}{Ie^{j\theta_2}} = \frac{V}{I}e^{j(\theta_1 - \theta_2)} \tag{4-26}$$

또는

$$\boldsymbol{Z} = \frac{\boldsymbol{V}}{\boldsymbol{I}} = \frac{V\angle\theta_1}{I\angle\theta_2} = \frac{V}{I}\angle\theta_1 - \theta_2$$

4 복소수의 누승과 근

복소수의 n 제곱 또는 n 제곱근을 계산하는 데에는 극좌표 형식을 사용하는 것이 편리하다.

지금 $z - ze^{j\theta}$의 n 제곱과 n 제곱근을 구해보면 다음과 같다.

$$\boldsymbol{z}^n = z^n \cdot e^{jn\theta} = z^n\angle n\theta \tag{4-27}$$

$$(\because\ e^{jn\theta} = \cos n\theta + j\sin n\theta)$$

$$\boldsymbol{z}^{1/n} = z^{1/n} \cdot e^{j\frac{\theta + 2\pi m}{n}} = z^{1/n}\angle\frac{\theta + 2\pi m}{n} \tag{4-28}$$

(단, $m = 0, 1, 2, \cdots, n-1$)

식 (4-28)에서 $m = 0$에 대한 근을 **주근**, 나머지의 근을 **부근**이라고 한다.

> **[정리 2]　복소수의 나눗셈**
>
> 두 복소수의 나눗셈의 절대치는 각 복소수의 절대치의 몫과 같으며, 그 편각은 나누어지는 수의 편각에서 나누는 수의 편각을 뺀 것과 같다.

예

$$\boldsymbol{z}_1 = r_1\angle\theta_1,\quad \boldsymbol{z}_2 = r_2\angle\theta_2$$

라고 할 때

$$\frac{\boldsymbol{z}_1}{\boldsymbol{z}_2} = \frac{r_1\angle\theta_1}{r_2\angle\theta_2} = \frac{r_1}{r_2}\angle\theta_1 + \theta_2 \tag{4-29}$$

또

$$\boldsymbol{z} = r(\cos\theta + j\sin\theta)$$

일 때

$$z^n = r^n(\cos\theta + j\sin\theta)^n$$
$$= r^n(\cos n\theta + j\sin n\theta) \quad (n\text{은 정수}) \tag{4-30}$$

가 된다. 이것으로부터 **드 무아브르(De Moivre)의 공식**

$$(\cos\theta + j\sin\theta)^n = \cos n\theta + j\sin n\theta \tag{4-31}$$

를 얻는다.

예제 1

$z_1 = 2 - j3$, $z_2 = -5 + j$ 일 때 다음을 구하여라.

(1) $z_1 z_2$ (2) z_1 / z_2

풀이 (1) $z_1 \cdot z_2 = (2 - j3)\cdot(-5 + j) = -7 + j17$

(2) $$\frac{z_1}{z_2} = \frac{(2-j3)}{(-5+j)} = \frac{(2-j3)(-5-j)}{(-5+j)(-5-j)}$$
$$= \frac{-10 - j2 + j15 - 3}{25+1} = -\frac{1}{2} + j\frac{1}{2}$$

예제 2

복소수 $z = 1 + j\sqrt{3}$ 을 극형식으로 고치고, 복소평면상에 표시하여라. 또한 $-z$는 어떻게 표시되는가?

풀이 식(4-8)로부터

$$r = \sqrt{1^2 + (\sqrt{3})^2} = 2$$
$$\theta = \tan^{-1}\frac{\sqrt{3}}{1} \text{ 에서 } \theta = \frac{\pi}{3}$$
$$\therefore \ z = 2\left(\cos\frac{\pi}{3} + j\sin\frac{\pi}{3}\right)$$

같은 방법으로

$$-z = 2\left\{\cos\left(-\frac{2}{3}\pi\right) + j\sin\left(-\frac{2}{3}\pi\right)\right\}$$

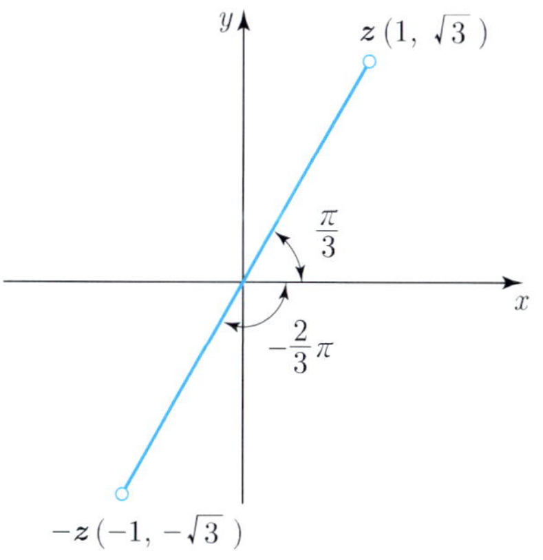

그림 4.9

예제 3

드 무아브르(De Moivre)의 공식을 이용하여 $\cos 2\theta$, $\sin 2\theta$, $\cos 3\theta$, $\sin 3\theta$를 $\cos\theta$, $\sin\theta$로 표시하여라.

풀이 $(\cos\theta + j\sin\theta)^2 = \cos 2\theta + j\sin 2\theta$

으로부터

$$\cos^2\theta - \sin^2\theta + 2j\cos\theta\sin\theta = \cos 2\theta + j\sin 2\theta$$

$$\therefore \cos 2\theta = \cos^2\theta - \sin^2\theta$$

$$\sin 2\theta = 2\cos\theta\sin\theta$$

또

$$(\cos\theta + j\sin\theta)^3 = \cos 3\theta + j\sin 3\theta$$

으로부터

$$\cos^3\theta - 3\cos\theta\sin^2\theta + j(3\cos^2\theta\sin\theta - \sin^3\theta) = \cos 3\theta + j\sin 3\theta$$

$$\therefore \cos 3\theta = \cos^3\theta - 3\cos\theta\sin^2\theta = \cos^3\theta - 3\cos\theta(1-\cos^2\theta)$$

$$= 4\cos^3\theta - 3\cos\theta$$

$$\sin 3\theta = 3\cos^2\theta\sin\theta - \sin^3\theta = 3(1-\sin^2\theta)\sin\theta - \sin^3\theta$$

$$= 3\sin\theta - 4\sin^3\theta$$

예제 4

다음과 같은 두 복소수 z_1, z_2 에서 $z_1 \cdot z_2$ 와 z_1/z_2 를 구하여라.

$$z_1 = 40(\cos 60° + j\sin 60°),\ \ z_2 = 10(\cos 45° + j\sin 45°)$$

풀이 $z_1 = 40\underline{/60°}$, $z_2 = 10\underline{/45°}$

이므로

$$\begin{aligned} z_1 \cdot z_2 &= (40\underline{/60°}) \cdot (10\underline{/45°}) = 40 \times 10\underline{/60° + 45°} \\ &= 400\underline{/105°} = 400(\cos 105° + j\sin 105°) \end{aligned}$$

$$\begin{aligned} \frac{z_1}{z_2} &= \frac{40\underline{/60°}}{10\underline{/45°}} = 4\underline{/60° - 45°} \\ &= 4\underline{/15°} = 4(\cos 15° + j\sin 15°) \end{aligned}$$

4.5 | 지수함수, 3각함수, 쌍곡선함수

1 지수함수

복소수 $z = x + jy$ 에 대한 지수함수 e^z 는 다음과 같이 정의한다.

$$e^z = e^x(\cos y + j\sin y) \tag{4-32}$$

여기서 $z = x$ 가 실수이면 $e^z = e^x$ 가 된다.

한편 실지수함수 e^x 는 다음과 같은 성질을 갖는다.

$$(e^x)' = e^x \tag{4-33}$$

또한 **맥로린(Maclaurin) 급수**는

$$e^x = 1 + x + \frac{x^2}{2!} + \frac{x^3}{3!} + \cdots \tag{4-34}$$

이다. 지금 $z_1 = x_1 + jy_1$, $z_2 = x_2 + jy_2$ 라 놓고 삼각함수의 가법정리를 쓰면

$$e^{z_1+z_2} = e^{z_1} \cdot e^{z_2} \tag{4-35}$$

가 되며 특히 $z_1 = x$, $z_2 = jy$ 일 때는

$$e^{z_1+z_2} = e^{x+jy} = e^x e^{jy} \tag{4-36}$$

이다. 식(4-32)에서 **오일러의 공식**

$$e^{jy} = \cos y + j\sin y \tag{4-37}$$

를 얻을 수 있으며 $z = x + jy$ 의 **극형식**은

$$z = r(\cos\theta + j\sin\theta) = re^{j\theta} \tag{4-38}$$

가 된다. 식(4-37)에 의해서

$$|e^{jy}| = \sqrt{\cos^2 y + \sin^2 y} = 1 \tag{4-39}$$

이 되므로 식(4-33)에 의해

$$|e^z| = e^x, \quad \arg\ e^z = y \tag{4-40}$$

이다.

또 $\cos 2\pi = 1$, $\sin 2\pi = 0$ 이므로 식(4-36)에 의해서

$$e^{2\pi j} = 1 \tag{4-41}$$

이 되고, 같은 방법으로

$$e^{\pi j} = e^{-\pi j} = -1, \quad e^{\frac{\pi}{2}j} = j, \quad e^{-\frac{\pi}{2}j} = -j \tag{4-42}$$

이다. 또 식(4-35)와 식(4-36)으로부터

$$e^{z+2\pi j} = e^z e^{2\pi j} = e^z$$

가 되므로 지수함수는 주기 2π 의 주기함수임을 알 수 있다. 즉

$$e^{z \pm 2n\pi j} = e^z \quad (n = 0, 1, 2, \cdots) \tag{4-43}$$

예제 1

$z = -j\dfrac{\pi}{3}$ 일 때 e^z 의 값을 구하여라.

풀이 $e^z = e^{-j\frac{\pi}{3}} = \cos\dfrac{\pi}{3} - j\sin\dfrac{\pi}{3} = \dfrac{1}{2} - j\dfrac{\sqrt{3}}{2}$

예제 2

$z = 2 + j\,3\pi$ 일 때 e^z 의 값을 구하여라.

풀이 $e^z = e^{2+j3\pi} = e^2 \cdot e^{j3\pi} = e^2(\cos 3\pi + j\sin 3\pi) = -e^2$

예제 3

$z_1 = 3 \cdot \epsilon^{j\frac{\pi}{6}}$, $z_2 = 6 \cdot \epsilon^{j\frac{4}{3}\pi}$ 의 복소수의 곱의 절대치와 편각을 구하여라.

풀이 $z_1 \cdot z_2 = 3 \cdot \epsilon^{j\frac{\pi}{6}} \times 6 \cdot \epsilon^{j\frac{4}{3}\pi} = 18\epsilon^{j(\frac{\pi}{6}+\frac{4}{3}\pi)} = 18\,\epsilon^{j\frac{3}{2}\pi}$

따라서

$$|z_1 z_2| = 18, \quad \arg|z_1 z_2| = \frac{3}{2}\pi = 270°$$

2 삼각함수

지수함수의 오일러의 공식에서

$$e^{jx} = \cos x + j\sin x, \quad e^{-jx} = \cos x - j\sin x \tag{4-44}$$

가 되므로

$$\begin{cases} \cos x = \dfrac{1}{2}(e^{jx} + e^{-jx}) \\ \sin x = \dfrac{1}{2j}(e^{jx} - e^{-jx}) \end{cases} \tag{4-45}$$

이 식에서 복소수 $z = x + jy$ 에 대하여도

$$\begin{cases} \cos z = \dfrac{1}{2}(e^{jz} + e^{-jz}) \\ \sin z = \dfrac{1}{2j}(e^{jz} - e^{-jz}) \end{cases} \tag{4-46}$$

가 된다. 같은 방법으로

$$\begin{cases} \tan z = \dfrac{\sin z}{\cos z}, \qquad \cot z = \dfrac{\cos z}{\sin z} \\ \\ \sec z = \dfrac{1}{\cos z}, \quad \operatorname{cosec} z = \dfrac{1}{\sin z} \end{cases} \tag{4-47}$$

이다. 그리고 $\cos z$ 와 $\sec z$ 는 우함수이고 나머지는 기함수이므로

$$\begin{cases} \cos(-z) = \cos z, \qquad \sin(-z) = -\sin z \\ \\ \cot(-z) = -\cot z, \ \tan(-z) = -\tan z \end{cases} \tag{4-48}$$

이다. 지수함수는 주기함수이므로 삼각함수 역시 주기함수이다. 즉

$$\begin{cases} \cos(z \pm 2n\pi) = \cos z, \quad \sin(z \pm 2n\pi) = \sin z \\ \\ \tan(z \pm n\pi) = \tan z, \quad \cot(z \pm n\pi) = \cot z \quad (n = 0, 1, 2, \dots) \end{cases} \tag{4-49}$$

이상의 정의로부터 실삼각함수에 적용되는 공식들이 복소함수에 대해서도 성립된다.

$$\begin{cases} \dfrac{d}{dz}\cos z = -\sin z, \qquad \dfrac{d}{dz}\sin z = \cos z \\ \\ \dfrac{d}{dz}\tan z = \sec^2 z, \qquad \dfrac{d}{dz}\cot z = -\operatorname{cosec}^2 z \\ \\ \dfrac{d}{dz}\sec z = \sec z \tan z, \quad \dfrac{d}{dz}\operatorname{cosec} z = -\operatorname{cosec} z \cot z \end{cases} \tag{4-50}$$

$$\begin{cases} \cos(z_1 \pm z_2) = \cos z_1 \cos z_2 \mp \sin z_1 \sin z_2 \\ \sin(z_1 \pm z_2) = \sin z_1 \cos z_2 \pm \sin z_2 \cos z_1 \\ \sin^2 z + \cos^2 z = 1 \end{cases} \tag{4-51}$$

식(4-49)로부터 $\cos z$ 와 $\sin z$ 를 실함수형으로 표시하면

$$\begin{cases} \cos z = \cos(x + jy) = \cos x \cos jy - \sin x \sin jy \\ \sin z = \sin(x + jy) = \sin x \cos jy + \cos x \sin jy \end{cases} \tag{4-52}$$

가된다. 식(4-46)과 쌍곡선 함수의 정의에 의하여

$$\begin{cases} \cos jy = \dfrac{1}{2}(e^{-y} + e^{y}) = \cosh y \\ \\ \sin jy = \dfrac{1}{2j}(e^{-y} - e^{y}) = j\sinh y \end{cases} \tag{4-53}$$

이 되므로 다음과 같은 $\cos z$ 와 $\sin z$ 의 수치계산에 유용한 식을 얻을 수 있다.

$$\begin{cases} \cos z = \cos(x + jy) = \cos x \ \cosh y - j \sin x \ \sinh y \\ \sin z = \sin(x + jy) = \sin x \ \cosh y + j \cos x \ \sinh y \end{cases} \tag{4-54}$$

예제 4

복소함수가 $z = \pi + j2$ 일 때 $f(z) = \cos z$ 를 구하여라.

풀이 $f(z) = f(\pi + j2) = \cos(\pi + j2)$

$$= \frac{e^y - e^{-y}}{2} \cos x - j \ \frac{e^y - e^{-y}}{2} \sin x$$

$$= \frac{e^2 + e^{-2}}{2} \cos \pi - j \ \frac{e^2 - e^{-2}}{2} \sin \pi$$

가 되고, $\sin \pi = 0$, $\cos \pi = -1$ 이므로

$$\therefore f(z) = -\frac{e^2 + e^{-2}}{2} = -\cosh 2$$

3 쌍곡선함수

복소수의 쌍곡선함수는 실쌍곡선 함수의 경우와 마찬가지로 다음과 같이 정의된다.

$$\begin{aligned} \sinh z &= \frac{e^z - e^{-z}}{2} & \cosh z &= \frac{e^z + e^{-z}}{2} \\ \tanh z &= \frac{\sinh z}{\cosh z} & \coth z &= \frac{\cosh z}{\sinh z} \\ \operatorname{sech} z &= \frac{1}{\cosh z} & \operatorname{cosech} z &= \frac{1}{\sinh z} \end{aligned} \tag{4-55}$$

그리고 쌍곡선함수의 도함수는 다음과 같다.

$$\begin{aligned} \frac{d}{dz} \sinh z &= \cosh z, & \frac{d}{dz} \cosh z &= \sinh z \\ \frac{d}{dz} \tanh z &= \operatorname{sech}^2 z, & \frac{d}{dz} \coth z &= -\cosh^2 z \end{aligned} \tag{4-56}$$

$$\frac{d}{dz}\operatorname{sech} z = -\operatorname{sech} z \tanh z, \qquad \frac{d}{dz}\operatorname{cosech} z = -\operatorname{cosech} z \coth z$$

또 널리 사용되는 식으로는

$$\begin{aligned}
&\cosh^2 z - \sinh^2 = 1 \\
&\sin 2z = 2\sinh z \cosh z \\
&\sinh(z_1 + z_2) = \sinh z_1 \cosh z_2 + \cosh z_1 \sinh z_2 \\
&\cosh(z_1 + z_2) = \cosh z_1 \cosh z_2 + \sinh z_1 \sinh z_2 \\
&\sinh(-z) = -\sinh z \\
&\cosh(-z) = \cosh z
\end{aligned} \tag{4-57}$$

가 있으며 쌍곡선함수와 3각함수 사이의 관계식은 지수함수로 표시된 이들 함수의 정의에 의해서

$$\begin{aligned}
&\sinh(jz) = j\sin z, \qquad \cosh(jz) = \cos z \\
&\sin(jz) = j\sinh z, \qquad \cos(jz) = \cosh z
\end{aligned} \tag{4-58}$$

로 표시되고, $\sinh z$ 와 $\cosh z$ 의 실수부와 허수부는

$$\begin{aligned}
&\sinh(x + jy) = \sinh x \cos y + j\cosh x \sin y \\
&\cosh(x + jy) = \cosh x \cos y + j\sinh x \sin y
\end{aligned} \tag{4-59}$$

로 표시한다.

연습문제 04

1. 다음의 값을 계산하여라.

(1) $(2+j3)^3$　　(2) $\dfrac{2+j3}{1+j2}$　　(3) $\sqrt{7+j24}$

2. 다음의 복소수를 극형식으로 표시하여라.

(1) $1-j$　　(2) $-1+j\sqrt{3}$　　(3) $\dfrac{1+j}{1-j}$

3. $z_1=2+j$, $z_2=3-j2$ 일 때 $z_1 \cdot z_2$ 와 z_1/z_2 를 구하여라.

4. $z_1=1-j$, $z_2=1+j$ 일 때 $z_1 \cdot z_2$ 와 z_1/z_2 를 극형식으로 구하여라.

5. $z_1=3\left(\cos\dfrac{\pi}{6}+j\sin\dfrac{\pi}{6}\right)$, $z_2=2\left(\cos\dfrac{\pi}{3}+j\sin\dfrac{\pi}{3}\right)$ 일 때, $z_1 \cdot z_2$ 와 z_1/z_2 를 구하여라.

6. $z_1=20(\cos\dfrac{\pi}{3}+j\sin\dfrac{\pi}{3})$, $z_2=5(\cos\dfrac{\pi}{6}+j\sin\dfrac{\pi}{6})$ 로 표시되는 두 벡터가 있다. $z_1 \times z_2$ 를 극좌표형식으로 구하여라.

7. $z_1=10\ \angle 15°$, $z_2=10+j10$ 일 때 $z_1 \cdot z_2$ 를 지수함수형으로 구하여라.

8. 전압 $E=2+j2\sqrt{3}$ 을 극좌표로 표시하여라.

9. $z=3.08+j8.455$ 일 때 $\sqrt{z}$ 를 극좌표로 표시하여라.

10. $\sqrt[3]{1+j}$ 의 모든 근을 구하여라.

11. 점 $z=2+j4$ 에서 $f(z)=3\bar{z}=3x-j3y$ 일 때 x, y 의 값을 구하여라.

5장

벡터해석

학습목표

- 벡터에 관한 다양한 정의를 학습하고, 벡터의 합과 차를 계산하는 방법을 이해한다.
- 벡터의 덧셈과 뺄셈에 대하여 이해한다.,
- 스칼라적(내적)과 벡터적(외적)에 대하여 정의하고 두 벡터의 교각을 이용하여 내적과 외적을 설명하는 방법을 이해할 수 있다.
- 벡터의 도함수, 벡터의 발산, 벡터의 회전에 대하여 정의한다.

가우스
(Carl Friedrich Gauss, 1777~1855)

" 나는 말하기 전에 셈을 했다. "

독일의 수학자 · 물리학자 · 측지학자. 19세기 전반 최대의 수학자로서, 순수 수학은 물론, 응용 수학에도 눈부신 업적을 남겨 '수학의 왕자'로 불린다. 가우스의 아버지는 벽돌공으로 무식하고 난폭했으며 아들의 교육에는 관심이 없었다. 그러나 어머니와 외삼촌은 그의 천재성을 일찍이 발견하여 그의 지적 성장을 도와주었다. 1798년 장학금으로 괴팅겐 대학을 졸업하고 1807년 괴팅겐 천문대장이 되었다. 말을 배우기 전에 계산부터 할 정도의 천재였으며, 1796년에 자와 콤파스에 의한 정십칠각형 작도법을 발견함으로써 수리과학 연구에 뜻을 두었다. 정수론, 초기하급수론, 곡면론, 복소함수론 등의 연구, 퍼텐셜 이론에 대한 기여 등이 유명하다. 지자기 연구로부터 측정기의 개발, 관측망의 정비 등을 수행했으며, 전자기 측정을 위한 단위에 공헌했다. 복소수라는 말도 그에게서 비롯된 것이고 자기 유도의 단위인 '가우스(G)'도 그의 이름에서 딴 것이다.

이 장에서는 힘 · 속도 · 가속도 등과 같이 크기와 방향을 동시에 나타내는 벡터에 관하여 알아본다. 벡터에 관한 다양한 정의를 살펴보고, 벡터의 합과 차, 스칼라적(내적)과 벡터적(외적)에 대하여 정의하고, 벡터의 도함수, 벡터의 발산, 벡터의 회전에 대하여 학습한다.

5.1 | 벡터

1 스칼라와 벡터

일반적으로 물리적인 양을 표현함에 있어서 선분의 길이, 면적, 질량, 온도, 시간, 밀도, 압력 등과 같이 크기만으로 상태를 충분히 표현할 수 있는 **스칼라**(scalar)**양**과 힘, 속도, 가속도, 전기장의 세기, 자기장의 세기 등과 같이 그 크기뿐만 아니라 방향도 주어져야 완전히 표현되는 **벡터**(vector)**양**이 있다.

스칼라양을 표시하는 방법은 이태릭체인 $A, B, C, \cdots$ 를 사용하며, 벡터양은 고딕체인 $\boldsymbol{A}, \boldsymbol{B}, \boldsymbol{C}, \cdots$ 를 사용한다.

2 벡터양의 표시

벡터양이 그림 5.1과 같이 점 O를 시점으로 하여 점 P를 종점으로 하는 벡터가 있을 때 벡터 $\boldsymbol{A}$는

$$\boldsymbol{A} = \overrightarrow{OP}$$

로 나타낸다.

벡터 $\boldsymbol{A}$의 길이를 그 **크기** 또는 **절대치**라 하고, $|\boldsymbol{A}|$로 표시한다. 절대치가 1인 벡터 그림 5.1를 **단위벡터**(unit vector)라 하며 방향 표시에 사용된다.

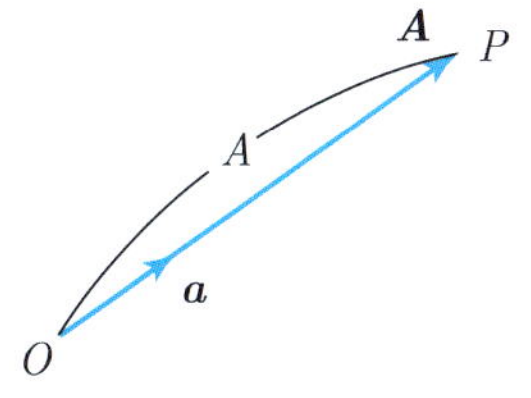

그림 5.1 벡터양의 표시

지금 벡터 $\boldsymbol{A}$ 의 단위벡터를 $\boldsymbol{a}$ 라 하면

$$\boldsymbol{A} = \boldsymbol{a}A \qquad (5\text{-}1)$$

와 같이 표시하며, A 는 벡터의 크기이며, 벡터 $\boldsymbol{a}$ 방향의 성분이라고 한다. 또 크기가 0인 벡터를 **영벡터**(zero vector)라고 부르며 0으로 표시한다.

3 벡터의 성분

세 축상에서 같은 척도를 택하면 축에서 좌표가 (1, 0, 0), (0, 1, 0), (0, 0, 1)인 세 단위점은 세 축이 교차하는 점인 원점에서 같은 거리를 갖는다. 이와 같이 얻은 직각좌표를 공간에서 **직교좌표계**라고 부른다.

지금 직교좌표의 각 축을 x, y, z 로 표시하면 그림 5.2에서 크기가 1이고, x, y 및 z 축의 양(+)의 방향을 갖는 각각의 단위벡터를 $\boldsymbol{i}$, $\boldsymbol{j}$, $\boldsymbol{k}$ 로 정의하며, 이것을 **기본벡터**(fundamental vector)라 한다. 따라서 임의의 벡터 $\boldsymbol{A}$ 는

$$\boldsymbol{A} = \boldsymbol{i}\,A_x + \boldsymbol{j}\,A_y + \boldsymbol{k}\,A_z \qquad (5\text{-}2)$$

로 표시할 수 있으며, 크기 A_x, A_y 및 A_z 는 벡터 $\boldsymbol{A}$ 의 x, y, z 방향의 **성분**(components)이라고 부른다.

정의에 의하여 벡터 $\boldsymbol{A}$ 의 크기는 **피타고라스**(Pythagoras)**의 정리**에서

$$\boldsymbol{A} = |A| = \sqrt{A_x^2 + A_y^2 + A_z^2} \qquad (5\text{-}3)$$

이 된다.

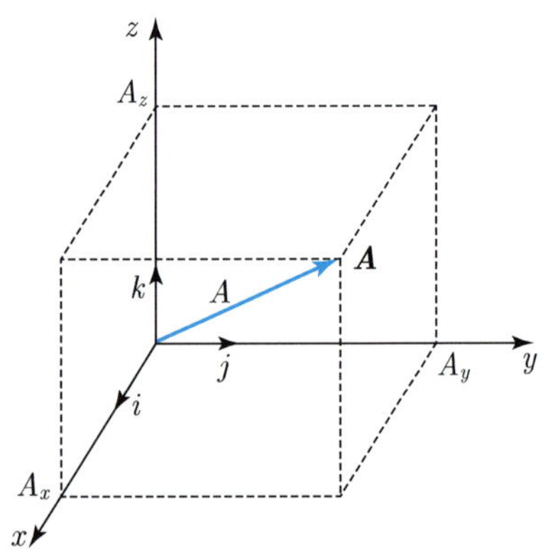

그림 5.2 직교 좌표계

그림 5.3에서 x, y, z 축으로부터 벡터 $\boldsymbol{A}$와 이루는 각을 각각 α, β, γ로 표시하면

$$A_x = A\cos\alpha,\quad A_y = A\cos\beta,\quad A_z = A\cos\gamma \tag{5-4}$$

가 된다. 여기서 $\cos\alpha$, $\cos\beta$, $\cos\gamma$를 벡터 $\boldsymbol{A}$의 **방향여현**이라고 하며,

$$\cos\alpha = \frac{A_x}{A} = \frac{A_x}{\sqrt{A_x^2 + A_y^2 + A_z^2}}$$

$$\cos\beta = \frac{A_y}{A} = \frac{A_y}{\sqrt{A_x^2 + A_y^2 + A_z^2}}$$

$$\cos\gamma = \frac{A_z}{A} = \frac{A_z}{\sqrt{A_x^2 + A_y^2 + A_z^2}}$$

로 주어지며, 방향여현의 관계식은 다음과 같다.

$$\cos^2\alpha + \cos^2\beta + \cos^2\gamma = 1 \tag{5-5}$$

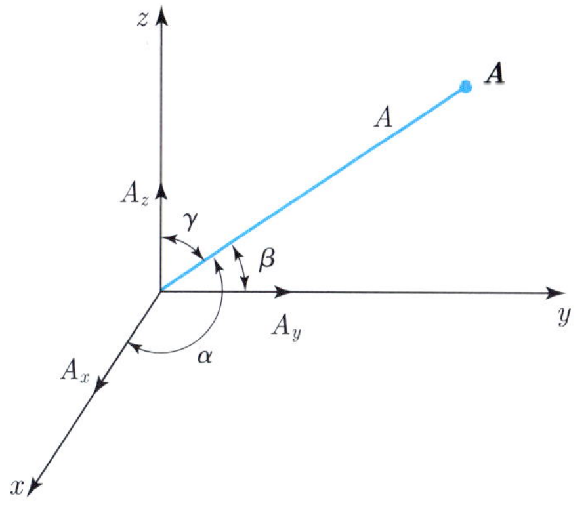

그림 5.3 벡터 A의 방향여현

예제 1

전계의 식이 $\boldsymbol{E} = 300\boldsymbol{i} + 400\boldsymbol{j} + 500\boldsymbol{k}$ [V/m]로 주어졌을 때 전계의 세기의 크기를 구하여라.

풀이 $E = \sqrt{300^2 + 400^2 + 500^2} = 707.1$ [V/m]

5.2 | 벡터의 합과 차

두 벡터의 합은 그림 5.4에 나타낸 것과 같이, 벡터 $\boldsymbol{A}$가 점 1에서 시작하여 점 2로 향하는 변위이고, 벡터 $\boldsymbol{B}$는 점 2에서 시작하여 점 3으로 향하는 변위라고 할 때, 점 1에서 점 3으로 향하는 변위를 벡터 $\boldsymbol{C}$라고 하면, 벡터 $\boldsymbol{C}$는 벡터 $\boldsymbol{A}$와 $\boldsymbol{B}$의 합이다. 즉

$$\boldsymbol{A}+\boldsymbol{B}=\boldsymbol{C} \tag{5-6}$$

두 벡터의 차는 그림 5.5와 같이 벡터 $\boldsymbol{A}$와 $\boldsymbol{B}$의 차는 벡터 $\boldsymbol{A}$와 $(-\boldsymbol{B})$의 합과 같으므로 다음과 같이 표시된다.

$$\boldsymbol{A}-\boldsymbol{B}=\boldsymbol{A}+(-\boldsymbol{B})=\boldsymbol{C} \tag{5-7}$$

벡터의 가법은 교환법칙과 결합법칙 및 분배법칙이 성립한다. 즉

① $\boldsymbol{A}+\boldsymbol{B}=\boldsymbol{B}+\boldsymbol{A}$ (교환법칙)
② $\boldsymbol{A}+(\boldsymbol{B}+\boldsymbol{C})=(\boldsymbol{A}+\boldsymbol{B})+\boldsymbol{C}$ (결합법칙)
③ $m(\boldsymbol{A}+\boldsymbol{B})=m\boldsymbol{A}+m\boldsymbol{B}$ (분배법칙)

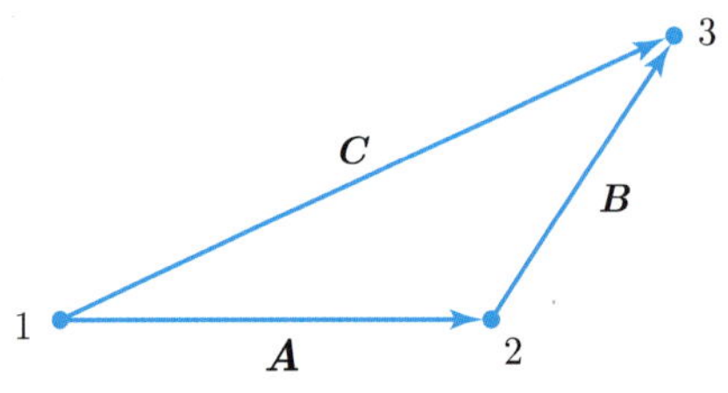

그림 5.4 벡터의 합

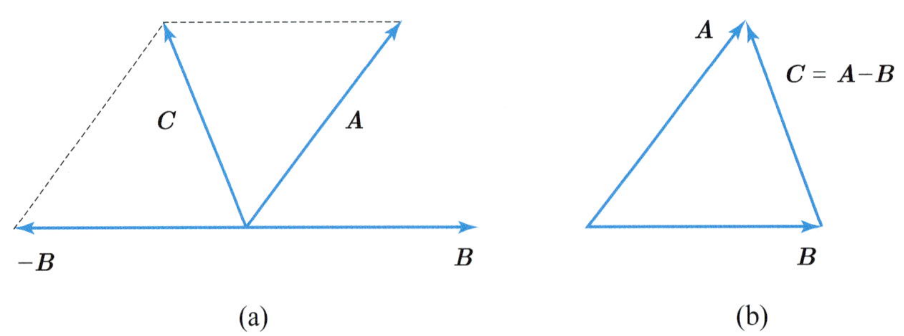

그림 5.5 벡터의 차

5.3 | 스칼라적과 벡터적

1 법선벡터와 면벡터

그림 5.6과 같이 폐곡선 C로 둘러쌓인 평면을 s라 할 때 이 s평면에 수직인 벡터 $\boldsymbol{n}$을 **법선벡터**(normal vector)라 한다.

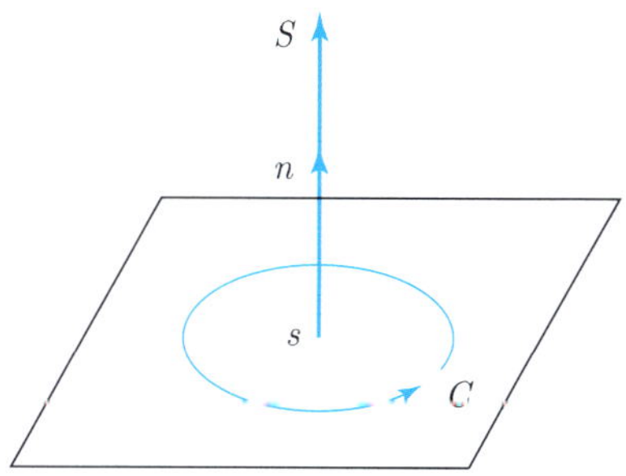

그림 5.6 법선 벡터와 면 벡터

면적의 크기는 스칼라양이지만, 같은 크기를 가진 평면이라도 놓여있는 상태에 따라서 면적을 통하는 선속의 값이 달라지므로, 특별한 약속으로써 면적을 벡터양으로 표현하는 것이 편리할 때가 많다. 따라서 폐곡면 s의 면적과 같은 크기의 선분을 s평면의 법선벡터 방향으로 그어서 이를 폐곡면 s의 **면벡터**라 한다. 즉

$$\boldsymbol{S} = \boldsymbol{n}s$$

2 스칼라적 (내적)

3차원 공간에서 두 벡터 $\boldsymbol{A}$와 $\boldsymbol{B}$의 **스칼라적**(scalar product) 또는 **내적**(inner product)은 $\boldsymbol{A} \cdot \boldsymbol{B}$로 표시하며

$$\boldsymbol{A} \cdot \boldsymbol{B} = |\boldsymbol{A}||\boldsymbol{B}|\cos\theta \tag{5-8}$$

와 같이 정의된다. 여기서 $\theta\,(0 \leqq \theta \leqq \pi)$는 두 벡터 $\boldsymbol{A}$, $\boldsymbol{B}$의 교각이다.

내적의 값은 스칼라(실수)양이므로 이것을 '스칼라적'이라 하는 동기이다. 여현은 양의 값, 0, 또는 음의 값일 수 있으므로 그림 5.7과 같이 여현의 크기에 따라 내적의 값도 양,

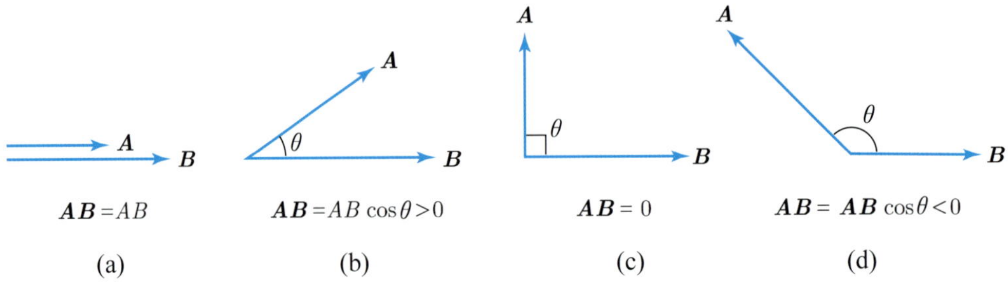

그림 5.7 스칼라적

0, 또는 음의 값을 갖는다.

그림 5.7(c)와 같이 벡터 $\boldsymbol{A}$와 $\boldsymbol{B}$가 서로 수직인 경우

$$\cos\theta = \cos 90° = 0 \qquad \therefore \ \boldsymbol{A}\cdot\boldsymbol{B} = 0 \tag{5-9}$$

가 되므로 0이 아닌 두 벡터의 스칼라적이 0이면 두 벡터는 직교함을 알 수 있다.

또 그림 5.7(a)와 같이 벡터 $\boldsymbol{A}$와 $\boldsymbol{B}$가 같은 방향으로 평행인 경우

$$\cos\theta = \cos 0° = 1 \qquad \therefore \ \boldsymbol{A}\cdot\boldsymbol{B} = AB \tag{5-10}$$

따라서 그림 5.2의 직교좌표에서 기본 벡터 $\boldsymbol{i}$, $\boldsymbol{j}$, $\boldsymbol{k}$에 대하여서는

$$\begin{cases} \boldsymbol{i}\cdot\boldsymbol{i} = \boldsymbol{j}\cdot\boldsymbol{j} = \boldsymbol{k}\cdot\boldsymbol{k} = 1 \\ \boldsymbol{i}\cdot\boldsymbol{j} = \boldsymbol{j}\cdot\boldsymbol{k} = \boldsymbol{k}\cdot\boldsymbol{i} = 0 \end{cases} \tag{5-11}$$

가 성립하므로 두 벡터 $\boldsymbol{A}$, $\boldsymbol{B}$가

$$\begin{cases} \boldsymbol{A} = \boldsymbol{i}A_x + \boldsymbol{j}A_y + \boldsymbol{k}A_z \\ \boldsymbol{B} = \boldsymbol{i}B_x + \boldsymbol{j}B_y + \boldsymbol{k}B_z \end{cases} \tag{5-12}$$

로 표시되면 두 벡터 $\boldsymbol{A}$, $\boldsymbol{B}$의 **스칼라적**은

$$\begin{aligned} \boldsymbol{A}\cdot\boldsymbol{B} &= (\boldsymbol{i}A_x + \boldsymbol{j}A_y + \boldsymbol{k}A_z)\cdot(\boldsymbol{i}B_x + \boldsymbol{j}B_y + \boldsymbol{k}B_z) \\ &= A_xB_x + A_yB_y + A_zB_z \end{aligned} \tag{5-13}$$

가 된다.

스칼라적은 교환법칙과 분배법칙이 성립한다. 즉

① $\boldsymbol{A} \cdot \boldsymbol{B} = \boldsymbol{B} \cdot \boldsymbol{A}$ (교환법칙)

② $(\boldsymbol{A} + \boldsymbol{B}) \cdot \boldsymbol{C} = \boldsymbol{A} \cdot \boldsymbol{C} + \boldsymbol{B} \cdot \boldsymbol{C}$ (분배법칙)

예제 1

벡터 $\boldsymbol{A} = 4i+2j$, $\boldsymbol{B} = 3j-k$일 때 스칼라적을 구하고 두 벡터 사이의 각을 구하여라.

풀이 $\boldsymbol{A} \cdot \boldsymbol{B} = (4i+2j) \cdot (3j-k) = 4\times0+2\times3+4\times0-2\times0 = 6$

$$A = \sqrt{4^2+2^2} = \sqrt{20}, \quad B = \sqrt{3^2+(-1)^2} = \sqrt{10}$$

$$\cos\theta = \frac{\boldsymbol{A} \cdot \boldsymbol{B}}{AB} = \frac{6}{\sqrt{20} \cdot \sqrt{10}} = 0.4242$$

예제 2

전계의 세기 $\boldsymbol{E} = 2i+4j+k$[V/m]일 때 직선 경로를 따라 0.5[C]의 전하를 점 $A(4, 1, 2)$에서 점 $B(2, 3, 2)$까지 이동시키는데 요하는 일을 구하여라.

풀이 점 A, B의 위치 벡터는

$$\boldsymbol{A} = 4i+j+2k, \quad \boldsymbol{B} = 2i+3j+2k$$

이동한 변위 벡터 $\boldsymbol{r}$은

$$\boldsymbol{r} = \boldsymbol{B} - \boldsymbol{A} = -2i+2j$$

따라서 일 $\boldsymbol{W}$은

$$\begin{aligned} \boldsymbol{W} &= \boldsymbol{F} \cdot \boldsymbol{r} = Q\boldsymbol{E} \cdot \boldsymbol{r} = 0.5\times(2i+4j+k) \cdot (-2i+2j) \\ &= 0.5\times(-4+8) \\ &= 2\ [\mathrm{J}] \end{aligned}$$

3 벡터적 (외적)

두 벡터 $\boldsymbol{A}$와 $\boldsymbol{B}$의 **벡터적**(vector product) 또는 **외적**(out product)은 $\boldsymbol{A}\times\boldsymbol{B}$로 표시하고 그 크기는 벡터 $\boldsymbol{A}$와 $\boldsymbol{B}$의 교각을 θ라 하면

$$|\boldsymbol{A}\times\boldsymbol{B}| = AB\sin\theta \tag{5-14}$$

가 된다. 그리고 방향은 벡터 $\boldsymbol{A}$와 $\boldsymbol{B}$를 이웃으로 하는 평행 4변형에 수직이고 벡터 $\boldsymbol{A}$로부터 벡터 $\boldsymbol{B}$로 돌리는 오른나사의 진행방향이 된다.

그림 5.8과 같이 벡터 $\boldsymbol{B}$로부터 벡터 $\boldsymbol{A}$로 돌리는 오른나사가 진행하는 방향은

$$\boldsymbol{B} \times \boldsymbol{A} = -\boldsymbol{A} \times \boldsymbol{B} \tag{5-15}$$

가 되므로 벡터적에서는 교환법칙이 성립되지 않는다. 그리고 일반적으로

$$\boldsymbol{A} \times (\boldsymbol{B} \times \boldsymbol{C}) \neq (\boldsymbol{A} \times \boldsymbol{B}) \times C \tag{5-16}$$

가 되어 결합법칙도 성립하지 않는다.

그러나 벡터의 가법에 대하여는

$$(\boldsymbol{A} + \boldsymbol{B}) \times \boldsymbol{C} = \boldsymbol{A} \times \boldsymbol{C} + \boldsymbol{B} \times \boldsymbol{C} \quad (\text{분배법칙}) \tag{5-17}$$

이 성립함을 알 수 있다.

두 벡터 $\boldsymbol{A}$와 $\boldsymbol{B}$의 각이 직각인 경우 $\sin\theta = \sin 90° = 1$이므로

$$|\boldsymbol{A} \times \boldsymbol{B}| = AB \tag{5-18}$$

가 되며, 두 벡터 $\boldsymbol{A}$와 $\boldsymbol{B}$가 같은 방향일 경우 $\sin\theta = \sin 0° = 0$이므로

$$|\boldsymbol{A} \times \boldsymbol{B}| = 0 \tag{5-19}$$

따라서 그림 5.2의 직교좌표에서 기본 벡터 $\boldsymbol{i}, \boldsymbol{j}, \boldsymbol{k}$에 대하여서는

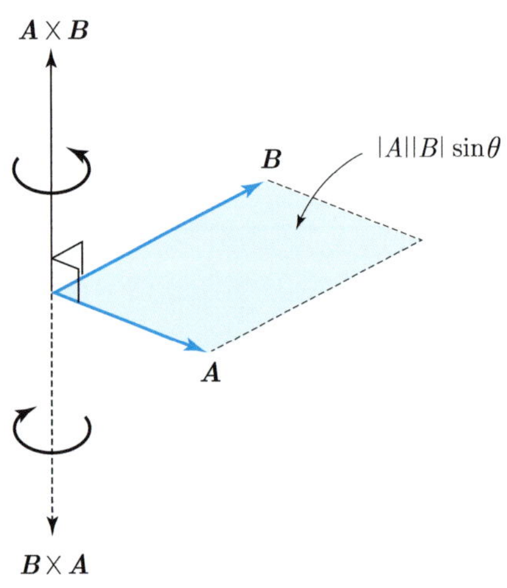

그림 5.8 벡터적

$$\boldsymbol{i}\times\boldsymbol{i}=\boldsymbol{j}\times\boldsymbol{j}=\boldsymbol{k}\times\boldsymbol{k}=0$$
$$\boldsymbol{i}\times\boldsymbol{j}=\boldsymbol{k},\quad \boldsymbol{j}\times\boldsymbol{k}=\boldsymbol{i},\quad \boldsymbol{k}\times\boldsymbol{i}=\boldsymbol{j}$$
$$\boldsymbol{j}\times\boldsymbol{i}=-\boldsymbol{k},\quad \boldsymbol{k}\times\boldsymbol{j}=-\boldsymbol{i},\quad \boldsymbol{i}\times\boldsymbol{k}=-\boldsymbol{j}$$

가 성립하므로 두 벡터 $\boldsymbol{A}$, $\boldsymbol{B}$의 **벡터적**은 다음과 같다.

$$\begin{aligned}
\boldsymbol{A}\times\boldsymbol{B} &= (\boldsymbol{i}A_x+\boldsymbol{j}A_y+\boldsymbol{k}A_x)\times(\boldsymbol{i}B_x+\boldsymbol{j}B_y+\boldsymbol{k}B_x) \\
&= \boldsymbol{i}(A_yB_z-A_zB_y)+\boldsymbol{j}(A_zB_x-A_xB_z)+\boldsymbol{k}(A_xB_y-A_yB_x) \\
&= \boldsymbol{i}\begin{vmatrix} A_y & A_z \\ B_y & B_z \end{vmatrix}+\boldsymbol{j}\begin{vmatrix} A_z & A_x \\ B_z & B_x \end{vmatrix}+\boldsymbol{k}\begin{vmatrix} A_x & A_y \\ B_x & B_y \end{vmatrix} \\
&= \begin{vmatrix} \boldsymbol{i} & \boldsymbol{j} & \boldsymbol{k} \\ A_x & A_y & A_z \\ B_x & B_y & B_z \end{vmatrix}
\end{aligned} \tag{5-20}$$

예제 3

벡터 $\boldsymbol{A}=i-2j+2k$, $\boldsymbol{B}=2i-j-2k$일 때 벡터적을 구하고 두 벡터 사이의 각을 구하여라.

풀이 $\boldsymbol{A}\times\boldsymbol{B}=\begin{vmatrix} i & j & k \\ 1 & -2 & 2 \\ 2 & -1 & -2 \end{vmatrix}=6i+6j+3k$

$$A=\sqrt{1^2+(-2)^2+2^2}=\sqrt{9}=3$$

$$B=\sqrt{2^2+(-1)^2+(-2)^2}=\sqrt{9}=3$$

$$|\boldsymbol{A}\times\boldsymbol{B}|=\sqrt{6^2+6^2+3^2}=\sqrt{81}=9$$

따라서

$$\sin\theta=\frac{|\boldsymbol{A}\times\boldsymbol{B}|}{AB}=\frac{9}{3\times3}=1$$

$$\therefore\ \theta=90°$$

예제 4

z축과 일치한 긴 도체에 z방향으로 $I = 10k$ [A]의 전류를 흘릴 때 자속밀도 $B = 3i + 4j$가 가해진 경우 이 도체의 단위 길이당 작용하는 힘 F의 벡터양을 구하여라.

풀이 힘 F는 $F = I \times B$이므로

$$F = I \times B = (10k) \times (3i + 4j)$$
$$= \begin{vmatrix} i & j & k \\ 0 & 0 & 10 \\ 3 & 4 & 0 \end{vmatrix} = -40i + 30j$$

5.4 | 스칼라 3중적과 벡터 3중적

1 스칼라 3중적

한 벡터와 다른 두 개의 벡터가 만든 벡터적과의 스칼라적, 즉

$$A \cdot (B \times C), \quad B \cdot (C \times A), \quad C \cdot (A \times B)$$

를 벡터 A, B, C의 **스칼라 3중적**(scalar triple product)이라고 하며, 벡터의 성분이 각각

$$A = iA_x + jA_y + kA_z, \quad B = iB_x + jB_y + kB_z, \quad C = iC_x + jC_y + kC_z$$

이면,

$$A \cdot (B \times C) = (iA_x + jA_y + kA_z) \cdot \begin{vmatrix} i & j & k \\ B_x & B_y & B_z \\ C_x & C_y & C_z \end{vmatrix} \tag{5-21}$$

가된다. 또

$$\begin{aligned} A \cdot (B \times C) &= A_x(B_yC_z - B_zC_y) + A_y(B_zC_x - B_xC_z) + A_z(B_xC_y - B_yC_x) \\ &= \begin{vmatrix} A_x & A_y & A_z \\ B_x & B_y & B_z \\ C_x & C_y & C_z \end{vmatrix} \end{aligned} \tag{5-22}$$

가 됨을 알 수 있다. 스칼라 3중적 $A \cdot (B \times C)$는 (ABC)로 표기한다.

두 행(또는 열)을 바꾸면 행렬식의 부호는 반대가 되므로

$$(\boldsymbol{ABC}) = -(\boldsymbol{BAC}) \tag{5-23}$$

가 되므로 두 번 바꾸면

$$(\boldsymbol{ABC}) = -(\boldsymbol{BCA}) = (\boldsymbol{CAB})$$

즉

$$\boldsymbol{A}\cdot(\boldsymbol{B}\times\boldsymbol{C}) = \boldsymbol{B}\cdot(\boldsymbol{C}\times\boldsymbol{A}) = \boldsymbol{C}\cdot(\boldsymbol{A}\times\boldsymbol{B}) \tag{5-24}$$

의 관계가 있으며, 그림 5.9에서 $\boldsymbol{B}\times\boldsymbol{C}$는 평행 6면체의 밑 면적을 나타내고 방향은 면적에 수직성분이다. $\boldsymbol{A}$와 $\boldsymbol{B}\times\boldsymbol{C}$의 스칼라적도 스칼라양이므로 $|\boldsymbol{A}|\cdot|\boldsymbol{B}\times\boldsymbol{C}|\cos\theta$가 된다. 여기서 θ는 벡터 $\boldsymbol{A}$와 벡터 $\boldsymbol{B}\times\boldsymbol{C}$가 이루는 각이다. $|\boldsymbol{A}|\cos\theta$는 평행 6면체의 높이 h가 되어 결국 $\boldsymbol{A}\cdot(\boldsymbol{B}\times\boldsymbol{C})$는 인접변이 $\boldsymbol{A}$, $\boldsymbol{B}$, $\boldsymbol{C}$인 평행 6면체의 체적을 나타내는 **스칼라양**이다. 따라서

$$\boldsymbol{A}\cdot(\boldsymbol{B}\times\boldsymbol{C}) = A(B\times C)\cos\theta \tag{5-25}$$

와 같이 표시된다.

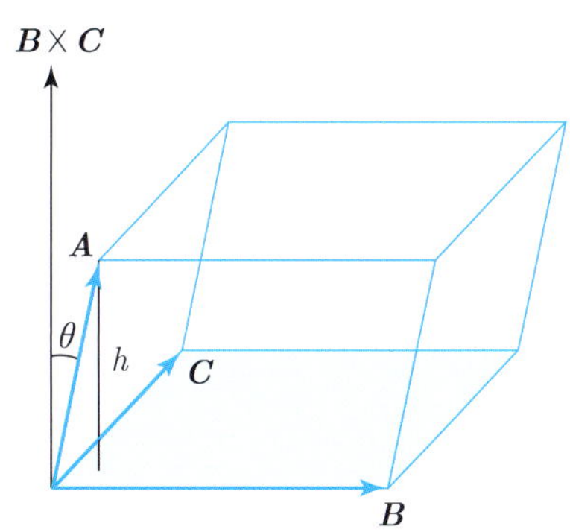

그림 5.9 스칼라 3중적

예제 1

다음과 같은 벡터 $\boldsymbol{A}$, $\boldsymbol{B}$, $\boldsymbol{C}$를 세 변으로 하는 6면체의 체적을 구하여라.

$$\boldsymbol{A} = \boldsymbol{i} + 2\boldsymbol{k}, \quad \boldsymbol{B} = 4\boldsymbol{i} + 6\boldsymbol{j} + 2\boldsymbol{k}, \quad \boldsymbol{C} = 3\boldsymbol{i} + 3\boldsymbol{j} - 6\boldsymbol{k}$$

풀이 벡터 $\boldsymbol{A}$, $\boldsymbol{B}$, $\boldsymbol{C}$를 세 변으로 하는 평행 6면체의 체적은 스칼라 3중적이므로

$$\boldsymbol{A}\cdot(\boldsymbol{B}\times\boldsymbol{C}) = \begin{vmatrix} 1 & 0 & 2 \\ 4 & 6 & 2 \\ 3 & 3 & -6 \end{vmatrix} = -54$$

2 벡터 3중적

한 벡터와 다른 두 개의 벡터가 만든 벡터적과의 벡터적, 즉

$$\boldsymbol{A}\times(\boldsymbol{B}\times\boldsymbol{C})$$

를 벡터 $\boldsymbol{A}$, $\boldsymbol{B}$, $\boldsymbol{C}$의 **벡터 3중적**(vector triple product)이라고 한다. 이 벡터는 $\boldsymbol{B}$와 $\boldsymbol{C}$로 결정되는 평면에 직각이고, 또 $\boldsymbol{A}$에도 직각이므로 $\boldsymbol{A}\times(\boldsymbol{B}\times\boldsymbol{C})$는 $\boldsymbol{B}$와 $\boldsymbol{C}$로 결정되는 평면안에 있고 또 $\boldsymbol{A}$에 직각인 벡터이다.

벡터의 성분이 각각

$$\boldsymbol{A} = \boldsymbol{i}A_x + \boldsymbol{j}A_y + \boldsymbol{k}A_z,\ \ \boldsymbol{B} = \boldsymbol{i}B_x + \boldsymbol{j}B_y + \boldsymbol{k}B_z,\ \ \boldsymbol{C} = \boldsymbol{i}C_x + \boldsymbol{j}C_y + \boldsymbol{k}C_z$$

이면 벡터 $\boldsymbol{A}$, $\boldsymbol{B}$, $\boldsymbol{C}$의 **벡터 3중적**은 다음과 같다.

$$\begin{aligned}\boldsymbol{A}\times(\boldsymbol{B}\times\boldsymbol{C}) &= (\boldsymbol{i}A_x + \boldsymbol{j}A_y + \boldsymbol{k}A_z)\times\begin{vmatrix} \boldsymbol{i} & \boldsymbol{j} & \boldsymbol{k} \\ B_x & B_y & B_z \\ C_x & C_y & C_z \end{vmatrix} \\ &= \begin{vmatrix} \boldsymbol{i} & \boldsymbol{j} & \boldsymbol{k} \\ A_x & A_y & A_z \\ \begin{vmatrix} B_y & B_z \\ C_y & C_z \end{vmatrix} & \begin{vmatrix} B_z & B_x \\ C_z & C_x \end{vmatrix} & \begin{vmatrix} B_x & B_y \\ C_x & C_y \end{vmatrix} \end{vmatrix} \\ &= \begin{vmatrix} \boldsymbol{i} & \boldsymbol{j} & \boldsymbol{k} \\ A_x & A_y & A_z \\ (B_yC_z - B_zC_y) & (B_zC_x - B_xC_z) & (B_xC_y - B_yC_x) \end{vmatrix}\end{aligned} \tag{5-26}$$

예제 7

$A=3i+2k,\ B=2i+2j-k,\ C=i-2j+3k$ 일 때 다음 값을 구하여라.

(1) $A\cdot(B\times C)$ (2) $A\times(B\times C)$ (3) $(A\times B)\times C$

풀이 (1) $A\cdot(B\times C)=(3i+2k)\cdot\begin{vmatrix} i & j & k \\ 2 & 2 & -1 \\ 1 & -2 & 3 \end{vmatrix}$

$$=(3i+2k)\cdot(4i-7j-6k)$$

$$=3\times4+0\times(-7)+2\times(-6)=0$$

(2) $A\times(B\times C)=(3i+2k)\times\begin{vmatrix} i & j & k \\ 2 & 2 & -1 \\ 1 & -2 & 3 \end{vmatrix}$

$$=(3i+2k)\times(4i-7j-6k)$$

$$=\begin{vmatrix} i & j & k \\ 3 & 0 & 2 \\ 4 & -7 & -6 \end{vmatrix}=14i+26j-21k$$

(3) $(A\times B)\times C=\begin{vmatrix} i & j & k \\ 3 & 0 & 2 \\ 2 & 2 & -1 \end{vmatrix}$

$$=(-4i+7j+6k)\times(i-2j+3k)$$

$$=\begin{vmatrix} i & j & k \\ -4 & 7 & 6 \\ 1 & -2 & 3 \end{vmatrix}=33i+18j+k$$

5.5 | 벡터의 도함수

1 벡터의 미분

벡터함수가 $A(t)$ 일 때 시간 t 의 증분 Δt 에 대하여 ΔA 의 증분이 있었다면

$$\Delta A=A(t+\Delta t)-A(t) \tag{5-27}$$

이므로 벡터 도함수는

$$\frac{d\boldsymbol{A}}{dt} = \lim_{\Delta t \to 0} \frac{\boldsymbol{A}(t+\Delta t) - A(t)}{\Delta t} = \lim_{\Delta t \to 0} \frac{\Delta \boldsymbol{A}(t)}{\Delta t} \tag{5-28}$$

가 되며, $d\boldsymbol{A}/dt$는 그림 5.10과 같이 $\Delta\boldsymbol{A}$와 같은 방향을 가진 벡터임을 알 수 있다.

벡터 $\boldsymbol{A}$가 시간의 함수이면 그 성분도 또한 시간의 함수이므로

$$\boldsymbol{A}(t) = \boldsymbol{i}A_x(t) + \boldsymbol{j}A_y(t) + \boldsymbol{k}A_z(t) \tag{5-29}$$

가 되며, 이의 미분은

$$\begin{aligned}\frac{d\boldsymbol{A}}{dt} &= \lim_{\Delta t \to 0} \frac{\Delta \boldsymbol{A}(t)}{\Delta t} \\ &= \lim_{\Delta t \to 0} \frac{\boldsymbol{i}\Delta A_x(t) + \boldsymbol{j}\Delta A_y(t) + \boldsymbol{k}\Delta A_z(t)}{\Delta t} \\ &= \boldsymbol{i}\frac{dA_x(t)}{dt} + \boldsymbol{j}\frac{dA_y(t)}{dt} + \boldsymbol{k}\frac{dA_z(t)}{dt}\end{aligned} \tag{5-30}$$

이다. 두 벡터 $\boldsymbol{A}(t)$와 $\boldsymbol{B}(t)$에 대한 미분계수식은 다음과 같다.

$$\frac{d}{dt}(\boldsymbol{A}+\boldsymbol{B}) = \frac{d\boldsymbol{A}}{dt} + \frac{d\boldsymbol{B}}{dt} \tag{5-31}$$

$$\frac{d}{dt}(\phi\boldsymbol{A}) = \phi\frac{d\boldsymbol{A}}{dt} + \frac{d\phi}{dt}\boldsymbol{A} \tag{5-32}$$

$$\frac{d}{dt}(\boldsymbol{A}\cdot\boldsymbol{B}) = \boldsymbol{A}\frac{d\boldsymbol{B}}{dt} + \boldsymbol{B}\frac{d\boldsymbol{A}}{dt} \tag{5-33}$$

$$\frac{d}{dt}(\boldsymbol{A}\times\boldsymbol{B}) = \boldsymbol{A}\times\frac{d\boldsymbol{B}}{dt} + \frac{d\boldsymbol{A}}{dt}\times\boldsymbol{B} \tag{5-34}$$

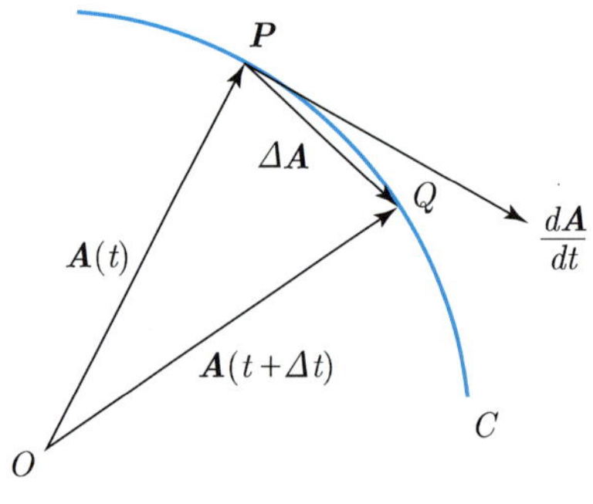

그림 5.10 벡터의 도함수

2 벡터의 편미분

벡터 $\boldsymbol{A}$가 스칼라변수 x, y, z의 함수일 때 이를 $\boldsymbol{A}(x, y, z)$로 표시하며 벡터 $\boldsymbol{A}$의 x, y, z에 대한 편미분은

$$\frac{\partial \boldsymbol{A}}{\partial x}, \quad \frac{\partial \boldsymbol{A}}{\partial y}, \quad \frac{\partial \boldsymbol{A}}{\partial z}$$

등으로 나타내며 다음과 같이 표시한다.

$$\begin{cases} \dfrac{\partial \boldsymbol{A}}{\partial x} = \boldsymbol{i}\dfrac{\partial A_x}{\partial x} + \boldsymbol{j}\dfrac{\partial A_y}{\partial x} + \boldsymbol{k}\dfrac{\partial A_z}{\partial x} \\ \dfrac{\partial \boldsymbol{A}}{\partial y} = \boldsymbol{i}\dfrac{\partial A_x}{\partial y} + \boldsymbol{j}\dfrac{\partial A_y}{\partial y} + \boldsymbol{k}\dfrac{\partial A_z}{\partial y} \\ \dfrac{\partial \boldsymbol{A}}{\partial z} = \boldsymbol{i}\dfrac{\partial A_x}{\partial z} + \boldsymbol{j}\dfrac{\partial A_y}{\partial z} + \boldsymbol{k}\dfrac{\partial A_z}{\partial z} \end{cases} \tag{5-35}$$

여기서 변수의 변화 d_x, d_y, d_z가 동시에 일어날 때의 벡터 $\boldsymbol{A}$의 변화량은

$$d\boldsymbol{A} = \frac{\partial \boldsymbol{A}}{\partial x}dx + \frac{\partial \boldsymbol{A}}{\partial y}dy + \frac{\partial \boldsymbol{A}}{\partial z}dz \tag{5-36}$$

이므로 벡터 $\boldsymbol{A}(x, y, z)$의 시간 t에 대한 전미분은

$$\frac{d\boldsymbol{A}}{dt} = \frac{\partial \boldsymbol{A}}{\partial x}\frac{dx}{dt} + \frac{\partial \boldsymbol{A}}{\partial y}\frac{dy}{dt} + \frac{\partial \boldsymbol{A}}{\partial z}\frac{dz}{dt} \tag{5-37}$$

가 된다. 또 식(5-36)은

$$d\boldsymbol{A} = \left(\frac{\partial}{\partial x}dx + \frac{\partial}{\partial y}dy + \frac{\partial}{\partial z}dz\right)\boldsymbol{A} \tag{5-38}$$

로 표시할 수 있으며, 여기서 괄호 안을 **미분연산자**라고 하며 ∇(nabla 또는 del로 읽음)로 표시한다.

$$\nabla = \boldsymbol{i}\frac{\partial}{\partial x} + \boldsymbol{j}\frac{\partial}{\partial y} + \boldsymbol{k}\frac{\partial}{\partial z} \tag{5-39}$$

이 미분연산자 ∇는 벡터해석에서 다음과 같은 스칼라의 기울기(gradient), 벡터의 발산(divergence), 벡터의 회전(curl 또는 rotation)을 정의하는데 널리 사용되고 있다.

[주] 편미분에서 미분의 기호 d와 다르게 라운드(∂)기호를 쓰는데, 이것은 전자기학에서 x, y, z에 대해서 편미분을 하겠다는 의미로 쓰는 것이다. 즉, x, y, z가 서로간의 관계를 고려하지 않고 오로지 각각의 값에 대한 미분만 취하겠다는 의미이다.

(1) 스칼라의 기울기

스칼라 함수 V에 대하여 점(x, y, z)에서의 미분은

$$\begin{aligned} \nabla V &= \left(\boldsymbol{i}\frac{\partial}{\partial x} + \boldsymbol{j}\frac{\partial}{\partial y} + \boldsymbol{k}\frac{\partial}{\partial z} \right) V \\ &= \boldsymbol{i}\frac{\partial V}{\partial x} + \boldsymbol{j}\frac{\partial V}{\partial y} + \boldsymbol{k}\frac{\partial V}{\partial z} \end{aligned} \tag{5-40}$$

으로 표시된다.

따라서 ∇V는 V의 x, y, z 각 방향의 거리에 대한 변화율, 즉 **기울기**(gradient)를 의미하므로 ∇V를 "그라디엔트 V"라고 읽고,

$$\nabla V = \text{grad } V \tag{5-41}$$

으로도 표시한다. 여기서 V는 스칼라양이지만 ∇V는 **벡터양**이다.

(2) 벡터의 발산

임의의 벡터 $\boldsymbol{D}$에 대하여

$$\boldsymbol{D} = \boldsymbol{i}D_x + \boldsymbol{j}D_y + \boldsymbol{k}D_z$$

라 하면, 미분연산자(∇)와 벡터 $\boldsymbol{D}$의 스칼라적은 식(5-13)에서

$$\begin{aligned} \nabla \cdot \boldsymbol{D} &= \left(\boldsymbol{i}\frac{\partial}{\partial x} + \boldsymbol{j}\frac{\partial}{\partial y} + \boldsymbol{k}\frac{\partial}{\partial z} \right) \cdot (\boldsymbol{i}D_x + \boldsymbol{j}D_y + \boldsymbol{k}D_z) \\ &= \frac{\partial D_x}{\partial x} + \frac{\partial D_y}{\partial y} + \frac{\partial D_z}{\partial z} \end{aligned} \tag{5-42}$$

가 된다. 이 식은 물리적으로 벡터 $\boldsymbol{D}$의 임의의 한 점에서 퍼져 나오거나 모아지는 즉, **발산**(divergence)하는 선속의 수를 의미한다. 따라서, $\nabla \cdot \boldsymbol{D}$는 "다이버전스 $\boldsymbol{D}$"라고 읽으며,

$$\nabla \cdot \boldsymbol{D} = \text{div } \boldsymbol{D} \tag{5-43}$$

로 표시한다. 여기서 $\boldsymbol{D}$는 벡터양이지만 $\nabla \cdot \boldsymbol{D}$는 **스칼라양**이 된다.

(3) 벡터의 회전

미분 연산자(∇)와 임의의 벡터 $\boldsymbol{D}$와의 벡터적은 식(5-20)에서

$$\begin{aligned}\nabla\times\boldsymbol{D} &= \left(\boldsymbol{i}\frac{\partial}{\partial x}+\boldsymbol{j}\frac{\partial}{\partial y}+\boldsymbol{k}\frac{\partial}{\partial z}\right)\times(\boldsymbol{i}D_x+\boldsymbol{j}D_y+\boldsymbol{k}D_z)\\ &= \begin{vmatrix}\boldsymbol{i} & \boldsymbol{j} & \boldsymbol{k}\\ \frac{\partial}{\partial x} & \frac{\partial}{\partial y} & \frac{\partial}{\partial z}\\ D_x & D_y & D_z\end{vmatrix}\\ &= \boldsymbol{i}\begin{vmatrix}\frac{\partial}{\partial y} & \frac{\partial}{\partial z}\\ D_y & D_z\end{vmatrix}+\boldsymbol{j}\begin{vmatrix}\frac{\partial}{\partial x} & \frac{\partial}{\partial z}\\ D_x & D_z\end{vmatrix}+\boldsymbol{k}\begin{vmatrix}\frac{\partial}{\partial x} & \frac{\partial}{\partial y}\\ D_x & D_y\end{vmatrix}\\ &= \boldsymbol{i}\left(\frac{\partial D_x}{\partial x}-\frac{\partial D_y}{\partial z}\right)+\boldsymbol{j}\left(\frac{\partial D_x}{\partial z}-\frac{\partial D_y}{\partial x}\right)+\boldsymbol{k}\left(\frac{\partial D_y}{\partial x}-\frac{\partial D_x}{\partial y}\right)\end{aligned} \tag{5-44}$$

가 된다. 이 식은 물리적으로 벡터양 $\boldsymbol{D}$가 **회전**(rotation)하는 원천의 크기를 나타내는 의미를 가지므로 $\nabla\times\boldsymbol{D}$는 "로테이션 $\boldsymbol{D}$"라고 읽으며,

$$\nabla\times\boldsymbol{D} = \text{rot }\ \boldsymbol{D} = \text{curl }\ \boldsymbol{D} \tag{5-45}$$

로 표시하고 그 결과는 회전의 성격을 갖는 **벡터양**이 된다.

3 스칼라의 기울기

공간의 어떤 영역에 스칼라 φ("화이"라고 읽음)가 분포하고 있을 때 그 각 점 P에서의 φ의 값은 P의 위치(x, y, z)의 함수 $\varphi(x, y, z)$이다. 이 함수 φ가 정의되어 있는 영역을 **스칼라장**이라 부른다. 예로써 온도분포, 전위분포 등이다. 또 중력장, 전장, 유체장의 속도분포 등과 같이 벡터 $\boldsymbol{A}$가 분포하여 있고 각 점 P에서의 $\boldsymbol{A}$의 값이 P의 위치(x, y, z)의 벡터함수 $\boldsymbol{A}(x, y, z)$일 때 이 함수 $\boldsymbol{A}$가 정의되어 있는 영역을 **벡터장**이라 부른다.

$\varphi(x, y, z)$를 공간 내의 위치(x, y, z)의 스칼라함수라고 할 때 좌표 x, y, z가 각각 dx, dy, dz만큼 증가하면

$$d\varphi = \frac{\partial\varphi}{\partial x}dx+\frac{\partial\varphi}{\partial y}dy+\frac{\partial\varphi}{\partial z}dz \tag{5-46}$$

가 되고, 공간의 미소변위 $d\boldsymbol{r}$을

$$d\boldsymbol{r} = \boldsymbol{i}\,dx + \boldsymbol{j}\,dy + \boldsymbol{k}\,dz \tag{5-47}$$

로 놓으면 식(5-46)은

$$d\varphi = \left(\boldsymbol{i}\,\frac{\partial\varphi}{\partial x} + \boldsymbol{j}\,\frac{\partial\varphi}{\partial y} + \boldsymbol{k}\,\frac{\partial\varphi}{\partial z}\right) \cdot (\boldsymbol{i}\,dx + \boldsymbol{j}\,dy + \boldsymbol{k}\,dz)$$

$$= \left(\boldsymbol{i}\,\frac{\partial\varphi}{\partial x} + \boldsymbol{j}\,\frac{\partial\varphi}{\partial y} + \boldsymbol{k}\,\frac{\partial\varphi}{\partial z}\right) \cdot d\boldsymbol{r} \tag{5-48}$$

와 같이 나타낼 수 있다. 여기서 스칼라함수 $\varphi(x, y, z)$의 기울기 벡터는

$$\mathrm{grad}\,\varphi = \nabla\varphi = \boldsymbol{i}\,\frac{\partial\varphi}{\partial x} + \boldsymbol{j}\,\frac{\partial\varphi}{\partial y} + \boldsymbol{k}\,\frac{\partial\varphi}{\partial z} \tag{5-49}$$

로 정의된다.

기호 ∇y는 "델 화이"로 읽고 미분 연산자 ∇은 스칼라장을 벡터장으로 바꾸어 준다.

예제 1

$\varphi = 3x^2y - y^3z^2$에 대하여 점$(1, -2, 1)$에서의 grad φ를 구하여라.

풀이 $$\mathrm{grad}\ \varphi = \boldsymbol{i}\frac{\partial}{\partial x}(3x^2y - y^3z^2) + \boldsymbol{j}\frac{\partial}{\partial y}(3x^2y - y^3z^2) + \boldsymbol{k}\frac{\partial}{\partial z}(3x^2y - y^3z^2)$$

$$= 6xy\boldsymbol{i} + (3x^2 - 3y^2z^2)\boldsymbol{j} - 2y^3z\boldsymbol{k}$$

따라서 점$(1, -2, 1)$에서는

$$\mathrm{grad}\,\varphi = -12\boldsymbol{i} - 9\boldsymbol{j} + 16\boldsymbol{k}$$

예제 2

전위함수가 $V = 2x + 5yz + 3$일 때 점(2, 1, 0)에서의 전계의 세기를 구하여라.

풀이 전계의 세기는 전위의 기울기와 크기가 같고 방향이 서로 반대이므로

$$\boldsymbol{E} = -\,\mathrm{grad}\,\boldsymbol{V} = \left(\boldsymbol{i}\,\frac{\partial V}{\partial x} + \boldsymbol{j}\,\frac{\partial V}{\partial y} + \boldsymbol{k}\,\frac{\partial V}{\partial z}\right)$$

$$= -(\boldsymbol{i}\,2 + \boldsymbol{j}\,5z + \boldsymbol{k}\,5y)$$

따라서 점(2, 1, 0)에서는

$$\boldsymbol{E} = -2\boldsymbol{i} - 5\boldsymbol{k}$$

5.6 | 벡터의 발산

1 발산정리

유체의 각 점에 있어서의 속도는 벡터장이며 체적 내의 표면적을 통하는 유체를 계산하기 위해 지금 $\Delta x, \Delta y, \Delta z$로 이루어져 있는 미소체적소를 통하는 유체의 양을 측정하면 미소체적소 내의 원천의 크기를 정할 수 있게 된다. 그림 5.11과 같은 미소체적소 내의 중심점 P에서의 유선의 선속밀도 $\boldsymbol{D}$를

$$\boldsymbol{D} = \boldsymbol{i}D_x + \boldsymbol{j}D_y + \boldsymbol{k}D_z \tag{5-50}$$

라 할 때 $\Delta x, \Delta y, \Delta z$로 된 전체적을 통하는 선속은

$$\int \boldsymbol{D} \cdot ds = \int_{(ABCD)} + \int_{(EFGH)} + \int_{(EFBA)} + \int_{(HGCD)} + \int_{(BFGC)} + \int_{(AEHD)}$$

가 되며, 한 면을 통하는 선속은 Δy, Δz가 미소하므로

$$\int_{(ABCD)} = \boldsymbol{D}_{(ABCD)} \cdot \Delta S_{(ABCD)} = D_{x(ABCD)} \Delta y \Delta z$$

이며 앞면($ABCD$)의 선속밀도의 x 방향 선분에 앞면의 면적을 곱하여 얻을 수 있다. 앞면은 중심점 P에서 $\Delta x/2$만큼 변화하므로

$$D_{x(ABCD)} = D_x + \frac{\Delta x}{2} \times (D_x \text{ 의 } x \text{ 에 대한 변화율})$$

$$= D_x + \frac{\Delta x}{2} \cdot \frac{\partial D_x}{\partial x} \tag{5-51}$$

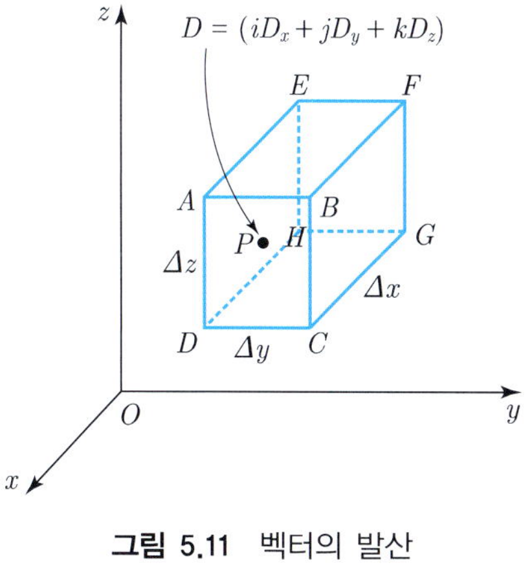

그림 5.11 벡터의 발산

따라서 앞면을 통하여 유출되는 양은

$$\int_{(ABCD)} = \left(D_x + \frac{\Delta x}{2} \cdot \frac{\partial D_x}{\partial x}\right)\Delta y \, \Delta z \tag{5-52}$$

그리고 뒷면($EFJH$)을 통하여 유출되는 양은 앞면의 면적과 선분의 방향만 바꾸면

$$\int_{(EFGH)} = \left(- D_x + \frac{\Delta x}{2} \cdot \frac{\partial D_x}{\partial x}\right)\Delta y \, \Delta z \tag{5-53}$$

이다. 앞면과 뒷면으로 통하여 유출되는 선속은 식(5-52)와 식(5-53)의 합이므로

$$\int_{(ABCD)} + \int_{(EFGH)} = \frac{\partial D_x}{\partial x} \Delta x \, \Delta y \, \Delta z \tag{5-54}$$

가 된다. 같은 방법으로 다른 면을 통하여 유출되는 양은

$$\int_{(AEHD)} + \int_{(BFGC)} = \frac{\partial D_y}{\partial y} \Delta x \, \Delta y \, \Delta z \tag{5-55}$$

$$\int_{(EFBA)} + \int_{(HGCD)} = \frac{\partial D_z}{\partial z} \Delta x \, \Delta y \, \Delta z \tag{5-56}$$

이므로 전표면을 통하여 유출되는 양은

$$\begin{aligned} \oint \boldsymbol{D} \cdot ds &= \left(\frac{\partial D_x}{\partial x} + \frac{\partial D_y}{\partial y} + \frac{\partial D_z}{\partial z}\right) \cdot \Delta x \, \Delta y \, \Delta z \\ &= \left(\frac{\partial D_x}{\partial x} + \frac{\partial D_y}{\partial y} + \frac{\partial D_z}{\partial z}\right) \cdot \Delta v \end{aligned} \tag{5-57}$$

이고, 단위체적당 유출되는 선속의 수, 즉

$$\frac{\oint \boldsymbol{D} \cdot ds}{\Delta v} = \frac{\partial D_x}{\partial x} + \frac{\partial D_y}{\partial y} + \frac{\partial D_z}{\partial z} \tag{5-58}$$

를 $\boldsymbol{D}$의 **발산**(divergence)이라 한다. 이것을 기호로 표시하면

$$\text{div } \boldsymbol{D} = \lim_{\Delta v \to 0} \frac{\oint \boldsymbol{D} \cdot ds}{\Delta v} = \frac{\partial D_x}{\partial x} + \frac{\partial D_y}{\partial y} + \frac{\partial D_z}{\partial z} \tag{5-59}$$

이다. 따라서 div $\boldsymbol{D}$는 각 점에 대한 벡터장 $\boldsymbol{D}$의 원천의 세기의 척도로서 단위 체적에서 발산하는 벡터양의 선속의 수를 의미하는 스칼라장이며, 다음과 같이 표시할 수 있다.

$$\text{div}\ \boldsymbol{D} = \nabla \cdot \boldsymbol{D} = \frac{\partial D_x}{\partial x} + \frac{\partial D_y}{\partial y} + \frac{\partial D_z}{\partial z} \tag{5-60}$$

위의 정리로부터 벡터 $\boldsymbol{D}$의 발산을 임의의 체적 v에 대하여 체적적분한 것은 체적 v를 둘러싼 표면적 s로 $\boldsymbol{D}$를 면적적분한 것과 같다. 즉

$$\iiint_v \nabla \cdot \boldsymbol{D} dv = \iint_s \boldsymbol{D} \cdot ds \tag{5-61}$$

로 표시되고 이것을 **발산정리**라 한다.

2 선적분

그림 5.12와 같이 임의의 공간에서의 벡터장을 $\boldsymbol{A}$라 하고 호의 길이를 l, 점 A와 B를 호선상의 두 점이라 하면 미소길이 dl_1, dl_2, ⋯, dl_n과 벡터장 $\boldsymbol{A}$와의 스칼라적은 $A_1 dl_1$, $A_2 dl_2$, ⋯, $A_n dl_n$ 이므로 스칼라적의 합은

$$\sum_A^B A_r\, dl_r = \int_A^B \boldsymbol{A} \cdot dl \tag{5-62}$$

으로서 곡선의 전 길이에 대한 합이며 이를 곡선 AB에 대한 벡터 $\boldsymbol{A}$의 **선적분**(line integral)이라 한다. 그리고 선적분을 직각좌표 성분으로 표시하면

$$\int_A^B \boldsymbol{A} \cdot dl = \int_A^B (A_x\, d_x + A_y\, d_y + A_z\, d_z) \tag{5-63}$$

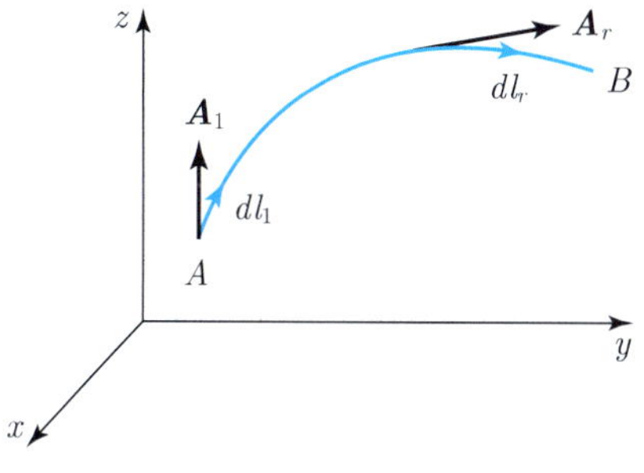

그림 5.12 선적분

가 된다.

예로써 변하는 힘 $\boldsymbol{F}$가 어떤 물체에 작용하는 경우 그 물체가 주어진 공간 내의 경로 C를 따라 움직인다고 하면 이 변위에서 $\boldsymbol{F}$에 의하여 행한 일 W는 선적분

$$W = \int_c \boldsymbol{F} \cdot d\boldsymbol{r} = \oint \boldsymbol{F} \cdot d\boldsymbol{r} \tag{5-64}$$

로 주어진다. 적분변수로 시간 t 를 사용하면

$$d\boldsymbol{r} = \frac{d\boldsymbol{r}}{dt} dt = \boldsymbol{v}\, dt \tag{5-65}$$

이고, 여기서 $\boldsymbol{v}$는 속도벡터이다. 그러므로 식(5-65)는

$$W = \int_{t_0}^{t_1} \boldsymbol{F} \cdot \boldsymbol{v}\, dt \tag{5-66}$$

로 된다. 여기서 t_0는 초기값이고 t_1은 최종값이다. 더욱이 **뉴턴(Netwon)의 제2법칙**(힘=질량×가속도)에 의하여

$$\boldsymbol{F} = m \frac{d^2\boldsymbol{r}}{dt} = m \frac{d\boldsymbol{v}}{dt} \tag{5-67}$$

이고, 여기서 m은 물체의 질량이다. 이 식을 식(5-66)에 대입하면

$$\begin{aligned} W &= \int_{t_0}^{t_1} m \frac{d\boldsymbol{v}}{dt} \cdot \boldsymbol{v}\, dt = \int_{t_0}^{t_1} \frac{d}{dt}\left(\frac{m}{2}\boldsymbol{v} \cdot \boldsymbol{v}\right) dt \\ &= \int_{t_0}^{t_1} \frac{d}{dt}\left(\frac{m}{2}|\boldsymbol{v}|^2\right) dt = \left[\frac{m}{2}|\boldsymbol{v}|^2\right]_{t_0}^{t_1} \end{aligned} \tag{5-68}$$

이 되고 일반식으로 쓰면

$$W = \frac{1}{2} m v^2 \tag{5-69}$$

이다. 즉 행한 일은 운동에너지의 크기와 같다. 이것은 **역학의 기본법칙**이다.

예제 3

벡터 $\boldsymbol{A} = \boldsymbol{i}y + \boldsymbol{j}x$ 인 장에서 $y = x^2$ 인 곡선을 따라 원점(0, 0, 0)에서 (1, 1, 0)까지의 선적분을 계산하여라.

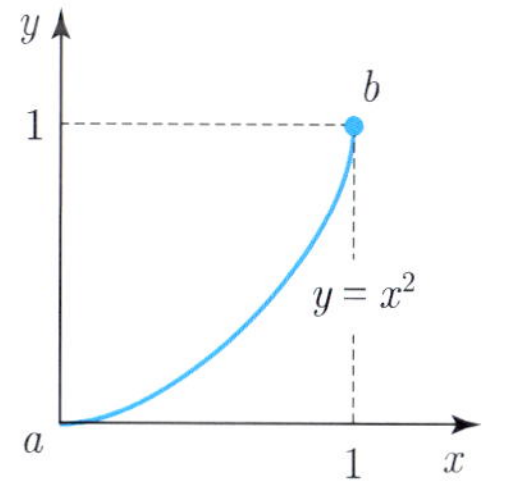

그림 5.13

풀이 그림 5.13에서 a 와 b 사이의 곡선에서 미소구간 dl 은

$$dl = \boldsymbol{i}\,dx + \boldsymbol{j}\,dy$$

이므로

$$\int_a^b \boldsymbol{A} \cdot dl = \int_a^b (\boldsymbol{i}y + \boldsymbol{j}x) \cdot (\boldsymbol{i}\,dx + \boldsymbol{j}\,dy) = \int_a^b (y\,dx + x\,dy)$$
$$= \int_0^1 y\,dx + \int_0^1 x\,dy$$

이고, $y = x^2$ 이므로 $dy = 2x\,dx$

$$\int_a^b \boldsymbol{A} \cdot dl = \int_0^1 y\,dx + \int_0^1 x\,dy = \int_0^1 x^2 dx + \int_0^1 x\,2x\,dx$$
$$= \left[\frac{1}{3}x^3\right]_0^1 + \left[2 \times \frac{1}{3}x^3\right]_0^1 = 1$$

3 면적분

벡터장 A 내에서 곡면 s 상의 미소면적 ds 에 세운 법선방향의 단위벡터 $\boldsymbol{n}$ 와 벡터 $\boldsymbol{A}$ 와의 스칼라적을 전면적으로 적분한 $\iint_s \boldsymbol{A} \cdot \boldsymbol{n}\,ds$ 를 면적 s 상에 있는 $\boldsymbol{A}$ 의 **면적분**(surface integral)이라 하며 $\boldsymbol{A} \cdot \boldsymbol{n}$ 은 그림 5.14에서와 같이 벡터 $\boldsymbol{A}$ 를 법선방향으로 단위벡터 $\boldsymbol{n}$ 상에 정사영한 것이며, $A_n = \boldsymbol{A} \cdot \boldsymbol{n}$ 으로 하면

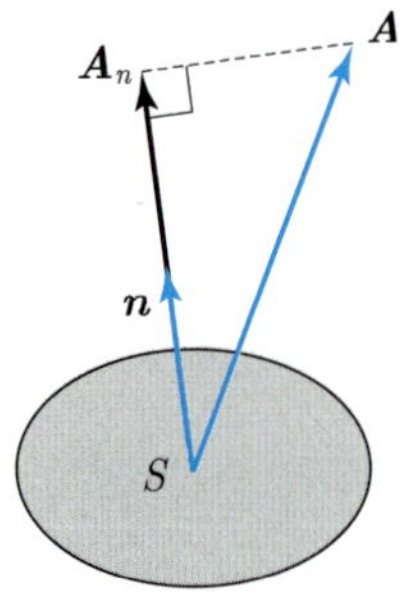

그림 5.14 면적분

$$\iint_s \boldsymbol{A} \cdot \boldsymbol{n}\, ds = \int_s A_n\, ds \tag{5-70}$$

미소면적 ds 의 법선방향을 고려하면 $d\boldsymbol{s} = \boldsymbol{n}\,ds$ 이므로 식(5-70)은

$$\iint_s \boldsymbol{A} \cdot \boldsymbol{n}\, ds = \iint_s A_n\, ds = \iint_s \boldsymbol{A} \cdot d\boldsymbol{s} \tag{5-71}$$

로 표시된다.

그리고 그림 5.15와 같은 폐곡면 s 를 벡터 $d\boldsymbol{s}_1$, $d\boldsymbol{s}_2$, … 등으로 분할하고 $d\boldsymbol{s}_i$ 에 있는 위치의 벡터함수 $\boldsymbol{A}(x, y, z)$ 의 값을 $\boldsymbol{A}_i$ 라고 하면

$$\lim_{\Delta s \to 0} \sum_{i=1}^{n} \boldsymbol{A}_i \cdot d\boldsymbol{s}_i = \iint \boldsymbol{A} \cdot d\boldsymbol{s} \tag{5-72}$$

이고, 직각좌표로 표시하면

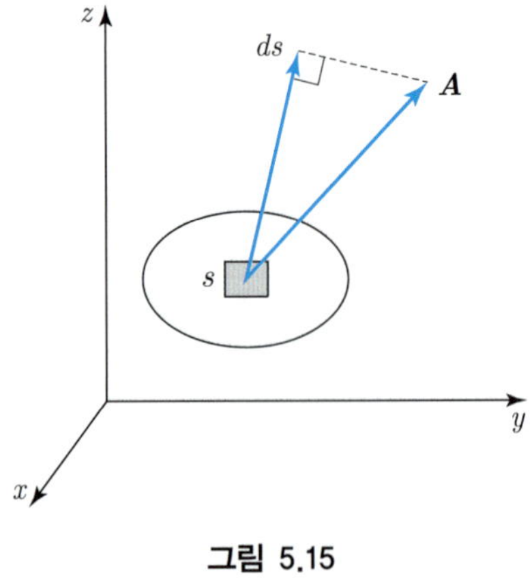

그림 5.15

$$ds = \boldsymbol{i}\, ds_x + \boldsymbol{j}\, ds_y + \boldsymbol{k}\, ds_z \tag{5-73}$$

이므로 식(5-72)는

$$\iint_s \boldsymbol{A} \cdot d\boldsymbol{s} = \iint (A_x ds_x + A_y ds_y + A_z ds_z) \tag{5-74}$$

가 되며, 벡터 $\boldsymbol{A}$ 의 면적분은 면 전체를 통과한 $\boldsymbol{A}$ 의 **선속**이라 한다.

4 가우스(Gauss)의 정리

임의의 체적 v 에 대하여 취한 벡터장 $\boldsymbol{A}$ 의 발산의 체적적분은

$$\begin{aligned}\iiint (\nabla \cdot \boldsymbol{A}) d\boldsymbol{v} &= \iiint_v \left(\frac{\partial A_x}{\partial x} + \frac{\partial A_y}{\partial y} + \frac{\partial A_z}{\partial z} \right) d_x d_y d_z \\ &= \iiint_v \frac{\partial A_x}{\partial x} d_x d_y d_z + \iiint_v \frac{\partial A_y}{\partial y} d_x d_y d_z + \iiint \frac{\partial A_z}{\partial z} d_x d_y d_z\end{aligned} \tag{5-75}$$

이 되며, 식(5-75)의 우변은 식(5-61)의 발산정리에 의하여

$$\iiint \frac{\partial A_x}{\partial x} d_x d_y d_z = \iint_s A_x ds_x$$

$$\iiint \frac{\partial A_y}{\partial y} d_x d_y d_z = \iint_s A_y ds_y$$

$$\iiint \frac{\partial A_z}{\partial z} d_x d_y d_z = \iint_s A_z ds_z$$

가 된다. 따라서 식(5-75)는

$$\iiint (\nabla \cdot \boldsymbol{A}) dv = \iint_s (A_x ds_x + A_y ds_y + A_z ds_z) = \iint_s \boldsymbol{A} \cdot d\boldsymbol{s} \tag{5-76}$$

가 된다. 이 정리는 임의의 체적 v 에 대하여 취한 벡터장 $\boldsymbol{A}$ 의 발산의 체적적분이 그 체적 v 를 둘러싸고 있는 폐곡면 s 위에서 취한 $\boldsymbol{A}$ 의 면적분과 같음을 말한다.

특히 전계에서는 전기력선의 체적에 관한 적분을 면에 관한 적분으로 환산하는데 널리 사용되며 다음과 같이 표시된다.

$$\iint_s \boldsymbol{E} \cdot \boldsymbol{n}\, ds = \iint_s E_n \cdot ds = \iiint_v \mathrm{div} \quad \boldsymbol{E} \cdot dv \tag{5-77}$$

여기서 $\boldsymbol{E}$는 전계의 세기이고 $\boldsymbol{n}$은 ds 상의 외향 법선 단위벡터이며, 임의의 폐곡면 내의 단위체적에서 발산하는 전기력선의 체적에 대한 총합은 체적표면의 폐곡면을 통하여 유출하는 양과 같음을 말한다.

그리고 임의의 폐곡면 s로부터 나오는 전 전기력선의 수는 그 폐곡면 내에 포함되는 전 전하의 $1/\epsilon_0$ 배와 같다. 즉

$$\iint_s \boldsymbol{E} \cdot \boldsymbol{n}\, ds = \iint_s E_n\, ds = \frac{1}{\epsilon_0} \sum_{i=1}^{n} Q_i \tag{5-78}$$

여기서 ds는 폐곡면 s 상에 취한 미소면적이고, E_n은 전계의 세기 $\boldsymbol{E}$의 ds 면에 수직한 외향성분이며, Q는 전하량이다. 그리고 ϵ_0는 진공의 유전율이라 하며 다음과 같은 크기를 갖는 상수이다.

$$\epsilon_0 = 8.855 \times 10^{-12}\ [\mathrm{F/m}]$$

5.7 | 벡터의 회전

그림 5.16에서 Δx와 Δy로 이루어진 미소면적의 중심점에서의 유선의 선속밀도를

$$\boldsymbol{D} = \boldsymbol{i}\, D_x + \boldsymbol{j}\, D_y + \boldsymbol{k}\, D_z \tag{5-79}$$

라 하면, 면적의 선적분은 $A \to B \to C \to D$의 경로를 따라 적분한 값과 같다. 즉

$$\oint \boldsymbol{D} \cdot dl = \int_A^B \boldsymbol{D} \cdot dl + \int_B^C \boldsymbol{D} \cdot dl + \int_C^D \boldsymbol{D} \cdot dl + \int_D^A \boldsymbol{D} \cdot dl \tag{5-80}$$

로 표시된다. 여기서 $\int_A^B \boldsymbol{D} \cdot dl$은 A에서 B까지의 길이에 선상의 선속밀도의 곱과 같으므로

$$\int_A^B \boldsymbol{D} \cdot dl = D_{y(A \to B)} \Delta y \tag{5-81}$$

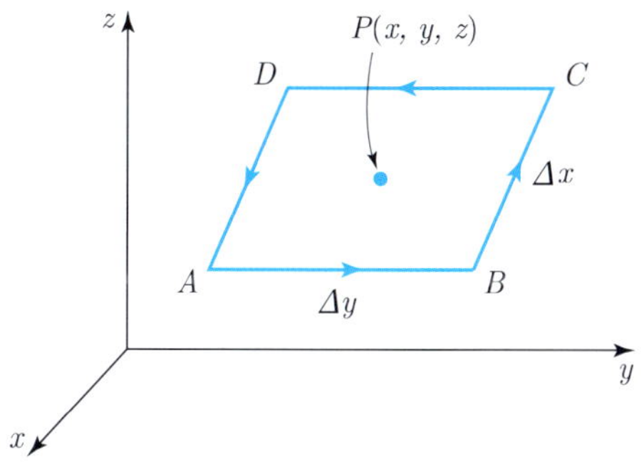

그림 5.16

이고, $D_{y(A\to B)}$ 는 중심점 P 에서 $\Delta x/2$ 만큼 변화하므로

$$D_{y(A\to B)} = D_y + \frac{\partial D_y}{\partial x}\left(\frac{\Delta x}{2}\right) \tag{5-82}$$

이다. 따라서 식(5-81)은 다음과 같이 된다.

$$\int_A^B \boldsymbol{D}\cdot dl = \left(D_y + \frac{1}{2}\frac{\partial D_y}{\partial x}\Delta x\right)\Delta y$$

같은 방법으로

$$\int_B^C \boldsymbol{D}\cdot dl = D_{x(B\to C)}(-\Delta x) = -\left(D_x - \frac{1}{2}\frac{\partial D_x}{\partial y}\Delta y\right)\Delta x$$

$$\int_C^D \boldsymbol{D}\cdot dl = D_{y(C\to D)}(-\Delta y) = -\left(D_y - \frac{1}{2}\frac{\partial D_y}{\partial x}\Delta x\right)\Delta y$$

$$\int_D^A \boldsymbol{D}\cdot dl = D_{x(D\to A)}\Delta x = -\left(D_x + \frac{1}{2}\frac{\partial D_x}{\partial y}\Delta y\right)\Delta x$$

가 되므로 식(5-80)은

$$\oint \boldsymbol{D}\cdot dl = \left(\frac{\partial D_y}{\partial x} - \frac{\partial D_x}{\partial y}\right)\Delta x\,\Delta y \tag{5-83}$$

이며 미소면적 Δx, Δy 로 나누어 주고 극한값을 취하면

$$\lim_{\substack{\Delta x\to 0\\ \Delta y\to 0}} \frac{\oint \boldsymbol{D}\cdot dl}{\Delta x\cdot\Delta y} = \frac{\partial D_y}{\partial x} - \frac{\partial D_x}{\partial y}$$

가 되고, 이것은 x-y 평면에서의 z 방향 성분이다. 즉

$$\lim_{\substack{\Delta x \to 0 \\ \Delta y \to 0}} \frac{\oint \boldsymbol{D} \cdot dl}{\Delta x \cdot \Delta y} = [\mathrm{rot}\boldsymbol{D}]$$

같은 방법으로 y-z 평면, z-x 평면 내에서 미소면적에 대한 선적분을 구하면 x 방향 성분과 y 방향 성분이 구해지며 다음과 같다.

$$[\mathrm{rot}\ \boldsymbol{D}]_x = \lim_{\substack{\Delta x \to 0 \\ \Delta y \to 0}} \frac{\oint \boldsymbol{D} \cdot dl}{\Delta x \cdot \Delta y} = \frac{\partial D_z}{\partial y} - \frac{\partial D_y}{\partial z}$$

$$[\mathrm{rot}\ \boldsymbol{D}]_y = \lim_{\substack{\Delta z \to 0 \\ \Delta x \to 0}} \frac{\oint \boldsymbol{D} \cdot dl}{\Delta z \cdot \Delta x} = \frac{\partial D_x}{\partial z} - \frac{\partial D_z}{\partial x}$$

따라서

$$\begin{aligned} \mathrm{rot}\ \boldsymbol{D} &= \boldsymbol{i}[\mathrm{rot}\ \boldsymbol{D}]_x + \boldsymbol{j}[\mathrm{rot}\ \boldsymbol{D}]_y + \boldsymbol{k}[\mathrm{rot}\ \boldsymbol{D}]_z \\ &= \boldsymbol{i}\left(\frac{\partial D_z}{\partial y} - \frac{\partial D_y}{\partial z}\right) + \boldsymbol{j}\left(\frac{\partial D_x}{\partial z} - \frac{\partial D_z}{\partial x}\right) + \boldsymbol{k}\left(\frac{\partial D_y}{\partial x} - \frac{\partial D_x}{\partial y}\right) \end{aligned} \quad (5\text{-}84)$$

와 같이 표시되며, rot $\boldsymbol{D}$는 3차원 공간에서의 벡터양이며, 벡터 $\boldsymbol{D}$의 **회전**(rotation)이라고 하며 curl $\boldsymbol{D}$로도 표시한다. 또 미분연산자 ∇로써 rot $\boldsymbol{D}$를 표시하면

$$\begin{aligned} \mathrm{rot}\ \boldsymbol{D} &= \nabla \times \boldsymbol{D} \\ &= \boldsymbol{i}\left(\frac{\partial D_z}{\partial y} - \frac{\partial D_y}{\partial z}\right) + \boldsymbol{j}\left(\frac{\partial D_x}{\partial z} - \frac{\partial D_z}{\partial x}\right) + \boldsymbol{k}\left(\frac{\partial D_y}{\partial x} - \frac{\partial D_x}{\partial y}\right) \\ &= \begin{vmatrix} \boldsymbol{i} & \boldsymbol{j} & \boldsymbol{k} \\ \dfrac{\partial}{\partial x} & \dfrac{\partial}{\partial y} & \dfrac{\partial}{\partial z} \\ D_x & D_y & D_z \end{vmatrix} \end{aligned} \quad (5\text{-}85)$$

이 된다.

선적분과 벡터의 회전과의 관계를 구하기 위하여 그림 5.17과 같이 x-y 평면 안에 있는 Δx, Δy로 된 미소거리를 따라 벡터 $\boldsymbol{A}$의 선적분을 계산하면

$$\oint \boldsymbol{A} \cdot dl = \int_A^B \boldsymbol{A} \cdot dl + \int_B^C \boldsymbol{A} \cdot dl + \int_C^D \boldsymbol{A} \cdot dl + \int_D^A \boldsymbol{A} \cdot dl \quad (5\text{-}86)$$

이며

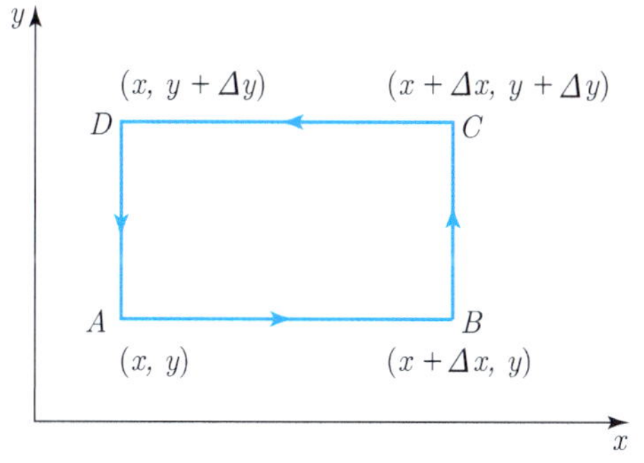

그림 5.17

$$\int_A^B \boldsymbol{A} \cdot dl = A_x \Delta x$$

$$\int_B^C \boldsymbol{A} \cdot dl = \left(A_y + \frac{\partial A_y}{\partial x} \Delta x\right) \Delta y$$

$$\int_C^D \boldsymbol{A} \cdot dl = -\left(A_x + \frac{\partial A_x}{\partial y} \Delta y\right) \Delta x$$

$$\int_D^A \boldsymbol{A} \cdot dl = -A_y \Delta y$$

이므로 식(5-86)은

$$\oint_{(ABCDA)} \boldsymbol{A} \cdot dl = \left(\frac{\partial A_y}{\partial x} - \frac{\partial A_x}{\partial y}\right) \Delta x \Delta y \qquad (5\text{-}87)$$

가 된다. 식(5-84)와 (5-87)에서

$$\oint_{(ABCDA)} \boldsymbol{A} \cdot dl = (\nabla \times \boldsymbol{A})_z \, ds_{(xy)} \qquad (5\text{-}88)$$

로 표시할 수 있다. 여기서$(\nabla \times \boldsymbol{A})_z$는 벡터 $\boldsymbol{A}$의 회전의 z방향 성분이고 $ds_{(xy)}$는 $ABCD$의 면적이다.

그림 5.18과 같이 x-y평면 내에 임의의 폐곡면의 주변을 c라 하고 이 폐곡면을 미소면적소 $ds_1, ds_2,$ ⋯ 등으로 나누면 이때 인접 미소면적소 간의 공통되는 주변은 적분을 취하게 되면 서로 반대방향이 되기 때문에 상쇄되므로 결국 모든 적분을 합하면 경계주변 상의 적분만이 남게 된다. 따라서

$$\oint_c \boldsymbol{A} \cdot dl = \oint_{ds_1} \boldsymbol{A} \cdot dl_1 + \oint_{ds_2} \boldsymbol{A} \cdot dl_2 + \cdots$$

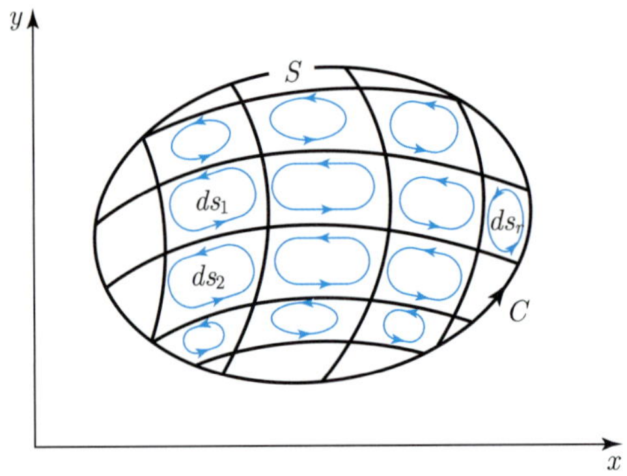

그림 5.18

이 되므로 식(5-84)는

$$\sum_{r=1}^{\infty}\oint_{r}\boldsymbol{A}\cdot dl=\sum_{r=1}^{\infty}(\nabla\times\boldsymbol{A})_z\,ds_{(xy)r} \tag{5-89}$$

이 되고

$$\sum_{r=1}^{\infty}\oint_{r}\boldsymbol{A}\cdot dl=\oint_{c}\boldsymbol{A}\cdot dl$$

이고

$$\sum_{r=1}^{\infty}(\nabla\times\boldsymbol{A})_z\,ds_{(xy)r}=\iint_{s}(\nabla\times\boldsymbol{A})_z\,ds_{(xy)}$$

이므로 식(5-89)는

$$\oint_{c}\boldsymbol{A}\cdot dl=\iint_{s}(\nabla\times\boldsymbol{A})_z\,ds_{(xy)} \tag{5-90}$$

으로 되며, 이 식은 폐곡면 s 의 주변 c 를 따라 벡터 $\boldsymbol{A}$ 를 선적분한 것은 전 표면적 s 에 대한 벡터 $\boldsymbol{A}$ 의 회전의 법선방향 성분의 면적과 같음을 뜻한다.

또 그림 5.19에서의 선적분은

$$\oint_{(ABC)}\boldsymbol{A}\cdot dl=\oint_{(OBC)}\boldsymbol{A}\cdot dl+\oint_{(OCA)}\boldsymbol{A}\cdot dl+\oint_{(OAB)}\boldsymbol{A}\cdot dl \tag{5-91}$$

가 되고, 식(5-90)에 의하여

$$\oint_{(OBC)}\boldsymbol{A}\cdot dl=\iint_{(OBC)}(\nabla\times\boldsymbol{A})_x\,dy\;dz$$

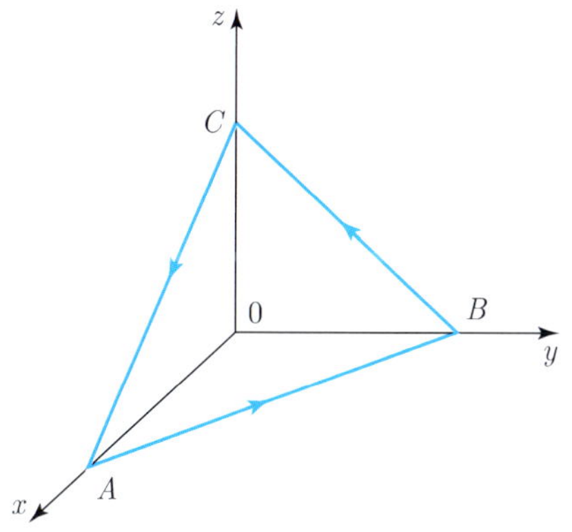

그림 5.19

$$\oint_{(OCA)} \boldsymbol{A} \cdot dl = \iint_{(OCA)} (\nabla \times \boldsymbol{A})_y \, dz \, dx$$

$$\oint_{(OAB)} \boldsymbol{A} \cdot dl = \iint_{(OAB)} (\nabla \times \boldsymbol{A})_z \, dx \, dy$$

이 되므로 식(5-91)은

$$\oint_{(ABC)} \boldsymbol{A} \cdot dl = \iint_{(OBC)} (\nabla \times \boldsymbol{A})_x \, dy \, dz + \iint_{(OCA)} (\nabla \times \boldsymbol{A})_y \, dz \, dx + \iint_{(OAB)} (\nabla \times \boldsymbol{A})_z \, dx \, dy \tag{5-92}$$

이다. 또 $d\boldsymbol{s}$ 는

$$d\boldsymbol{s} = \boldsymbol{i}\, ds_x + \boldsymbol{j}\, ds_y + \boldsymbol{k}\, ds_z = \boldsymbol{i}\, dy\, dz + \boldsymbol{j}\, dx\, dz + \boldsymbol{k}\, dx\, dy$$

이므로 식(5-92)는

$$\oint_{(ABC)} \boldsymbol{A} \cdot dl = \iint_{(ABC)} (\nabla \times \boldsymbol{A}) \cdot d\boldsymbol{s}$$

와 같이 표시된다. 일반적으로 주변을 c 라 하고 폐곡면을 s 라 하면

$$\oint_c \boldsymbol{A} \cdot dl = \iint_s (\nabla \times \boldsymbol{A}) \cdot d\boldsymbol{s} \tag{5-93}$$

로 표시되고 이것을 **스토크스 정리**(stokes' theorem)라 하며 임의의 폐곡면 s 에 대한 벡터 $\boldsymbol{A}$ 의 회전의 면적분은 폐곡면의 주변을 따라 벡터 $\boldsymbol{A}$ 의 선적분을 한 것과 같음을 나타낸다.

특히 정전계(electrostatic field)에서 전계의 세기를 $\boldsymbol{E}$ 라 하면 위의 스토크스 정리에 의하여

$$\oint \boldsymbol{E} \cdot dl = \int (\text{rot}\, \boldsymbol{E}) \cdot d\boldsymbol{s} = \int_s (\nabla \times \boldsymbol{E}) \cdot d\boldsymbol{s} = 0$$

이다. 따라서

$$\text{rot}\ \boldsymbol{E} = \nabla \times \boldsymbol{E} = 0$$

가 된다. 이것은 전계 $\boldsymbol{E}$ 가 비회전성(보존적인 경우)이라는 것을 의미한다.

예제 1

$\boldsymbol{A} = xz^3\boldsymbol{i} - 2x^2yz\boldsymbol{j} + 2yz^4\boldsymbol{k}$ 에 대해서 rot $\boldsymbol{A}$ 의 점$(1, -1, 1)$에 있어서의 값을 구하여라.

풀이

$$\text{rot}\ \boldsymbol{A} = \left[\frac{\partial}{\partial y}(2yz^4) - \frac{\partial}{\partial z}(-2x^2yz)\right]\boldsymbol{i} + \left[\frac{\partial}{\partial z}(xz^3) - \frac{\partial}{\partial x}(2yz^4)\right]\boldsymbol{j}$$
$$+ \left[\frac{\partial}{\partial x}(-2x^2yz) - \frac{\partial}{\partial y}(xz^3)\right]\boldsymbol{k}$$

따라서 점$(1, -1, 1)$에서는

$$\text{rot}\ \boldsymbol{A} = 3\boldsymbol{j} + 4\boldsymbol{k}$$

연습문제 05

1. $\boldsymbol{A} = 4\boldsymbol{i} - 5\boldsymbol{j} + 8\boldsymbol{k}$ 의 크기를 구하여라.

2. 벡터 $\boldsymbol{A}(2,\ 2,\ 5)$, $\boldsymbol{B}(3,\ -5,\ 7)$일 때 $\boldsymbol{A} + \boldsymbol{B}$와 $\boldsymbol{B} - \boldsymbol{A}$를 구하여라.

3. 두 벡터 $\boldsymbol{A} = 2\boldsymbol{i} + 3\boldsymbol{j} + 5\boldsymbol{k}$, $\boldsymbol{B} = \boldsymbol{i} + 5\boldsymbol{j} + 6\boldsymbol{k}$ 일 때, $\boldsymbol{A} \cdot \boldsymbol{B}$와 $\boldsymbol{A} \times \boldsymbol{B}$를 구하여라.

4. 벡터 $\boldsymbol{A} = 2\boldsymbol{i} - \boldsymbol{j}$, $\boldsymbol{B} = 3\boldsymbol{i} + \boldsymbol{k}$ 의 교각의 여현을 구하여라.

5. 벡터 $\boldsymbol{A} = a\boldsymbol{i} - 2\boldsymbol{j} + \boldsymbol{k}$, $\boldsymbol{B} = 2a\boldsymbol{i} + a\boldsymbol{j} - 4\boldsymbol{k}$ 가 직교하도록 a를 정하여라.

6. 질점이 점 $\boldsymbol{A}(1,\ 2,\ 3)$[m]에서 점 $\boldsymbol{B}(4,\ 5,\ 6)$[m]으로 힘 $\boldsymbol{F} = 5\boldsymbol{i} + 3\boldsymbol{j} + 2\boldsymbol{k}$[N]에 의하여 이동되었을 때의 일을 구하여라.

7. 3개의 벡터 $\boldsymbol{A}(2,\ -3,\ 4)$, $\boldsymbol{B}(1,\ 2,\ -1)$, $\boldsymbol{C}(3,\ -1,\ 2)$를 세 변으로 하는 평행 6면체의 체적을 구하여라.

8. 벡터 $\boldsymbol{A} = 5a^2\boldsymbol{i} + a\boldsymbol{j} - a^3\boldsymbol{k}$, $\boldsymbol{B} = \sin a\boldsymbol{i} - \cos a\boldsymbol{j}$ 일 때 $\boldsymbol{A} \cdot \boldsymbol{B}$와 $\boldsymbol{A} \times \boldsymbol{B}$의 도함수를 구하여라.

9. 벡터 $\boldsymbol{A} = (a - a^2)\boldsymbol{i} + 2a^3\boldsymbol{j} - 3\boldsymbol{k}$ 일 때 $\displaystyle\int_1^2 \boldsymbol{A} \cdot da$를 구하여라.

10. $\varphi = 3x^2y - y^3z^2$ 에 대하여 점$(1,\ -2,\ 1)$에서의 grad φ를 구하여라.

11. $\boldsymbol{A} = x^3z\boldsymbol{i} - 2y^3z\boldsymbol{j} + xy^2z\boldsymbol{k}$ 에 대하여 점$(1,\ -1,\ 1)$에서의 div $\boldsymbol{A}$를 구하여라.

12. 스칼라장 φ에 대하여 div(grad φ)를 구하여라.

13. 전속밀도 $\boldsymbol{D} = x^2\boldsymbol{i} + y^2\boldsymbol{j} + z^2\boldsymbol{k}$ [C/m^2]의 전계에서 점$(2,\ 2,\ 3)$[m]의 전하밀도를 구하여라(단, 전하밀도 ρ는 $\rho = \text{div}\ \boldsymbol{D}$이다).

14. 전위가 $V = xy^2z$ 일 때, 이의 원천인 전하밀도를 구하여라(단, 포아송(Poisson)의 방정식 $\nabla^2 V = -\dfrac{\rho}{\epsilon_0}$을 이용하여라).

6장

미분

학습목표

- 미분의 정의에 대하여 이해할 수 있다.
- 평균변화율, 미분계수, 도함수를 구할 수 있다.
- 미분법을 이해하고, 합성함수, 삼각함수, 지수함수, 로그함수 등의 도함수를 구할 수 있다.
- 미분방정식의 해를 구할 수 있다.
- 도함수를 이용하여 전기회로의 시정수를 구할 수 있다.

"나는 진리의 해변에서 모래알 하나를 주웠다."

아이작 뉴턴
(Sir Isaac Newton, 1642~1727)

영국의 물리학자 · 천문학자. 17세기 최고의 수학자 중 한 사람으로 근대이론과학의 선구자이다. 뉴턴은 조산아로 태어나 너무 병약하여 종부성사까지 받았다. 그의 아버지는 뉴턴이 태어나기 전에 사망했으며 그의 어머니는 세 살짜리 뉴턴을 할머니에게 맡기고 새로운 남편과 살기 위해 떠났다. 그는 어려서부터 기계 모형을 고안하는 것과 실험하는 것에 뛰어난 재능을 나타냈는데, 스타우 브리지 박람회에서 우연히 구입한 점성술에 관한 책을 읽고 수학에 집중하게 되었다. 23세 때인 1665년 초에 일반화된 이항정리를 알아냈고, 오늘날 미적분학으로 알려진 유율법(method of fluxion)을 만들었다.

뉴턴의 가장 큰 업적은 물리학과 천체 역학을 다룬 만유인력의 법칙이다. 그는 1666년에 지구와 달 사이, 태양과 목성 사이에 거리의 제곱에 반비례하는 인력이 작용한다는 것을 밝히고, 이것과 자신의 3가지 운동법칙(관성의 법칙, 힘과 가속도의 법칙, 작용-반작용의 법칙)을 결합하여 행성의 타원 운동은 물론 지상계와 천상계의 여러 운동들을 수학적으로 설명했다. 1687년에 출판된 ≪자연철학의 수학적 원리(프린키피아)≫에서 운동의 법칙을 확립하였는데 그가 확립한 법칙에 바탕을 둔 역학을 뉴턴 역학이라고 한다. 근대과학 성립의 최고의 공로자이며, 자연을 '일정한 법칙에 따라 운동하는 복잡하고 거대한 기계'로 여긴 그의 역학적 자연관은 18세기 계몽사상의 발전에 지대한 영향을 주었다. 그는 평생을 독신으로 지냈으며, 웨스트민스터 사원에 안장되었다.

미분(differentiation, differential)은 아주 잘게 나누는 것이다. 즉, 입체공간은 아주 잘게 나누어 하나의 면이 되도록 만들고, 또 면은 아주 잘게 나누어 선으로 만들고, 선은 아주 잘게 나누어 직선(접근선)으로 만드는 것이다. 이렇게, 어떤 면을 미세하게 층층이 쪼개었을 때, 각각의 층을 '미세한 부분'이라고 하여 '미분'이라고 부른 것이 어원이며, 어떤 함수로부터 도함수를 얻는 것을 말하고 접선의 기울기(순간 변화율)를 구하는 것이 바로 미분이다.

이 장에서는 미분의 정의에 대하여 학습하고, 합성함수, 삼각함수, 지수함수, 로그함수 등의 미분에 대하여 학습한다.

6.1 | 미분의 정의

1 평균 변화율

그림 6.1과 같이 함수 $y = x^2$ 에 대한 그래프에서 x 의 값이 1 에서 3 까지 2 만큼 변할 때, y 의 값은 1에서 9까지 8만큼 변한다.

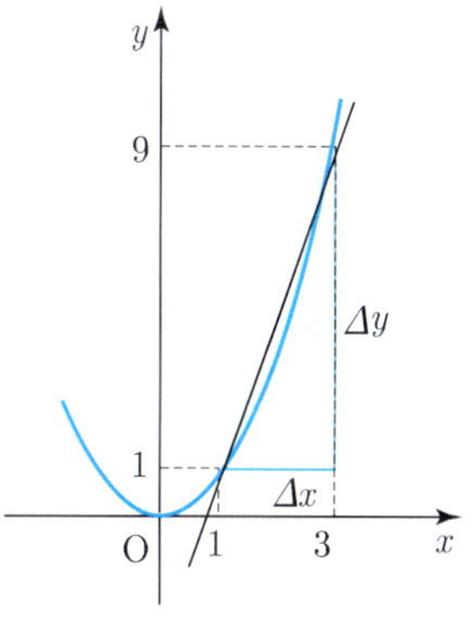

그림 6.1

이와 같이 x 의 변화량 2 를 "**x 의 증분**"이라고 하며 Δx 로 나타내고, y 의 변화량 8 을 Δx 에 대한 "**y 의 증분**"이라고 하며 Δy 로 나타낸다.

이때 y 의 증분 Δy 를 x 의 증분 Δx 로 나눈 값, 즉

$$\frac{\Delta y}{\Delta x} = \frac{9-1}{3-1} = 4$$

를 함수 $y = x^2$ 에서 x 가 1 에서 3 까지 변할 때의 y 의 **평균 변화율**이라고 하며, 이 평균 변화율은 두 점 (1, 1), (3, 9)를 잇는 직선의 기울기를 나타냄을 알 수 있다.

예제 1

다음 각 함수의 지정된 구간에서의 평균 변화율을 구하여라.

(1) $f(x) = 3x+1 \quad [3,\ 5]$

(2) $f(x) = x^2 + 2x - 5 \quad [1,\ 3]$

풀이 (1) $\dfrac{\Delta y}{\Delta x} = \dfrac{f(5)-f(3)}{5-3} = \dfrac{(3\times 5+1)-(3\times 3+1)}{2} = 3$

(2) $\dfrac{\Delta y}{\Delta x} = \dfrac{f(3)-f(1)}{3-1} = \dfrac{(3^2+2\times 3-5)-(1^2+2\times 1-5)}{2} = 6$

2 미분 계수

함수 $y = x^2$ 에 대하여 구간 $[2,\ 2+\Delta x]$에서의 평균 변화율은 다음과 같다.

$$\frac{\Delta y}{\Delta x} = \frac{(2+\Delta x)^2 - 2^2}{(2+\Delta x) - 2} = 4 + \Delta x$$

여기에서 x 의 증분 Δx 가

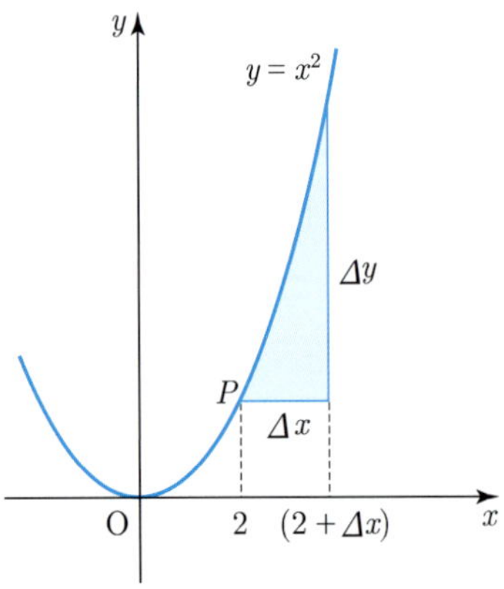

그림 6.2

$$\Delta x = 0.1$$

$$\Delta x = 0.01$$

$$\Delta x = 0.001$$

등과 같이 Δx 가 0 에 가까운 값을 가질 때의 평균 변화율을 계산하여 보면 다음과 같이 된다.

$$\Delta x = 0.1 \text{ 일 때,} \quad \frac{\Delta y}{\Delta x} = 4 + \Delta x = 4 + 0.1 = 4.1$$

$$\Delta x = 0.01 \text{ 일 때,} \quad \frac{\Delta y}{\Delta x} = 4 + \Delta x = 4 + 0.01 = 4.01$$

$$\Delta x = 0.001 \text{ 일 때,} \quad \frac{\Delta y}{\Delta x} = 4 + \Delta x = 4 + 0.001 = 4.001$$

위에서와 같이 Δx 가 한없이 0 에 가까워질 때의 평균 변화율의 극한값은 4 가 됨을 알 수 있다. 즉,

$$\lim_{\Delta x \to 0} \frac{\Delta y}{\Delta x} = 4$$

이 때, "함수 $y = x^2$ 에 대하여 $x = 2$ 에서의 변화율은 4이다"라고 하며, 이 변화율은 $x = 2$ 인 점 P 에서 곡선 $y = x^2$ 에 그은 접선의 기울기를 나타냄을 알 수 있다.

$x = x_1$ 에서 $\Delta x \to 0$ 일 때의 극한값, 즉

$$f'(x_1) = \lim_{\Delta x \to 0} \frac{\Delta y}{\Delta x} = \lim_{\Delta x \to 0} \frac{f(x_1 + \Delta x) - f(x_1)}{\Delta x} \tag{6-1}$$

가 존재할 때, $f(x)$ 는 $x = x_1$ 에서 미분가능하다고 하며, 이 극한값을 함수 $y = f(x)$ 의 $x = x_1$ 에 있어서의 **순간 변화율** 또는 **미분계수**(differential coefficient)라 하고, 기호로는 다음과 같은 것들이 널리 사용된다.

$$f'(x_1), \quad y'_{x = x_1}, \quad \left[\frac{dy}{dx}\right]_{x = x_1}$$

[참고] 극한

lim은 극한(limit)의 약어이다. 일반적으로 $y = f(x)$ 에서 x 가 a 값에 한없이 가까이 접근할 때 $f(x)$ 가 b 에 한없이 가깝게 되면

$$\lim_{x \to a} y = \lim_{x \to a} f(x) = b$$

와 같이 쓰며, "x 가 a 에 접근(approach)할 때 $f(x)$ 의 극한값은 b 이다" 라고 한다.

예제 2

다음 각 함수의 $x = 1$ 에서의 미분계수를 구하여라.

(1) $y = x^2$　　(2) $y = 2x^2 + 2x$

풀이 (1) $$y'_{x=1} = \lim_{\Delta x \to 0} \frac{(1+\Delta x)^2 - 1^2}{\Delta x} = \lim_{\Delta x \to 0} \frac{2(\Delta x) + (\Delta x)^2}{\Delta x}$$
$$= \lim_{\Delta x \to 0} (2 + \Delta x) = 2$$

(2) $$y'_{x=1} = \lim_{\Delta x \to 0} \frac{2(1+\Delta x)^2 + 2(1+\Delta x) - (2 \times 1^2 + 2 \times 1)}{\Delta x}$$
$$= \lim_{\Delta x \to 0} \frac{6(\Delta x) + 2(\Delta x)^2}{\Delta x}$$
$$= \lim_{\Delta x \to 0} (6 + 2\Delta x) = 6$$

예제 3 자기 인덕턴스

어느 코일에 흐르는 전류가 0.01[s] 동안에 1[A] 변화하여 60[V]의 기전력이 유기되었다. 이 코일의 자기 인덕턴스[H]는 얼마인가?

풀이 $e = L\dfrac{di}{dt}$ 에서

$$L = e\frac{dt}{di} = 60 \times \frac{0.01}{1} = 0.6 \text{ [H]}$$

예제 4 유기 기전력

상호 인덕턴스가 200[μH]인 회로의 1차 코일에 3[A]의 전류가 3[s] 동안에 15[A]로 변화하였다. 2차 코일에 유기되는 기전력은 몇 [V]가 되는가?

풀이 $e = M\dfrac{di}{dt} = 200\times10^{-6}\times\dfrac{15-3}{3} = 800\times10^{-6}$
$= 8\times10^{-4}$ [V]

예제 5

그림 6.3(a)의 인덕터에 전류가 그림 6.3(b)와 같이 흐를 때 2초에서 6초 사이의 인덕턴스 전압 V_L은 몇 [V]인가?

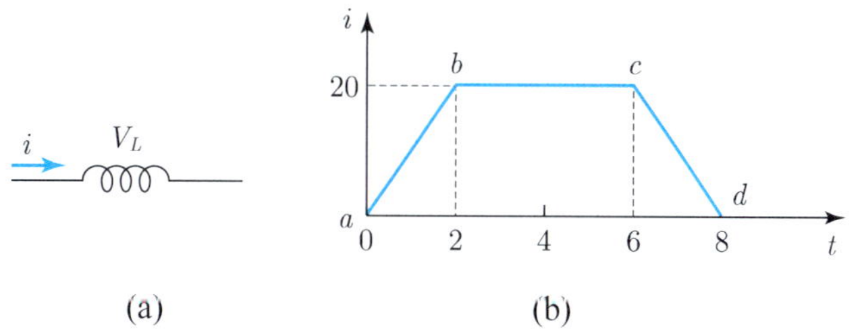

그림 6.3

풀이 a, b 사이에서

$$dt = 2\,[\text{s}], \quad d\phi = 20\,[\text{Wb}]$$

$$\therefore e_1 = -\frac{d\phi}{dt} = -\frac{20}{2} = -10\,[\text{V}]$$

b, c 사이에서 전류의 변화가 없으므로 $d\phi = 0$ 이다.

$$\therefore e_2 = 0\,[\text{V}]$$

c, d 사이에서는

$$dt = 8-6 = 2\,[\text{s}], \quad d\phi = 20\,[\text{Wb}]$$

$$\therefore e_3 = -\frac{d\phi}{dt} = -\frac{20}{2} = -10\,[\text{V}]$$

3 도함수

함수 $y = f(x) = x^2$ 의 $x = a$ 에서 미분계수 $f'(a)$ 는

$$f'(a) = \lim_{\Delta x\to 0}\frac{(a+\Delta x)^2 - a^2}{\Delta x} = \lim_{\Delta x\to 0}(2a+\Delta x) = 2a$$

이므로, $a = 1, 2, 3, \cdots$ 등을 $f'(a) = 2a$ 에 대입하면

$$f'(1) = 2,\quad f'(2) = 4,\quad f'(3) = 6,\ \cdots$$

가 된다. 이 때, 함수 $y = f(x)$에서 $x = a$일 때의 미분계수 $f'(a)$는 a를 변수로 보면 a의 함수이다. 따라서 $f'(a)$에서 a 대신 x를 대입한 $f'(x)$는 x의 함수이므로 $f'(x)$를 $f(x)$의 **도함수**라고 한다. 즉

$$f'(x) = \lim_{\Delta x \to 0} \frac{f(x+\Delta x) - f(x)}{\Delta x} \tag{6-2}$$

도함수를 나타내는 기호로는 다음과 같은 것들이 널리 사용된다.

$$y',\quad f'(x),\quad \frac{dy}{dx},\quad \frac{d}{dx}f(x)$$

함수 $y = f(x)$가 주어졌을 때, 도함수 $f'(x)$를 구하는 것을 "$f(x)$를 x에 대하여 **미분한다**"고 한다.

위에서 언급한 평균 변화율, 미분계수(순간 변화율), 도함수에 대하여 정리하면 다음과 같다.

[정리 1]

함수 $y = f(x)$에서

(1) 평균 변화율

$$\frac{\Delta y}{\Delta x} = \frac{f(a+\Delta x) - f(a)}{\Delta x}$$

구간 $[a,\ a+\Delta x]$에서 $y = f(x)$의 $x = a$인 점과 $x = a+\Delta x$인 점을 지나는 직선의 기울기

(2) 미분계수 (순간 변화율)

$$f'(a) = \lim_{\Delta x \to 0} \frac{\Delta y}{\Delta x} = \lim_{\Delta x \to 0} \frac{f(a+\Delta x) - f(a)}{\Delta x}$$

$y = f(x)$의 $x = a$인 점에서의 접선의 기울기

(3) 도함수

$$f'(x) = \lim_{\Delta x \to 0} \frac{\Delta y}{\Delta x} = \lim_{\Delta x \to 0} \frac{f(x+\Delta x) - f(x)}{\Delta x}$$

$y = f(x)$의 임의의 점에서의 접선의 기울기

예제 6

함수 $f(x) = x^2 + x$ 에 대하여 다음 물음에 답하여라.

(1) 구간 $[1, 3]$에서의 함수 $f(x)$ 의 평균 변화율을 구하여라.

(2) $x = 2$ 에서의 함수 $f(x)$ 의 미분계수를 구하여라.

(3) 함수 $f(x)$ 의 도함수 $f'(x)$ 를 구하여라.

풀이 (1) $\dfrac{\Delta y}{\Delta x} = \dfrac{f(3) - f(1)}{3 - 1} = \dfrac{(3^2 + 3) - (1^2 + 1)}{3 - 1} = 5$

(2) $$f'(2) = \lim_{\Delta x \to 0} \frac{f(2 + \Delta x) - f(2)}{\Delta x}$$

$$= \lim_{\Delta x \to 0} \frac{\{(2 + \Delta x)^2 + (2 + \Delta x)\} - (2^2 + 2)}{\Delta x}$$

$$= \lim_{\Delta x \to 0} \frac{5(\Delta x) + (\Delta x)^2}{\Delta x}$$

$$= \lim_{\Delta x \to 0} (5 + \Delta x) = 5$$

(3) $$f'(x) = \lim_{\Delta x \to 0} \frac{f(x + \Delta x) - f(x)}{\Delta x}$$

$$= \lim_{\Delta x \to 0} \frac{\{(x + \Delta x)^2 + (x + \Delta x)\} - (x^2 + x)}{\Delta x}$$

$$= \lim_{\Delta x \to 0} \frac{(\Delta x)^2 + 2x(\Delta x) + \Delta x}{\Delta x}$$

$$= \lim_{\Delta x \to 0} (\Delta x + 2x + 1)$$

$$= 2x + 1$$

예제 7

함수 $y = 3x^2 + 1$ 를 미분하여라.

풀이 $$y' = \lim_{\Delta x \to 0} \frac{f(x + \Delta x) - f(x)}{\Delta x}$$

$$= \lim_{\Delta x \to 0} \frac{3(x + \Delta x)^2 + 1 - (3x^2 + 1)}{\Delta x}$$

$$= \lim_{\Delta x \to 0} \frac{6x \cdot (\Delta x) + 3(\Delta x)^2}{\Delta x}$$

$$= \lim_{\Delta x \to 0} (6x + 3\Delta x) = 6x$$

6.2 | 미분법

1 기본 공식

도함수를 구하는데 필요한 기본 성질을 알아보면 다음과 같다.

예를 들어, $y = x$, $y = x^2$, $y = x^3$, $y = x^4$, $\cdots$ 등의 도함수를

$$y = f(x) \implies y' = \lim_{\Delta x \to 0} \frac{f(x + \Delta x) - f(x)}{\Delta x}$$

에 의하여 각각 구하여 보면

$$y = x \implies y' = x^0$$

$$y = x^2 \implies y' = 2x^1$$

$$y = x^3 \implies y' = 3x^2$$

$$y = x^4 \implies y' = 4x^3$$

등과 같이 된다. 이때, 원함수와 도함수의 계수 및 지수를 비교해 보면

$$y = x^n \implies y' = nx^{n-1} \qquad (6\text{-}3)$$

과 같은 관계가 있음을 알 수 있다.

함수 $f(x)$와 $g(x)$의 도함수가 존재할 때 도함수를 구하는 기본공식은 다음과 같다.

① $f(x) = c$(상수)이면 ➡ $f'(x) = 0$

② $y = x^n$ (n 은 유리수)이면 ➡ $y' = nx^{n-1}$

③ $y = cf(x)$ (c 는 상수)이면 ➡ $y' = c \cdot f'\ x)$

④ $y = f(x) \pm g(x)$ 이면 ➡ $y' = f'(x) \pm g'(x)$ (복호동순)

⑤ $y = f(x) \cdot g(x)$ 이면 ➡ $y' = f'(x) \cdot g(x) + f(x) \cdot g'(x)$

⑥ $y = \dfrac{f(x)}{g(x)}$ $(g(x) \neq 0)$이면 ➡ $y' = \dfrac{f'(x)g(x) - f(x) \cdot g'(x)}{\{g(x)\}^2}$

예제 1

다음 함수를 미분하여라.

(1) $y = 2x^3 - 4x^2 + 5$ (2) $y = x^2(x-2)$

풀이 (1) $y' = (2x^3 - 4x^2 + 5)' = (2x^3)' - (4x^2)' + (5)'$

$= 2 \cdot (x^3)' - 4(x^2) + 0$

$= 2 \cdot 3x^{3-1} - 4 \cdot 2x^{2-1}$

$= 6x^2 - 8x$

(2) $y' = \{x^2(x-2)\}' = (x^2)' \cdot (x-2) + x^2 \cdot (x-2)'$

$= 2x(x-2) + x^2$

$= 3x^2 - 4x$

예제 2

곡선 $f(x) = (x^2-1)(x+2)$ 위에서 $x = 1$ 인 점에서의 접선의 기울기를 구하여라.

풀이 $f'(x) = \{(x^2-1)(x+2)\}'$

$= (x^2-1)'(x+2) + (x^2-1)(x+2)'$

$= 3x^2 + 4x - 1$

따라서, $x = 1$ 인 점에서의 접선의 기울기는

$$f(1) = 3 \times (1)^2 + 4 \times (1) - 1 = 6$$

2 합성함수의 미분법

함수 $y=(3x+1)^2$ 의 도함수는, 우변을 전개하여 다음과 같이 구할 수 있다.

$$y=9x^2+6x+1$$

$$\therefore \frac{dy}{dx}=18x+6=6(3x+1)$$

그러나 주어진 식을 일일이 전개하지 않고 직접 도함수를 구하는 방법을 알아보자.

함수 $y=(3x+1)^2$ 에서 $u=3x+1$ 로 놓으면 $y=u^2$ 이므로, 함수 $y=(3x+1)^2$ 은 다음과 같은 두 함수의 합성함수로 볼 수 있다.

$$y=u^2, \quad u=3x+1$$

이때 $y=u^2$ 에서 y 를 u 에 관하여 미분하고, $u=3x+1$ 에서 u 를 x 에 관하여 미분하여, 다음과 같이 구할 수 있다.

$$\frac{dy}{du}=2u, \quad \frac{du}{dx}=3$$

$$\therefore \frac{dy}{du}\cdot\frac{du}{dx}=2u\times 3=2(3x+1)\times 3=6(3x+1)$$

예제 3

다음 함수를 미분하여라.

(1) $y=(2x+1)^3$ (2) $y=(x^2+x+1)^5$

풀이 (1) $u=2x+1$ 로 놓으면 $y=u^3$ 이므로

$$\frac{dy}{du}=3u^2, \quad \frac{du}{dx}=2$$

$$\therefore \frac{dy}{dx}=\frac{dy}{du}\cdot\frac{du}{dx}=3u^2\cdot 2=3(2x+1)^2\cdot 2$$

$$=6(2x+1)^2$$

(2) $u=x^2+x+1$ 로 놓으면 $y=u^5$ 이므로

$$\frac{dy}{du}=5u^4, \quad \frac{du}{dx}=2x+1$$

$$\therefore \frac{dy}{dx} = \frac{dy}{du} \cdot \frac{du}{dx} = 5u^4 \cdot (2x+1)$$
$$= 5(x^2+x+1)^4 \cdot (2x+1)$$

예제 4

$y = (x^3-1)^{100}$ 을 미분하여라.

풀이

$$y' = \frac{dy}{dx} = \frac{d}{dx}(x^3-1)^{100}$$
$$= 100(x^3-1)^{99}\frac{d}{dx}(x^3-1)$$
$$= 100(x^3-1)^{99} \cdot 3x^2$$
$$= 300x^2(x^3-1)^{99}$$

3 삼각함수의 미분

모든 실수 x 에 대하여

$$f(x) = \sin x$$

로 정의되는 함수를 취급할 경우, $\sin x$ 의 단위는 radian으로 주어지는 것으로 한다. 그리고 다른 삼각함수들($\cos x$, $\tan x$, $\operatorname{cosec} x$, $\sec x$, $\cot x$)에 대하여도 동일하게 취급한다. 이러한 함수들의 도함수를 계산하기 위하여 먼저 다음과 같은 삼각함수에 대한 극한을 구해야만 한다.

$$\text{①} \lim_{\theta \to 0} \sin\theta = 0$$
$$\text{②} \lim_{\theta \to 0} \cos\theta = 1 \qquad (6\text{-}4)$$
$$\text{③} \lim_{\theta \to 0} \frac{\sin\theta}{\theta} = 1$$

위의 삼각함수에 대한 극한과 삼각함수의 가법정리를 이용하여 삼각함수의 도함수를 구할 수 있다.

[참고] 삼각함수의 가법정리

$$\sin(A \pm B) = \sin A \cos B \pm \cos A \sin B$$

$$\cos(A \pm B) = \cos A \cos B \mp \sin A \sin B$$

$$\tan(A \pm B) = \frac{\tan A \pm \tan B}{1 \mp \tan A \tan B}$$

(1) $y = \sin x$ 의 도함수

$$y' = \lim_{\Delta x \to 0} \frac{f(x+\Delta x) - f(x)}{\Delta x} = \lim_{\Delta x \to 0} \frac{\sin(x+\Delta x) - \sin x}{\Delta x}$$

$$= \lim_{\Delta x \to 0} \frac{\sin x \ \cos\Delta x + \cos x \ \sin\Delta x - \sin x}{\Delta x}$$

$$= \lim_{\Delta x \to 0} \left[\sin x\left(\frac{\cos\Delta x - 1}{\Delta x}\right) + \cos x\left(\frac{\sin\Delta x}{\Delta x}\right)\right]$$

$$= \lim_{\Delta x \to 0} \sin x \cdot \lim_{\Delta x \to 0} \frac{\cos\Delta x - 1}{\Delta x} + \lim_{\Delta x \to 0} \cos x \cdot \lim_{\Delta x \to 0} \frac{\sin\Delta x}{\Delta x}$$

$$= \sin x \cdot 0 + \cos x \cdot 1$$

$$= \cos x$$

(2) $y = \cos x$ 의 도함수

$$y' = \lim_{\Delta x \to 0} \frac{f(x+\Delta x) - f(x)}{\Delta x} = \lim_{\Delta x \to 0} \frac{\cos(x+\Delta x) - \cos x}{\Delta x}$$

$$= \lim_{\Delta x \to 0} \frac{\cos x \ \cos\Delta x - \sin x \ \sin\Delta x - \cos x}{\Delta x}$$

$$= \lim_{\Delta x \to 0} \left[\cos x\left(\frac{\cos\Delta x - 1}{\Delta x}\right) - \sin x\left(\frac{\sin\Delta x}{\Delta x}\right)\right]$$

$$= \lim_{\Delta x \to 0} \cos x \cdot \lim_{\Delta x \to 0} \frac{\cos\Delta x - 1}{\Delta x} - \lim_{\Delta x \to 0} \sin x \cdot \lim_{\Delta x \to 0} \frac{\sin\Delta x}{\Delta x}$$

$$= \cos x \cdot 0 - \sin x \cdot 1$$

$$= -\sin x$$

(3) $y = \tan x$ 의 도함수

$$y' = (\tan x)' = \left(\frac{\sin x}{\cos x}\right)'$$

$$= \frac{\cos x \ \cos x - \sin x(-\sin x)}{\cos^2 x} = \frac{1}{\cos^2 x}$$

$$= \sec^2 x$$

예제 5

$y = x^2 \sin x$ 를 미분하여라.

풀이 $$y' = \frac{dy}{dx} = x^2 \frac{d}{dx}\sin x + \sin x \frac{d}{dx}(x^2)$$

$$= x^2 \cos x + 2x \sin x$$

4 지수함수의 미분

지수함수의 극한

$$① \lim_{x \to 0} \frac{\log(1+x)}{x} = 1$$

$$② \lim_{x \to 0} \frac{a^x - 1}{x} = \log a \qquad (6\text{-}5)$$

$$③ \lim_{x \to 0} \frac{e^x - 1}{x} = 1$$

증명 $$① \lim_{x \to 0} \frac{\log(1+x)}{x} = \lim_{x \to 0} \frac{1}{x}\log(1+x) = \lim_{x \to 0} \log(1+x)^{\frac{1}{x}}$$

$$= \log e = 1$$

$(\because \lim_{x \to 0} (1+x)^{\frac{1}{x}} = e$ [극한값 e 의 정의])

② $a^x - 1 = z$로 놓으면 $a^x = 1 + z$

$$\therefore x = \log_a(1+z)$$

또, $x \to 0$ 일 때 $z \to 0$ 이므로

$$\lim_{x \to 0} \frac{a^x - 1}{x} = \lim_{z \to 0} \frac{z}{\log_a(1+z)} = \lim_{z \to 0} \frac{1}{\frac{1}{z}\log_a(1+z)}$$

$$= \lim_{z \to 0} \frac{1}{\log_a(1+z)^{\frac{1}{z}}} = \frac{1}{\log_a e}$$

$$= \log_e a = \log a$$

③ $e^x - 1 = z$ 로 놓으면 $e^x = 1 + z$

$$\therefore x = \log_e(1+z)$$

또, $x \to 0$ 일 때, $z \to 0$ 이므로

$$\lim_{x \to 0} \frac{e^x - 1}{x} = \lim_{z \to 0} \frac{z}{\log_e(1+z)} = \lim_{z \to 0} \frac{1}{\frac{1}{z}\log_e(1+z)}$$

$$= \lim_{z \to 0} \frac{1}{\log_e(1+z)^{\frac{1}{z}}} = \frac{1}{\log_e e} = 1$$

■

식(6-5)로부터 $y = e^x$, $y = a^x$ 의 도함수를 구할 수 있다.

① $y = e^x$ 의 도함수

$$y' = \lim_{\Delta x \to 0} \frac{e^{x+\Delta x} - e^x}{\Delta x} = \lim_{\Delta x \to 0} e^x \cdot \frac{e^{\Delta x} - 1}{\Delta x} = e^x$$

② $y = a^x$ 의 도함수

$$y' = \lim_{\Delta x \to 0} \frac{a^{x+\Delta x} - a^x}{\Delta x} = \lim_{\Delta x \to 0} a^x \cdot \frac{a^{\Delta x} - 1}{\Delta x} = a^x \log a$$

예제 7

다음 함수의 도함수를 구하여라.

(1) $y = 3e^x$ (2) $y = e^x \sin x$

풀이 (1) $y' = 3(e^x)' = 3e^x$

(2) $y' = (e^x)' \sin x + e^x (\sin x)'$

$= e^x \sin x + e^x \cos x$

$= e^x (\sin x + \cos x)$

5 대수함수의 미분

극한값 e 의 정의

$$\lim_{x \to 0} (1+x)^{\frac{1}{x}} = e \tag{6-6}$$

을 이용하여 $y = \log x$, $y = \log_a x$ 의 도함수를 구할 수 있다.

① $y = \log x$ 의 도함수

$$y' = \lim_{\Delta x \to 0} \frac{\log(x+\Delta x) - \log x}{\Delta x} = \lim_{\Delta x \to 0} \frac{1}{\Delta x} \log \frac{x+\Delta x}{x}$$

$$= \lim_{\Delta x \to 0} \log\left(1+\frac{\Delta x}{x}\right)^{\frac{1}{\Delta x}} = \lim_{\Delta x \to 0} \log\left(1+\frac{\Delta x}{x}\right)^{\frac{x}{\Delta x}\cdot\frac{1}{x}}$$

$$= \log_e{}^{\frac{1}{x}} = \frac{1}{x}\log e = \frac{1}{x}$$

② $y = \log_a x$ 의 도함수

$$y' = \lim_{\Delta x \to 0} \frac{\log_a(x+\Delta x) - \log_a x}{\Delta x} = \lim_{\Delta x \to 0} \frac{1}{\Delta x} \log_a \frac{x+\Delta x}{x}$$

$$= \lim_{\Delta x \to 0} \log_a\left(1+\frac{\Delta x}{x}\right)^{\frac{1}{\Delta x}} = \lim_{\Delta x \to 0} \log_a\left(1+\frac{\Delta x}{x}\right)^{\frac{x}{\Delta x}\cdot\frac{1}{x}}$$

$$= \log_a e^{\frac{1}{x}} = \frac{1}{x}\log_a e = \frac{1}{x}\cdot\frac{1}{\log a}$$

예제 8

다음 함수의 도함수를 구하여라.

(1) $y = \log x + x$ (2) $y = x \log x - x$

(3) $y = e^{x} \log x$

풀이 (1) $y' = \dfrac{1}{x} + 1$

(2) $$\begin{aligned} y' &= (x)' \log x + x (\log x)' - 1 \\ &= \log x + x \cdot \frac{1}{x} - 1 \\ &= \log x \end{aligned}$$

(3) $$\begin{aligned} y' &= (e^{x})' \log x + e^{x} (\log x)' \\ &= e^{x} \log x + e^{x} \cdot \frac{1}{x} \end{aligned}$$

6.3 | 미분방정식

도함수를 갖는 방정식을 **미분방정식**(differential equation)이라 한다. 예를 들면 다음과 같다.

$$x + y \frac{dy}{dx} = 0 \tag{6-7}$$

$$(y + z) dx + (z + x) dy + (x + y) dz = 0 \tag{6-8}$$

$$y \frac{\partial z}{\partial x} + x \frac{\partial z}{\partial y} = x \tag{6-9}$$

이들 예에서 $y = y(x)$를 **미지함수**, x를 **독립변수**라고 부른다. 식(6-7)과 같이 미분방정식에 나타나는 함수가 하나의 독립변수에 종속하면 그 방정식을 **상 미분방정식**이라 하고, 식(6-8)과 같이 몇 개의 변수가 있을 때 어떤 것을 독립변수, 어떤 것을 종속변수라고 구별하지 않고 다만 변수와 그 미분 사이의 관계가 주어진 방정식을 **완전 미분방정식**이라 하며, 식(6-9)와 같이 방정식 속에 2개 이상의 독립변수에 관한 미지함수의 편미분을 갖는 미분방정식을 **편 미분방정식**이라 부른다.

미분방정식에 나타나는 도함수의 계수의 최대치가 n 이면 그 미분방정식을 **n 계 미분방정식**이라 부른다.

또 미분방정식이 미지함수 y 및 그 도함수에 관한 유리정식인 경우에 최고계의 도함수의 차수를 그 미분방정식의 **차수**(degree)라 한다. 특히 미지함수 y 및 그 도함수 y', y'', y''', … 등에 관하여 1차인 미분방정식을 **선형**이라고 한다.

6.4 | 미분방정식과 해

미분방정식과 그 해의 관계를 알아보기 위해

$$x + y\frac{dy}{dx} = 0 \tag{6-10}$$

와 같은 미분방정식에서 이것을 만족하는 x 와 y 사이의 관계식으로서 도함수를 갖지 않는 것을 구하여 보자.

우선 식(6-10)을 번형하면

$$2x + 2y\frac{dy}{dx} = 0 \tag{6-11}$$

따라서

$$\frac{dy}{dx}(x^2 + y^2) = 0$$

이 된다. 이것은 (x^2+y^2) 이 하나의 상수와 같음을 나타내고 있다. 그런데 (x^2+y^2) 은 언제나 양수(+)이므로 이 상수를 c^2 이라 두면

$$x^2 + y^2 = c^2 \tag{6-12}$$

이 된다. 이와 같이 1계미분방정식을 만족하는 도함수를 갖지 않는 관계식으로서 가장 일반적인 것은 하나의 임의의 상수를 갖는다는 것이 예상된다.

일반적으로 주어진 미분방정식을 만족하고 미지함수의 도함수를 갖지 않는 관계식 $F(x,\ y) = 0$ 을 그 미분방정식의 **해**라고 부르며, 해를 구하는 것을 미분방정식을 푼다고 한다.

그리고 n 계미분방정식은 본질적으로 n 개의 임의의 상수를 갖는 해가 있다. 이와 같은 해를 **일반해**라고 부르며, 또 그 n 개의 임의의 상수에 어떤 특수한 값을 대입하여 얻어지는 해를 **특수해**라 하며, 일반해 안에 있는 임의의 상수에 어떤 값을 대입하여도 얻을 수 없는 해가 있으면 이것을 **특이해**라고 부른다.

6.5 | 초기조건

어떤 미분방정식의 일반해가

$$F(x,\ y,\ c) = 0 \tag{6-13}$$

이고, 이때 $x = x_0$ 일 때, $y = y_0$ 가 되는 특수해를 구하여 보자. 우선 식(6-13)에 $x = x_0$, $y = y_0$ 를 대입하여

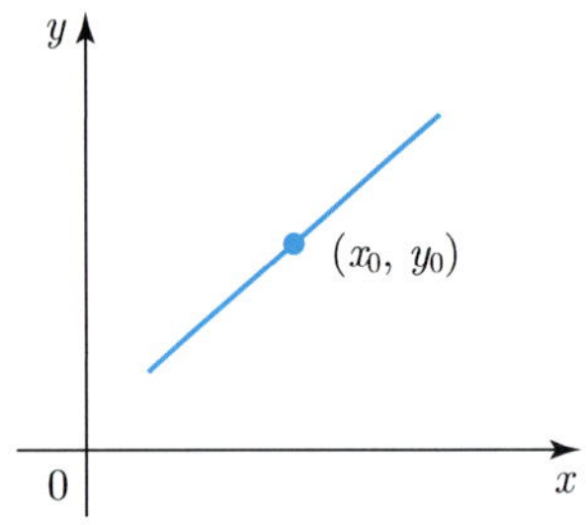

그림 6.4

$$F(x_0,\ y_0,\ c) = 0 \tag{6-14}$$

이것을 c 에 대해서 풀어서 $c = c_0$ 를 얻었다 하면 이 $c = c_0$ 를 식(6-13)에 대입하여 특수해

$$F(x,\ y,\ c_0) = 0 \tag{6-15}$$

를 구할 수 있다. 위와 같이 하여 특수해 (6-15)를 구하는 것을 **초기조건**$(x = x_0,\ y = y_0)$ 하에서 주어진 미분방정식을 푼다고 한다. 기하학적으로 말하면 사실은 특별한 점$(x_0,\ y_0)$를 지나는 특정한 곡선을 구하는 것이 된다.

예제 1

미분방정식 $2xy' - y = 0$ 의 일반해는 $y^2 = cx$ 이다. 이 미분방정식의 초기조건이 $x = 1$, $y = 4$ 일 때 미분방정식을 풀어라.

풀이 일반해 $y^2 = cx$ 에 초기조건 $x = 1$, $y = 4$ 를 대입하여

$$4^2 = c \times 1$$

따라서 $c = 16$, 이것을 $y^2 = cx$ 에 대입하여 구하는 특수해는

$$y^2 = 16x$$

6.6 | 1계 미분방정식

1 변수분리형

1계 미분방정식

$$\frac{dy}{dx} = f(x) \cdot g(y) \tag{6-16}$$

인 형일 때, 즉 그 우변이 x 만의 함수 $f(x)$ 와 y 만의 함수 $g(y)$ 와의 곱으로 된 형일 때 이것을 **변수분리형**이라 한다.

만약 $g(y) \neq 0$ 이면, 식(6-16)의 양변을 $g(y)$ 로서 나누어

$$\frac{1}{g(y)} \cdot \frac{dy}{dx} = f(x) \tag{6-17}$$

로 변형되며, 이 양변을 x 로 적분하여

$$\int \frac{1}{g(y)} \cdot \frac{dy}{dx} dx = \int f(x) dx + c \tag{6-18}$$

여기서 c 는 임의의 상수이다. 따라서

$$\int \frac{1}{g(y)} dy = \int f(x) dx + c \tag{6-19}$$

인 방정식을 얻을 수 있다. 이것이 구하는 일반해이다.

만약 $g(y)=0$가 되는 y의 값 $y=y_0$가 있으면, $y=y_0$를 주어진 미분방정식(6-16)의 양변에 대입하여

$$\frac{dy_0}{dx}=0$$

$$f(x)\cdot g(y_0)=0$$

그러므로

$$\frac{dy_0}{dx}=f(x)\cdot g(y_0) \tag{6-20}$$

가 되어 $y=y_0$도 하나의 해이다.

예제 1

$(1+x)\dfrac{dy}{dx}=1+y$를 풀어라.

풀이 주어진 미분방정식에서 변수분리형으로 정리하면

$$\frac{1}{1+y}dy=\frac{1}{1+x}dx$$

이것을 적분하면

$$\int\frac{1}{1+y}dy=\int\frac{1}{1+x}dx+c$$

$$\therefore\ \log(1+y)=\log(1+x)+c$$

2 동차형

미분방정식 $\dfrac{dy}{dx}=f(x,\ y)$에서 $f(x,\ y)$가 $\dfrac{y}{x}\left(\text{또는 }\dfrac{x}{y}\right)$만의 함수가 되어 있는 1계 미분방정식

$$\frac{dy}{dx}=f\left(\frac{y}{x}\right) \tag{6-21}$$

를 **동차형** 미분방정식이라 한다.

[정리 2] 동차형 미분방정식의 일반해

1계 동차형 미분방정식 $\dfrac{dy}{dx} = f\left(\dfrac{y}{x}\right)$ 는 변수변환

$$\frac{y}{x} = v, \quad \text{즉} \quad y = vx$$

에 의하여 변수분리형이 되고, 그 일반해는

$$x = ce^{\varphi(v)} \quad (c\text{ 는 임의의 상수})$$

로 주어진다. 여기서 $\varphi(v) = \displaystyle\int \frac{dv}{f(v) - v}$ 이다.

증명 $y = vx$ 라 두면

$$\frac{dy}{dx} = v + x\frac{dv}{dx} \tag{6-22}$$

식(6-22)를 방정식(6-21)에 대입하면

$$v + x\frac{dv}{dx} = f(v)$$

가 되므로

$$\frac{dv}{f(v) - v} = \frac{dx}{x} \tag{6-23}$$

로 되어 변수분리형이 된다. 일반해는 이를 적분하여

$$\log x = \int \frac{dv}{f(v) - v + c} \tag{6-24}$$

여기서 $\varphi(v) = \displaystyle\int \frac{dv}{f(v) - v}$ 라 두고, c 를 $\log c$ 로 바꾸어 쓰면

$$\log x = \varphi(v) + \log c$$

$$\log \frac{x}{c} = \varphi(v)$$

따라서 구하는 일반해는 다음과 같다.

$$x = ce^{\varphi(v)} \tag{6-25}$$

■

예제 2

$(x^2+y^2)\,dx-2xy\;dy=0$를 풀어라.

풀이 주어진 방정식에서

$$y=vx$$

라 두면

$$dy=v\,dx+x\,dv$$

가 되고, 이들을 주어진 방정식에 대입하여 변수분리하면

$$(x^2+v^2x^2)\,dx-2vx^2(v\,dx+x\,dv)\,z=0$$

$$\frac{dx}{x}-\frac{2v\,dv}{1-v^2}=0$$

이 식을 적분하면

$$\log x+\log(1-v^2)=\log c$$

$$x(1-v^2)=c$$

여기서 $v=\dfrac{y}{x}$ 로 환원하면

$$x\left(1-\frac{y^2}{x^2}\right)=c$$

$$\therefore\ x^2-y^2=cx$$

3 완전 미분방정식

임의의 1계 미분방정식을

$$P(x,\,y)\,dx+Q(x,\,y)\,dy=0 \qquad (6\text{-}26)$$

인 형으로 쓸 수 있다. 만약 이 방정식의 좌변이 그대로 x, y의 하나의 함수 $u(x,\,y)$의 전미분 du와 같을 때, 이를 **완전 미분방정식**이라 부른다.

방정식(6-26)이 완전 미분방정식이면

$$P(x,\,y)\,dx+Q(x,\,y)\,dy=\frac{\partial u}{\partial x}dx+\frac{\partial u}{\partial y}dy$$

가 되는 함수 $u(x, y)$가 있으므로 식(6-26)은 다음과 같이 된다.

$$du(x, y) = 0$$

따라서 완전 미분방정식

$$du(x, y) = P(x, y)dx + Q(x, y)dy = 0$$

의 일반해는

$$u(x, y) = c \tag{6-27}$$

[정리 3] 완전 미분방정식의 조건

$P(x, y)dx + Q(x, y)dy = 0$가 완전 미분방정식이 되기 위한 조건은 다음과 같다.

$$\frac{\partial P}{\partial y} = \frac{\partial Q}{\partial x}$$

증명 $Pdx + Qdy = 0$가 완전 미분방정식이면

$$Pdx + Qdy = \frac{\partial u}{\partial x}dx + \frac{\partial u}{\partial y}dy$$

로 쓸 수 있으므로

$$P = \frac{\partial u}{\partial x}, \quad Q = \frac{\partial u}{\partial y} \tag{6-28}$$

따라서

$$\frac{\partial P}{\partial y} = \frac{\partial^2 u}{\partial x \partial y}, \quad \frac{\partial Q}{\partial x} = \frac{\partial^2 u}{\partial x \partial y}$$

$$\therefore \frac{\partial P}{\partial y} = \frac{\partial Q}{\partial x}$$ ■

[정리 4] 완전 미분방정식의 일반해

$P(x, y)dx + Q(x, y)dy = 0$가 완전 미분방정식이면 그 일반해는 다음과 같다.

$$\int Pdx + \int \left[Q - \frac{\partial}{\partial y} \int Pdx \right] dy = c$$

증명 식(6-28)에서

$$\partial u = P dx, \quad u = \int P dx + f(y) \tag{6-29}$$

이며, $Q = \dfrac{\partial u}{\partial y}$ 에서

$$Q = \frac{\partial}{\partial y}\left[\int P dx + f(y)\right] = \frac{\partial}{\partial y}\int P dx + f'(y)$$

이므로 $f(x)$는 이 식을 적분하면

$$f(y) = \int\left[Q - \frac{\partial}{\partial y}\int P dx\right]dy + c$$

따라서 식(6-29)는 다음과 같이 되어 식(6-26)의 일반해이다.

$$u = \int P dx + \int\left[Q - \frac{\partial}{\partial y}\int P dx\right]dy = c \tag{6-30}$$

■

예제 4

$(x^3 + 2xy + y)dx + (y^3 + x^2 + x)dy = 0$ 를 풀어라.

풀이 위의 식을 $P dx + Q dy = 0$ 이라 두면,

$$P = x^3 + 2xy + y, \quad Q = y^3 + x^2 + x$$

이다.

$$\frac{\partial P}{\partial y} = 2x + 1 = \frac{\partial Q}{\partial x}$$

이므로 이것은 완전 미분방정식이다.

따라서 식(6-30)으로부터

$$\begin{aligned} u &= \int (x^3 + 2xy + y)dx + \int\left[(y^3 + x^2 + x) - \frac{\partial}{\partial y}\int (x^3 + 2xy + y)dx\right]dy \\ &= \frac{1}{4}x^4 + x^2y + xy + \int [y^3 + x^2 + x - (x^2 + x)]dy \\ &= \frac{1}{4}x^4 + x^2y + xy + \frac{1}{4}y^4 \end{aligned}$$

6.7 | 미분방정식의 응용

1 R-L 직렬회로에 직류전압을 인가한 경우

그림 6.5와 같이 저항 R과 자기인덕턴스 L을 직렬로 접속한 회로에 시간 $t=0$에 스위치를 닫아서 직류전압 E를 인가할 경우, 시간 $t=t$인 순간에 회로에 흐르고 있는 전류를 i라 하면,

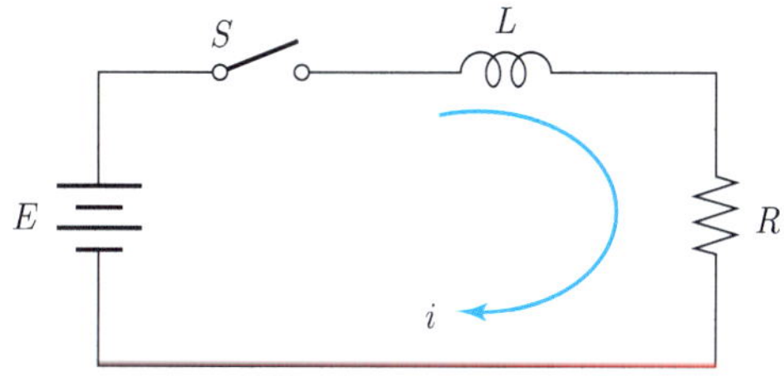

그림 6.5 $R-L$ 직렬회로

키르히호프의 법칙에 의해 다음의 전압방정식이 성립한다.

$$L\frac{di}{dt}+Ri=E \tag{6-31}$$

이 미분방정식은 선형 1계 미분방정식이며, 그 일반해 i는 보조해 i_t와 특별해 i_s와의 합으로 표시된다. 즉

$$i=i_t+i_s \tag{6-32}$$

특히 전기회로의 과도현상을 취급할 때는 이 보조해 i_t를 **과도항**, 특별해 i_s를 **정상항**이라 한다.

여기서 특별해 i_s는 정상전류이며 이 경우의 인가 기전력은 직류전압이므로 정상전류도 직류가 되어야 한다. 즉 i_s는 일정한 값이므로 이 관계를 식(6-31)에 적용하면

$$0+Ri_s=E$$

$$\therefore i_s=\frac{E}{R} \tag{6-33}$$

다음에 $E=0$로 했을 때의 보조해 i_t는 다음의 방정식을 만족한다.

$$L\frac{di_t}{dt} + Ri_t = 0 \tag{6-34}$$

변수분리하여

$$\frac{di_t}{i_t} = -\frac{R}{L}dt$$

양변을 적분하여

$$\log i_t = -\frac{R}{L}t + a \quad (a \text{는 적분정수})$$

이 식을 지수함수로 고쳐쓰면

$$i_t = Ae^{-\frac{R}{L}t} \tag{6-35}$$

가 얻어진다. 여기서 A는 적분정수 a의 역대수이나 적분정수는 임의의 값이므로 이 A를 적분정수라고 생각해도 된다.

그러므로 식(6-31)의 일반해는

$$i = \frac{E}{R} + Ae^{-\frac{R}{L}t} \tag{6-36}$$

가 된다.

적분정수 A는 초기조건에 의해 결정된다. 지금 $t = -0$ 즉 s를 닫기 직전에 회로전류 i를 0이라 하면, $t = +0$ 즉 s를 닫기 직후에도 i는 0이 되어야 한다. 왜냐하면 만일 i가 $t = -0$ 때의 0으로부터 $t = +0$일 때 어느 값으로 갑자기 증가하게 되면 $L\frac{di}{dt}$가 무한대로 되어 그 순간에 식(6-31)이 성립할 수 없게 되기 때문이다. 따라서 이 회로의 초기조건은

$$t = 0 \text{일 때 } i = 0 \tag{6-37}$$

이 초기조건을 식(6-36)에 대입하면

$$0 = \frac{E}{R} + A \qquad \therefore A = -\frac{E}{R} \tag{6-38}$$

이 적분정수를 식(6-36)에 대입하면

$$i = \frac{E}{R}(1 - e^{-\frac{R}{L}t}) \tag{6-39}$$

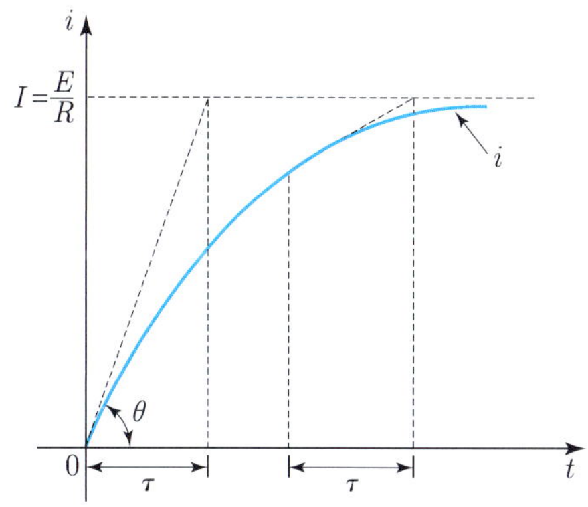

그림 6.6 $R-L$ 회로의 전류의 시간적 변화

가 된다.

지금 전류 i 의 시간적 변화는 그림 6.6과 같이 0 으로부터 점차 증가하여 정상전류 $I=\dfrac{E}{R}$ 에 점근한다.

또 전류 i 의 곡선에 $t=0$ 에서 접선을 긋고 이것이 정상전류 $i=I$ 의 점근선과 교차하는 시각을 τ 라 한다.

우선 접선을 구하기 위해 식(6-39)를 미분하면

$$\frac{di}{dt}=\frac{E}{L}e^{-\frac{R}{L}t} \tag{6-40}$$

가 된다. 따라서 $t=0$ 에 대한 값은

$$\tan\theta=\left(\frac{di}{dt}\right)_{t=0}=\frac{E}{L} \tag{6-41}$$

그리고 그림 6.5에서 $\tan\theta=\dfrac{I}{\tau}$ 이므로 위의 식과 비교하면

$$\tau=\frac{L}{R} \tag{6-42}$$

이 τ 를 $R-L$ 회로의 **시정수**(time constant)라 하며, τ 의 역수 즉 $\alpha=\dfrac{1}{\tau}=\dfrac{R}{L}$ 를 **감쇠정수**(attenuation constant)라 한다.

식(6-42)에서 L 의 차원이 [V・s/A], R 의 차원이 [V/A]이므로, 시정수 τ 의 차원은 초[s]이다.

예제 2

$R-L$ 직렬회로에서 $R=10\ [\Omega]$, $L=5\ [\text{mH}]$일 때, 이 회로의 시정수를 구하여라.

$$\tau=\frac{L}{R}=\frac{5\times10^{-3}}{10}=5\times10^{-4}\ [\text{sec}]$$

2 R-L 직렬회로의 직류전압을 제거한 경우

그림 6.7과 같은 $R-L$ 직렬회로에 정상전류 I가 흐르고 있는 경우, $t=0$ 에서 스위치 s를 닫음과 동시에 스위치 s_1 을 열면 이 회로에 가해진 직류전압을 제거시키게 되므로 이 회로의 전류 i 는 점차 감소한다.

이 경우의 전압방정식은

$$L\frac{di}{dt}+Ri=0$$

이 방정식의 일반해는 정상항이 0 이 되어 과도항만으로 이루어진다. 따라서 식(6-35)와 마찬가지로

$$i=Ae^{-\frac{R}{L}t} \tag{6-43}$$

가 된다. 적분함수 A 를 결정하는 초기조건은

$$t=0 \text{ 에서} \quad i=I$$

이므로

$$A=I$$

따라서

$$i=Ie^{-\frac{R}{L}t} \tag{6-44}$$

가 된다. 이 전류의 시간적 변화는 그림 6.8과 같으며, $t=0$ 에 있어서의 전류곡선에 대한 접선이 횡축과 교차하는 점까지의 시간 τ 는 이 경우의 시정수 $\dfrac{L}{R}$ 가 된다.

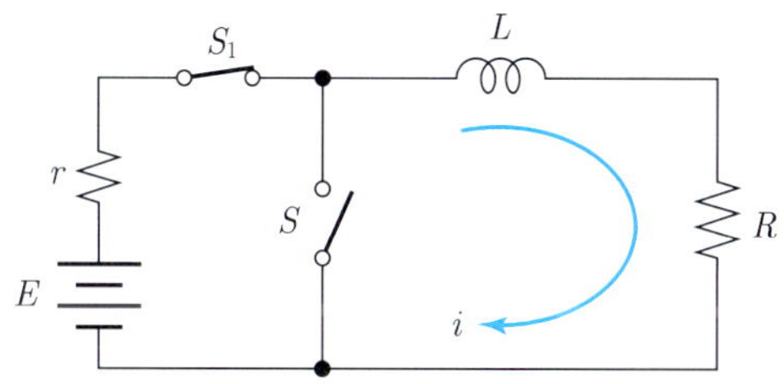

그림 6.7 $R-L$ 직렬회로

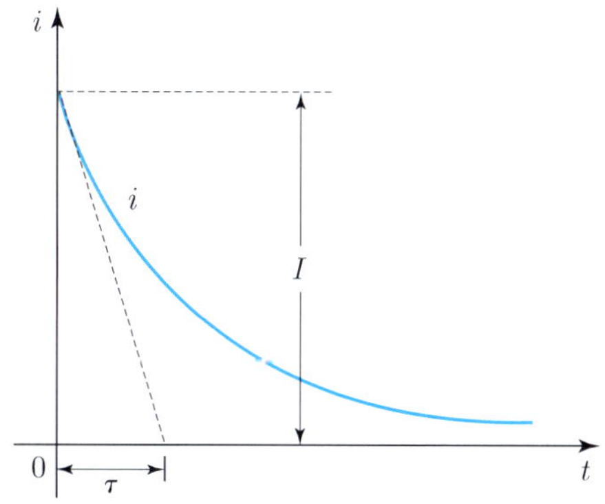

그림 6.8 $R-L$ 직렬회로의 i 의 시간적 변화

3 R-C 직렬회로에 전류전압을 인가한 경우(충전)

그림 6.9와 같이 저항 R 과 커패시터 C 의 직렬회로에 시간 $t=0$ 에 스위치 s 를 닫아서 직류전압 E 를 인가한 경우

전압방정식은

$$R\,i+\frac{1}{C}\int i\,dt=E \tag{6-45}$$

가 된다. 이 방정식을 전하 q 로 나타내면

$$R\frac{dq}{dt}+\frac{1}{C}q=E \tag{6-46}$$

이 방정식의 일반해는 q 는 전하의 정상항 q_s 와 과도항 q_t 의 합으로 나타난다. 즉

$$q=q_s+q_t \tag{6-47}$$

그러므로 정상항 q_s 는 식(6-33)과 마찬가지로

$$q_s=CE \tag{6-48}$$

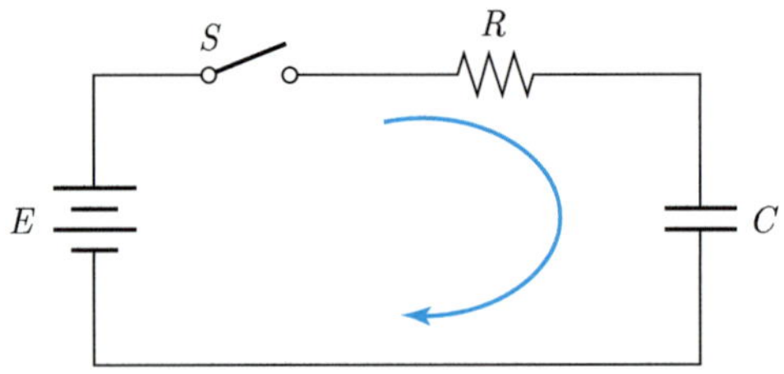

그림 6.9 $R-C$직렬회로

또 과도항 q_t 는 식(6-46)의 우변을 0 으로 하면 미분방정식의 해가 되므로 식(6-35)와 마찬가지로

$$q_t = Ae^{-\frac{1}{RC}t} \tag{6-49}$$

따라서

$$q = CE + Ae^{-\frac{1}{RC}t} \tag{6-50}$$

이 식에서 적분정수 A 를 결정하는 초기조건은

$$t = 0 \text{ 에서 } q = 0$$

이므로

$$CE + A = 0$$

$$\therefore A = -CE$$

가 된다. 이것을 식(6-50)에 대입하면 다음과 같이 된다.

$$q = CE(1 - e^{-\frac{1}{RC}t}) \tag{6-51}$$

이 때의 전하 q 는 그림 6.10과 같이 점차 증가하여 $t = \infty$ 에서 q 의 정상치 CE 가 된다.

전류 i 는 식(6-51)을 미분하여

$$i = \frac{dq}{dt} = \frac{E}{R}e^{-\frac{1}{RC}t} = Ie^{-\frac{1}{RC}t} \tag{6-52}$$

가 되고, 전류의 시간적변화는 그림 6.11과 같이 시간이 경과함에 따라 0 으로 접근한다.

그림 6.9에서 전하 q 의 곡선에 $t = 0$ 에서 그린 접선이 횡축과 교차하는 시각 τ 가 시정수이므로

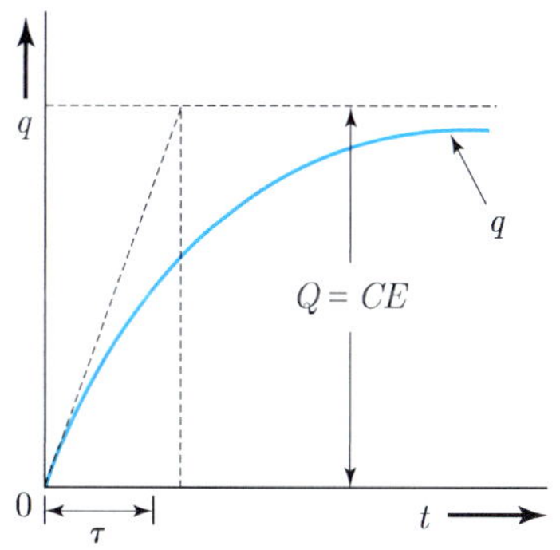

그림 6.10 $R-C$ 회로의 q 의 시간적 변화

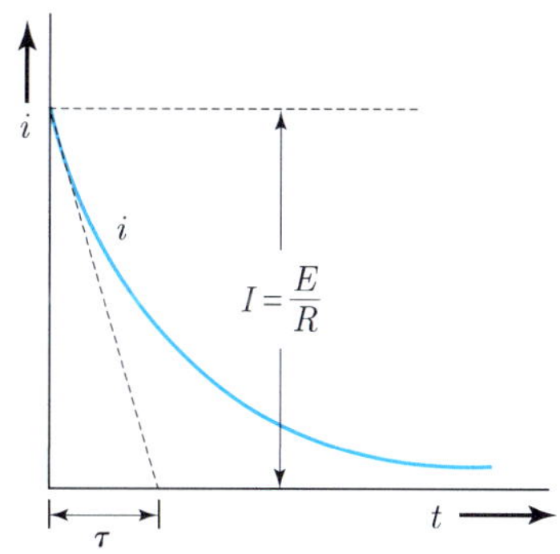

그림 6.11 $R-C$ 회로의 i 의 시간적 변화

$$\tan\theta = \left(\frac{dq}{dt}\right)_{t=0} = \frac{E}{R} = \frac{CE}{\tau}$$

$$\therefore \tau = RC \tag{6-53}$$

이 때의 저항 R 의 단자전압 V_R 과 커패시터 C 의 단자전압 V_c 는 식(6-51)과 식(6-52)에서 다음과 같이 된다.

$$\begin{cases} V_R = Ri = Ee^{-\frac{1}{RC}t} \\ V_C = \dfrac{q}{C} = E(1-e^{-\frac{1}{RC}t}) \end{cases} \tag{6-54}$$

이것을 그림으로 나타낸 것이 그림 6.12이다. 이 그림으로부터 $V_R + V_C$ 는 t 에 관계없이 항상 E 가 되는 것을 알 수 있다.

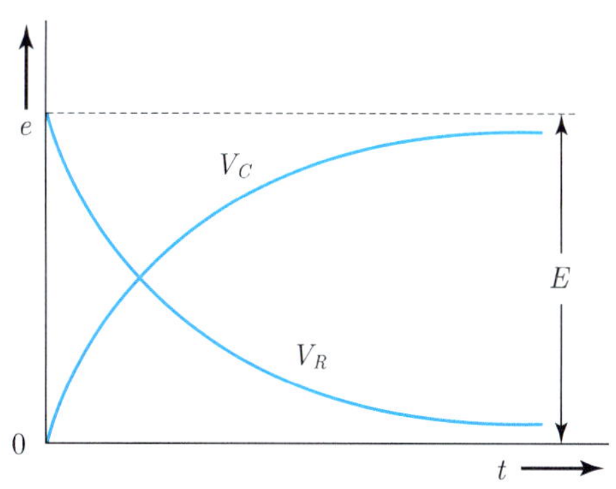

그림 6.12 $R-C$ 회로의 단자전압

4 R-C 직렬회로의 직류전압을 제거하는 경우(방전)

그림 6.13과 같이 이미 전압 E로 충전되어 있는 커패시터를 저항 R을 통하여 방전시킬 경우

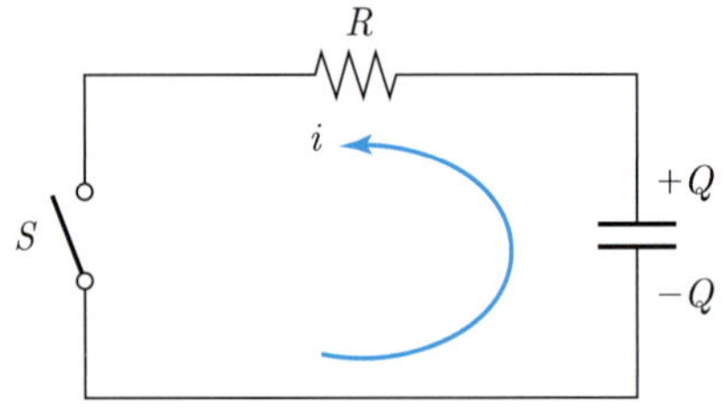

그림 6.13 $R-C$ 직렬회로

전압방정식은

$$R\frac{dq}{dt}+\frac{1}{C}q=0 \tag{6-55}$$

$$\left(\text{또는}\quad Ri+\frac{1}{C}\int i\,dt=0\right)$$

가 된다. 이 회로에서는 전하의 정상항 $q_s=0$이므로 일반해는 식(6-35)와 마찬가지로

$$q=A\,e^{-\frac{1}{RC}t} \tag{6-56}$$

가 되고, 적분정수 A는 초기조건이

$$t=0\text{에서}\quad q=CE$$

이므로

$$A=CE$$

따라서 식(6-56)은

$$q=CE\,e^{-\frac{1}{RC}t} \tag{6-57}$$

여기서 전류 i는

$$i=\frac{dq}{dt}=-\frac{E}{R}\,e^{-\frac{1}{RC}t} \tag{6-58}$$

$t=0$일 때의 C의 단자전압은 E이므로 커패시터의 충전 전하량은 $Q=CE$이고,

$\frac{E}{R} = I$ 라 하면 식(6-58)은 다음과 같이 된다.

$$i = -Ie^{-\frac{1}{RC}t} \tag{6-59}$$

이 때의 q 및 i 의 시간적 변화는 그림 6.14와 같다.

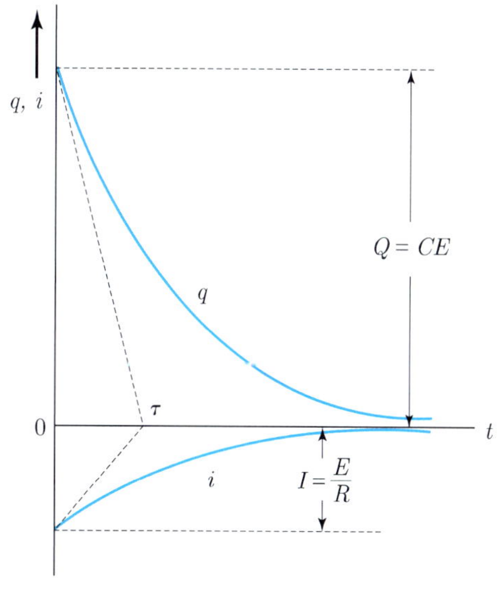

그림 6.14 C의 방전시 q 및 i 의 시간적 변화

연습문제 06

1. 다음 각 함수의 지정된 구간에서의 평균 변화율을 구하여라.

(1) $f(x) = 2x + 1 \quad [3,\ 5]$　　(2) $f(x) = \sqrt{x} \quad [4,\ 9]$

2. 다음 각 함수의 $x = 1$ 에서의 미분계수를 구하여라.

(1) $y = 2x^3$　　(2) $y = \dfrac{1}{x}$

3. 함수 $f(x) = x^3$ 의 도함수를 구하고, $x = 2$ 에서 미분계수를 구하여라.

4. 다음 각 함수의 도함수를 구하여라.

(1) $y = x$　　(2) $y = x^2$　　(3) $y = \dfrac{1}{x}$

(4) $y = \dfrac{1}{x^2}$　　(5) $y = \sqrt{x}$

5. 다음 각 함수의 도함수를 구하여라.

(1) $y = (2x + 1)^3$　　(2) $y = \sqrt{2x + 1}$

6. 다음 각 함수를 미분하여라.

(1) $y = \cos x + 2\sin x$　　(2) $y = \sin^2 x$

7. 다음 각 함수의 도함수를 구하여라.

(1) $y = x e^x$　　(2) $y = \dfrac{e^x}{e^x + 1}$

8. 다음 각 함수의 도함수를 구하여라.

(1) $y = \log(-x)$　　(2) $y = (\log x)^2$

9. 5 [μF]의 커패시터에 1000 [V]로 충전한 후 10^6 [Ω]인 저항을 통하여 방전시킬 때 커패시터의 전압이 $\dfrac{1}{e}$ 되는 시간을 구하여라.

10. 저항 20 [Ω], 자기 인덕턴스 100 [H]의 직렬회로에 100 [V]의 직류 전압을 인가할 때 스위치를 닫고서 몇 초 후에 전류는 최종 값의 90 [%]에 도달하는가?

11. $L-C$ 직렬회로에 직류 기전력 E를 $t=0$에서 갑자기 인가할 때 C에 걸리는 최대 전압은 몇 [V]인가?

12. 저항 $R=4$ [Ω], 인덕턴스 $L=2$ [H]의 직렬회로에 직류전압 12 [V]를 갑자기 가할 때 스위치를 닫고서 1초 후의 전류는 몇 [A]인가?

7장

적분

학습목표

- 부정적분의 정의를 이해할 수 있다.
- 치환적분법과 부분 적분법을 이해할 수 있다.
- 정적분의 정의와 성질을 이해할 수 있다.
- 다양한 함수에 대하여 적분할 수 있다.

" 기계를 사용해 계산했더라면
어느 누구라도 문제없이 해냈을 일에
노예처럼 많은 시간을 허비하는 것은
쓸데없는 짓이다. "

라이프니츠
(Gottfried Wilhelm Leibniz, 1645~1716)

독일의 수학자. 아리스토텔레스에게 견줄 만큼 폭넓은 연구를 한 학자이다. 20세 때에 법학 박사가 되었다. 외교관으로서 파리에 지내면서 호이겐스에게 수학을 배웠으며, 데카르트나 파르멜의 책을 열심히 읽었다. 라이프니츠는 1673년과 1676년 사이에 미분적분학을 고안하였다. 그가 카발리에리의 불가분량의 합(Sum)을 나타내는 라틴어의 첫 문자를 따서 S를 길게 늘인 문자를 현대 적분기호로 처음 사용한 것은 1675년 10월 29일이었다. 그의 공책에는 오늘날 우리가 사용하고 있는 $\int f(x)\,dx$와 같은 미분과 도함수 표기법이 남겨져 있다. 미분학에 관한 최초 논문은 1684년이 되어서야 발간되었다. 1686년에는 어떠한 양을 계산으로 정확히 알아낼 수 있게 되어 곡선의 성질이나 도형의 넓이를 쉽게 구할 수 있었고, 물리학이나 천문학의 발전에 새로운 영향을 미쳤다. 수학에서 뉴턴과는 별개로 미적분학의 방법을 창안하였고 물리학에서는 에너지 보존의 법칙을 예견했다. 또 지질학, 생물학, 역사학에 대해서도 연구했다. 베를린 학사원을 만들고 유럽 각지에도 학사원을 세울 것을 장려하여 학문의 발전에 힘썼다.

적분 (integral / integration)은 미적분학의 가장 중요한 연산 중의 하나로서 일변수 함수의 적분은 넓이와 부피를 계산하는 데 사용된다. 또한 두 개 이상의 변수를 가진 함수의 정적분과 곡선 위의 선적분, 곡면 위의 면적분 역시 여러 과학 분야에서 유용하게 사용되고 있다.

이 장에서는 부정적분과 정적분의 정의를 학습하고, 다양한 함수에 대한 적분법을 학습한다.

7.1 | 부정적분

1 부정적분의 정의

미분은 주어진 함수의 도함수(미분계수)를 구하는 것이지만 적분은 반대로 도함수가 주어지고 그 원래의 함수를 구하는 것이다.

함수 $F(x)$ 의 도함수가 $f(x)$ 일 때, $F(x)$ 를 $f(x)$ 의 **부정적분**(indefinite integral) 또는 **원시함수**라 하고, $F(x)=\int f(x)\,dx$ 라고 적는다.

예를 들어, $f(x)=x^3$ 의 도함수를 구하면 $f'(x)=3x^2$ 이 되며, 이것을 "x^3 의 도함수는 $3x^2$ 이다"라고 말한다. 이제 역으로 도함수가 $3x^2$ 일 때, 원래의 함수는 x^3 임을 알 수 있다. 이것을 "$3x^2$ 의 부정적분(원시함수)는 x^3 이다"라고 말한다. 그런데 x^3-2, x^3+1, x^3+7, ⋯ 등의 도함수도 모두 $3x^2$ 이 되므로, $3x^2$ 의 부정적분(원시함수)은 x^3+c 의 형태로 나타내어진다. 이것을

$$\int f(x)\,dx = F(x)+c \qquad (c\text{는 임의의 상수}) \tag{7-1}$$

로 나타낸다. 즉,

$$F'(x)=f(x) \quad \leftrightarrow \quad \int f(x)\,dx = F(x)+c$$

여기서 c 를 **적분상수**, 함수 $f(x)$ 를 **피적분함수**, x 를 **적분변수**라 하고, $f(x)$ 의 부정적분을

구하는 것을 "$f(x)$를 **적분한다**(integrate)"라고 한다.

[참고] 적분기호

적분기호 $\int$은 Sum의 머리글자 S를 길게 늘어뜨린 것으로 적분 또는 인테그랄(integral)이라고 읽는다. 그리고 dx는 x에 대하여 적분한다는 뜻이다.

2 부정적분의 기본공식

적분은 미분의 역연산이므로 미분법의 기본공식으로부터 다음과 같은 부정적분의 기본공식을 얻을 수 있다.

① $\int k\,dx = kx + c \quad (k$는 상수)

② $\int x^n\,dx = \frac{1}{n+1}x^{n+1} + c \quad (n$은 유리수, $n \neq -1)$

특히, $n = -1$일 때에는 $\int \frac{1}{x}\,dx = \log|x| + c$

③ $\int kf(x)\,dx = k\int f(x)\,dx \quad (k$는 상수)

④ $\int [f(x) \pm g(x)]\,dx = \int f(x)\,dx \pm \int g(x)\,dx \quad$ (복호동순)

예제 1

다음 함수들의 부정적분을 구하여라.

(1) $f(x) = 3$

(2) $f(x) = x^3$

(3) $f(x) = 5x^4$

풀이 (1) $\int f(x)\,dx = \int 3dx = 3x + c$

(2) $\int f(x)\,dx = \int x^3\,dx = \frac{1}{3+1}x^{3+1} + c = \frac{1}{4}x^4 + c$

(3) $\int f(x)\,dx = \int 5x^4dx = 5\int x^4dx = 5\left(\frac{1}{4+1}x^{4+1} + c_1\right) = x^5 + c$

3 삼각함수의 부정적분

삼각함수의 미분법에서 다음과 같이 됨을 알 수 있었다.

$$(\sin x)' = \cos x, \qquad (\cos x)' = -\sin x$$

$$(\tan x)' = \sec^2 x, \qquad (\cot x)' = -\operatorname{cosec}^2 x$$

$$(\sec x)' = \tan x \sec x, \qquad (\operatorname{cosec} x)' = -\cot x \operatorname{cosec} x$$

이 미분법의 역연산으로부터 삼각함수의 부정적분을 알 수 있다.

① $\int \cos x\, dx = \sin x + c$

② $\int \sin x\, dx = -\cos x + c$

③ $\int \sec^2 x\, dx = \tan x + c$

④ $\int \operatorname{cosec}^2 x\, dx = -\cot x + c$

⑤ $\int \tan x \sec x\, dx = \sec x + c$

⑥ $\int \cot x \operatorname{cosec} x\, dx = -\operatorname{cosec} x + c$

예제 2

다음 부정적분을 구하여라.

(1) $\int (\sin x + 2\cos x)\, dx$

(2) $\int \tan^2 x\, dx$

풀이 (1) $\int (\sin x + 2\cos x)\, dx = -\cos x + 2\sin x + c$

(2) $\int \tan^2 x\, dx = \int (\sec^2 x - 1)\, dx = \tan x - x + c$

4 지수함수의 부정적분

지수함수의 미분법에서 다음과 같이 됨을 알 수 있었다.

$$(e^x)' = e^x, \qquad \left(\frac{a^x}{\log a}\right)' = a^x$$

이 미분법의 역연산으로부터 지수함수의 부정적분을 알 수 있다.

$$\int e^x \, dx = e^x + c$$

$$\int a^x \, dx = \frac{a^x}{\log a} + c \qquad (\text{단, } a > 0,\ a \neq 1)$$

예제 3

다음 부정적분을 구하여라.

(1) $\int (2x+1)^5 \, dx$ (2) $\int e^{2x+1} \, dx$

풀이 $2x+1 = t$ 로 놓으면 $x = \frac{1}{2}(t+1)$

양변을 t 에 관하여 미분하면 $\frac{dx}{dt} = \frac{1}{2}$ $\therefore dx = \frac{1}{2}dt$

(1) $\int (2x+1)^5 \, dx = \int t^5 \cdot \frac{1}{2}dt = \frac{1}{2}\int t^5 \, dt$

$= \frac{1}{2} \cdot \frac{1}{6}t^6 + c = \frac{1}{12}(2x+1)^6 + c$

(2) $\int e^{2x+1} dx = \int e^t \cdot \frac{1}{2}dt = \frac{1}{2}\int e^t dt = \frac{1}{2}e^t + c$

$= \frac{1}{2}e^{2x+1} + c$

7.2 | 치환적분법

함수가 둘 이상으로 합성된 경우의 미분은 합성함수의 미분법을 사용하는 것과 같이 합성함수의 적분에는 치환 적분법이 사용된다.

예를 들어 $y=(2x-1)^3$ 에 대하여 부정적분을 하는 경우에 변수 x 를 새로운 변수로 바꾸어보면 문제를 간편하게 풀 수가 있다. 즉, $2x-1=t$ 로 놓으면

$$\int (2x-1)^3\,dx = \int t^3\,dx$$

이 된다. 여기에서 t 와 x 가 서로 다른 변수이므로 직접 적분할 수 없다. 그러므로 $2x-1=t$ 로 치환할 때 dx 도 dt 를 써서 치환한 다음 적분해야만 한다. 즉

$2x-1=t$ 로 놓으면

$$x=\frac{1}{2}(t+1)$$

양변을 t 에 관하여 미분하면

$$\frac{dx}{dt}=\frac{1}{2}$$

따라서

$$\begin{aligned}\int (2x-1)^3\,dx &= \int\left((2x-1)^3\frac{dx}{dt}\right)dt = \int\left(t^3\times\frac{1}{2}\right)dt\\ &= \frac{1}{2}\times\frac{1}{4}t^4+c\\ &= \frac{1}{8}(2x-1)^4+c\end{aligned}$$

앞의 예로부터 다음과 같은 치환적분에 관한 공식을 얻을 수 있다.

$x=g(t)$ 라 할 때,

$$\int f(x)\,dx = \int\left(f(x)\frac{dx}{dt}\right)dt = \int f[g(t)]g'(t)\,dt \qquad (7\text{-}2)$$

7.3 | 부분 적분법

미분에서 두 함수의 곱에 대한 곱셈법칙에 대응하는 규칙을 적분에서는 부분 적분법이라고 한다.

만약 $f(x)$와 $g(x)$가 미분가능한 함수라면 두 함수의 곱셈법칙은

$$\frac{d}{dx}[f(x)g(x)] = f'(x)g(x) + f(x)g'(x)$$

이고, 양변을 부정적분하면

$$\int [f'(x)g(x) + f(x)g'(x)]\,dx = f(x)g(x)$$

혹은

$$\int f'(x)g(x)\,dx + \int f(x)g'(x)\,dx = f(x)g(x)$$

이 된다. 이 식을 다시 쓰면

$$\int f(x)g'(x)\,dx = f(x)g(x) - \int f'(x)g(x)\,dx \tag{7-3}$$

이 되고, 이 식을 부분 적분식이라고 한다.

여기에서 $f(x) = u,\ g(x) = v$ 라 하면

$$\int u'v\,dx = uv - \int uv'\,dx \tag{7-4}$$

이 된다. 이 공식을 이용하는 적분법을 **부분 적분법**이라 한다.

예제 1

$\int x\ \sin x\,dx$ 를 구하여라.

풀이 $f(x) = x,\ g'(x) = \sin x$ 라 놓으면

$$f'(x) = 1,\quad g(x) = -\cos x$$

가 된다.

따라서, 식(7-3)에 의하여

$$\begin{aligned}\int x\ \sin x\, dx &= f(x)g(x) - \int f'(x)g(x)\, dx \\ &= x(-\cos x) - \int (-\cos x)\, dx \\ &= -x\ \cos x + \int \cos x\, dx \\ &= -x\ \cos x + \sin x + c\end{aligned}$$

예제 2

$\int \log x\, dx$ 를 풀어라.

풀이 $u' = 1,\ v = \log x$ 라 놓으면

$$u = x,\ \ v' = \frac{1}{x}$$

이 되므로

식(7-4)에 의하여

$$\begin{aligned}\int \log x\, dx &= uv - \int uv'\, dx \\ &= x \log x - \int x \cdot \frac{1}{x}\, dx \\ &= x \log x - \int dx \\ &= x \log x - x + c\end{aligned}$$

7.4 | 정적분

1 정적분의 정의

그림 7.1과 같이 함수 $y = f(x)$가 폐구간 $[a,\ b]$에서 연속이며, $f(x) \geqq 0$일 때, 곡선 $y = f(x)$와 x축 및 두 직선 $(x = a,\ x = b)$으로 둘러싸인 도형의 넓이 S를 구해보면 다음과 같다.

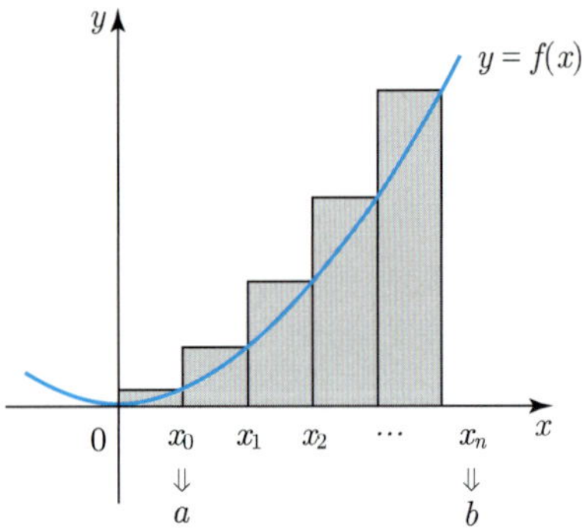

그림 7.1

① 구간 $[a,\ b]$를 n 등분하여 그 점을 각각 $x_0(=a),\ x_1,\ x_2,\ \cdots,\ x_{n-1},\ x_n(=b)$이라 하고, 그림 7.1과 같이 수직선을 세워 직사각형을 만든다.

② 이 직사각형들의 넓이의 합 S_n을 구한다.

밑변 : $\dfrac{b-a}{n} \equiv \Delta x$

높이 : $f(x_1),\ f(x_2),\ \cdots,\ f(x_{n-1}),\ f(x_n)$

$$\therefore\ S_n = f(x_1)\Delta x + f(x_2)\Delta x + \ \cdots\ + f(x_{n-1})\Delta x + f(x_n)\Delta x \ = \sum_{k=1}^{n} f(x_k)\Delta x$$

③ $n \to \infty$ 일 때, S_n의 극한값을 구한다. 즉

$$\lim_{n\to\infty} S_n = \lim_{n\to\infty}\sum_{k=1}^{n} f(x_k)\Delta x = [F(x)]_a^b = F(b) - F(a)$$

이것이 구하는 넓이 S이다.

일반적으로 함수 $f(x)$가 폐구간 $[a,\ b]$에서 연속일 때,

$$\lim_{n\to\infty}\sum_{k=1}^{n} f(x_k)\Delta x = [F(x)]_a^b = F(b) - F(a) \qquad (\text{단, } \Delta x = \frac{b-a}{n})$$

를 $f(x)$의 a에서 b까지의 **정적분**(definite integral)이라 하고,

$$\int_a^b f(x)\,dx$$

로 나타낸다. 즉

$$\int_a^b f(x)\,dx = \lim_{n \to \infty} \sum_{k=1}^{n} f(x_k)\Delta x = [F(x)]_a^b \tag{7-5}$$

여기서 b 를 **상한** 또는 **상한값**, a 를 **하한** 또는 **하한값**이라 하며, 양자를 총칭하여 **적분한계**라 한다.

예제 1

$y = 10$ 인 함수의 $x = 50$ 에서 $x = 100$ 까지의 정적분값을 구하여라.

풀이 $S = \int_{50}^{100} 10\,dx = 10\int_{50}^{100} dx = 10[x]_{50}^{100}$

$= 10(100-50) = 10 \times 50 = 500$

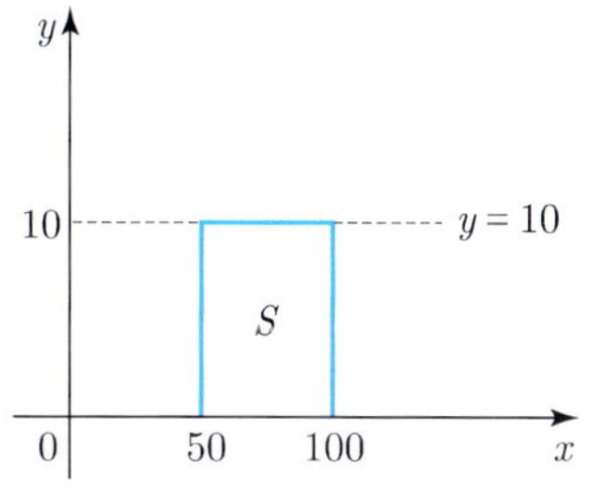

그림 7.2

예제 3

$y = x$ 인 함수의 $x = 0$ 에서 $x = 2$ 까지의 삼각형의 면적 S 를 구하여라.

풀이 $S = \int_0^2 x\,dx = \left[\frac{1}{2}x^2\right]_0^2 = \frac{1}{2}\times 2^2 - \frac{1}{2}\times 0^2 = 2 - 0 = 2$

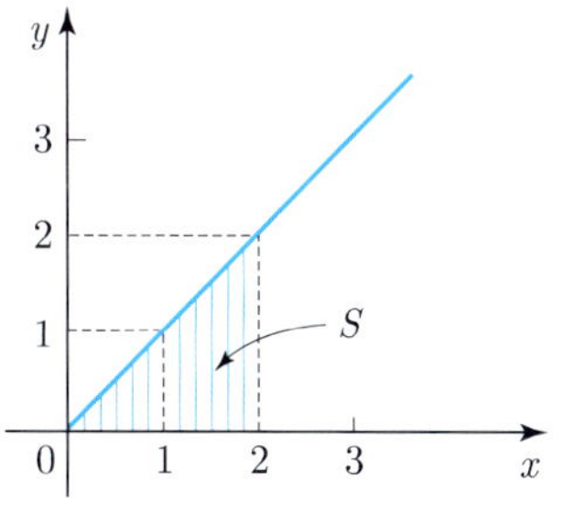

그림 7.3

2 정적분의 성질

연속인 함수의 정적분은 미분의 경우와 동일하게 다음과 같은 성질이 있다.

① 상수를 곱한 함수의 적분은 함수의 적분에 상수를 곱한 것과 같다.

$$\int_a^b kf(x)\,dx = k\int_a^b f(x)\,dx \quad (\text{단, } k\text{ 는 임의의 상수})$$

② 두 함수의 합의 적분은 각각의 적분의 합과 같다.

$$\int_a^b [f(x)+g(x)]\,dx = \int_a^b f(x)\,dx + \int_a^b g(x)\,dx$$

③ 적분의 상하한을 바꾸면 부호가 바뀐다.

$$\int_a^b f(x)\,dx = -\int_b^a f(x)\,dx$$

예제 3

다음의 정적분값을 구하여라.

(1) $\int_0^4 -x^2\,dx$

(2) $\int_1^2 \left(3-\frac{6}{x^2}\right)dx$

풀이 (1) $\int_0^4 -x^2\,dx = -\int_0^4 x^2\,dx = -\left[\frac{x^3}{3}\right]_0^4 = -\frac{64}{3}$

(2) $$\int_1^2 \left(3-\frac{6}{x^2}\right)dx = \int_1^2 3\,dx - \int_1^2 \frac{6}{x^2}\,dx$$

$$= [3x]_1^2 - \left[-\frac{6}{x}\right]_1^2$$

$$= 6-3+3-6=0$$

예제 4 사인파 교류의 평균값

순시값이 $i = I_m \cdot \sin\theta$ 인 사인파 교류의 평균값을 구하여라.

풀이 대칭파의 평균값은 1주기에 대해서 계산하면 0 이 되므로 반주기에 대하여 계산한다. 반파의 면적 S 는

$$S = \int_0^{\pi} I_m \sin\theta \, d\theta$$

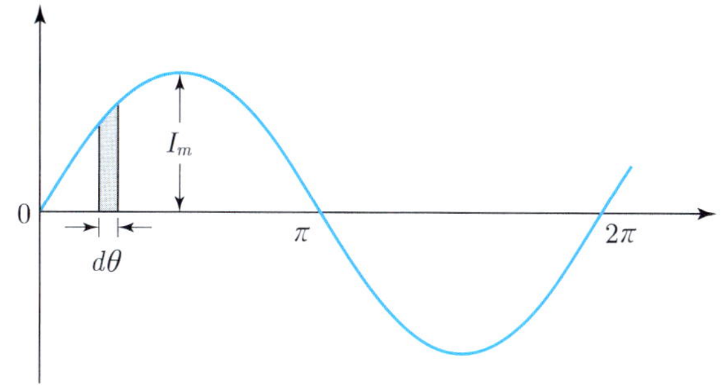

그림 7.4 사인파

평균값 I_a 는

$$I_a = \frac{S}{\pi} = \frac{1}{\pi}\int_0^{\pi} I_m \sin\theta \, d\theta$$

$$= \frac{I_m}{\pi}\int_0^{\pi} \sin\theta \, d\theta = \frac{I_m}{\pi}[-\cos\theta]_0^{\pi} = \frac{I_m}{\pi}(-\cos\pi + \cos 0)$$

$$= \frac{I_m}{\pi}[-(-1)+1] = \frac{I_m}{\pi} \times 2 = \frac{2}{\pi} I_m$$

연습문제 07

1. 다음 부정적분을 구하여라.

(1) $\int 3\,dx$ (2) $\int x\ dx$

2. 다음 부정적분을 구하여라.

(1) $\int (\sin x + 2\cos x)\,dx$ (2) $\int \tan^2 x\ dx$

3. 다음 부정적분을 구하여라.

(1) $\int e^{x+1}dx$ (2) $\int 10^{x+2}dx$

4. 다음 부정적분을 구하여라.

(1) $\int x\ e^x\ dx$ (2) $\int \log(x+1)\,dx$

5. 다음 부정적분을 구하여라.

(1) $\int (x^3+1)^2 \cdot 3x^2\,dx$ (2) $\int (e^x+1)^3\,e^x\,dx$

6. 다음 정적분을 구하여라.

(1) $\int_1^3 3x^2\,dx$ (2) $\int_0^1 \sqrt{x}\ dx$ (3) $\int_1^2 \frac{1}{x}\,dx$

(4) $\int_0^{\pi} \cos x\,dx$ (5) $\int_0^3 e^{-x}\,dx$

7. 다음 정적분의 값을 구하여라.

(1) $\int_0^1 (2x+3)\,dx$ (2) $\int_{-1}^1 (x^2+2x+1)dx$

8장

라플라스 변환

학습목표

- 라플라스 변환의 정의를 이해할 수 있다.
- 라플라스 변환의 미분과 적분을 이해할 수 있다.
- 각종 신호파형에 대한 라플라스 변환을 할 수 있다.
- 주기함수에 대한 라플라스 변환을 할 수 있다.

" 자연에 관한 모든 법칙은
약간의 수학법칙에 따른 것들이다. "

라플라스
(Pierre Simon Laplace, 1749~1827)

프랑스의 수학자 · 천문학자. 프랑스 노르망디의 가난한 농가에서 태어나 1765년 육군학교 위탁학생으로 있을 때부터 수학에 재능을 보였다. 18세에 파리로 떠나 육군사관학교의 교수가 되었고 36세에 파리 과학아카데미 회원으로 선출되었다. 같은 해 나폴레옹이 사관학교에 응시했을 때, 라플라스는 시험관이었다. 후에 정치활동도 하여 후작이 되었으나 정치가로서는 그다지 훌륭하다고 할 수 없었다. 그러나 수학적 물리학의 창시자의 한 사람으로 만유인력의 이론과 태양계에의 응용서인 〈천체 역학〉(5권, 1799~1825)은 그 후 1세기 동안 그 분야의 기초가 되었다. 그는 해와 지구와 달의 움직임을 한꺼번에 조사하였으며, 태양계는 맴돌고 있는 커다란 성운의 한쪽에 자리하고 있다는 성운설을 내놓았다. 그 밖에 미분방정식과 확률론 등의 분야에 큰 영향을 끼쳤는데 라플라스 변환, 라플라스 방정식 등에 대해서도 연구하였다.

라플라스(Laplace) 변환은 미분방정식의 해를 쉽게 구할 수 있으며, 회로의 과도상태 응답을 해석할 수 있게 하며, 회로의 주파수에 의한 정상상태 응답을 해석할 수 있게 해 준다.

이 장에서는 라플라스 변환의 정의와 라플라스 변환의 미분과 적분에 대하여 학습하고, 각종 신호파형과 주기함수에 대한 라플라스 변환에 대하여 학습한다.

8.1 | 라플라스 변환의 정의

라플라스 변환은 선형 상미분방정식의 해를 구하는데 쓰이는 수학적 방편이다. 선형 상미분방정식을 고전적인 해석법에 의하여 해를 구할 수도 있지만 입력함수가 불연속이거나 또는 불연속함수의 도함수일 경우에는 고전적인 해석법으로 해를 구하기가 어려우므로 라플라스 변환에 의하여 해를 구한다. 이러한 라플라스 변환에 의한 미분방정식의 해는 다음과 같이 3단계로 구해진다.

① 주어진 미분방정식을 라플라스 변환하여 대수방정식으로 바꾼다.
② 대수방정식의 해를 구한다.
③ 구한 해가 주어진 미분방정식의 해가 되도록 대수방정식의 해를 역 라플라스 변환한다.

그림 8.1은 라플라스 변환을 위한 흐름도를 나타낸 것이다.

$f(t)$를 모든 $t \geq 0$에 대해서 정의된 주어진 함수라 하자. $f(t)$에 e^{-st}를 곱하여 0에서 ∞까지 t에 적분한다. 이때 적분값이 존재하게 되면 그것은 s의 함수인

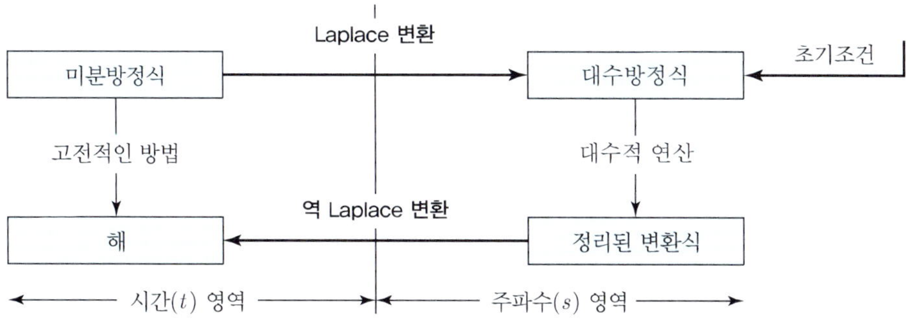

그림 8.1 라플라스 변환 흐름도

$$F(s) = \int_0^\infty e^{-st} f(t)\, dt$$

가 된다. 이 함수 $F(s)$를 원함수 $f(t)$의 **라플라스 변환**(Laplace transformation)이라 하며, $\mathcal{L}[f]$로 표시한다. 따라서

$$F(s) = \mathcal{L}[f] = \int_0^\infty e^{-st} f(t)\, dt \tag{8-1}$$

가 된다.

더욱이, 식(8-1)의 원함수 $f(t)$를 $F(s)$의 **역 라플라스 변환**(inverse Laplace transformation)이라 하고, $\mathcal{L}^{-1}[F(s)]$로 표시한다. 즉

$$f(t) = \mathcal{L}^{-1}[F(s)]$$

이다.

원함수는 소문자로, 그들의 변환은 대문자로 나타낸다. 즉 $F(s)$는 $f(t)$의 변환, $Y(s)$는 $y(t)$의 변환 등이다.

예제 1

함수 $f(t) = 1\,(t \geqq 0)$의 라플라스 변환 $F(s)$를 구하여라.

풀이 라플라스 변환의 정의 식(8-1)로부터

$$\mathcal{L}[f] = \mathcal{L}[1] = \int_0^\infty e^{-st} \cdot 1\, dt = -\frac{1}{s} e^{-st} \Big|_0^\infty = -\frac{1}{s}(e^{-\infty} - e^{-0})$$

을 얻는다. $s > 0$일 때,

$$\mathcal{L}[1] = \frac{1}{s}$$

식(8-1)에 표시된 적분구간은 무한이고, 이러한 적분을 **특이적분**(improper integral)이라고 부르며, 정의에 의해서

$$\int_0^\infty e^{-st} f(t) dt = \lim_{T \to \infty} \int_0^T e^{-st} f(t)\, dt$$

로 계산된다. 따라서 특이적분에 대한 표기는

$$\int_0^\infty e^{-st}dt = \lim_{T\to\infty}\left[-\frac{1}{s}e^{-st}\right]_0^T = \lim_{T\to\infty}\left[-\frac{1}{s}e^{-sT}+\frac{1}{s}e^0\right] = \frac{1}{s} \quad (s>0)$$

을 의미하고, 이 장 전체를 통하여 이 표기법을 쓰기로 한다.

예제 2

함수 $f(t)=e^{at}$ ($t \geq 0$, a는 상수)의 $\mathcal{L}[f]$를 구하여라.

풀이 라플라스 변환의 정의로부터

$$\mathcal{L}[e^{at}] = \int_0^\infty e^{-st}e^{at}dt = \lim_{T\to\infty}\int_0^T e^{-(s-a)t}dt$$

$$= \lim_{T\to\infty}\left[\frac{-1}{s-a}e^{-(s-a)t}\right]_0^T$$

$$= \lim_{T\to\infty}\left[-\frac{1}{s-a}e^{-(s-a)t}+\frac{1}{s-a}\right]$$

이고, $s-a>0$ 이면

$$\mathcal{L}[e^{at}] = \frac{1}{s-a}$$

[정리 1] 선형정리

라플라스 변환은 선형연산이다. 즉 시간함수의 합 또는 차의 라플라스 변환은 각 시간함수의 라플라스 변환의 합 또는 차와 같다.

$$\mathcal{L}[af(t)+bg(t)] = aF(s)+bG(s) \tag{8-2}$$

여기서 $F(s)$와 $G(s)$는 각각 $f(t)$와 $g(t)$의 라플라스 변환함수이다.

증명 라플라스 변환의 정의로부터

$$\mathcal{L}[af(t)+bg(t)] = \int_0^\infty e^{-st}[af(t)+bg(t)]\,dt$$

$$= a\int_0^\infty e^{-st}f(t)dt + b\int_0^\infty e^{-st}g(t)dt$$

$$= a\mathcal{L}[f(t)] + b\mathcal{L}[g(t)]$$

$$= aF(s)+bG(s)$$

■

예제 3

함수 $f(t) = \cosh at = (e^{at} + e^{-at})/2$ 의 $\mathcal{L}[f]$를 구하여라.

풀이 정리 1과 예제 2로부터

$$\mathcal{L}[\cosh at] = \mathcal{L}\left(\frac{1}{2}e^{at} + \frac{1}{2}e^{-at}\right) = \frac{1}{2}\mathcal{L}(e^{at}) + \frac{1}{2}\mathcal{L}(e^{-at})$$
$$= \frac{1}{2}\left(\frac{1}{s-a} + \frac{1}{s+a}\right)$$

이고 $s > a(\geqq 0)$ 일 때

$$\mathcal{L}[\cosh at] = \frac{s}{s^2 - a^2}$$

정리 2 비례정리

비례정리(scaling theorem)는 s 즉 주파수축의 변화와 t 즉 시간축의 변화의 비율을 관련지어 주는 정리이다. 축의 변화라 함은 s 혹은 t 변수에 정의 상수를 곱하는 것을 의미하며, 시간함수 $f(t)$ 에 대하여 새로운 함수 $f(t/t_0)$ 는 시간축이 변화된 것이다. 이에 대한 변환은 다음과 같다.

$$\mathcal{L}\left[f\left(\frac{t}{t_0}\right)\right] = t_0\, F(t_0 s) \tag{8-3}$$

증명 $\dfrac{t}{t_0} = \tau$ 라 두면 $t = t_0\tau,\ dt = t_0 d\tau$ 이므로

$$\mathcal{L}\left[f\left(\frac{t}{t_0}\right)\right] = \int_0^\infty e^{-st_0\tau} f(\tau)\, t_0\, d\tau$$
$$= t_0\int_0^\infty e^{-st_0\tau} f(\tau)\, d\tau$$
$$= t_0\, F(t_0 s)$$

■

표 8-1은 몇 개의 중요한 기초적인 함수와 그들의 라플라스 변환을 나타낸 것이다.

표 8.1 기초적인 함수의 라플라스 변환표

번 호	$f(t)$	$F(s)$	번 호	$f(t)$	$F(s)$
1	1	$1/s$	6	e^{-at}	$\dfrac{1}{s+a}$
2	t	$1/s^2$	7	$\cos\omega t$	$\dfrac{s}{s^2+\omega^2}$
3	t^2	$2!/s^3$	8	$\sin\omega t$	$\dfrac{\omega}{s^2+\omega^2}$
4	t^n	$n!/s^{n+1}$	9	$\cosh\omega t$	$\dfrac{s}{s^2-\omega^2}$
5	e^{at}	$\dfrac{1}{s-a}$	10	$\sinh\omega t$	$\dfrac{\omega}{s^2-\omega^2}$

8.2 | 도함수와 적분함수의 라플라스 변환

함수 $f(t)$의 미분은 변환식 $F(s)$에 s를 곱한 것에 대응하고, 적분은 변환식 $F(s)$를 s로 나눈 것에 대응하므로 미적분의 연산은 라플라스 변환식에 관한 단순한 대수적인 연산으로 대치할 수 있다.

1 도함수의 라플라스 변환(실미분정리)

시간함수 $f(t)$ 및 그 도함수 $\dfrac{d}{dt}f(t)$가 $t \geq 0$에서 연속 또는 부분연속이면 함수 $f(t)$의 도함수에 대한 라플라스 변환은 다음과 같다.

$$\mathcal{L}\left[\frac{d}{dt}f(t)\right] = \mathcal{L}[f'(t)] = sF(s) - f(0)$$

$$\mathcal{L}\left[\frac{d^2}{dt^2}f(t)\right] = \mathcal{L}[f''(t)] = s^2F(s) - sf(0) - \frac{d}{dt}f(0)$$

n차 도함수의 일반식은 다음과 같다.

$$\mathcal{L}\left[\frac{d^n}{dt^n}f(t)\right] = s^nF(s) - s^{n-1}f(0) - s^{n-2}\frac{d}{dt}f(0) - \cdots - \frac{d^{n-1}}{dt^{n-1}}f(0) \qquad (8\text{-}4)$$

증명 라플라스 변환의 정의로부터

$$\mathcal{L}\left[\frac{d}{dt}f(t)\right] = \int_0^\infty e^{-st}\frac{d}{dt}f(t)\,dt \tag{8-5}$$

부분적분을 하기 위하여 $u = e^{-st}$, $v' = \dfrac{d}{dt}f(t)$라 하면,

$$u' = -se^{-st},\ v = f(t)$$

가 되고, 이것을 부분적분식

$$\int_a^b uv' = uv\,\Big|_a^b - \int_a^b u'v \tag{8-6}$$

에 대입하면 도함수의 변환은 다음과 같이 된다.

$$\begin{aligned}\mathcal{L}\left[\frac{d}{dt}f(t)\right] &= e^{-st}f(t)\,\Big|_0^\infty + s\int_0^\infty e^{-st}f(t)\,dt \\ &= sF(s) - f(0) \end{aligned} \tag{8-7}$$

가 된다. 여기서 $f(0)$는 정의 영역에서 $t \to 0$ 일 때 계산한 $f(t)$의 초기값으로서 다음과 같다.

$$f(0) = \lim_{t \to 0} f(t) \tag{8-8}$$

2차 도함수의 변환을 구하기 위하여 식(8-7)의 결과식을 이용하면

$$\frac{d^2}{dt^2}f(t) = \frac{d}{dt}\,\frac{d}{dt}f(t)$$

따라서

$$\begin{aligned}\mathcal{L}\left[\frac{d^2}{dt^2}f(t)\right] &= s\,\mathcal{L}\left[\frac{d}{dt}f(t)\right] - \frac{d}{dt}f(0) \\ &= s[sF(s) - f(0)] - \frac{d}{dt}f(0) \\ &= s^2F(s) - sf(0) - \frac{d}{dt}f(0)\end{aligned}$$

■

2 적분함수의 라플라스 변환 (실적분정리)

시간함수 $f(t)$의 라플라스 변환을 $F(s)$라 할 때, $f(t)$의 적분형에 대한 라플라스 변환은 다음과 같다.

$$\mathcal{L}\left[\int f(t)\,dt\right] = \frac{1}{s}F(s) + \frac{1}{s}f^{(-1)}(0)$$

$$\mathcal{L}\left[\iint f(t)\,dt^2\right] = \frac{1}{s^2}F(s) + \frac{1}{s^2}f^{(-1)}(0) + \frac{1}{s}f^{(-2)}(0)$$

n차 적분에 대해서는 다음과 같다.

$$\mathcal{L}\left[\iint\cdots\iint f(t)\,dt^n\right] = \frac{1}{s^n}F(s) + \frac{1}{s^n}f^{(-1)}(0) + \frac{1}{s^{n-1}}f^{(-2)}(0) + \cdots + \frac{1}{s}f^{(-n)}(0) \tag{8-9}$$

증명 라플라스 변환의 정의로부터

$$\mathcal{L}\left[\int f(t)\,dt\right] = \int_0^\infty e^{-st}\left[\int f(t)\,dt\right]dt$$

부분적분을 하기 위하여 $u = \int f(t)\,dt$, $v' = e^{-st}$ 라 하면,

$$u' = f(t), \qquad v = -\frac{1}{s}e^{-st}$$

따라서

$$\mathcal{L}\left[\int f(t)\,dt\right] = -\frac{1}{s}e^{-st}\int f(t)\,dt\,\Big|_0^\infty + \frac{1}{s}\int_0^\infty e^{-st}f(t)\,dt$$

$$= \frac{1}{s}F(s) + \frac{1}{s}f^{(-1)}(0)$$

여기서 $f^{(-1)}(0)$는 $t\to 0$일 때 계산한 적분치로서, 초기치를 나타낸다. 즉

$$f^{(-1)}(0) = \int_{-\infty}^0 f(t)\,dt \tag{8-10}$$

■

이상의 결론을 요약하면 다음과 같다.

정 의 식	$\mathcal{L}[f(t)] = F(s) = \int_0^\infty e^{-st} f(t)\,dt$
선 형 성	$\mathcal{L}[af(t)+bg(t)] = aF(s)+bG(s)$
실미분정리	$\mathcal{L}\left[\frac{d}{dt}f(t)\right] = sF(s)-f(0)$
실적분정리	$\mathcal{L}\left[\int f(t)\,dt\right] = \frac{1}{s}F(s)+\frac{1}{s}f^{(-1)}(0)$

※ 여기서 $f(0)$ 와 $f^{(-1)}(0)$ 는 각각 초기치를 나타낸다.

예제 4

그림 8.2와 같은 RC 직렬회로에서 $t=0$ 에 스위치 s 를 닫은 후 회로에 흐르는 전류 $i(t)$를 구하여라. 단, C의 초기전하는 0 이다.

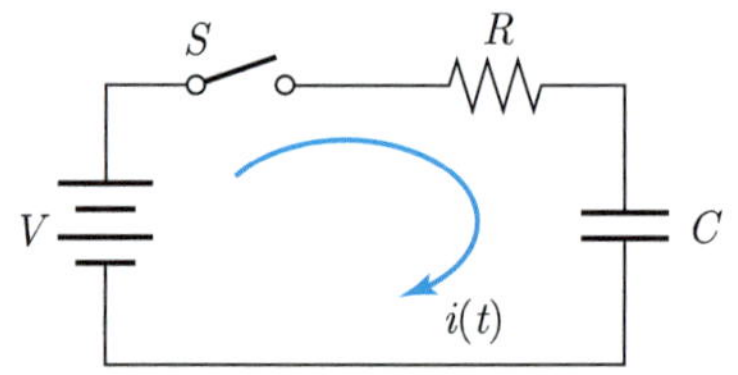

그림 8.2 RC 직렬회로

풀이 그림 8.2로부터 키르히호프의 전압방정식을 세우면

$$\frac{1}{C}\int_{-\infty}^{0} i\,dt + Ri = V \tag{8-11}$$

가 되고, 이 식을 라플라스 변환하면

$$\frac{1}{C}\left[\frac{1}{s}I(s) + \frac{1}{s}q(0)\right] + RI(s) = \frac{1}{s}V \tag{8-12}$$

여기서 $q(0)$ 는 식(8-10)에서

$$q(0) = i^{(-1)}(0) = \int_{-\infty}^{0} i(t)\,dt$$

이다. 즉 $t=0$ 에서 커패시터에 충전된 전하량을 나타내며, 초기전하가 0 이라고 하였으므로 $q(0)=0$ 이다. 따라서 식(8-12)는 다음과 같이 단순화된다.

$$I(s)\left(\frac{1}{Cs}+R\right) = \frac{V}{s} \tag{8-13}$$

다음 단계는 대수적으로 계산하는 것으로서 $I(s)$ 를 구하도록 한다.

$$I(s) = \frac{V}{R} \cdot \frac{1}{s + \frac{1}{RC}} \tag{8-14}$$

이것이 그림 8.1에서 설명한 '정리된 변환식'이며, 이 식에 대하여 역 라플라스 변환을 행함으로써 해를 얻게 된다. 즉

$$i(t) = \mathcal{L}^{-1}[I(s)] = \mathcal{L}^{-1}\left[\frac{V}{R} \cdot \frac{1}{s + \frac{1}{RC}}\right] \tag{8-15}$$

따라서

$$\begin{aligned} i(t) &= \frac{V}{R} e^{-\frac{1}{RC}t} \quad (t > 0) \\ &= 0 \quad\quad\quad\quad (t < 0) \end{aligned} \tag{8-16}$$

이것이 안전해가 되며, V/R 는 정상상태에서의 해이다.

8.3 | 축의 이동

라플라스 변환은 선형적이며, $f(t)$의 미분은 변환식 $F(s)$에 s 를 곱한 것에 대응한다. 이 성질은 미분방정식을 푸는 데 있어서 필수적인 것이다.

라플라스 변환의 실질적인 효과를 나타내기 위해서는 변환의 일반적인 성질을 더 유도하여야 한다. 즉 s 축에서의 이동과 t 축에서의 이동에 관한 것이다.

[정리 1] s 축에서의 이동

함수 $f(t)$가 $s > \gamma$일 때 변환 $F(s)$를 갖는다면 $e^{at}f(t)$는 $s - a > \gamma$일 때 변환 $F(s-a)$를 갖는다. 그러므로

$$\mathcal{L}[f(t)] = F(s)$$

이면

$$\mathcal{L}[e^{at}f(t)] = F(s-a) \tag{8-17}$$

이다. 즉 변환에서 s 대신 $s-a$를 대치하는 것은 (s 축에서의 이동) 원함수에 e^{at}를 곱한 것에 대응한다.

증명 라플라스 변환의 정의로부터

$$F(s) = \int_0^\infty e^{-st} f(t)\,dt$$

이고, 따라서

$$f(s-a) = \int_0^\infty e^{-(s-a)t} f(t)\,dt = \int_0^\infty e^{-st}[e^{at} f(t)]\,dt = \mathcal{L}[e^{at} f(t)]$$

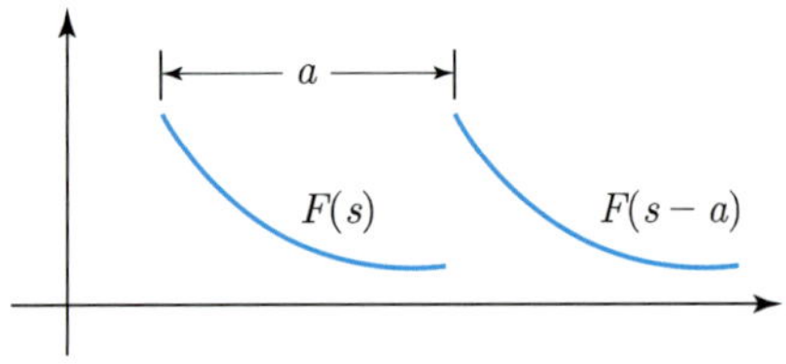

그림 8.3 s 축에서의 변위 ■

[정리 2] t 축에서의 이동

만일 $F(s)$ 가 $f(t)$ 의 변환이라 하면 $e^{-as}F(s)\ (a>0)$ 는 함수

$$\tilde{f}(t) = \begin{cases} 0 & (t<a) \\ f(t-a) & (t \geq a) \end{cases}$$

의 변환이다.

증명 라플라스 변환의 정의로부터

$$e^{-as}F(s) = e^{-as}\int_0^\infty e^{-s\tau} f(\tau)\,d\tau = \int_0^\infty e^{-s(\tau+a)} f(\tau)\,d\tau$$

가 된다. 적분에서 $\tau + a = t$ 로 치환하면,

$$e^{-as}F(s) = \int_0^\infty e^{-st} f(t-a)\,dt$$

를 얻는다. 여기서 피적분함수가 0 에서 a 까지의 모든 t 에 대하여 0 이므로 위의 적분구간을 0 에서 ∞ 까지로 할 수 있다. ■

1 헤비사이드 함수

일정한 시간 동안 일정한 힘이 가해지는 경우를 나타내는 불연속점을 갖는 함수를 다룰 때는 단위계단함수, 즉 헤비사이드(Heaviside)함수를 사용하면 효과적이다.

[정의 1] 헤비사이드 함수

$$u(t)=\begin{cases}0 & (t<0)\\ 1 & (t\geq 0)\end{cases} \qquad (a\geq 0)$$

를 **헤비사이드 함수** 또는 단위계단함수라 한다.

그림 8.4는 헤비사이드 함수 $u(t)$의 그래프이며, 원점에서 크기 1인 불연속을 갖는다. 헤비사이드 함수는 $t<0$일 때 꺼진 상태(off), $t\geq 0$일 때 켜진 상태(on) $u(t)=1$이 되는 스위치 함수라고 생각할 수 있다. 이러한 헤비사이드 함수를 사용하면, 정해진 시간에 켜지거나 꺼지는 스위치 함수, 주어진 함수를 평행 이동한 함수, 맥동을 포함하는 함수 등 다양한 함수를 표현할 수 있다.

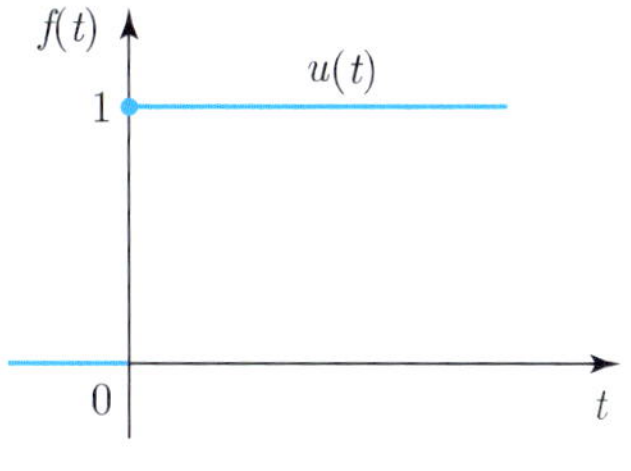

그림 8.4 헤비사이드 함수

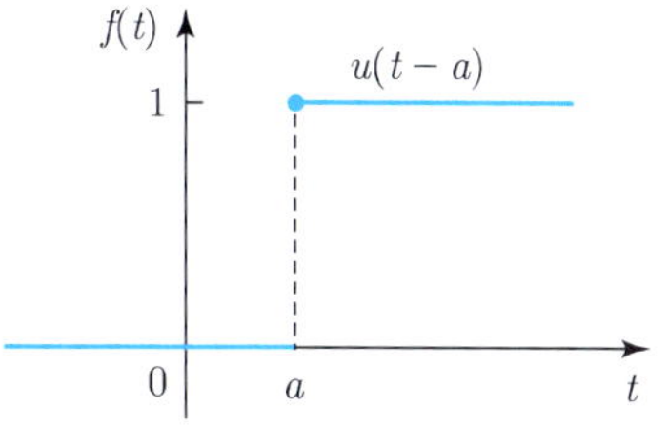

그림 8.5 추이 헤비사이드 함수

2 추이 헤비사이드 함수

그림 8.5와 같이 임의의 수 a에 대해 $u(t-a)$는 헤비사이드 함수를 오른쪽으로 a만큼 평행 이동한 **추이 헤비사이드 함수**이다. 즉

$$u(t-a)=\begin{cases}0 & (t<a)\\ 1 & (t\geq a)\end{cases}$$

$u(t-a)$는 시간 $t=a$까지는 꺼진 상태로 있다가, $t=a$에서 켜져서 크기 1의 값을 갖는 함수이다. 또한 $u(t-a)$는 주어진 함수를 시간 $t=a$까지는 꺼진 상태로 있다가 시간

$t=a$에서부터 활성화시키는 효과를 얻는 데 사용할 수 있다. 예를 들면 함수

$$f(t)u(t-a)=\begin{cases}0 & (t<a)\\ f(t) & (t\geq a)\end{cases}$$

는 시간 $t=a$가 될 때까지 함수값은 0이다. 그러나 그 이후부터는 $f(t)$이다.

그림 8.6은 그 예를 나타낸 것이다.

$u(t-a)$의 변환은

$$\mathcal{L}[u(t-a)]=\frac{1}{s}e^{-as} \qquad (s>0) \tag{8-18}$$

이것은 라플라스 변환의 정의로부터 다음과 같이 구해진다.

$$\begin{aligned}\mathcal{L}[u(t-a)]&=\int_a^{\infty}e^{-st}u(t-a)\,dt=\int_0^a e^{-st}0\,dt+\int_a^{\infty}e^{-st}1\,dt\\ &=-\frac{1}{s}e^{-st}\Big|_a^{\infty}=\frac{1}{s}e^{-as}\end{aligned} \tag{8-19}$$

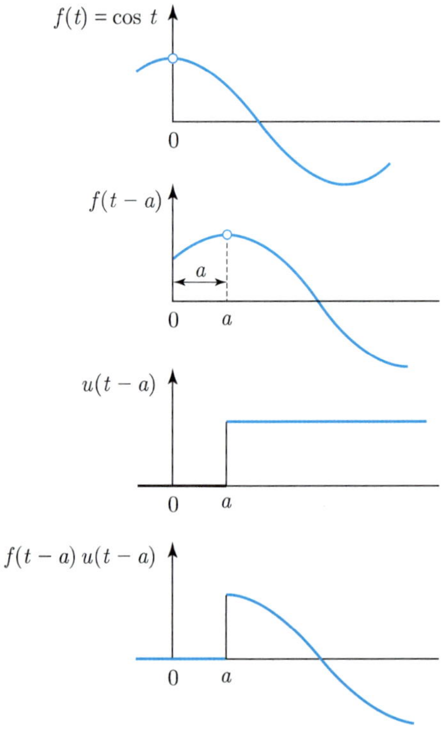

그림 8.6 $f(t-a)u(t-a)$ (단, $f(t)=\cos t$)

이와 같이 함수 $f(t)$의 라플라스 변환이 $F(s)$인 경우, $f(t-a)u(t-a)$의 라플라스 변환은 다음과 같다.

$$\begin{aligned}\mathcal{L}[f(t-a)u(t-a)] &= \int_0^\infty e^{-st} f(t-a)u(t-a)\,dt \\ &= \int_0^a e^{-st} f(t-a)\,dt + \int_a^\infty e^{-st} f(t-a)\,dt \\ &= \int_a^\infty e^{-st} f(t-a)\,dt\end{aligned}$$

이다. 여기서 $t' = t-a$로 치환하면

$$\begin{aligned}\mathcal{L}[f(t-a)u(t-a)] &= \int_0^\infty e^{-s(a+t')} f(t')\,dt' \\ &= e^{-as}\int_0^\infty e^{-st'} f(t')\,dt' = e^{-as}F(s)\end{aligned} \quad (8\text{-}20)$$

[정의 2] 맥동 함수

$$u(t-a) - u(t-b) \qquad (a < b)$$

를 **맥동 함수**라 한다.

그림 8.7은 맥동 함수의 그래프이다. 이 함수는 $a \le t < b$에서는 값이 1이고 그 외는 값이 0이다. 어떤 함수 $f(t)$에 맥동을 곱하면 시간 a와 b사이에서만 켜져서 $f(t)$와 같은 상태가 되고, 그 외의 시간에는 꺼진 상태가 되는 효과를 얻을 수 있다.

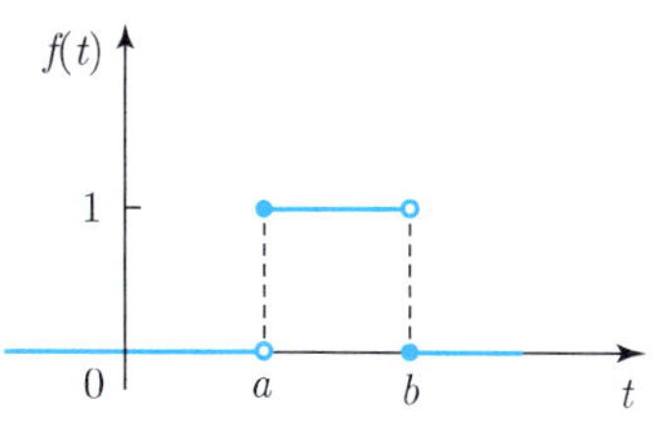

그림 8.7 맥동 함수 $u(t-a) - u(t-b)$

예제 1

다음 함수 $f(t)$를 구하여라.

$$f(t)=\begin{cases}0 & (t<2)\\ t-1 & (2\le t<3)\\ -2 & (t\ge 3)\end{cases}$$

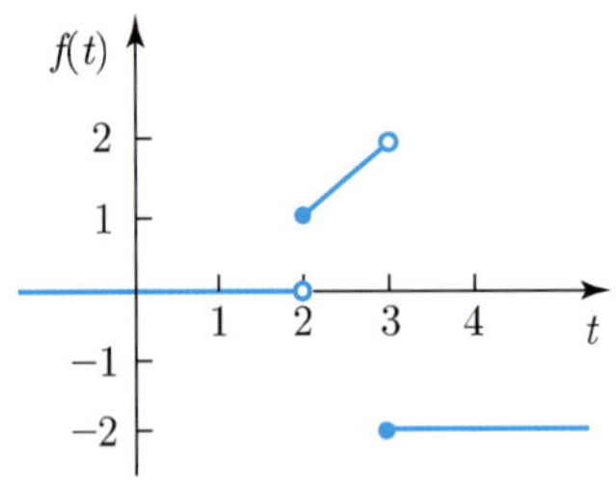

그림 8.8

풀이 그림 8.8은 함수 $f(t)$의 그래프이다. $f(t)$는 $t=2$에서 크기가 1이고, $t=3$에서 크기가 2인 불연속점들이 있다.

$f(t)$를 헤비사이드 함수로 표현하기 위하여 $f(t)$가 0이 아닌 두 개의 구간을 살펴보자. 한 구간 (2, 3)에서$f(t)$는 $t-1$이며, 다른 한 구간 $(3, \infty)$에서 ($f(t)$는 -2이다. 처음 부분은 $t-1$에 맥동함수 $u(t-2)-u(t-3)$을 곱하면 되고, 두 번째는 -2에 $u(t-3)$을 곱하면 된다. 그러므로

$$f(t)=[u(t-2)-u(t-3)](t-1)-2u(t-3)$$

예제 2 단일 구형파에 대한 RC 회로의 응답

그림 8.9의 회로에서 전압 V_0인 단일 구형파가 걸렸을 때 전류 $i(t)$를 구하여라. 회로는 구형파가 걸리기 전에는 동작하지 않는다고 가정한다.

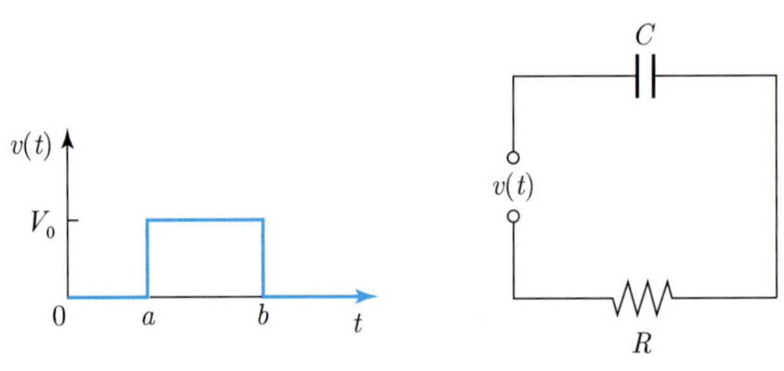

그림 8.9

풀이 RC 직렬회로의 전압방정식은

$$Ri(t)+\frac{q(t)}{C}=Ri(t)+\frac{1}{C}\int_0^t i(\tau)d\tau=v(t)$$

이다. 여기서 $v(t)$는 두 개의 단위계단함수의 항으로 다시 쓸 수 있다. 즉

$$v(t)=V_0[u_a(t)-u_b(t)]$$

이 되고, 이 식을 라플라스 변환하여 보조방정식

$$RI(s)+\frac{I(s)}{sC}=\frac{V_0}{s}[e^{-as}-e^{-bs}]$$

을 얻는다. 이 방정식의 해는

$$I(s)=F(s)(e^{-as}-e^{-bs})$$

여기서 $F(s)=\dfrac{V_0/R}{s+1/RC}$

표 8.1로부터

$$\mathcal{L}^{-1}[F(s)]=\frac{V_0}{R}e^{-t/(RC)}$$

따라서 [정리 2]로부터 해가 구해진다.

$$i(t)=\mathcal{L}^{-1}[I(s)]=\mathcal{L}^{-1}[e^{-as}F(s)]-\mathcal{L}^{-1}[e^{-bs}F(s)]$$

$$=\frac{V_0}{R}[e^{-(t-a)/(RC)}u_a(t)-e^{-(t-b)/(RC)}u_b(t)]$$

즉 $t<a$ 이면 $i=0$ 이고,

$$i(t)=\begin{cases}K_1e^{-t/(RC)} & (a<t<b)\\(K_1-K_2)e^{-t/(RC)} & (t>b)\end{cases}$$

여기서 $K_1=V_0e^{a/(RC)}/R$ 이고, $K_2=V_0e^{b/(RC)}/R$ 이다.

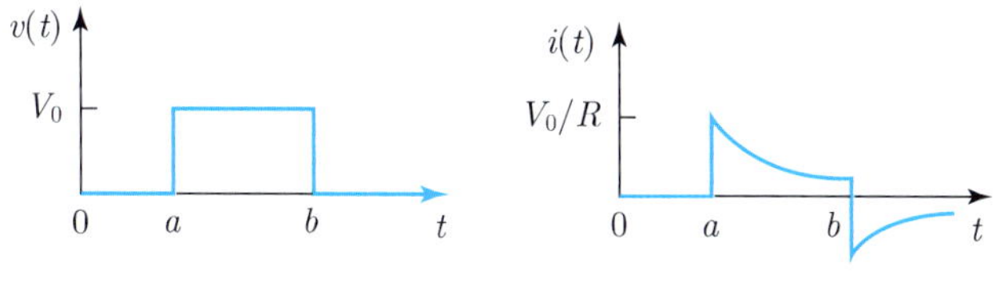

그림 8.10

8.4 | 초기치 정리와 최종치 정리

1 초기치 정리

시간함수 $f(t)$ 의 라플라스 변환이 $F(s)$ 이고, 또 $\lim_{s \to 0} sF(s)$ 가 존재하면 그 시간함수의 초기치는 다음과 같다.

$$\lim_{t \to 0} f(t) = \lim_{s \to \infty} s F(s) \tag{8-21}$$

증명 실미분정리 식(8-7)에서

$$\mathcal{L}\left[\frac{d}{dt} f(t)\right] = \int_0^\infty e^{-st}\left[\frac{d}{dt} f(t)\right] dt$$

$$= s F(s) - f(0)$$

이므로, 양변에 $s \to \infty$ 의 극한을 취하면

$$\lim_{s \to \infty} \int_0^\infty e^{-st}\left[\frac{d}{dt} f(t)\right] dt = \lim_{s \to \infty} s F(s) - f(0)$$

여기서 $s \to \infty$ 이면, $e^{-st} \to 0$ 이므로

$$\lim_{s \to \infty} \int_0^\infty e^{-st}\left[\frac{d}{dt} f(t)\right] dt = \lim_{s \to \infty} s F(s) - f(0) = 0$$

또 $f(0)$ 는 식(8-8)에서

$$f(0) = \lim_{t \to 0} f(t)$$

이므로

$$\lim_{t \to 0} f(t) = \lim_{s \to \infty} s F(s)$$

가 된다. ■

2 최종치 정리

시간함수 $f(t)$ 의 라플라스 변환이 $F(s)$ 이고, 또 $sF(s)$ 가 s 평면의 허수축상과 우측

평면에서 해석적이라고 하면(극점들을 갖지 않는다면), 그 시간함수의 최종치는 다음과 같다.

$$\lim_{t \to \infty} f(t) = \lim_{s \to 0} sF(s) \tag{8-22}$$

증명 실미분정리 식(8-7)에서

$$\mathcal{L}\left[\frac{d}{dt} f(t)\right] = \int_0^\infty e^{-st}\left[\frac{d}{dt} f(t)\right] dt = sF(s) - f(0)$$

이므로 양변에 $s \to 0$ 의 극한을 취하면

$$\lim_{s \to 0}\int_0^\infty e^{-st}\left[\frac{d}{dt} f(t)\right] dt = \lim_{s \to 0} sF(s) - f(0)$$

여기서 $s \to 0$ 이면, $e^{-st} \to 1$ 이므로

$$\begin{aligned}\lim_{s \to 0}\int_0^\infty e^{-st}\left[\frac{d}{dt} f(t)\right] dt &= \int_0^\infty \frac{d}{dt} f(t)\,dt = f(t)\Big|_0^\infty \\ &= f(\infty) - f(0)\end{aligned}$$

$$\lim_{s \to 0} sF(s) - f(0) = f(\infty) - f(0)$$

따라서

$$f(\infty) = \lim_{t \to \infty} f(t) = \lim_{s \to 0} sF(s)$$ ■

최종치정리에 의하면 $s \to 0$ 에서의 라플라스 변환을 써서 이에 해당하는 시간함수의 최종치를 얻을 수 있기 때문에 궤환제어계통을 해석하거나 설계하는 데에 매우 유용하게 쓰인다. 그러나 최종치정리 $sF(s)$의 실수부가 0이거나 양인 어떤 극점을 갖는다면, 정리에서 밝힌 함수는 해석조건을 만족하지 못하므로 이 정리는 성립하지 못한다.

8.5 | 라플라스 변환의 미분과 적분

라플라스 변환은 변환 또는 역변환을 구하는 경우에 사용할 수 있는 많은 일반적인 성

질을 지니고 있다. 이에 대한 방법으로는 직접 적분하는 방법, 선형성을 이용하는 방법, 축의 이동을 이용하는 방법, 그리고 원함수 $f(t)$를 미분 또는 적분하는 방법 등이 있다. 그러나 이들이 모두는 아니다.

이 절에서는 변환 $F(s)$의 미분과 적분에 대하여 고찰해 보도록 한다.

[정리 1] 복소미분정리

만일 함수 $f(t)$ 의 라플라스 변환이 $F(s)$ 이면

$$\mathcal{L}[tf(t)] = -F'(s) \tag{8-23}$$

이다. 즉 함수 $f(t)$ 의 변환의 미분은 함수 $f(t)$ 에 $-t$ 를 곱한 것에 대응한다.

증명 라플라스 변환의 정의에서

$$F(s) = \int_0^\infty e^{-st} f(t)\, dt$$

이므로 양변을 s 에 관하여 미분하면

$$\frac{d}{ds}F(s) = \int_0^\infty f(t)[-te^{-st}]\, dt = -\int_0^\infty e^{-st}[tf(t)]\, dt$$

$$= -\mathcal{L}[tf(t)]$$

따라서

$$\mathcal{L}[tf(t)] = -F'(s)$$

이다. ■

[정리 2] 복소적분정리

만일 $f(t)$ 의 라플라스 변환이 존재하고, $t \to 0$ 일 때 $f(t)/t$ 의 극한이 존재하면,

$$\mathcal{L}\left[\frac{f(t)}{t}\right] = \int_s^\infty F(\hat{s})\, d\hat{s} \tag{8-24}$$

이다. 즉, 함수 $f(t)$ 의 변환의 적분은 $f(t)$ 를 t 로 나눈 것과 같다.

증명 라플라스 변환의 정의에서

$$F(\hat{s}) = \int_0^\infty e^{-\hat{s}t}[f(t)]\, dt$$

위의 식을 s 와 ∞ 사이에서 s 에 관하여 적분하면

$$\int_s^\infty F(\hat{s})\,d\hat{s} = \int_s^\infty \left[\int_0^\infty e^{-\hat{s}t} f(t)\,dt\right] d\hat{s}$$

$f(t)$는 라플라스 변환이 가능한 함수이므로 위의 식의 적분 순서를 바꿀 수 있다. 그러므로

$$\int_s^\infty F(\hat{s})\,d\hat{s} = \int_0^\infty \left[\int_s^\infty e^{-\hat{s}t} s f(t)\,d\hat{s}\right] dt = \int_0^\infty f(t)\left[\int_s^\infty e^{-\hat{s}t}\,d\hat{s}\right] dt$$

$\hat{s}$ 에 대하여 적분한 것은 $e^{-\hat{s}t}/t$ 와 같다.

따라서,

$$\int_s^\infty F(\hat{s})\,d\hat{s} = \int_0^\infty e^{-\hat{s}t}\frac{f(t)}{t}dt = \int_0^\infty f(t)\int_0^\infty e^{-st}\,d\hat{s}\ dt = \mathcal{L}\left[\frac{f(t)}{t}\right]$$

이다. ■

8.6 | 역 라플라스 변환

시간함수 $f(t)$를 라플라스 변환하여 $\mathcal{L}[f(t)] = F(s)$가 주어졌을 때, 이 $F(s)$로부터 역으로 원함수 $f(t)$를 구하는 연산을 **역 라플라스 변환**(inverse laplace transformation)이라고 하며 다음과 같이 표시한다.

$$f(t) = \mathcal{L}^{-1}[F(s)] \tag{8-25}$$

일반적으로 역 라플라스 변환은 계산이 복잡하므로 라플라스 변환표를 이용하여 구하는 경우가 많다. 역 라플라스 변환에서도 선형성이 있다. 따라서 $f(t)$와 $g(t)$가 각각 $F(s)$와 $G(s)$의 역 라플라스 변환이고, a 및 b 가 상수일 때 다음 식이 성립한다.

$$\mathcal{L}^{-1}[aF(s) + bG(s)] = af(t) + bg(t)$$

또 $\mathcal{L}^{-1}[F(s)] = f(t)$, $\mathcal{L}^{-1}[G(s)] = g(t)$ 일 때, $F(s)$ 와 $G(s)$ 의 곱에 대한 역 라플라스 변환은 다음과 같다.

$$\begin{aligned}\mathcal{L}^{-1}[F(s)\cdot G(s)] &= \int_{0^+}^t f(t)\,g(t-\tau)\,d\tau \\ &= \int_{0^+}^t g(t)\,f(t-\tau)\,d\tau\end{aligned} \tag{8-26}$$

예제 1

함수 $E(s)=\dfrac{1}{s^2+4}$ 의 역 라플라스 변환을 구하여라.

풀이 $E(s)=\dfrac{1}{s^2+4}=\dfrac{1}{2}\cdot\dfrac{2}{s^2+2^2}$ 에서

$$\mathcal{L}[\sin 2t]=\frac{2}{s^2+2^2}$$

이므로

$$\mathcal{L}^{-1}\left[\frac{1}{2}\cdot\frac{2}{s^2+2^2}\right]=\frac{1}{2}\sin 2t$$

예제 2

$F(s)=\dfrac{e^{-bs}}{s+a}$ 의 역라플라스 변환을 구하여라.

풀이 라플라스 역변환은

$$\mathcal{L}^{-1}\left[\frac{1}{s+a}\right]=e^{-at}$$

이며

$$F(s)=\frac{e^{-bs}}{s+a}=\frac{1}{s+a}e^{-bs}$$

이므로

시간추이정리를 이용하면

$$\therefore\ f(t)=\mathcal{L}^{-1}[F(s)]=e^{-a(t-b)}$$

8.7 | 부분분수 전개에 의한 역 라플라스 변환

주파수함수 $F(s)$가

$$F(s)=\frac{P(s)}{Q(s)}$$

와 같은 형태에서 $P(s)$와 $Q(s)$가 s에 관한 다항식이라고 할 때, $P(s)/Q(s)$가 라플라

스 변환표에 있으면 해 $f(t)$는 쉽게 구할 수 있지만 그렇지 않은 경우에는 $F(s)$를 부분분수로 표시함으로써 구할 수 있다.

일반적으로 $F(s)$에 대한 역 라플라스 변환은 라플라스 변환표를 사용하기 전에 간단한 항으로 전개되어야 한다.

분자와 분모의 다항식을

$$F(s) = \frac{P(s)}{Q(s)} = \frac{b_m s^m + b_{m-1} s^{m-1} + \cdots + b_1 s + b_0}{a_n s^n + a_{n-1} s^{n-1} + \cdots + a_1 s + a_0} \tag{8-27}$$

와 같이 표시할 때, 분자다항식의 차수 m 과 분모다항식의 차수 n 이 $m > n$ 인지 또는 $m < n$ 인지를 확인하여야 한다.

1 $m > n$ 일 경우

만일 $m > n$ 일 경우에는 다음과 같은 형태의 전개식이 얻어진다.

$$\frac{P(s)}{Q(s)} = c_{m-n} s^{m-n} + \cdots + c_2 s^2 + c_1 s + c_0 + \frac{P_1(s)}{Q(s)} \tag{8-28}$$

여기서 새로운 함수 $P_1(s)/Q(s)$는 다음에 설명하고자 하는 $m < n$ 일 경우에서 부분분수로 전개할 수 있다.

예제 1

함수 $F(s) = \dfrac{s^2+2s+2}{s+1}$를 부분분수로 전개하여라.

풀이 분모를 분자로 직접 나누면

$$\frac{s^2+2s+1}{s+1} = s+1+\frac{1}{s+1}$$

식(8-28)과 비교하면 $c_1 = 1$, $c_0 = 1$ 그리고 $P_1(s)/Q(s) = 1/(s+1)$ 이다.

2 $m < n$ 일 경우 (해비사이드의 전개정리)

분자다항식의 차수가 분모다항식의 차수보다 작은 경우에는 분모항 $Q(s)$를 부분분수로 전개하여 다음과 같은 3가지 형태의 근을 얻을 수 있다.

(1) $Q(s) = 0$의 근이 모두 단순근일 경우

부분분수 전개식은

$$F(s) = \frac{P(s)}{Q(s)} = \frac{P_1(s)}{(s+s_1)(s+s_2)\cdots(s+s_n)}$$
$$= \frac{K_1}{s+s_1} + \frac{K_2}{s+s_2} + \cdots + \frac{K_n}{s+s_n} \tag{8-29}$$

여기에서 K_i는 실수이고, 극에서의 **유수**(residue)라 한다.

위의 식에서 양변에 모두 $(s+s_i)$를 곱하고 $s = -s_i$를 대입하면 K_i 항을 제외한 모든 항들은 0 이 되므로 K_i를 쉽게 구할 수 있다. 즉

$$K_i = (s+s_i)\frac{P(s)}{Q(s)}\bigg|_{s=-s_i} = 0 + \cdots + 0 + K_i + 0 + \cdots + 0$$
$$(i = 1,\ 2,\ \cdots,\ n) \tag{8-30}$$

이렇게 하여 모든 항의 계수들을 구하고 라플라스 변환표를 이용하여 시간함수 $f(t)$를 얻는다.

예제 2

함수 $F(s) = \dfrac{5s+3}{(s+1)(s+2)(s+3)}$를 부분분수로 전개하여라.

풀이 함수 $F(s)$를 부분분수로 전개하면

$$F(s) = \frac{K_1}{s+1} + \frac{K_2}{s+2} + \frac{K_3}{s+3}$$

계수 K_1, K_2, K_3 들은 식(8-30)에 의하여 다음과 같이 구해진다.

$$K_1 = (s+1)F(s)|_{s=-1} = \frac{5(-1)+3}{(2-1)(3-1)} = -1$$

$$K_2 = (s+2)F(s)|_{s=-2} = \frac{5(-2)+3}{(1-2)(3-2)} = 7$$

$$K_3 = (s+3)F(s)\big|_{s=-3} = \frac{5(-3)+3}{(1-3)(2-3)} = -6$$

따라서

$$F(s) = \frac{-1}{s+1} + \frac{7}{s+2} + \frac{-6}{s+3}$$

(2) $Q(s) = 0$의 근이 r차 중근일 경우

$F(s)$의 n 극점 중 r개가 같은 값들일 때, 즉 $s=-s_i$의 극점이 r차 중근이라 할 때 $F(s)$는 다음과 같이 쓸 수 있다.

$$F(s) = \frac{P(s)}{Q(s)} = \frac{P(s)}{(s+s_1)(s+s_2)\cdots(s+s_i)^r(s+s_n)}$$

부분분수로 진개하넌

$$F(s) = \underbrace{\frac{K_1}{s+s_1} + \frac{K_2}{s+s_2} + \cdots + \frac{K_n}{s+s_n}}_{\text{단순극점들의 } (n-r) \text{ 항}} \\ + \underbrace{\frac{A_1}{s+s_i} + \frac{A_2}{(s+s_i)^2} + \cdots + \frac{A_r}{(s+s_i)^r}}_{\text{중복극점들의 } r \text{ 항}} \tag{8-31}$$

단순극점들에 대응하는 $(n-r)$개의 계수 $K_1, K_2, \cdots, K_n$들은 식(8-30)에서와 같은 방법으로 구할 수 있다. 그리고 중복극점들에 관계되는 계수들의 계산은 다음과 같이 하면 된다.

$$\begin{aligned} A_r &= (s+s_i)^r F(s)\Big|_{s=-s_i} \\ A_{r-1} &= \frac{d}{ds}(s+s_i)^r F(s)\Big|_{s=-s_i} \\ A_{r-2} &= \frac{1}{2!}\frac{d^2}{ds^2}(s+s_i)^r F(s)\Big|_{s=-s_i} \\ A_1 &= \frac{1}{(r-1)!}\frac{d^{r-1}}{ds^{r-1}}(s+s_i)^r F(s)\Big|_{s=-s_i} \end{aligned} \tag{8-32}$$

예제 3

함수 $F(s)=\dfrac{1}{s(s+1)^3(s+2)}$ 를 부분분수로 전개하여라.

풀이 함수 $F(s)$를 식(8-31)의 형태로 전개하면 다음과 같이 쓸 수 있다.

$$F(s)=\frac{K_0}{s}+\frac{K_1}{s+2}+\frac{A_1}{(s+1)}+\frac{A_2}{(s+1)^2}+\frac{A_3}{(s+1)^3}$$

단순극점에 대응되는 계수들은

$$K_0=sF(s)\,|_{s=0}=\frac{1}{2}$$

$$K_1=(s+2)F(s)\,|_{s=-2}=\frac{1}{2}$$

3차의 중복극점에 관계되는 계수들은

$$A_3=(s+1)^3F(s)\,\Big|_{s=-1}=-1$$

$$A_2=\frac{d}{ds}(s+1)^3F(s)\,\Big|_{s=-1}=\frac{d}{ds}\frac{1}{s(s+2)}\,\Big|_{s=-1}$$

$$=\frac{-(2s+2)}{s^2(s+2)^2}\,\Big|_{s=-1}=0$$

$$A_1=\frac{1}{(3-1)!}\frac{d^{3-1}}{ds^{3-1}}(s+1)^3F(s)$$

$$=\frac{1}{2}\frac{d}{ds}\frac{-2(s+1)}{s^2(s+2)^2}\,\Big|_{s=-1}$$

$$=\left[\frac{-1}{s^2(s+2)^2}+\frac{(s+1)(4s^3+12s^2+8s)}{s^4(s+2)^2}\right]_{s=-1}$$

$$=-1$$

따라서

$$F(s)=\frac{1}{2s}+\frac{1}{2(s+2)}-\frac{1}{s+1}-\frac{1}{(s+1)^3}$$

(3) 공액복소극점들이 있는 경우

공액복소근을 갖는 함수를 부분분수로 전개하면

$$F(s)=\frac{P_1(s)}{Q_1(s)(s+\alpha+j\omega)(s+\alpha-j\omega)}$$
$$=\frac{K_1}{(s+\alpha+j\omega)}+\frac{K_1^*}{(s+\alpha-j\omega)}+\cdots \tag{8-33}$$

여기에서 K_1^*은 K_1의 공액복소수이며, 위에서와 같은 방법으로 구할 수 있다. 즉

$$K_1=(s+\alpha-j\omega)F(s)|_{s=-\alpha+j\omega} \tag{8-34}$$

예제 4

함수 $F(s)=\dfrac{10(s+1)}{s(s^2+2s+2)}$를 부분분수로 전개하여라.

풀이 함수 $F(s)$를 식(8-33)의 형태로 전개하면 다음과 같이 쓸 수 있다.

$$F(s)=\frac{10(s+1)}{s(s+1-j1)(s+1+j1)}=\frac{K_0}{s}+\frac{K_1}{s+1-j1}+\frac{K_1^*}{s+1+j1}$$

이고, 계수들은

$$K_0=sF(s)|_{s=0}=\left.\frac{10(s+1)}{(s+1-j1)(s+1+j1)}\right|_{s=0}$$
$$=\frac{10}{(1+j1)(1-j1)}=5$$
$$K_1=(s+1-j1)F(s)|_{s=-1+j1}=\left.\frac{10(s+1)}{s(s+1+j1)}\right|_{s=-1+j1}$$
$$=\frac{10(j1)}{(-1+j1)(j2)}=\frac{5}{-1+j1}=\frac{5}{\sqrt{2}\angle 135°}$$
$$=\frac{5}{\sqrt{2}}\angle -135°$$

그러므로 K_1^*는 K_1의 공액복소수이므로

$$K_1^*=\frac{5}{\sqrt{2}}\angle 135°$$

따라서

$$F(s)=\frac{5}{s}+\frac{(5/\sqrt{2})\angle -135°}{s+1-j1}+\frac{(5/\sqrt{2})\angle 135°}{s+1+j1}$$

예제 5

그림 8.11과 같은 RL 직렬회로에서 $t=0$에 스위치 s를 닫은 후 회로에 흐르는 전류 $i(t)$를 구하여라(단, 인덕터의 초기값은 0이다).

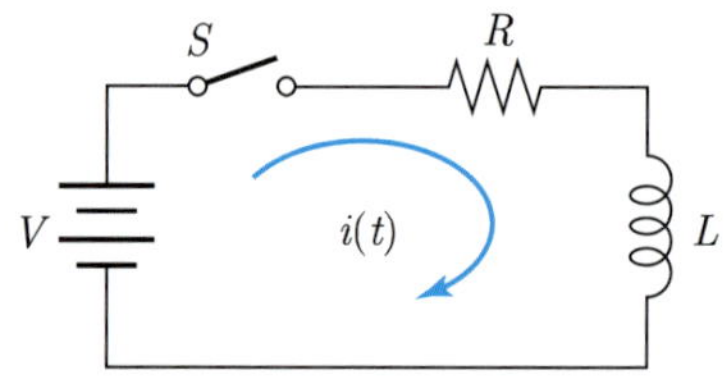

그림 8.11 RL 직렬회로

풀이 그림 8.11로부터 키르히호프의 전압방정식을 세우면

$$L\frac{di}{dt}+Ri=V \tag{8-35}$$

가 되고, 이 식을 라플라스 변환하면

$$L[sI(s)-i(0)]+RI(s)=\frac{1}{s}V \tag{8-36}$$

여기서 $i(0)$는 식(8-8)에서

$$i(0)=\lim_{t\to 0} i(t)$$

이다. 즉 $t=0$에서 인덕터에 자화된 초기치를 나타내며, 문제의 조건에서 초기값이 0이라고 하였으므로 $i(0)=0$이다. 따라서, 식(8-36)을 정리하여 $I(s)$를 구하면

$$I(s)=\frac{V}{L}\cdot\frac{1}{s[s+(R/L)]} \tag{8-37}$$

이 식은 2개의 항 $1/s$과 $1/[s+(R/L)]$의 곱으로 표시되어 있음을 유의하도록 하여야 한다. 이들 각 항에 대한 역 라플라스 변환은 이미 알고 있다. 즉 이 변환식을 부분분수로 전개할 수 있다면 역변환을 취할 수 있다는 것을 알고 있다. 이를 위하여 전개식을 쓰면 다음과 같이 된다.

$$\frac{V/L}{s[s+(R/L)]}=\frac{K_0}{s}+\frac{K_1}{s+(R/L)} \tag{8-38}$$

이 식에서 K_0와 K_1은 미지의 계수이므로 이 계수를 구하기 위하여 식(8-30)을 이용하면 다음과 같이 된다.

$$K_0 = sI(s)|_{s=0} = \frac{V/L}{R/L} = \frac{V}{R}$$

$$K_1 = \left(s + \frac{R}{L}\right)I(s)\bigg|_{s=-\frac{R}{L}} = \frac{V/L}{s}\bigg|_{s=-\frac{R}{L}}$$

$$= \frac{V/L}{-R/L} = -\frac{V}{R}$$

이들 값을 식(8-38)에 대입하면

$$I(s) = \frac{V}{L}\frac{1}{s[s+(R/L)]} = \frac{V}{R}\left[\frac{1}{s} - \frac{1}{s+(R/L)}\right]$$

가 되고, 이 식의 각 항에 대한 역 라플라스 변환은 표 8.1에서 이미 잘 알고 있으므로 전류의 시간함수 $i(t)$ 는 다음과 같다.

$$i(t) = \frac{V}{R}(1 - e^{-\frac{R}{L}t}) \tag{8-39}$$

8.8 | 신호파형의 라플라스 변환

1 단위계단함수

그림 8.12와 같이 $t < 0$ 에서 0 이고, $t > 0$ 에서 1 로 계속 유지되는 함수를 **단위계단함수**(unit step function)라 하며, 기호로서는 $u(t)$ 로 표시한다. 즉

$$f(t) = u(t) \qquad f(t) = \begin{cases} 1 & (t \geq 0) \\ 0 & (t < 0) \end{cases}$$

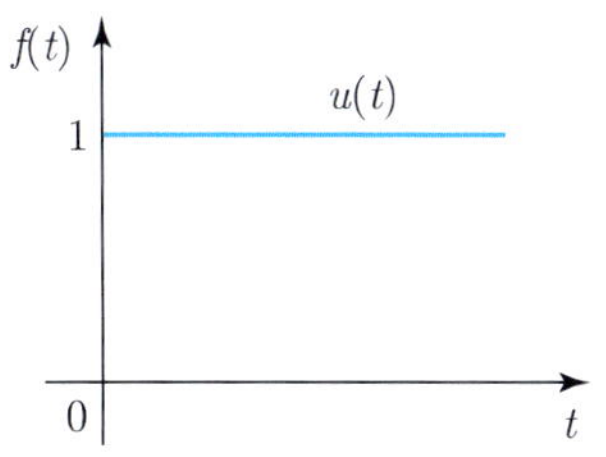

그림 8.12 단위계단 함수

이에 대한 라플라스 변환은

$$\begin{aligned}\mathcal{L}[f(t)] &= \mathcal{L}[u(t)] = \int_0^\infty e^{-st}u(t)\,dt \\ &= \int_0^\infty e^{-st}dt = -\frac{1}{s}e^{-st}\Big|_0^\infty \\ &= \frac{1}{s}\end{aligned} \tag{8-40}$$

2 추이 단위계단함수

그림 8.13과 같이 $t=a$ 의 순간에 단위값으로 변하는 함수, 즉 시간지연을 갖는 단위계단함수를 **추이 단위계단함수**라 하며 다음과 같이 표시한다.

$$f(t) = u(t-a) \qquad f(t) = \begin{cases} 1 & (t \geq a) \\ 0 & (t < a) \end{cases}$$

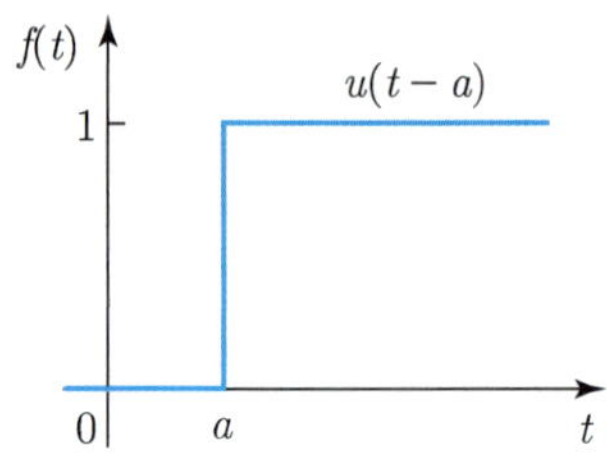

그림 8.13 추이 단위계단 함수

이에 대한 라플라스 변환을 구하기 위하여 새로운 변수 t' 를 도입하여 $t-a=t'$ 라 놓으면 $t=a+t'$, $dt=dt'$ 이므로

$$\begin{aligned}\mathcal{L}[f(t)] &= \int_0^\infty e^{-st}u(t-a)\,dt = \int_0^\infty e^{-st'}\cdot e^{-as}u(t')dt' \\ &= e^{-as}\int_0^\infty e^{-st'}u(t')dt' = \frac{1}{s}e^{-as}\end{aligned} \tag{8-41}$$

식(8-41)은 두 개의 항의 곱으로 나타나 있다. $1/s$ 항은 $t=0$ 에서 시작되는 단위계단함수의 변환이고, e^{-as} 의 항은 $t=0$ 에서 시작하는 함수를 $t=a$ 에서 시작하는 함수로 추이한 변환을 나타낸다.

그림 8.14는 단위계단함수의 추이된 형태를 나타낸 것들이다.

단위계단함수에 대한 예는 임의의 시간함수 $f(t)$에 대하여도 적용할 수 있다. $t = a$인 시간지연을 갖는 함수, 즉 추이시간함수는 다음과 같이 표시된다.

$$f(t-a)u(t-a) \tag{8-42}$$

이 식의 변환을 구하기 위하여 새로운 변수 t'를 도입하여 라플라스 변환에 관한 정의식을 세울 수 있다.

$$F(s) = \int_0^{\infty} e^{-st'} f(t')\,dt'$$

변수 t'를 $t' = t-a$라 놓으면 정의식은 다음과 같이 된다.

$$F(s) = \int_a^{\infty} e^{-s(t-a)} f(t-a)\,dt$$
$$= \int_a^{\infty} e^{-st} \cdot e^{as} f(t-a)\,dt$$

상수항 e^{as}는 적분기호 밖으로 꺼낼 수 있으며, $f(t-a)$에 $u(t-a)$를 곱하면 적분의 하한값을 0으로 바꿀 수 있다. 즉

$$F(s) = e^{as}\int_0^{\infty} e^{-st} f(t-a)u(t-a)\,dt \tag{8-43}$$

이 적분식은 함수 $f(t-a)u(t-a)$의 변환에 해당한다. 따라서

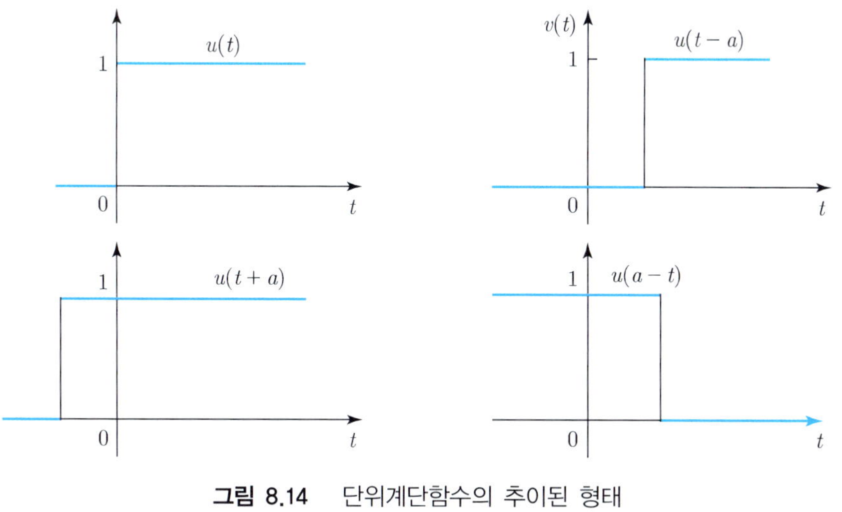

그림 8.14 단위계단함수의 추이된 형태

$$\mathcal{L}[f(t-a)u(t-a)] = e^{-as}\mathcal{L}[f(t)] \tag{8-44}$$

또는

$$\mathcal{L}^{-1}[e^{-as}f(s)] = f(t-a)u(t-a) \tag{8-45}$$

이 식으로부터 $t=a$ 시간만큼 지연된 함수의 변환은 $t=0$ 에서 시작하는 함수의 라플라스 변환에 e^{-as} 를 곱한 것과 같음을 알 수 있다. 이것을 **실전이정리**(real translation theorem) 또는 **추이정리**(shifting theorem)라 부른다.

예제 1

그림 8.15와 같은 파형의 라플라스 변환을 구하여라.

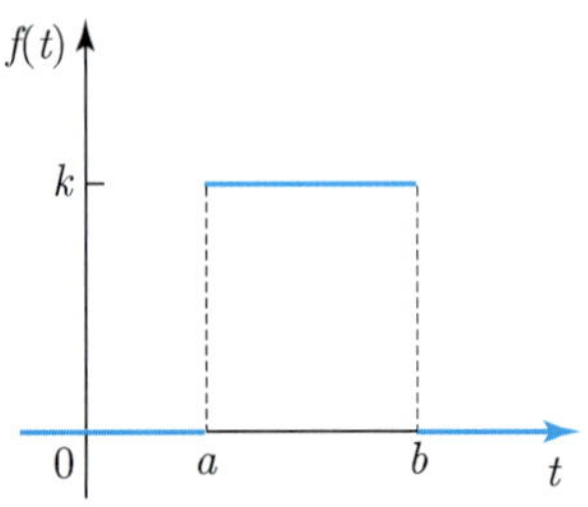

그림 8.15

그림 8.15로부터

$$\begin{aligned} F(s) &= \mathcal{L}[f(t)] = \int_0^\infty e^{-st}f(t)\,dt \\ &= k\int_a^b e^{-st}dt = -\frac{k}{s}\left[e^{st}\right]_a^b \\ &= \frac{k}{s}(e^{-as}-e^{-bs}) \end{aligned}$$

별해 단위계단함수로 표시하여 구하면

$$f(t) = k[u(t-a)-u(t-b)]$$

이므로, 라플라스 변환하면

$$\begin{aligned} F(s) &= \mathcal{L}\{k[u(t-a)-u(t-b)]\} \\ &= \frac{k}{s}(e^{-as}-e^{bs}) \end{aligned}$$

3 단위 램프 함수

단위 램프 함수(unit ramp function)는 그림 8.16과 같이 기울기가 1인 직선의 함수로서 단위경사함수라고도 한다.

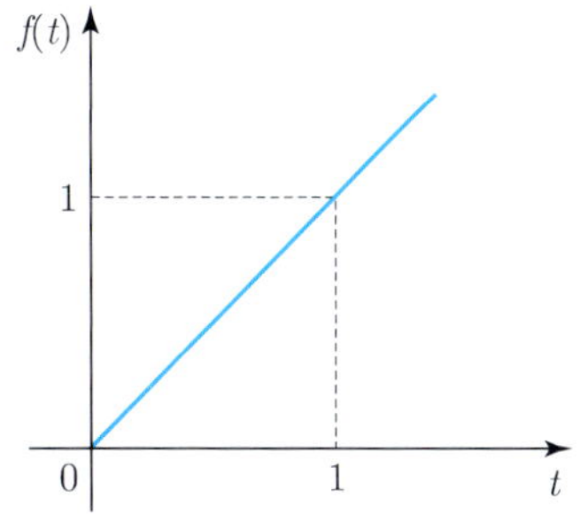

그림 8.16 단위 램프 함수

$$f(t) = tu(t), \quad f(t) = \begin{cases} tu(t) & (t > 0) \\ 0 & (t < 0) \end{cases}$$

이에 대한 라플라스 변환은

$$\mathcal{L}[f(t)] = \int_0^{\infty} e^{-st} tu(t)\,dt = \int_0^{\infty} e^{-st} t\,dt \tag{8-46}$$

이다. 부분적분을 하기 위하여 $u = t$, $v' = e^{-st}$라 하면

$$u' = 1, \quad v = -\frac{1}{s}e^{-st}$$

가 되므로 이것을 부분적분식에 대입하면

$$\begin{aligned} \mathcal{L}[f(t)] &= \left[t\frac{e^{-st}}{-s}\right]_0^{\infty} - \int_0^{\infty} \frac{e^{-st}}{-s}dt \\ &= \frac{1}{s}\int_0^{\infty} e^{-st}dt = -\frac{1}{s^2}[e^{-st}]_0^{\infty} \\ &= \frac{1}{s^2} \end{aligned}$$

$$\therefore \mathcal{L}[f(t)] = \mathcal{L}[tu(t)] = \frac{1}{s^2} \tag{8-47}$$

예제 2

그림 8.17과 같은 파형의 라플라스 변환을 구하여라.

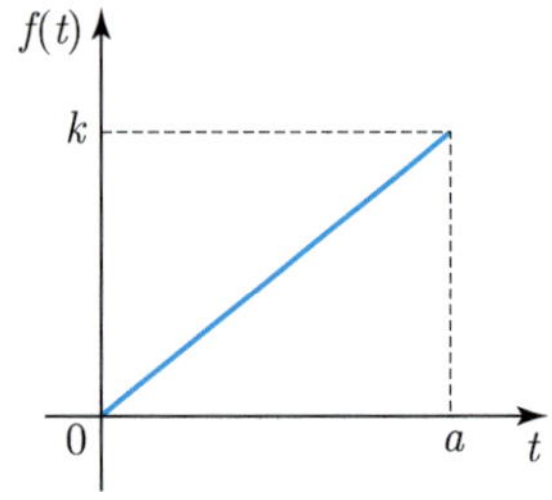

그림 8.17 단위 램프 함수

풀이 그림 8.17의 함수 $f(t)$는 그림 8.18과 같이 $f_1(t)$, $f_2(t)$, $f_3(t)$로 분해할 수 있으므로

$$f(t) = f_1(t) + f_2(t) + f_3(t)$$

이며, 여기서

$$f_1(t) = \frac{k}{a}tu(t)$$

$$f_2(t) = -ku(t-a)$$

$$f_3(t) = -\frac{k}{a}tu(t-a)u(t-a)$$

이므로 라플라스 변환하면

$$\begin{aligned} F(s) &= \mathcal{L}[f(t)] = \frac{k}{a}\mathcal{L}[tu(t)] - k\mathcal{L}[u(t-a)] - \frac{k}{a}\mathcal{L}[(t-a)u(t-a)] \\ &= \frac{k}{a}\cdot\frac{1}{s^2} - \frac{k}{s}e^{-as} - \frac{k}{a}\cdot\frac{1}{s^2}e^{-as} \\ &= \frac{k}{a}\cdot\frac{1}{s^2}[1-(as+1)e^{-as}] \end{aligned}$$

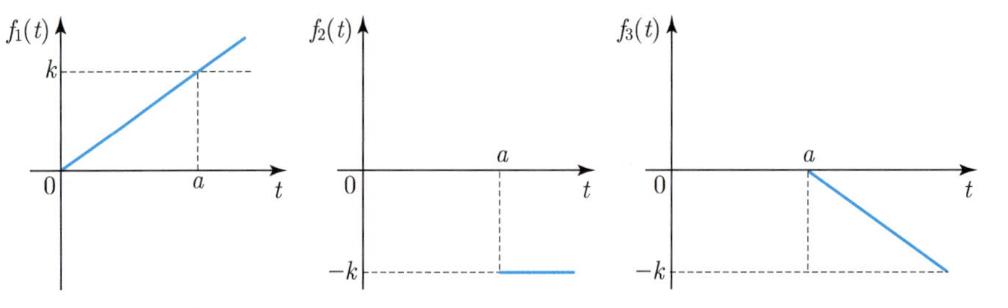

(a) $f_1(t) = \frac{k}{a}tu(t)$ (b) $f_2(t) = -ku(t-a)$ (c) $f_3(t) = -\frac{k}{a}(t-a)u(t-a)$

그림 8.18

4 단위 임펄스함수

그림 8.19와 같이 $a < t < a + \epsilon$ 에서는 $\frac{1}{\epsilon}$ 의 크기를 가지며 그 이외의 시간에서는 크기가 0 이 되고, ϵ 이 0 으로 수렴할 때 이 함수의 값은 ∞ 가 되는 함수를 **단위 임펄스함수**(unit impulse function) 또는 **단위 충격함수**라고 하며, $\delta(t)$ 로 표시한다.

그림 8.20의 단위 임펄스함수 $\delta(t)$ 에 대한 라플라스 변환은 단위계단함수를 사용하면

$$\delta(t) = \lim_{\epsilon \to 0} \frac{1}{\epsilon}[u(t) - u(t - \epsilon)] \tag{8-48}$$

가 된다. 라플라스 변환의 정의에 의하여

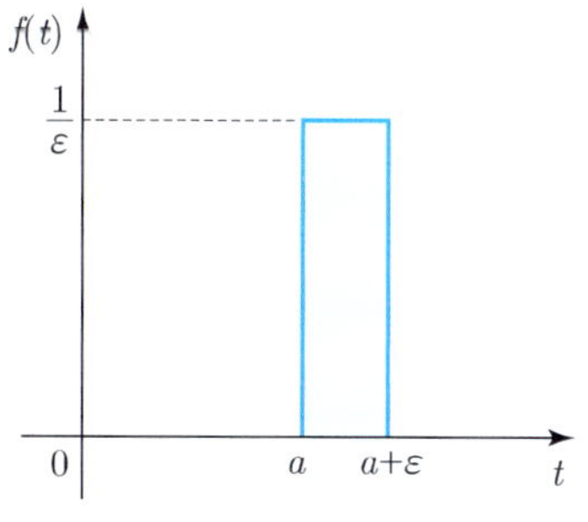

그림 8.19 단위 임펄스 함수

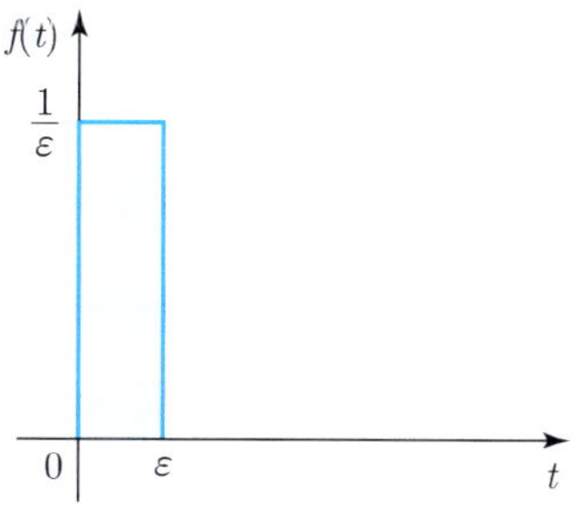

그림 8.20 단위 임펄스 함수

$$\begin{aligned}\mathcal{L}[\delta(t)] &= \mathcal{L}\left\{\lim_{\epsilon \to 0} \frac{1}{\epsilon}[u(t) - u(t-\epsilon)]\right\} = \lim_{\epsilon \to 0} \mathcal{L}\left\{\frac{1}{\epsilon}[u(t) - u(t-\epsilon)]\right\} \\ &= \lim_{\epsilon \to 0} \frac{1}{\epsilon} \int_0^\infty e^{-st}[u(t) - u(t-\epsilon)]\, dt \\ &= \lim_{\epsilon \to 0} \frac{1}{\epsilon} \cdot \frac{1 - e^{-\epsilon s}}{s}\end{aligned}$$

여기서 $\epsilon \to 0$ 일 때

$$\begin{aligned}1 - e^{-\epsilon s} &= 1 - \left[1 - \epsilon s + \frac{(\epsilon s)^2}{2!} - \frac{(\epsilon s)^3}{3!} + \cdots\right] \\ &= \epsilon s - \frac{(\epsilon s)^2}{2!} + \frac{(\epsilon s)^3}{3!} - \cdots\end{aligned}$$

이므로

$$\mathcal{L}[\delta(t)] = \lim_{\epsilon \to 0} \frac{1}{\epsilon} \cdot \frac{1 - e^{-\epsilon s}}{s}$$

$$= \lim_{\epsilon \to 0} \frac{1}{\epsilon s}\left(\epsilon s - \frac{(\epsilon s)^2}{2!} + \frac{(\epsilon s)^3}{3!} - \cdots\right) \tag{8-49}$$

$$= 1$$

5 정현파함수

정현파함수

$$f(t) = \sin \omega t \tag{8-50}$$

에 대한 라플라스 변환은 다음과 같이 3각함수를 지수함수로 먼저 바꾼 뒤에 라플라스 변환을 하도록 한다.

$$f(t) = \sin \omega t = \frac{e^{j\omega t} - e^{-j\omega t}}{2j} \tag{8-51}$$

그러므로

$$\begin{aligned}
\mathcal{L}[\sin \omega t] &= \int_0^\infty e^{-st} \sin \omega t \, dt \\
&= \int_0^\infty e^{-st} \frac{e^{j\omega t} - e^{-j\omega t}}{2j} dt \\
&= \frac{1}{2j} \int_0^\infty [e^{-(s-j\omega)t} - e^{-(s+j\omega)t}] \, dt \\
&= \frac{1}{2j} \left[\int_0^\infty e^{-(s-j\omega)t} \, dt - \int_0^\infty e^{-(s+j\omega)t} \, dt \right] \\
&= \frac{1}{2j} \left[\frac{1}{s-j\omega} - \frac{1}{s+j\omega} \right] \\
&= \frac{\omega}{s^2 + \omega^2}
\end{aligned}$$

$$\therefore \mathcal{L}[\sin \omega t] = \frac{\omega}{s^2 + \omega^2} \tag{8-52}$$

6 여현파함수

$$f(t) = \cos \omega t \tag{8-53}$$

에 대한 라플라스 변환도 정현파함수의 라플라스 변환에서와 마찬가지로 3각함수를 지수함수로 먼저 바꾼 뒤에 라플라스 변환을 하도록 한다.

$$f(t) = \cos \omega t = \frac{e^{j\omega t} + e^{-j\omega t}}{2} \tag{8-54}$$

그러므로

$$\begin{aligned}
\mathcal{L}[\cos \omega t] &= \mathcal{L}\left[\frac{e^{j\omega t} + e^{-j\omega t}}{2}\right] \\
&= \int_0^\infty e^{-st} \frac{e^{j\omega t} + e^{-j\omega t}}{2} dt \\
&= \frac{1}{2}\int_0^\infty e^{-st}(e^{j\omega t} + e^{-j\omega t})dt \\
&= \frac{1}{2}\left[\int_0^\infty e^{-(s-j\omega)t}\,dt + \int_0^\infty e^{-(s+j\omega)t}\,dt\right] \\
&= \frac{1}{2}\left[\frac{1}{s-j\omega} + \frac{1}{s+j\omega}\right] \\
&= \frac{s}{s^2+\omega^2}
\end{aligned}$$

$$\therefore \mathcal{L}[\cos \omega t] = \frac{s}{s^2+\omega^2} \tag{8-55}$$

7 쌍곡선함수

$\sinh \omega t$, $\cosh \omega t$ 의 지수형은

$$\sinh \omega t = \frac{1}{2}(e^{\omega t} - e^{-\omega t}) \tag{8-56}$$

$$\cosh \omega t = \frac{1}{2}(e^{\omega t} + e^{-\omega t}) \tag{8-57}$$

이므로 이에 대한 라플라스 변환은 위에서와 같은 방법에 의하여 다음과 같이 된다.

$$\mathcal{L}[\sinh \omega t] = \frac{\omega}{s^2-\omega^2} \tag{8-58}$$

$$\mathcal{L}[\cosh \omega t] = \frac{s}{s^2-\omega^2} \tag{8-59}$$

표 8.2 라플라스 변환에 관한 정리

연산명	$f(t)$	$F(s)$
정 의 식	$f(t)$	$\mathcal{L}[f(t)] = F(s) = \int_0^{\infty} e^{-st} f(t)\,dt$
상 수 의 곱	$k\ f(t)$	$kF(s)$
선 형 정 리	$af_1(t) \pm bf_2(t)$	$aF_1(s) \pm bF_2(s)$
실 미 분 정 리	$\frac{d}{dt} f(t)$	$sF(s) - f(0)$
	$\frac{d^2}{dt^2} f(t)$	$s^2 F(s) - sf(0) - \frac{d}{dt} f(0)$
실 적 분 정 리	$\int_0^t f(t)\,dt$	$\frac{1}{s} F(s)$
	$\int_{-\infty}^t f(t)\,dt$	$\frac{1}{s} F(s) + \frac{1}{s} f^{(-1)}(0)$
비 례 정 리	$f\left(\frac{t}{a}\right)$	$aF(as)$
복 소 미 분 정 리	$tf(t)$	$-\frac{d}{ds} F(s)$
	$t^n f(t)$	$(-1)^n \frac{d^n}{ds^n} F(s)$
복 소 적 분 정 리	$\frac{1}{t} f(t)$	$\int_s^{\infty} F(s)\,ds$
초 기 치 정 리	$\lim_{t \to 0} f(t)$	$\lim_{s \to \infty} s\ F(s)$
최 종 치 정 리	$\lim_{t \to \infty} f(t)$	$\lim_{s \to 0} s\ F(s)$
시 간 추 이 정 리	$f(t-a)$	$e^{-as} F(s)$
복 소 추 이 정 리	$e^{-at} f(t)$	$F(s+a)$
상 승 정 리	$\int_0^t f_1(\tau) f_2(t-\tau)\,d\tau$	$F_1(s) F_2(s)$
	$\int_0^t f_1(t-\tau) f_2(\tau)\,d\tau$	$F_1(s) F_2(s)$
주 기 함 수	$f(t+nt)$	$\frac{1}{1-e^{-sT}} \int_0^T e^{-st} f(t)\,dt$
복 소 상 승 정 리	$f_1(t) f_2(t)$	$\frac{1}{2\pi j} \int_{r-j\infty}^{r+j\infty} F_1(s-\lambda) F_2(\lambda)\,d\lambda$

8.9 | 주기함수의 라플라스 변환

지금 $f(t)$를 모든 양수의 t에 대해서 정의된 주기 $T(>0)$인 함수라 하자. 즉

$$f(t) = f(t+T) \qquad (t>0) \tag{8-60}$$

만일, 이 $f(t)$가 길이 T인 구간에서 구분연속이면 $f(t)$의 라플라스 변환은 존재하므로 0에서 ∞까지의 적분을 다음과 같이 계속된 주기 위에서의 적분의 급수로 나타낼 수 있다. 즉

$$\mathcal{L}[f(t)] = \int_0^\infty e^{-st} f(t)\,dt = \int_0^T e^{-st} f(t)\,dt + \int_T^{2T} e^{-st} f(t)\,dt + \cdots \tag{8-61}$$

이다. 두 번째 적분에서 $t=\tau+T$를 대입하고, 세 번째 적분에서 $t=\tau+2T$를 대입하고, ⋯, n번째 적분에서는 $t=\tau+(n-1)T$를 대입하면 새로운 적분의 상한과 하한은 각각 0과 T가 된다. 그런데

$$f(\tau+t) = f(\tau), \quad f(\tau+2t) = f(\tau), \cdots$$

이므로

$$\mathcal{L}[f(t)] = \int_0^T e^{-s\tau} f(\tau)\,d\tau + \int_0^T e^{-s(\tau+T)} f(\tau)\,d\tau + \int_0^T e^{-s(\tau+2T)} f(\tau)\,d\tau + \cdots \tag{8-62}$$

를 얻는다. 여기서 τ에 무관한 인자는 적분기호 밖으로 뽑아낼 수 있으므로

$$\mathcal{L}[f(t)] = [1+e^{-sT}+e^{-2sT}+\cdots]\int_0^T e^{-s\tau} f(\tau)\,d\tau \tag{8-63}$$

이다. 여기서 괄호 내의 급수에 맥로린의 무한등비 급수 $1+x+x^2+x^3+\cdots = \dfrac{1}{1-x}$ (단, $|x|<1$)을 적용하면 그 합은 $1/(1-e^{-sT})$이 되므로, 다음의 결과를 얻을 수 있다.

[정리 1] 주기함수의 변환

주기가 T이고 구분연속인 주기함수 $f(t)$의 라플라스 변환식은 다음과 같다.

$$\mathcal{L}[f(t)] = \frac{1}{1-e^{-sT}} \int_0^T e^{-st} f(t)\,dt \tag{8-64}$$

8.10 | 파형의 합성

그림 8.21은 펄스함수를 계단함수로써 표시하는 방법을 나타내고 있다.

그림 8.21에 나타낸 두 개의 계단함수들의 합성에 의하여 펄스함수들을 표시하는 식은 다음과 같다.

$$f(t) = u(t-a) - u(t-b) \tag{8-65}$$

$$f(t) = u(b-t) - u(a-t) \tag{8-66}$$

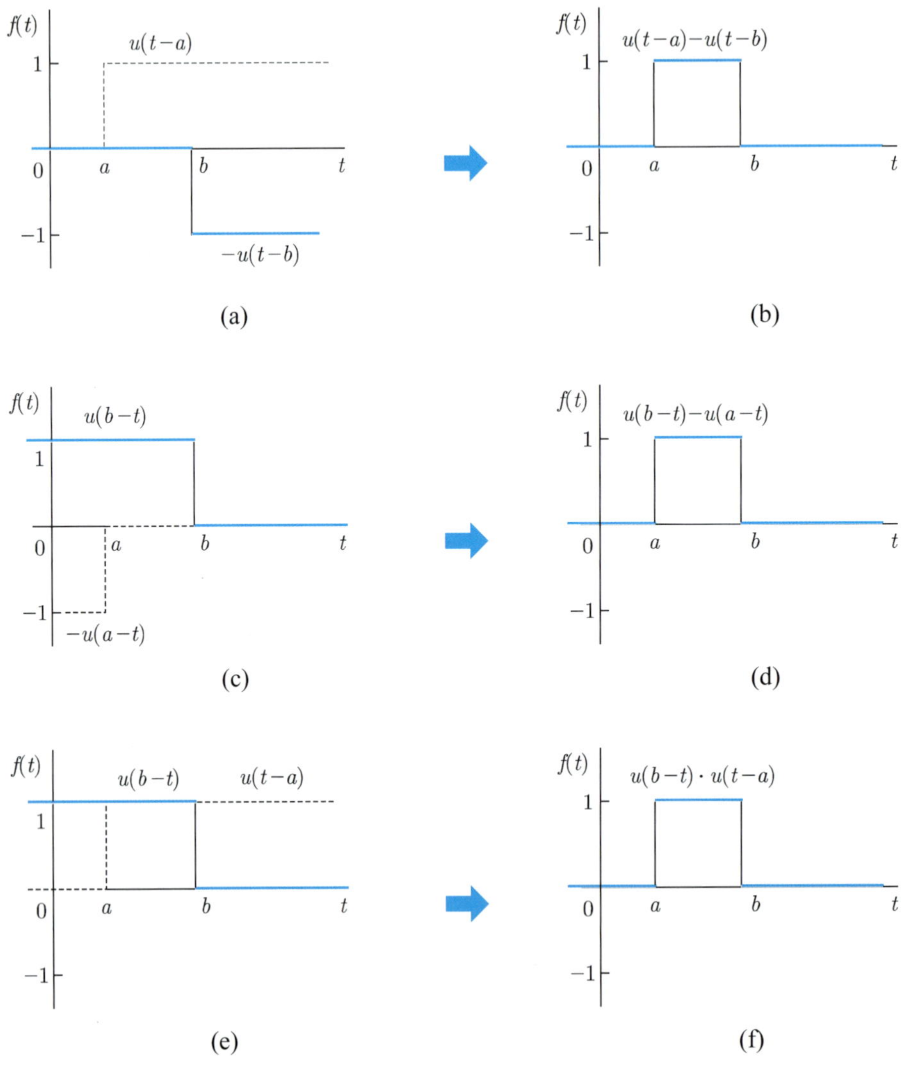

그림 8.21 계단함수 합성에 의한 펄스파형

$$f(t) = u(b-t) \cdot u(t-a) \tag{8-67}$$

펄스함수를 구성하는 방법을 이용하여 정현파의 반주기만을 구성하는 방법은 다음과 같다. 그림 8.22(a)에는 정의 시간축에만 존재하고 부의 시간축에서는 0인 정현파를 표시하고, 그림 8.22(b)의 파형을 단위시간만큼 우측으로 추이한 것이다.

이들 파형의 함수는 각각

$$v_1(t) = \sin \pi t\, u(t)$$

$$v_2(t) = \sin \pi (t-1)\, u(t-1)$$

로 표시되고, 이 두 파형을 합성하면 그림 8.22(c)와 같은 반주기의 정현파펄스가 되며, 정

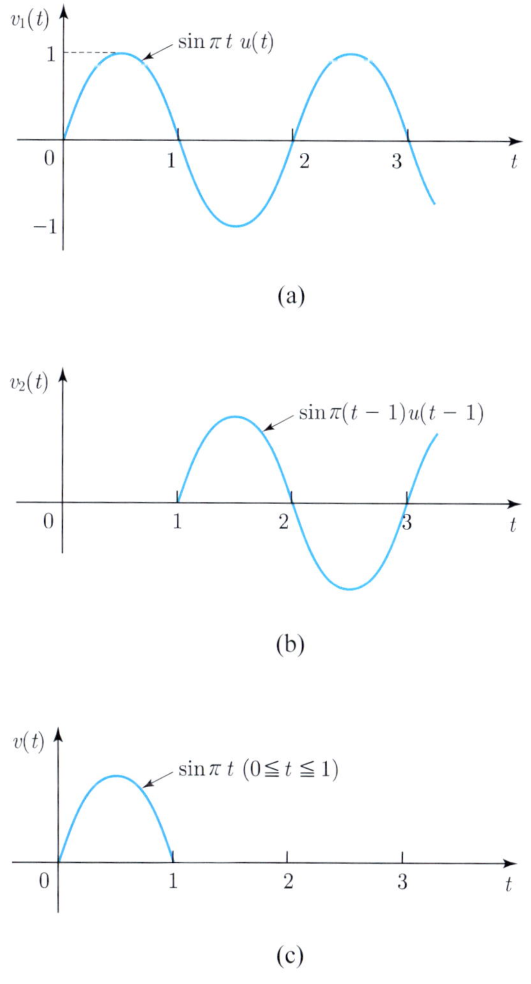

그림 8.22 파형의 합성

현파 펄스함수를 표시하는 식은 다음과 같다.

$$v(t) = v_1(t) + v_2(t) = \sin \pi t u(t) + \sin \pi (t-1) u(t-1)$$

위의 식을 라플라스 변환하면

$$\begin{aligned} V(s) &= \mathcal{L}[v(t)] = \mathcal{L}[\sin \pi t u(t) + \sin \pi (t-1) u(t-1)] \\ &= \frac{\pi}{s^2+\pi^2} + \frac{\pi}{s^2+\pi^2} e^{-s} = \frac{\pi}{s^2+\pi^2}(1+e^{-s}) \end{aligned} \quad (8\text{-}68)$$

표 8.3 중요한 라플라스 변환표

No.	$f(t)$ $(t>0)$	$F(s)$
1	$\delta(t)$: unit impulse	1
2	$\delta(t-T)$: delayed impulse	e^{-sT}
3	$u(t)$, 1 : unit step	$\frac{1}{s}$
4	$u(t-T)$: delayed step	$\frac{1}{s}e^{-sT}$
5	$u(t)-u(t-T)$	$\frac{1}{s}(1-e^{sT})$
6	t: unit ramp	$\frac{1}{s^2}$
7	e^{-at}	$\frac{1}{s+a}$
8	te^{-at}	$\frac{1}{(s+a)^2}$
9	$\frac{t^{n-1}}{(n-1)!}$ $(0!=1)$	$\frac{1}{s^n}$ $(n=1, 2, 3, \ldots)$
10	$\frac{1}{(n-1)!}t^{n-1}e^{-at}(n=1, 2, 3, \ldots)$	$\frac{1}{(s+a)^n}$
11	$\frac{1}{(b-a)}(e^{-at}-e^{-bt})$	$\frac{1}{(s+a)(s+b)}$
12	$\frac{1}{(a-b)}(ae^{-at}-be^{-bt})$	$\frac{s}{(s+a)(s+b)}$
13	$\sin \omega t$	$\frac{\omega}{s^2+\omega^2}$

14	$\cos\omega t$	$\dfrac{s}{s^2+\omega^2}$
15	$t\sin\omega t$	$\dfrac{2\omega s}{(s^2+\omega^2)^2}$
16	$t\cos\omega t$	$\dfrac{s^2-\omega^2}{(s^2+\omega^2)^2}$
17	$e^{-at}\sin\omega t$	$\dfrac{\omega}{(s+a)^2+\omega^2}$
18	$e^{-at}\cos\omega t$	$\dfrac{s+a}{(s+a)^2+\omega^2}$
19	$te^{-at}\sin\omega t$	$\dfrac{2\omega(s+a)}{\{(s+a)^2+\omega^2\}^2}$
20	$te^{-at}\cos\omega t$	$\dfrac{(s+a)^2-\omega^2}{\{(s+a)^2+\omega^2\}^2}$
21	$\sin(\omega t+\phi)$	$\dfrac{\sin\phi+\omega\cos\phi}{s^2+\omega^2}$
22	$\cos(\omega t+\phi)$	$\dfrac{s\cos\phi-\omega\sin\phi}{s^2+\omega^2}$
23	$\dfrac{1}{\omega}\sin\omega t$	$\dfrac{1}{s^2+\omega^2}$
24	$\dfrac{1}{\omega}e^{-at}\sin\omega t$	$\dfrac{1}{(s+a)^2+\omega^2}$
25	$1-\cos\omega t$	$\dfrac{\omega^2}{s(s^2+\omega^2)}$
26	$\sinh\omega t$	$\dfrac{\omega}{s^2-\omega^2}$
27	$\cosh\omega t$	$\dfrac{s}{s^2-\omega^2}$
28	$\dfrac{1}{a}(1-e^{-at})$	$\dfrac{1}{s(s+a)}$

연습문제 08

1. 다음 함수의 라플라스 변환을 구하여라.

(1) $3t+4$
(2) t^2+at+b
(3) $\sin(\omega t+\theta)$
(4) $\sin^2 t$
(5) $\cosh^2 3t$
(6) $2te^t$
(7) $e^{-2t}\cos t$
(8) $t\cos 2t$
(9) t^2e^t
(10) $t\sinh 2t$

2. 다음 함수의 역 라플라스 변환을 구하여라.

(1) $F(s)=\dfrac{s+2}{s(s^2-1)}$
(2) $F(s)=\dfrac{1}{(s-a)(s-b)}$
(3) $F(s)=\dfrac{4s+4}{s^2+16}$
(4) $F(s)=\dfrac{s}{(s+1)^2}$
(5) $F(s)=\dfrac{2s^2-3s}{(s-2)(s-1)^2}$
(6) $F(s)=\dfrac{2s}{(s^2+1)^2}$

3. 라플라스 변환을 이용하여 다음의 초기치 문제의 해를 구하여라.

(1) $y''+2y'+2y=0 \quad y(0)=0,\ y'(0)=1$
(2) $y''-2y'+10y=0 \quad y(0)=3,\ y'(0)=3$

4. 다음 함수를 단위계단함수로 나타내고, 라플라스 변환을 구하여라.

(1)

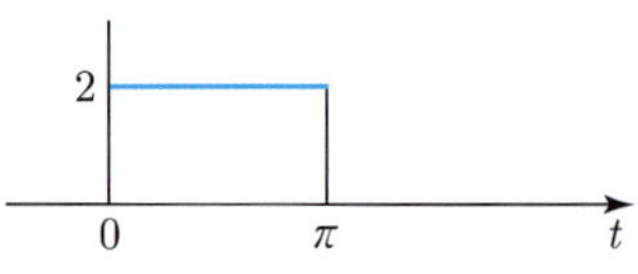

(2)

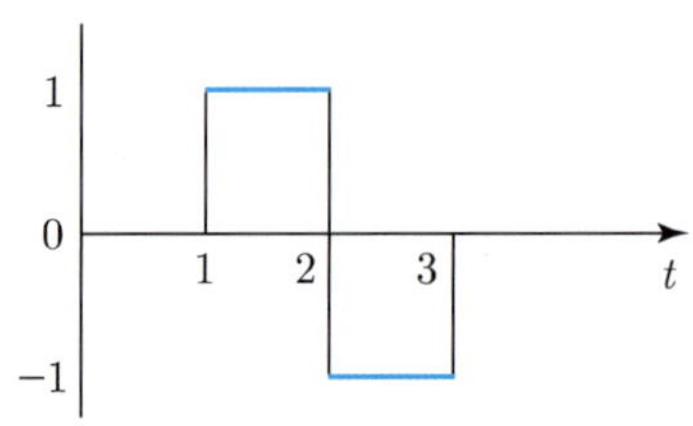

(3)

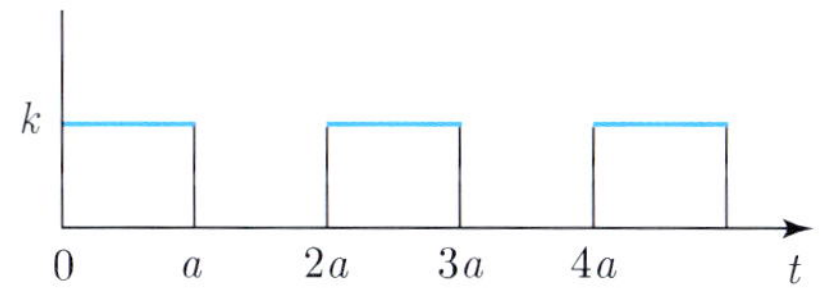

(4)

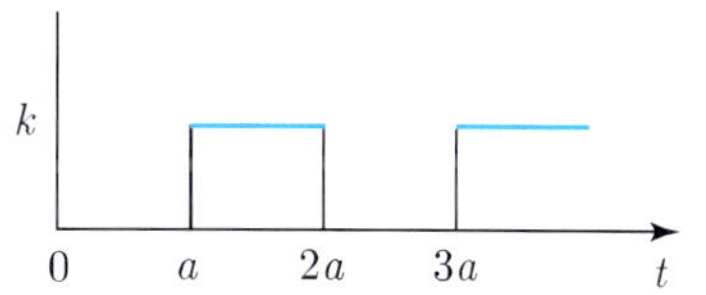

(5)

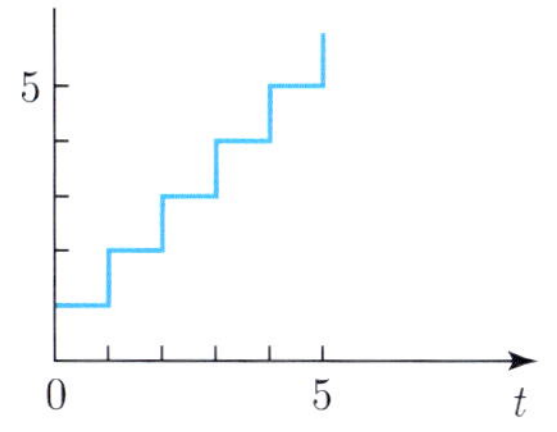

(6)

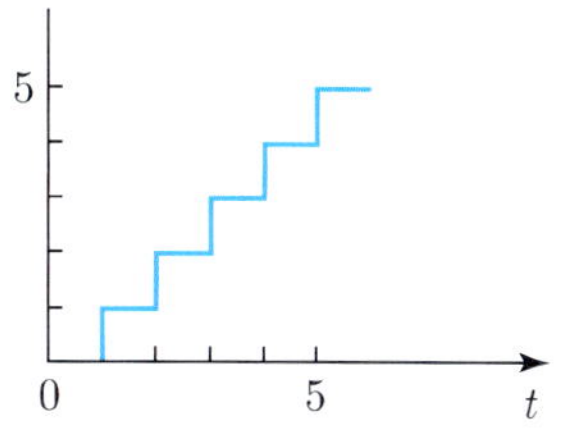

그림 8.23

5. 커패시턴스 C인 축전기가 전압 V_0로 충전되어 있다. 그림 8.24에서 $t=0$일 때 스위치가 닫혀서 저항 R을 통하여 축전기가 방전하기 시작한다. 라플라스 변환을 이용하여 축전기의 전하 $q(t)$를 구하여라.

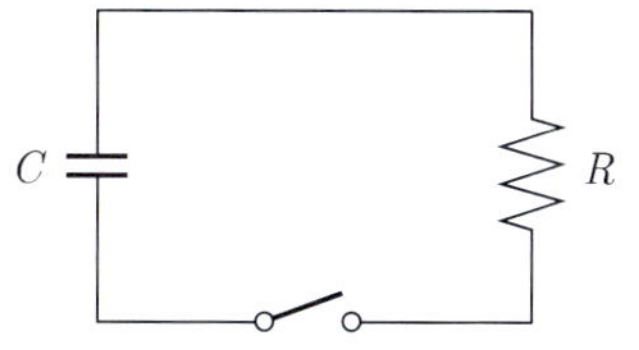

그림 8.24

6. $t \leqq 0$일 때 전류는 흐르지 않고, $t=0$에서 스위치가 닫혔다고 가정하고 그림 8.25의 회로에서 전류 $i(t)$를 구하여라.

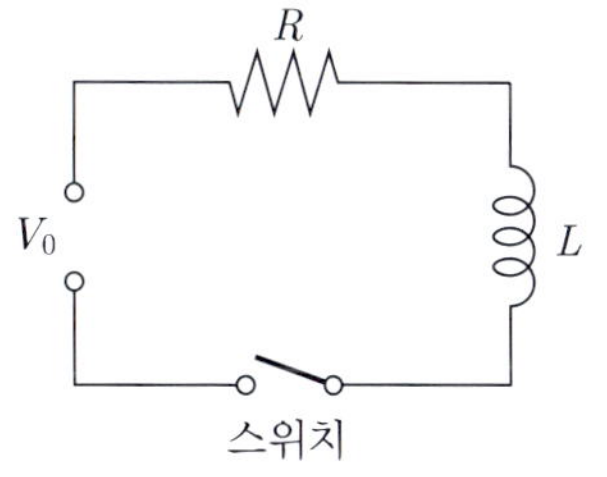

그림 8.25

7. $L=1$[Henry], $C=1$[Farad], 축전기의 초기전류와 전하는 0이고, $v(t)$는 다음과 같다고 가정하고 그림 8.26의 LC 회로에서 전류 $i(t)$를 구하여라.

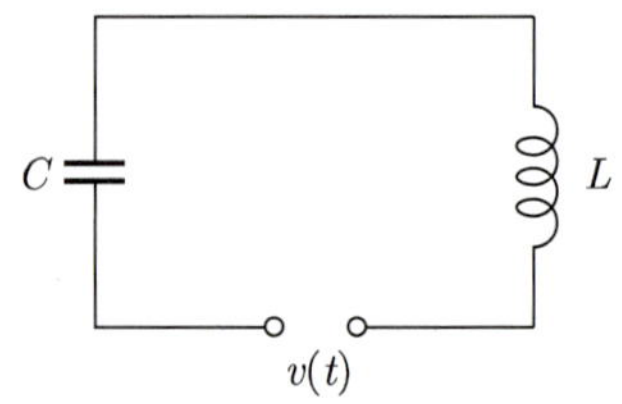

그림 8.26

(1) $v = 1 \ (0 < t < a), \ v = 0 \, (t > a)$

(2) $v = t \ (0 < t < 1), \ v = 0 \, (t > 1)$

(3) $v = 1 - e^{-t} \ (0 < t < \pi), \ v = 0 \, (t > \pi)$

8. 다음의 합성을 구하여라.

(1) $1 * 1$

(2) $1 * \cos t$

(3) $(e^{-t} - e^{-2t}) * e^{-t}$

(4) $t * e^{at}$

9. 다음 주기함수의 라플라스 변환을 구하여라(주기는 2π 임).

(1) $f(t) = \pi - t \quad (0 < t < 2\pi)$

(2) $f(t) = t \quad (0 < t < 2\pi)$

(3) $f(t) = t^2 \quad (0 < t < 2\pi)$

(4) $f(t) = \begin{cases} t & (0 < t < \pi) \\ 0 & (\pi < t < 2\pi) \end{cases}$

(5) $f(t) = \begin{cases} 1 & (0 < t < \pi) \\ -1 & (\pi < t < 2\pi) \end{cases}$

10. 그림 8.27의 회로에서 정상상태 전류 $i(t)$를 구하여라.

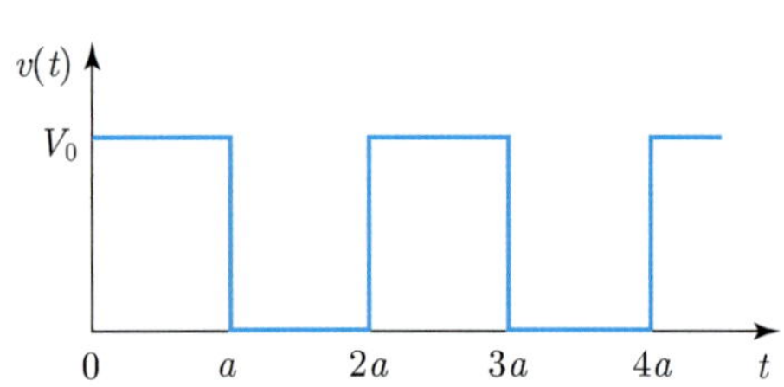

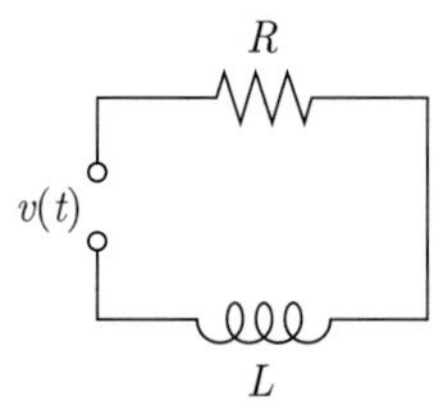

그림 8.27

11. 그림 8.28의 회로에서 $i(0)=0$ 이라 가정하고 전류 $i(t)$를 구하여라.

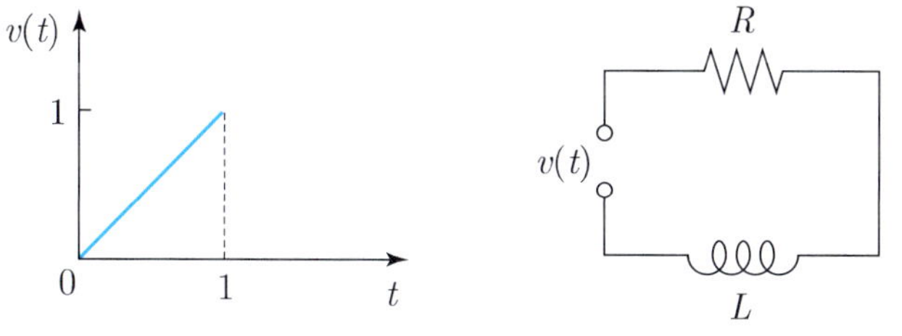

그림 8.28

12. 그림 8.29의 회로에서 스위치가 닫혀서 정상전류가 흐르고 있다. $t=0$ 에서 스위치가 열린다. 전류 $i(t)$를 구하여라.

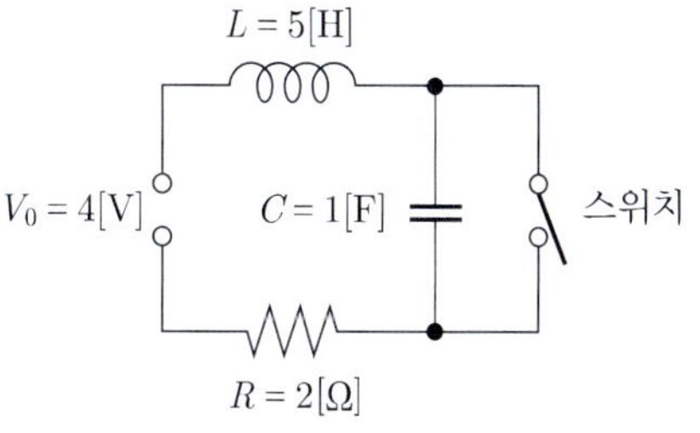

그림 8.29

9장

푸리에 급수

학습목표

- 푸리에 급수의 정의를 이해할 수 있다.
- 주기함수 또는 펄스에 대한 푸리에 급수를 구할 수 있다.
- 반파대칭, 정현대칭, 여현대칭 등의 대칭성을 이해할 수 있다.
- 비정현파의 실효치 및 전력을 구할 수 있다.

" 수학은 인간이 불완전하고
짧은 생을 살기에 생겼다. "

푸리에
(Jean Baptiste Joseph Fourier, 1768~1830)

프랑스 혁명기의 수학자. 1811년에 열의 전도(傳導)에 관한 연구로 아카데미상을 받았고, 1822년에 저서 ≪열의 해석적 이론≫을 출간했다. 푸리에는 편미분(偏微分)방정식을 푸는 변수분리법(變數分離法)을 세밀하게 연구하여 임의함수(任意函數)의 삼각급수를 전개하는 사상과, 오늘날의 푸리에 급수의 개념확립에 몰두하였다. 그러던 중 이들 급수의 연속적인 경우에 대한 연구로 방향을 바꾸어 오늘날의 푸리에 적분(積分)의 개념에 도달했다. 그의 연구는 이후 친구인 디리클레 등에 의해 계승·발전되었다. 푸리에는 1827년에 대기 중의 가스가 지구의 온도를 높일 수 있다는 의견을 최초로 내었으며, 온실 효과라는 용어도 고안하였다.

푸리에 급수(Fourier Series)를 사용하면 구형파(square wave)를 포함하여 모든 비정현파들은 주파수가 다른 수많은 정현파(sinusoidal wave)의 합으로 표현할 수 있다는 것이 푸리에 급수의 매력이며 특징이다. 푸리에 급수는 직교좌표계에 의한 함수 및 임의의 주기함수를 삼각함수로 구성되는 급수로 전개한 것을 말한다. 즉, 푸리에 급수란 요약하자면 함수를 삼각함수들의 합으로 나타내는 것이라고 할 수 있다.

이 장에서는 푸리에 급수의 정의를 학습하고, 주기함수 또는 펄스의 푸리에 급수에 대하여 학습한다. 그리고 반파대칭, 정현대칭, 여현대칭 등의 대칭성과 비정현파의 실효치 및 전력에 대하여 학습한다.

9.1 | 주기함수

연속함수 $f(x)$가 몇 번이고 미분가능이면 맥로린(Maclaurin)의 급수로 전개할 수 있다. 이때 이 급수는 정급수이고 주기를 갖고 있지 않지만 물리학이나 공학에서 나타나는 현상에는 주기현상이 많다. 예로서 음의 진동, 전파의 파형 등이다.

함수 $f(x)$가

$$f(x+T)=f(x) \tag{9-1}$$

인 관계가 성립할 때 $f(x)$는 주기 T인 **주기함수**라 한다.

이와 같은 조건을 만족하는 몇 개의 함수를 그림 9.1에 표시하였다.

식(9-1)에서 n이 정수라면 모든 x에 대하여

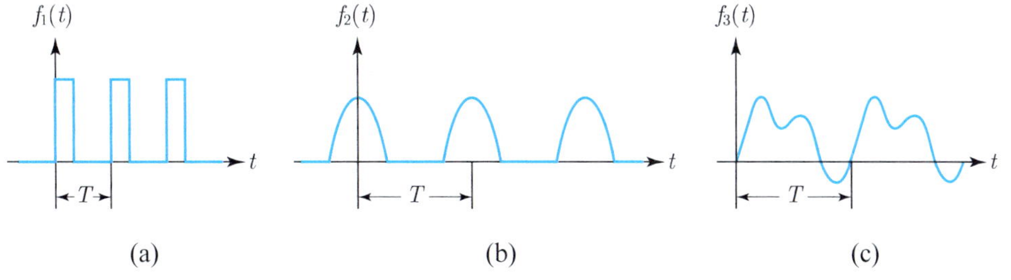

그림 9.1 주기함수

$$f(x+nT)=f(x) \tag{9-2}$$

가 되므로 T의 정수배 $nT(n \neq 0)$도 역시 주기함수가 된다.

또 두 정현함수 $f_1(t)=3\sin\omega t$, $f_2(t)=\sin 2\omega t$의 합으로 된 함수

$$f(t)=3\sin\omega t+\sin 2\omega t \tag{9-3}$$

는 주기가 $T=\dfrac{2\pi}{\omega}$인 주기함수임을 알 수 있다.

9.2 | 푸리에 급수

일반적으로 비정현파는 **일정항**(직류성분)과 **기본파** 및 기본파 주파수의 정수배의 주파수를 가진 여러 개의 **고주파**의 합성으로 표시된다. 즉 주기 T인 비정현파 함수를 $f(t)$라 하면

$$f(t)=f(t+nT)$$

이것을 푸리에 급수로 전개하면 다음과 같이 된다.

$$\begin{aligned} f(t) &= A_0+A_1\cos\omega t+A_2\cos 2\omega t+\cdots+A_n\cos n\omega t \\ &\quad +B_1\sin\omega t+B_2\sin 2\omega t+\cdots+B_n\sin n\omega t \\ &= A_0+\sum_{n=1}^{\infty}A_n\cos n\omega t+\sum_{n=1}^{\infty}B_n\sin n\omega t \end{aligned} \tag{9-4}$$

여기서 A_0, A_n, $B_n(n=1,\ 2,\ \cdots)$은 상수이며, ω는 주기파의 각주파수(angular frequency)로서 주기 T 및 주파수 f와의 관계는 다음과 같다.

$$\omega=\frac{2\pi}{T}=2\pi f \tag{9-5}$$

그리고 식(9-4)를 함수 $f(t)$의 **푸리에 전개**라고 하며 푸리에 전개식의 각 계수를 **푸리에**

급수(Fourier series)라고 한다.

함수가 푸리에 급수로 전개될 수 있으려면 다음의 **디리끄레**(Dirichlet) **조건**이 만족되어야 한다.

① 불연속성을 가져도 좋으나 1주기간의 불연속점의 수는 유한개일 것.

② 파형이 많은 변동을 하여도 좋으나 1주기간의 극대점, 극소점의 수는 유한개일 것.

③ $\int_0^T |f(t)|dt$ 의 값이 유한값일 것.

대체로 공학적으로 문제가 되는 거의 모든 비정현파는 이 조건을 만족한다.

1 A_0 의 결정

식(9-4)를 1주기($0 \sim T$)동안 적분하면 sin항 및 cos항은 0 이 되고 상수항만 남으므로

$$\int_0^T f(t)dt = \int_0^T A_0\, dt = A_0 T$$

따라서 A_0 는 다음과 같이 된다.

$$A_0 = \frac{1}{T}\int_0^T f(t)dt = \frac{1}{2\pi}\int_0^{2\pi} f(\omega t)d(\omega t) \tag{9-6}$$

단, $\omega = \frac{2\pi}{T}$

위의 식에서 A_0 는 주기함수의 1주기 동안의 평균치임을 알 수 있다. 따라서 이것을 보통 **직류성분**이라고 부른다.

2 A_n 의 결정

식(9-4)의 양변에 $\cos m\omega t$ 를 곱하고 0 에서 T 까지 적분하면

$$\int_0^T f(t)\cos m\omega t = A_0\int_0^T \cos m\omega t\, dt + \sum_{n=1}^{\infty} A_n \int_0^T \cos n\omega t \cdot \cos m\omega t\, dt + \sum_{n=1}^{\infty} B_n \int_0^T \sin n\omega t \cdot \cos m\omega t\, dt \tag{9-7}$$

위의 식에서 우변의 제1항에서

$$\int_0^T \cos m\omega t\, dt = 0 \tag{9-8}$$

가 되고 제2항, 제3항에서

$$\begin{aligned}\int_0^T \cos n\omega t \cdot \cos m\omega t\, dt &= \frac{1}{2}\int_0^T [\cos(m+n)\omega t + \cos(m-n)\omega t]dt \\ &= \begin{cases} 0 & (m \neq n) \\ \dfrac{T}{2} & (m = n) \end{cases}\end{aligned} \tag{9-9}$$

$$\int_0^T \sin n\omega t \cdot \cos m\omega t\, dt = \frac{1}{2}\int_0^T [\sin(m+n)\omega t - \sin(m-n)\omega t]dt = 0 \tag{9-10}$$

이 되므로 식(9-7)의 우변은 제2항 중 $m = n$ 인 항만 남고, 그 값은 $A_n \times \frac{T}{2}$ 가 된다. 따라서 A_n 은 다음과 같이 된다.

$$A_n = \frac{2}{T}\int_0^T f(t)\cos n\omega t\, dt = \frac{1}{\pi}\int_0^{2\pi} f(\omega t)\cos n\omega t\, d(\omega t) \quad (n = 1, 2, \cdots) \tag{9-11}$$

3 B_n 의 결정

식(9-4)의 양변에 $\sin m\omega t$ 를 곱하고 0 에서 T 까지 적분하면

$$\begin{aligned}\int_0^T f(t)\sin m\omega t\, dt = A_0\int_0^T \sin m\omega t\, dt + \sum_{n=1}^{\infty} A_n \int_0^T \cos n\omega t \cdot \sin m\omega t\, dt \\ + \sum_{n=1}^{\infty} B_n \int_0^T \sin n\omega t \cdot \sin m\omega t\, dt\end{aligned} \tag{9-12}$$

위의 식에서 우변의 제1항과 제2항은 위의 경우와 마찬가지로 0 이 되고 제3항은

$$\int_0^T \sin \omega t \cdot \sin m\omega t\, dt = \frac{1}{2}\int_0^T [\cos(m-n)\omega t - \cos(m+n)\omega t]dt$$

$$= \begin{cases} 0 & (m \neq n) \\ \dfrac{T}{2} & (m = n) \end{cases} \tag{9-13}$$

그러므로 식(9-12)의 우변은 제3항 중 $m = n$ 인 항만 남고, 그 값은 $B_n \times \dfrac{T}{2}$ 가 된다. 따라서 B_n 은 다음과 같이 된다.

$$B_n = \frac{2}{T}\int_0^T f(t)\sin n\omega t\, dt = \frac{1}{\pi}\int_0^{2\pi} f(\omega t)\sin n\omega t\, d(\omega t) \quad (n = 1, 2, \cdots) \tag{9-14}$$

4 푸리에 급수의 정현표시

푸리에 급수로 전개된 식(9-4)에 있어서 동일 주파수의 cos항과 sin항을 결합하면 sin항만으로 표시할 수 있다.

$$\begin{aligned} & A_n\cos n\omega t + B_n\sin n\omega t \\ &= \sqrt{A_n^2 + B_n^2}\left(\frac{A_n}{\sqrt{A_n^2 + B_n^2}}\cos n\omega t + \frac{B_n}{\sqrt{A_n^2 + B_n^2}}\sin n\omega t\right) \\ &= \sqrt{A_n^2 + B_n^2}\,(\sin\theta_n \cdot \cos n\omega t + \cos\theta_n \cdot \sin n\omega t) \\ &= C_n \sin(n\omega t + \theta_n) \end{aligned} \tag{9-15}$$

단,

$$C_n = \sqrt{A_n^2 + B_n^2} \quad (n = 1,\ 2,\ \cdots)$$

$$\theta_n = \tan^{-1}\frac{A_n}{B_n} \quad (n = 1,\ 2,\ \cdots)$$

따라서 식(9-4)는 다음과 같이 쓸 수 있다.

$$f(t) = A_0 + \sum_{n=1}^{\infty} C_n \sin(n\omega t + \theta_n) \tag{9-16}$$

이 식에서 $n = 1$ 인 경우, 즉 $C_1\sin(\omega t + \theta_1)$ 이 $f(t)$ 와 같은 주파수 ω 를 가진 **기본파**(fundamental wave)가 되고, $n = 2,\ 3,\ 4,\ \cdots$ 의 경우, 즉 $f(t)$ 의 주파수 ω 의 2배, 3배, 4배 ⋯ 가 되는 항들을 각각 제2조파, 제3조파, 제4조파 ⋯ 또는 제2고조파, 제3고조파 ⋯

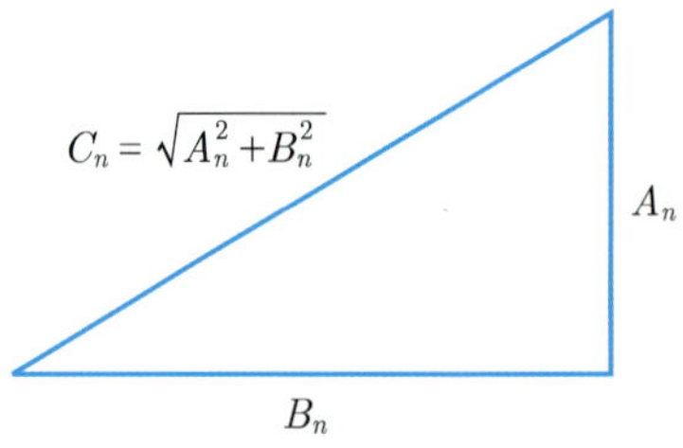

그림 9.2

라 부르고 이를 총칭하여 **고조파**(higher harmonic wave)라 한다.

이와 같이 비정현파 주기함수는 일정항과 기본파 및 고조파로 분해할 수 있으며 이러한 분해를 **푸리에 분석**이라 한다.

또 주파수의 배수를 **차수**(order)라 하고 차수가 홀수인 고조파를 **기수조파**(odd harmonic wave), 짝수인 고조파를 **우수조파**(even harmonic wave)라 하며, 홀수 또는 짝수 고조파로만 구성되어 있는 함수를 각각 **기함수** 또는 **우함수**라고 한다.

예제 1

주기가 다음과 같이 주어지는 주기함수의 푸리에 급수를 구하여라.

$$f(t) = \begin{cases} 1 & (0 < t < \pi) \\ -1 & (\pi < t < 2\pi) \end{cases}$$

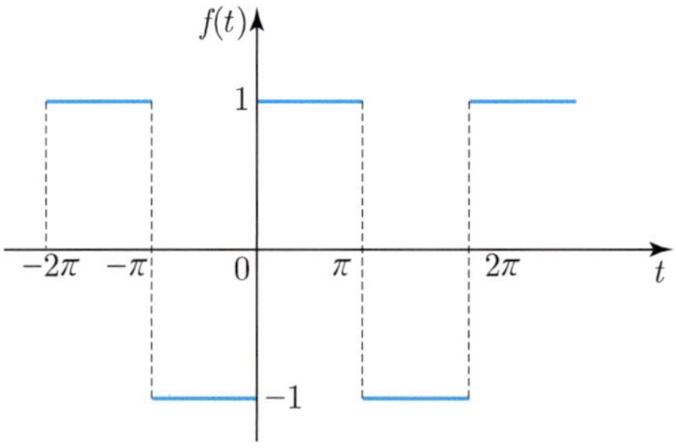

그림 9.3

풀이 식(9-6), 식(9-11), 식(9-14)로부터

$$A_0 = \frac{1}{2\pi}\int_0^{2\pi} f(t)dt = \frac{1}{2\pi}\int_0^{\pi} 1 \cdot dt + \frac{1}{2\pi}\int_{\pi}^{2\pi} (-1)dt = 0$$

$$A_n = \frac{1}{\pi}\int_0^{2\pi} f(t)\cos n\omega t\, dt$$

$$= \frac{1}{\pi}\int_0^{\pi} 1\cdot\cos n\omega t\, dt + \frac{1}{\pi}\int_{\pi}^{2\pi} (-1)\cos n\omega t\, dt = 0$$

$$B_n = \frac{1}{\pi}\int_0^{2\pi} f(t)\sin n\omega t\, dt$$

$$= \frac{1}{\pi}\int_0^{\pi} 1\cdot\sin n\omega t\, dt + \frac{1}{\pi}\int_{\pi}^{2\pi} (-1)\sin n\omega t\, dt$$

$$= \frac{2(1-\cos n\pi)}{n\pi} = \begin{cases} \dfrac{4}{n\pi} & (n = 1, 3, 5, \cdots) \\ 0 & (n = 2, 4, 6, \cdots) \end{cases}$$

따라서 구하는 푸리에 급수는

$$f(t) = \frac{4}{\pi}\left(\sin\omega t + \frac{\sin 3\omega t}{3} + \frac{\sin 5\omega t}{5} + \frac{\sin 7\omega t}{7} + \cdots\right)$$

예제 2

그림 9.4와 같은 펄스의 푸리에 급수를 구하여라.

$$f(t) = \begin{cases} A & (0 < t < \tau) \\ 0 & (\tau < t < T) \end{cases}$$

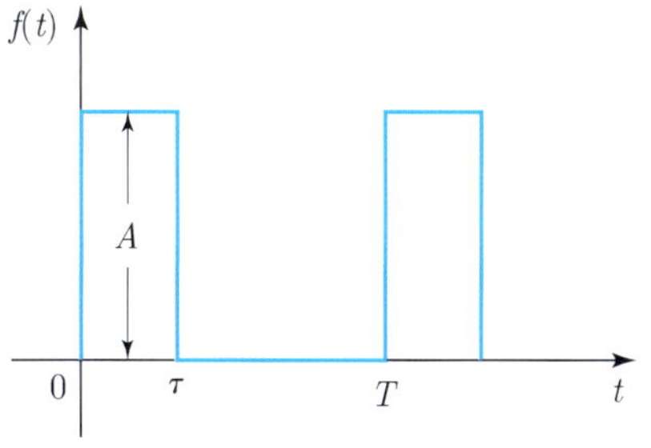

그림 9.4

풀이 식(9-6), 식(9-11), 식(9-14)로부터

$$A_0 = \frac{1}{T}\int_0^T f(t)dt = \frac{1}{T}\int_0^T A\cdot dt = \frac{1}{T}A\tau$$

$$A_n = \frac{2}{T}\int_0^T f(t)\cos n\omega t\, dt = \frac{2}{T}\int_0^T A\cos n\omega t\, dt$$

$$= \frac{2A}{2\pi/\omega}\left[\frac{1}{n\omega}\sin n\omega t\right]_0^{\tau} = \frac{A}{n\pi}\sin n\omega\tau$$

$$B_n = \frac{2}{T}\int_0^T f(t)\sin n\omega t\, dt = \frac{2}{T}\int_0^T A\sin n\omega t\, dt$$

$$= \frac{2A}{2\pi/\omega}\left[\frac{-1}{n\omega}\cos n\omega t\right]_0^{\tau} = \frac{A}{n\pi}(1-\cos n\omega\tau)$$

따라서 구하는 푸리에 급수는

$$f(t) = \frac{A\tau}{T} + \frac{A}{\pi}\left\{\sin\omega\tau\cos\omega t + \frac{1}{2}\sin n\omega\tau\cos 2\omega t + \cdots\right.$$

$$\left. + (1-\cos\omega\tau)\sin\omega t + \frac{1}{2}(1-\cos 2\omega\tau)\sin 2\omega t + \cdots\right\}$$

9.3 | 대칭성

1 반파대칭

그림 9.5와 같이 반주기마다 그 값의 크기가 같고 부호가 반대인 경우, 즉 정(+)의 반파를 180°만큼 수평축으로 평행이동하여 180° 회전하면 부(−)의 반파와 일치할 때 **반파대칭**이라고 한다.

반파대칭을 수식으로 표시하면

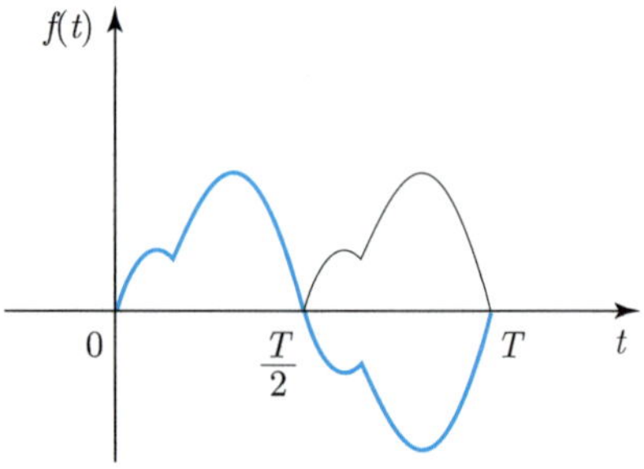

그림 9.5

$$f(t) = -f\left(t + \frac{T}{2}\right) \tag{9-17}$$

가 되며, 반파대칭은 정의 반파와 부의 반파의 면적이 서로 같으므로 $A_0 = 0$ 가 된다. 따라서 $f(t)$는

$$f(t) = \sum_{n=1}^{\infty} A_n \cos n\omega t + \sum_{n=1}^{\infty} B_n \sin n\omega t \tag{9-18}$$

가 되고, $-f\left(t + \frac{T}{2}\right)$는

$$\begin{aligned} -f\left(t + \frac{T}{2}\right) &= -\sum_{n=1}^{\infty} A_n \cos n\left(\omega t + \frac{T}{2}\right) - \sum_{n=1}^{\infty} B_n \sin n\left(\omega t + \frac{T}{2}\right) \\ &= -\sum_{n=1}^{\infty} A_n (-1)^n \cos n\omega t - \sum_{n=1}^{\infty} B_n (-1)^n \sin n\omega t \end{aligned} \tag{9-19}$$

가 된다. 따라서 $f(t) = -f\left(t + \frac{T}{2}\right)$의 관계가 성립하려면 식(9-18)과 식(9-19)에서 n 가 홀수라야 한다.

반파대칭의 경우는 정의 반파와 부의 반파가 같으므로 A_n, B_n 을 구할 때 반주기만 적분하여 2배하여 주면 된다. 즉

$$\begin{cases} A_n = \dfrac{2}{T/2} \displaystyle\int_0^{T/2} f(t) \cos n\omega t \, dt \\ B_n = \dfrac{2}{T/2} \displaystyle\int_0^{T/2} f(t) \sin n\omega t \, dt \end{cases} \tag{9-20}$$

$$(n = 1, 3, 5, \cdots)$$

이 때의 푸리에 급수는 다음과 같이 된다.

$$\begin{aligned} f(t) &= A_1 \cos \omega t + A_3 \cos 3\omega t + A_5 \cos 5\omega t + \cdots \\ &\quad + B_1 \sin \omega t + B_3 \sin 3\omega t + B_5 \sin 5\omega t + \cdots \end{aligned} \tag{9-21}$$

2 정현대칭 (기함수파)

그림 9.6과 같이 정의 반파를 수직축에 대하여 180° 회전하고 이것을 다시 수평축에 대하여 180° 회전할 때 부의 반파와 일치하는 파를 **정현대칭**(기함수파)이라고 한다.

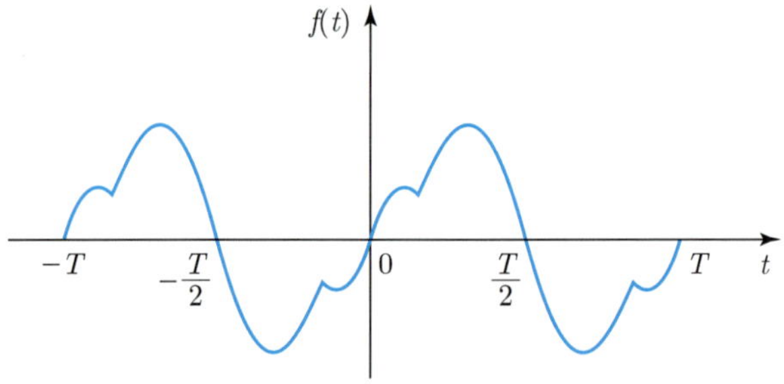

그림 9.6 정현대칭

정현대칭을 수식으로 표시하면

$$f(t) = -f(-t) \tag{9-22}$$

또는

$$f(t) = -f(T-t)$$

가 되고, $f(t)$는 t 의 기함수이다.

정현대칭의 경우도 1주기 동안의 평균치는 0 이므로 $A_0 = 0$ 이다. 따라서 $f(t)$는

$$f(t) = \sum_{n=1}^{\infty} A_n \cos n\omega t + \sum_{n=1}^{\infty} B_n \sin n\omega t \tag{9-23}$$

가 되고, $-f(T-t)$는

$$\begin{aligned} -f(T-t) &= -\sum_{n=1}^{\infty} A_n \cos n(T-\omega t) - \sum_{n=1}^{\infty} B_n \sin n(T-\omega t) \\ &= -\sum_{n=1}^{\infty} A_n \cos n\omega t + \sum_{n=1}^{\infty} B_n \sin n\omega t \end{aligned} \tag{9-24}$$

가 된다. 따라서 $f(t) = -f(T-t)$의 관계가 성립하려면 식(9-23)과 식(9-24)에서 cos항은 존재할 수 없고 sin항만 존재하여야 한다.

따라서

$$f(t) = \sum_{n=1}^{\infty} B_n \sin n\omega t$$

$$B_n = \frac{2}{T/2}\int_0^{T/2} f(t)\sin n\omega t\, dt \tag{9-25}$$

$$(n = 1,\ 2,\ 3,\ \cdots)$$

이 때의 푸리에 급수는 다음과 같이 된다.

$$f(t) = B_1 \sin\omega t + B_2 \sin 2\omega t + B_3 \sin 3\omega t + \cdots \tag{9-26}$$

3 여현대칭 (우함수파)

그림 9.7과 같이 수직축에 대하여 180° 회전할 때 좌우가 일치하는 파를 **여현대칭**(우함수파)이라고 한다.

여현대칭을 수식으로 표시하면

$$f(t) = f(-t) \tag{9-27}$$

또는

$$f(t) = f(T-t)$$

가 되며, $f(t)$는 t의 우함수이다. 따라서 $f(t)$는

$$f(t) = A_0 + \sum_{n=1}^{\infty} A_n \cos n\omega t + \sum_{n=1}^{\infty} B_n \sin n\omega t \tag{9-28}$$

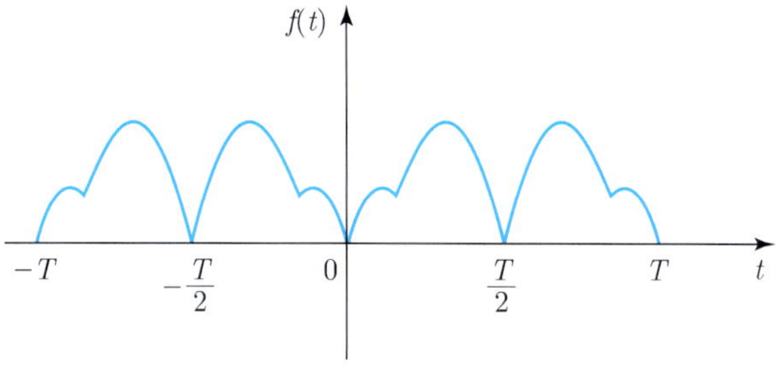

그림 9.7 여현대칭

가 되고, $f(T-t)$는

$$f(T-t) = A_0 + \sum_{n=1}^{\infty} A_n \cos n(T-\omega t) + \sum_{n=1}^{\infty} B_n \sin n(T-\omega t)$$
$$= A_0 + \sum_{n=1}^{\infty} A_n \cos n\omega t - \sum_{n=1}^{\infty} B_n \sin n\omega t \qquad (9\text{-}29)$$

가 된다. 따라서 $f(t) = f(T-t)$가 성립하려면 식(9-28)과 식(9-29)에서 sin항은 존재할 수 없고 평균치와 여현항만 존재하여야 한다.

따라서

$$f(t) = A_0 \sum_{n=1}^{\infty} \cos n\omega t$$

$$\begin{cases} A_0 = \dfrac{1}{T/2}\displaystyle\int_0^{T/2} f(t)dt \\ A_n = \dfrac{2}{T/2}\displaystyle\int_0^{T/2} f(t)\cos n\omega\, dt \end{cases} \qquad (9\text{-}30)$$

이 때의 푸리에 급수는 다음과 같이 된다.

$$f(t) = A_0 + A_1 \cos \omega t + A_2 \cos 2\omega t + A_3 \cos 3\omega t + \cdots \qquad (9\text{-}31)$$

이상의 결과를 요약하면 표 9.1과 같다.

표 9.1 대칭파의 성질

종 류	대칭조건	A_0	A_n	B_n
반파대칭	$f(t) = -f\left(t \pm \frac{T}{2}\right)$	0	$\frac{4}{T}\int_0^{T/2} f(t)\cos n\omega t\, dt$	$\frac{4}{T}\int_0^{T/2} f(t)\sin n\omega t\, dt$
기 함 수	$f(t) = -f(-t)$	0	0	$\frac{4}{T}\int_0^{T/2} f(t)\sin n\omega t\, dt$
우 함 수	$f(t) = f(-t)$	·	$\frac{4}{T}\int_0^{T/2} f(t)\cos n\omega t\, dt$	0

예제 1

그림 9.8과 같은 톱니파를 푸리에급수로 전개하여라.

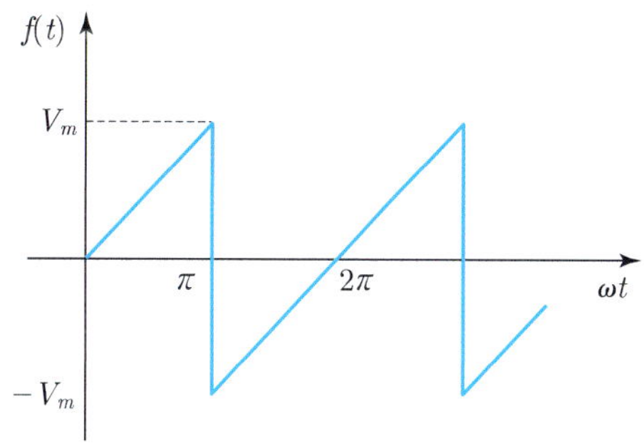

그림 9.8 톱니파

풀이 이 파형은 $f(t) = -f(-t)$ 이므로 정현대칭이다. 따라서 직류성분 A_0 와 cos항의 계수 A_n 은 0 이므로

$$f(t) = \sum_{n=1}^{\infty} B_n \sin n\omega t$$

$$B_n = \frac{2}{\pi}\int_0^{\pi} f(\omega t)\sin n\omega t\, d(\omega t)$$

$0 < t < \pi$ 에서

$$f(t) = v = \frac{V_m}{x}\omega t$$

이므로

$$B_n = \frac{2}{\pi}\int_0^{\pi} \frac{V_m}{\pi}\omega t \sin n\omega t \cdot d(\omega t) = \frac{2V_m}{\pi}\left[-\frac{\omega t\ \cos n\omega t}{n} + \frac{\sin n\omega t}{n^2}\right]_0^{\pi}$$

따라서 구하는 푸리에 급수는

$$f(t) = \frac{2}{\pi}V_m \{\sin\omega t - \frac{1}{2}\sin 2\omega t + \frac{1}{3}\sin 3\omega t$$
$$- \frac{1}{4}\sin 4\omega t + \cdots + \frac{(-1)^{n+1}}{n}\sin n\omega t\}$$

예제 2

그림 9.9와 같은 전파정류파를 푸리에 급수로 전개하여라.

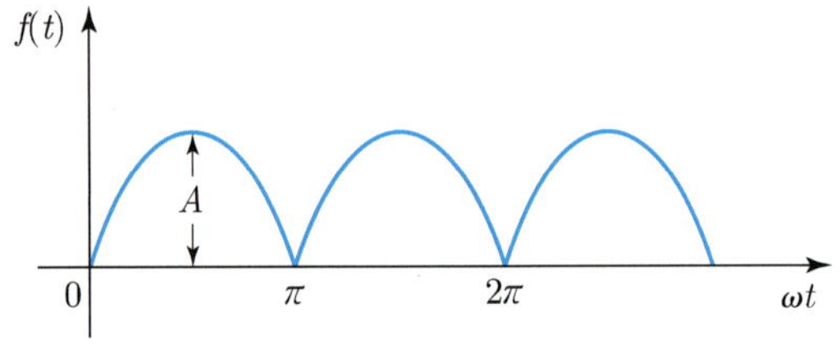

그림 9.9 전파정류파

풀이 이 파형은 $f(t) = f(-t)$이므로 여현대칭이다. 따라서 sin항의 계수 $B_n = 0$ 이므로

$$f(t) = A_0 + \sum_{n=1}^{\infty} A_n \cos n\omega t$$

$$A_0 = \frac{1}{2\pi}\int_0^{2\pi} f(\omega t)\,d(\omega t)$$

$$= \frac{1\times 2}{2\pi}\int_0^{\pi} V_m \sin\omega t\,d(\omega t) = \frac{2}{\pi}V_m$$

$$A_n = \frac{1}{\pi}\int_0^{2\pi} f(\omega t)\cos n\omega t\,d(\omega t) = \frac{1\times 2}{\pi}\int_0^{\pi} V_m \sin n\omega t\cdot\cos n\omega t\,d(\omega t)$$

$$= \frac{2}{\pi}V_m\int_0^{\pi}\frac{1}{2}\{\sin(n+1)\omega t - \sin(n-1)\omega t\}d(\omega t)$$

$$= \frac{V_m}{\pi}\left(\frac{2}{n+1} - \frac{2}{n-1}\right) = \frac{V_m}{\pi}\cdot\frac{-4}{(n+1)(n-1)} \quad (n = 2,\ 4,\ 6,\ \cdots)$$

$$\therefore\ f(t) = \frac{2}{\pi}V_m - \frac{4}{\pi}V_m\left\{\frac{1}{3}\cos 2\omega t + \frac{1}{15}\cos 4\omega t + \frac{1}{35}\cos 6\omega t + \cdots\right\}$$

$$= \frac{4V_m}{\pi}\left\{\frac{1}{2} - \frac{1}{3}\cos 2\omega t + \frac{1}{15}\cos 4\omega t + \frac{1}{35}\cos 6\omega t + \cdots\right\}$$

9.4 | 비정현파의 실효치

주기적으로 변하는 전류(또는 전압)의 실효치는 정현파이건 또는 비정현파이건 다음과 같이 정의된다.

$$I_{rms} = \sqrt{\frac{1}{T}\int_0^T i^2\,dt} \tag{9-32}$$

즉 교류의 실효치는 순시치의 **제곱의 평균의 평방근**(root mean square, RMS)으로 정의된다.

지금 $i = I_0 + \sum_{n=1}^{\infty} I_{mn} \sin n\omega t$ 로 표시되는 비정현파 전류가 있을 때 실효치 I 는

$$I = \sqrt{\frac{1}{T}\int_0^T i^2\,dt}$$

$$= \sqrt{\frac{1}{2\pi}\int_0^{2\pi} \{I_0 + I_{m1}\sin\omega t + I_{m2}\sin 2\omega t + I_{m3}\sin 3\omega t + \cdots\}^2 d(\omega t)}$$

가 된다. 여기서 i^2은

$$i^2 = \{I_0 + I_{m1}\sin\omega t + I_{m2}\sin 2\omega t + I_{m3}\sin 3\omega t + \cdots\}^2$$

$$= I_0^2 + I_{m1}^2\sin^2\omega t + I_{m2}^2\sin^2 2\omega t + I_{m3}^2\sin^2 3\omega t + \cdots$$

$$+ 2I_0\{I_{m1}\sin\omega t + I_{m2}\sin 2\omega t + I_{m3}\sin 3\omega t + \cdots\}$$

$$+ 2I_{m1}\sin\omega t\,\{I_{m2}\sin 2\omega t + I_{m3}\sin 3\omega t + \cdots\}$$

$$+ 2I_{m2}\sin 2\omega t\,\{I_{m3}\sin 3\omega t + I_{m4}\sin 4\omega t + \cdots\}$$

$$+ \cdots$$

가 되고, 우변의 각 항을 분류하여 보면

① $I_0^{\,2}$

② 각 정현파의 제곱항

③ I_0 와 각 정현파와의 곱의 항

④ 주파수가 다른 정현파와의 곱의 항

과 같이 4가지 항으로 분류할 수 있다. 여기서 i^2 의 평균치를 구하면 된다. 그러므로

① $\frac{1}{2\pi}\int_0^{2\pi} I_0{}^2 d(\omega t) = I_0{}^2$

② $\frac{1}{2\pi}\int_0^{2\pi} I_{mn}\sin^2 n\omega t\, d(\omega t) = \frac{I_{mn}{}^2}{2} = I_n{}^2\left(I_n = \frac{I_{mn}}{\sqrt{2}}\right)$

③ $\frac{1}{2\pi}\int_0^{2\pi} I_0 \cdot I_{mn}\sin n\omega t\, d(\omega t) = 0$

④ $\frac{1}{2\pi}\int_0^{2\pi} I_{mn}\sin n\omega t\ I_{mk}\sin k\omega t\, d(\omega t) = 0 \quad (n \neq k)$

이 되므로

$$i^2\text{의 평균치} = I_0^2 + I_1^2 + I_2^2 + I_3^2 + \cdots$$

가 된다.

따라서 실효치 I는 다음과 같이 된다.

$$I = \sqrt{i^2\text{의 평균치}} = \sqrt{I_0^2 + I_1^2 + I_2^2 + I_3^2 + \cdots}$$

가 된다. 여기서 I_1, I_2, I_3 … 는 각 고조파의 실효치이다. 그러므로 비정현파 전류의 실효치는 직류성분 및 각 고조파의 실효치의 제곱의 합의 평방근과 같다.

마찬가지로 비정현파 전압의 실효치는 다음과 같다.

$$V = \sqrt{V_0^2 + V_1^2 + V_2^2 + V_3^2 + \cdots}$$

예제 1

전압 $v = 3 + 10\sqrt{2}\sin\omega t + 10\sqrt{2}\sin\left(3\omega t - \frac{\pi}{4}\right)$일 때 실효치 V를 구하여라.

풀이 $V = \sqrt{\frac{1}{T}\int_0^T v^2\,dt} = \sqrt{V_0^{\,2} + V_1^{\,2} + V_2^{\,2} + V_3^{\,2} + \cdots}$

이므로

$$V_0 = 3, \quad V_1 = \frac{10\sqrt{2}}{\sqrt{2}} = 10, \quad V_3 = \frac{10\sqrt{2}}{\sqrt{2}} = 10$$

$$\therefore\ V = \sqrt{3^2 + 10^2 + 10^2} = 14.45\ [\mathrm{V}]$$

예제 2

그림 9.10과 같은 3각파의 최대치가 1이라면 실효치와 평균치는 각각 얼마인가?

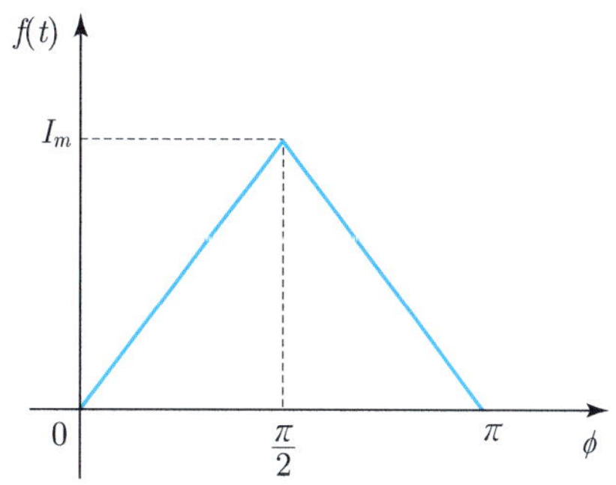

그림 9.10 삼각파

풀이 최대치 $I_m = 1$ 이고, $0 < \phi < \frac{\pi}{2}$ 에서 $i = \frac{2}{\pi}\phi$ 이므로 실효치 I 는

$$I = \sqrt{\frac{2}{\pi}\int_0^{\pi/2} i^2\,d\phi} = \sqrt{\frac{2}{\pi}\int_0^{\pi/2}\left(\frac{2}{\pi}\phi\right)^2 d\phi} = \sqrt{\frac{2}{\pi}\cdot\frac{4}{\pi^2}\int_2^{\pi/2}\phi^2\,d\phi}$$

$$= \sqrt{\frac{8}{\pi^3}\left[\frac{1}{3}\phi^3\right]_0^{\frac{\pi}{2}}} = \sqrt{\frac{8}{\pi^3}\cdot\frac{1}{3}\left(\frac{\pi}{2}\right)^3} = \frac{1}{\sqrt{3}}$$

또한 평균치 I_{av} 는

$$I_{av} = \frac{1}{T}\int_0^T i\,dt = \frac{2}{\pi}\int_0^{\pi/2}\frac{2}{\pi}\phi\cdot d\phi = \frac{2}{\pi}\cdot\frac{2}{\pi}\int_0^{\pi/2}\phi\cdot d\phi$$

$$= \frac{4}{\pi^2}\left[\frac{1}{2}\phi^2\right]_0^{\frac{\pi}{2}} = \frac{1}{2}$$

9.5 | 비정현파의 전력

2단자망의 단자전압과 단자전류가 각각

$$v(t) = V_0 + V_{m1}\sin(\omega t + \alpha_1) + V_{m2}\sin(2\omega t + \alpha_2) + \cdots$$

$$i(t) = I_0 + I_{m1}\sin(\omega t + \beta_1) + I_{m2}\sin(2\omega t + \beta_2) + \cdots$$

와 같이 표시되는 비정현파일 때, 회로에 공급되는 순시전력은 $p = vi$ 가 되고, 평균전력은

$$\begin{aligned} P &= \frac{1}{T}\int_0^T vi\,dt \\ &= \frac{1}{T}\int_0^T \{V_0 + V_{m1}\sin(\omega t + \alpha_1) + V_{m2}\sin(2\omega t + \alpha_2) + \cdots\} \cdot \\ &\qquad \{I_0 + I_{m1}\sin(\omega t + \beta_1) + I_{m2}\sin(2\omega t + \beta_2) + \cdots\}dt \end{aligned}$$

이다. 이것을 전개하면 다음 4가지 항으로 분류할 수 있음을 알 수 있다.

① $V_0 I_0$
② 일정치와 정현파와의 곱의 항
③ 주파수가 같은 두 정현파의 제곱의 항
④ 주파수가 다른 두 정현파의 곱의 항

이들 각 항의 평균치를 구해야 되는데 ①의 평균치는 $V_0 I_0$, ②와 ④의 평균치는 0 이다. ③의 평균치는

$$\begin{aligned} &\frac{1}{T}\int_0^T V_{mn} I_{mn}\sin(n\omega t + \alpha_n)\sin(n\omega t + \beta_n)dt \\ &\quad = \frac{V_{mn} I_{mn}}{T}\int_0^T \sin(n\omega t + \alpha_n)\sin(n\omega t + \alpha_n - \theta_n)dt \\ &\quad (n = 1,\ 2,\ 3,\ \cdots) \end{aligned}$$

단, $\theta_n = \alpha_n - \beta_n$ (제n 고조파의 전압과 전류의 위상차)
여기서 삼각함수의 곱의 공식

$$\sin x \sin y = \frac{1}{2}\{\cos(x - y) - \cos(x + y)\}$$

를 이용하여 피적분 함수를 전개한 다음 적분하면 그 결과는

$$\frac{1}{2} V_{mn} I_{mn} \cos\theta_n = V_m I_m \cos\theta_n$$

과 같게 된다. 이상으로부터 평균전력은

$$\begin{aligned} P &= V_0 I_0 + \sum_{n=1}^{\infty} V_n I_n \cos\theta_n \\ &= V_0 I_0 + V_1 I_1 \cos\theta_1 + V_2 I_2 \cos\theta_2 + \cdots \\ &= P_0 + P_1 + P_2 + \cdots \end{aligned}$$

가 된다. 여기서 P_0, P_1, P_2, ⋯ 는 평균전력의 직류성분과 고조파 성분이다. 이상으로 비정현파에 의하여 회로에 공급되는 평균전력은 각 고조파의 개별적인 평균전력의 합과 같음을 알 수 있다.

예제 1

다음과 같은 비정현파 전압 및 전류에 의한 평균전력을 구하여라.

$$v = 100\sin(\omega t + 30°) - 50\sin(3\omega t + 60°) + 25\sin 5\omega t$$

$$i = 20\sin(\omega t - 30°) + 15\sin(3\omega t + 30°) + 10\cos(5\omega t - 60°)$$

풀이 $P = V_0 I_0 + V_1 I_1 \cos\theta_1 + V_2 I_2 \cos\theta_2 + \cdots$

이므로

$$P = \frac{100}{\sqrt{2}} \times \frac{20}{\sqrt{2}} \cos 60° + \frac{(-50)}{\sqrt{2}} \times \frac{15}{\sqrt{2}} \cos 30° + \frac{25}{\sqrt{2}} \times \frac{10}{\sqrt{2}} \cos 30°$$

$$= 500 - 324.75 + 108.25 = 283.5\ [\mathrm{W}]$$

9.6 | 푸리에 적분

주기가 T 인 주기함수 $f_T(x)$ 에서 T 를 무한히 크게 하면 그 결과로 생기는 함수 $f(x)$ 는 주기함수가 되지 않고 적분이 됨을 알 수 있다.

지금 주기 T 인 주기함수 $f_T(x)$ 가 다음과 같은 푸리에 급수로 표시될 수 있다고 하자.

$$f_T(x) = a_0 + \sum_{n=1}^{\infty}\left(a_n \cos\frac{2n\pi}{T}x + b_n\frac{2n\pi}{T}x\right)$$

여기서 $\omega_n = 2n\pi/T$ 라 놓고, 푸리에 계수를 대입하고, 적분변수를 v 로 대치하면

$$f_T(x) = \frac{1}{T}\int_{-T/2}^{T/2} f_T(v)\,dv + \frac{2}{T}\sum_{n=1}^{\infty}\left[\cos\omega_n x\int_{-T/2}^{T/2} f_T(v)\cos\omega_n v\,dv\right.$$
$$\left. + \sin\omega_n x\int_{-T/2}^{T/2} f_T(v)\sin\omega_n v\,dv\right] \tag{9-33}$$

을 얻는다. 그리고

$$\omega_{n+1} - \omega_n = \frac{2(n+1)\pi}{T} - \frac{2n\pi}{T} = \frac{2\pi}{T}$$

이므로

$$\Delta\omega = \omega_{n+1} - \omega_n = \frac{2\pi}{T}$$

이다. 따라서

$$\frac{2}{T} = \frac{\Delta\omega}{\pi}$$

가 되므로 위의 푸리에 급수는 다음과 같이 쓸 수 있다.

$$f_T(x) = \frac{1}{T}\int_{-T/2}^{T/2} f_T(v)\,dv + \frac{1}{\pi}\sum_{n=1}^{\infty}\left[\cos(\omega_n x)\Delta\omega\int_{-T/2}^{T/2} f_T(v)\cos\omega_n v\,dv\right.$$
$$\left. + \sin(\omega_n x)\Delta\omega\int_{-T/2}^{T/2} f_T(v)\sin\omega_n v\,dv\right] \tag{9-34}$$

이 식은 임의의 고정된 T(아무리 커도 좋으나 유한일 것)에 대하여 성립한다. T 를 무한히 커지게 하면 그 결과로 생기는 비주기함수

$$f(x) = \lim_{T\to\infty} f_T(x)$$

가 x 축 위에서 적분가능하고, 즉

$$\int_{-\infty}^{\infty} |f(x)|dx$$

가 존재한다고 하면 $\frac{1}{T} \to 0$ 이고, 식(9-34)의 우변의 첫째 항은 0에 수렴한다. 그리고 $\Delta\omega = \frac{2\pi}{T} \to 0$ 이므로 식(9-34)의 무한급수는 0에서 ∞ 까지의 적분으로 될 수 있다. 즉

$$f(x) = \frac{1}{\pi}\int_{0}^{\infty}\left[\cos\omega x\int_{-\infty}^{\infty} f(v)\cos\omega v\,dv + \sin\omega x\int_{-\infty}^{\infty} f(v)\sin\omega v\,dv\right]d\omega \quad (9\text{-}36)$$

여기서

$$\begin{cases} A(\omega) = \displaystyle\int_{-\infty}^{\infty} f(x)\cos\omega v\,dv \\ B(\omega) = \displaystyle\int_{-\infty}^{\infty} f(v)\sin\omega v\,dv \end{cases} \quad (9\text{-}37)$$

로 놓으면, 식(9-36)은

$$f(x) = \frac{1}{\pi}\int_{0}^{\infty}[A(\omega)\cos\omega x + B(\omega)\sin\omega x]d\omega \quad (9\text{-}38)$$

과 같이 쓸 수 있다. 이것이 **푸리에 적분**(Fourier integral)에 의한 $f(x)$의 표현이다.

이와 같은 방법은 다만 식(9-38)을 예상할 수 있을 따름이고, 이 식을 유도해 낼 수는 없다. 실제로 $\Delta\omega$가 0에 수렴할 때의 식(9-34)에 있는 급수의 극한은 적분 식(9-36)의 정의가 아니다. 식(9-38)이 정당하기 위한 충분조건은 다음 정리와 같다.

[정리 1] 푸리에 적분

함수 $f(x)$가 모든 유한구간에서 구분연속이고, 구간 $-\infty < x < \infty$ 에서 우측 및 좌측 도함수를 가지며, 또 식(9-35)가 존재한다고 가정하면 $f(x)$는 푸리에 적분으로 표시할 수 있다. 함수 $f(x)$가 불연속인 점에서의 푸리에 적분의 값은 그 점에서의 $f(x)$의 우측 및 좌측 극한의 산술평균과 같다.

예제 1

다음 함수의 푸리에 적분식을 구하여라.

$$f(x) = \begin{cases} 1 & (|x| < 1) \\ 0 & (|x| > 1) \end{cases}$$

풀이 식(9-37)의 푸리에 적분계수는

$$A(\omega) = \int_{-\infty}^{\infty} f(v)\cos\omega v\, dv = \int_{-1}^{1} \cos\omega v\, dv = \left[\frac{\sin\omega v}{\omega}\right]_{-1}^{1}$$

$$= \frac{2\sin\omega}{\omega}$$

$$B(\omega) = \int_{-\infty}^{\infty} f(v)\sin\omega v\, dv = \int_{-1}^{1} \sin\omega v\, dv = 0$$

이므로 식(9-38)의 푸리에 적분은

$$f(x) = \frac{1}{\pi}\int_{0}^{\infty} A(\omega)\cos\omega x\, dx = \frac{2}{\pi}\int_{0}^{\infty} \frac{\cos\omega x \sin\omega}{\omega} d\omega$$

가 된다. 점 $x = 1$ 에서의 $f(x)$의 좌측 및 우측의 극한 평균은

$$\frac{1+0}{2} = \frac{1}{2}$$

이므로, 정리에 의하여

$$\frac{2}{\pi}\int_{0}^{\infty} \frac{\cos\omega x \sin\omega}{\omega}\, d\omega = \begin{cases} 1 & (|x| < 1) \\ \dfrac{1}{2} & (|x| = 1) \\ 0 & (|x| > 1) \end{cases}$$

따라서 구하는 해는

$$\int_{0}^{\infty} \frac{\cos\omega x \sin\omega}{\omega} d\omega = \begin{cases} \pi/2 & (|x| < 1) \\ \pi/4 & (|x| = 1) \\ 0 & (|x| > 1) \end{cases}$$

를 얻는다.

이 적분을 **디리크레의 불연속인자**(Dirichlet's discontinuous factor)라 한다.

연습문제 09

1. 전압-전류의 관계가 $i = v^2$ 과 같이 표시되는 비선형 소자에 1[kHz]의 정현전압을 가할 때, 전류파에 포함되는 주파수 성분은 어떤 것인가?

2. 그림 9.11과 같이 $f(t)$가 0에서 π 까지는 $+I$, π 에서 2π 까지는 $-I$이며, 이것이 반복되는 주기함수일 때 $f(t)$를 푸리에 급수로 전개하여라.

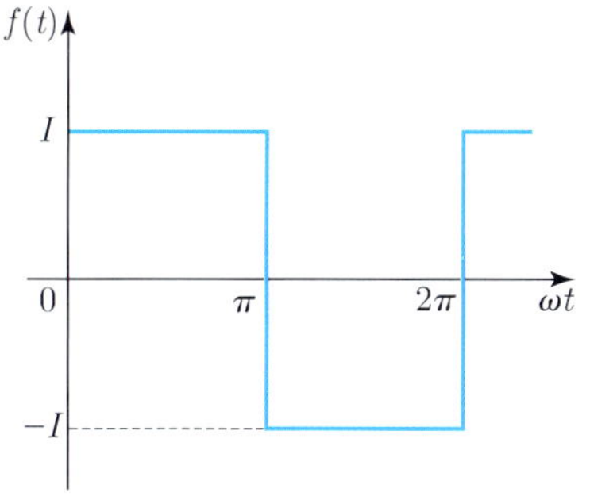

그림 9.11

3. 그림 9.12와 같은 3각파를 푸리에 급수로 전개하여라.

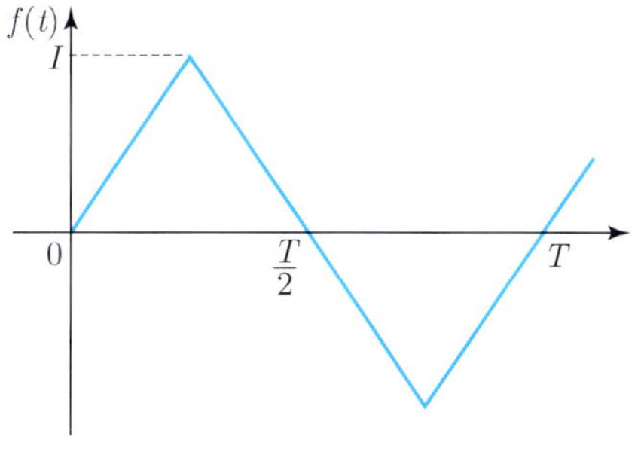

그림 9.12

4. ϕ 가 0에서 π 까지는 $i = 20$[A], π 에서 2π 까지는 $i = 0$[A]인 파형을 푸리에 급수로 전개할 때 A_0 를 구하여라.

5. 전류 $i = 30\sin\omega t + 40\sin(3\omega t + 45°)$ 의 실효치를 구하여라.

6. 전압 $v = V\sin\omega t$, 전류 $i = I(\sin\omega t - \sin 3\omega t)$ 의 교류의 평균전력[W]을 구하여라.

10장

기수법

학습목표

- 기수법이란 무엇인지를 이해할 수 있다.
- 진법의 종류를 이해할 수 있다.
- 2진수의 덧셈, 뺄셈 및 곱셈과 나눗셈을 할 수 있다.
- 8진수와 16진수의 2진수 변환을 할 수 있다.

피보나치
(Leonardo Fibonacci, 1170~1250)

" 인도의 숫자(9, 8, 7, 6, 5, 4, 3, 2, 1)와
아라비아에서 시프르(chiffre)라고 부르는
기호 0으로 어떠한 수라도
자유로이 나타낼 수 있다. "

이탈리아 수학자. 피사의 레오나르도 다 빈치라고도 불린다. 피사에서 무역을 하는 아버지 보나치(Bonacci)가 아프리카 북쪽 부지항(港)에서 피사의 상무관장(商務館長)으로 있었기 때문에, 어려서부터 수판(數板)에 의한 계산법을 배우고 또한 이슬람교 학교에서 인도 기수법(記數法)을 익혔다고 한다. 그 후 이집트 · 시리아 · 그리스 · 시칠리아 등지를 여행하여 여러 계산법을 습득한 다음, 피사로 돌아와 1202년 라틴어로 ≪주판서≫(珠板書)를 저술하였다. 오늘날 인도-아리비아 숫자와 그 숫자들로 더하고 빼고 곱하고 나누는 방법을 서양에 전달한 중요한 책이다. 이 책에서 피보나치의 유명한 '피보나치 수열'을 소개했다. 그는 아라비아의 산술과 대수를 단순히 편집한 것에 머물지 않고 그 내용을 완전히 소화하고 체계화하여 유럽의 수학 발전에 큰 영향을 끼쳤다.

기수법(numeration system)이란, 추상적인 개념인 숫자를 인간이 알아볼 수 있게 구체적인 방법으로 표현하는 것을 말한다. 인류 최초의 기수법은 작대기 하나로만 수를 표기하는 단항 기수법이었으며, 이후 특정 수는 다른 표기법을 가지는 명수법, 그리고 현대에 쓰이는 위치 기수법의 형태로 발전하였다.

고대 로마 숫자에서부터 현대에 쓰이는 인도-아라비아 숫자에 이르기까지 여러 가지 기수법이 사용되었다. 그러나 현대에 가장 많이 쓰이는 기수법은 10개의 숫자를 사용한 기수법인 10진법이다. 간혹 필요에 따라 2진법이나 12진법, 60진법 등이 쓰이기도 한다.

이 장에서는 2진수와 10진수의 상호 변환과 2진수의 덧셈, 뺄셈 및 곱셈과 나눗셈에 대하여 학습한다.

10.1 | 2진수

기수법(numeration system)이란 일종의 부호에 불과하다. 즉 각각 다른 양에 대하여 특정한 기호를 대응시키는 것이다. 우리에게 가장 익숙한 기수법은 10진법이며 표 10.1에 10개의 디짓트(digit)를 나타내고 있다. 우리는 이미 이들 각 기호의 뜻을 알고 있으므로 즉시 이해할 수 있다. 그러나 다른 기호를 사용한다고 하더라도 큰 문제가 될 것은 없다. 예를 들어 0, 1, 2, ⋯, 9 대신에 $A, B, C, \cdots$ 등을 사용할 수도 있다. 따라서 기수법은 일종의 부호이므로 수의 표시에 임의의 개수의 기호를 활용할 수 있는 것이다.

표 10.1 10진 디짓트

점의 갯수	기호
없음	0
•	1
• •	2
• • •	3
• • • •	4
• • • • •	5
• • • • • •	6
• • • • • • •	7
• • • • • • • •	8
• • • • • • • • •	9

그러므로 2개의 기본 기호를 사용하여 수를 표시할 수도 있음을 알 수 있다. 즉 +, − 또는 0, 1과 같이 2개의 디짓트를 사용하는 것은 **2진기수법**(binary number system) 또는 **2진법**이라 하며 표 10.2와 같다.

표 10.2 2진 디짓트

점의 갯수	기호
없음	0
•	1

2진법에서는 0과 1 이외의 디짓트는 없으므로 ••를 나타내는 데는 두 번째 2진 디짓트 1 다음에 첫 번째 2진 디짓트 0을 붙여서 10으로 나타낸다. 그리고 •••을 나타낼 때에는 11을 쓴다.

따라서 2진법에서는 0, 1, 10, 11, … 과 같은 차례로 수량을 계수하며 10진법에서의 이들이 뜻하는 수량과 구별하기 위하여 2진법에서는 영, 일, 일영, 일일, … 등으로 읽는 것이 보통이다.

표 10.3은 10진법과 2진법에 대하여 계수의 방법을 표시하였다.

표 10.3

점의 갯수	2진법	10진법
없음	0	0
•	1	1
• •	10	2
• • •	11	3
• • • •	100	4
• • • • •	101	5
• • • • • •	110	6
• • • • • • •	111	7
• • • • • • • •	1000	8
• • • • • • • • •	1001	9

10.2 | 2진수의 덧셈

2진수의 덧셈에는 다음 4가지의 경우가 있다.

- $0 + 0 = 0$
- $0 + 1 = 1$
- $1 + 0 = 1$
- $1 + 1 = 10$

더욱 큰 2진수를 더하려면 10진수의 덧셈과 마찬가지로 올림수를 윗자리 열에 더하면 된다. 예를 들어 10에 10을 더하는 과정은 다음과 같다.

$$\begin{array}{r} 1\,0 \\ +\ 1\,0 \\ \hline 1\,0\,0 \end{array}$$

↑ 올림수

첫 번째 열에서 0에 0을 더하여 0이다. 두 번째 열에서 1 더하기 1이므로 0이고 올림수 1이 된다.

예제 1

다음 2진수를 계산하여라.

(1) 101 + 110 (2) 111 + 110

풀이 (1)

$$\begin{array}{r} 1\,0\,1 \\ +\ 1\,1\,0 \\ \hline 1\,0\,1\,1 \end{array}$$

첫 번째 열에서 $1 + 0 = 1$
두 번째 열에서 $0 + 1 = 1$
세 번째 열에서 $1 + 1 = 10$ (올림수 1)

(2)

$$\begin{array}{r} 1\,1\,1 \\ +\ 1\,1\,0 \\ \hline 1\,1\,0\,1 \end{array}$$

첫 번째 열에서 $1 + 0 = 1$
두 번째 열에서 $1 + 1 = 10$ (올림수 1)
세 번째 열에서 $1 + 1 + 1 = 10 + 1 = 11$

10.3 | 2진–10진 변환

10진법에서 모든 정수는 1의 자리, 10의 자리, 100의 자리, 1000의 자리 등으로 구분하여 표시할 수 있다. 예를 들면 10진수 4612는 다음과 같이 분해하여 표기할 수 있다.

$$4612 = 4000 + 600 + 10 + 2$$

10의 멱승으로 표기하면

$$4612 = 4(10^3) + 6(10^2) + 1(10^1) + 2(10^0)$$

이와 비슷한 방법으로 어떠한 2진수도 간단한 부분으로 분해하여 표기할 수 있다. 예를 들어 2진수 111은

$$111 = 100 + 10 + 1$$

2진수 111을 이와 등가인 10진수로 표기하면(표 10.3 참조)

$$\begin{array}{rccccccc} \text{2진수}: & 111 & = & 100 & + & 10 & + & 1 \\ & \downarrow & & \downarrow & & \downarrow & & \downarrow \\ \text{10진수}: & 7 & = & 4 & + & 2 & + & 1 \end{array}$$

따라서 2진수를 부분으로 분해하여 표현하는 것은, 그와 등가인 10진수를 1, 2, 4, 8, … 등으로 분해하여 표시하는 것과 같음을 알 수 있다. 즉 2진수의 각 디지트 자리는 그 자리에 따라 어떤 특정한 값을 갖고 있음을 뜻한다. 따라서 2진수의 가장 오른쪽 자리에 있는 디지트, 즉 최하위 디지트(the least significant digit; LSD)는 1의 자리값을 가지며, 오른쪽에서 두 번째 자리에 있는 디지트는 2, 그 다음은 차례로 4, 8, 16, 32 등의 자리값을 갖는다. 즉 2진수가 갖는 각 자리값을 10진수로 표시하면 다음과 같다.

$$\leftarrow \cdots\ 32,\quad 16,\quad 8,\quad 4,\quad 2,\quad 1$$

또 이들을 2의 멱승으로 표시하면

$$\leftarrow \cdots\ 2^5,\quad 2^4,\quad 2^3,\quad 2^2,\quad 2^1,\quad 2^0$$

즉 2진수를 그에 대응하는 10진수로 변환하려면 어느 디지트 자리에 1이 있으면 그 자리값을 더하고 0이 있으면 그 자리값을 무시한다. 예를 들어 2진수 101, 1011, 11001을 이에 대응하는 10진수로 표시하면

$$101 \rightarrow 4 + 0 + 1 = 5$$

$$1011 \rightarrow 8 + 0 + 2 + 1 = 11$$

$$11001 \rightarrow 16 + 8 + 0 + 0 + 1 = 25$$

같은 방법으로 2진법으로 표시된 소수가 갖는 각 자리값을 10진수로 표시하면 다음과 같다.

$$\leftarrow \cdots 32,\ 16,\ 8,\ 4,\ 2,\ 1 \cdot \frac{1}{2},\ \frac{1}{4},\ \frac{1}{8},\ \frac{1}{16},\ \frac{1}{32} \cdots \rightarrow$$

↑ 2진 소수점

또 이들을 2의 멱승으로 표시하면

$$\leftarrow \cdots 2^5,\ 2^4,\ 2^3,\ 2^2,\ 2^1,\ 2^0 \cdot 2^{-1},\ 2^{-2},\ 2^{-3},\ 2^{-4} \cdots \rightarrow$$

↑ 2진 소수점

따라서 2진수 0.101에 대응하는 10진수는

$$0.101 \rightarrow 0.5 + 0 + 0.125 = 0.625$$

10진수와 2진수를 혼동할 우려가 있을 경우에는 그 디짓트수를 첨자로 표기한다. 예를 들면

$$1_{10} + 1_{10} = 2_{10}$$

$$1_2 + 1_2 = 10_2$$

예제 1

2진수 110.001을 10진수로 변환하여라.

풀이 $110.001_2 \rightarrow 4 + 2 + 0.125 = 6.125_{10}$

10.4 | 10진–2진 변환

10진수를 그와 등가인 2진수로 변환하는 한 가지 방법은 앞 절에서 언급한 과정을 거꾸로 행하면 된다. 예를 들어 10진수 9를 그와 등가인 2진수로 변환하고자 할 때 9를 2의

멱승의 합으로 표시한 다음 적절한 디짓트 자리에 1 혹은 0을 써넣으면 된다. 즉

$$\begin{array}{ccccccccccc} & & & & (8) & & (4) & & (2) & & (1) \\ 9_{10} = 8 + 1 & = & & & 1 & + & 0 & + & 0 & + & 1 \rightarrow 1001_2 \end{array}$$

10진수를 2진수로 변환하는 일반적인 방법은 **더블 대블법**(double dabble method)이다. 이 방법은 10진수를 2로 나누고 나머지 수를 옆에 써 놓고, 나누어진 수를 다시 2로 나누고 나머지 수를 옆에 써 넣는다. 이러한 나눗셈을 반복한 후에 나머지 수들을 거꾸로 주워 모으면 그것이 구하는 2진수이다. 예를 들어 10진수 9를 2진수로 변환하면 다음과 같다.

$9 \div 2 = 4$ 나머지 1

$4 \div 2 = 2$ 나머지 0

$2 \div 2 = 1$ 나머지 0

$1 \div 2 = 0$ 나머지 1 $\quad \therefore 9_{10} = 1001_2$

즉 제일 먼저 9를 2로 나누면 몫이 4이고 나머지 수가 1이 되었다. 다음으로 처음 나눗셈에서 얻은 첫 번째 몫(4)을 2로 나누어 몫 2와 나머지 수 0을 얻는다. 이렇게 차례로 몫을 2로 나누면서 그때마다 나머지 수를 기록한다. 마지막으로 1 나누기 2는 나눌 수 없으므로 몫은 0이고 나머지 수는 1이 된다. 이렇게 하여 나머지 수들을 거꾸로(아래에서 위로) 모으면 2진수로 변환한 값을 얻는다. 이와 같은 과정을 간략하게 나타내면 다음과 같다.

$$\begin{array}{rll} 2) & \underline{9} & \cdots\cdots 1 \\ 2) & \underline{4} & \cdots\cdots 0 \\ 2) & \underline{2} & \cdots\cdots 0 \\ 2) & \underline{1} & \cdots\cdots 1 \\ & 0 & \end{array}$$

10진소수를 2진소수로 변환할 때는 2로 곱하여 소숫점 윗자리에 오는 올림수를 기록한다. 그리하여 이들 올림수를 차례로 모으면 그것이 구하는 2진소수이다. 예를 들어 10진수 0.625를 그와 등가인 2진소수로 변환하면 다음과 같다.

$$0.625 \times 2 = 1.25 \rightarrow 0.25 \quad \text{올림수 } 1$$

$$0.25 \times 2 = 0.5 \quad \text{올림수 } 0$$

$$0.5 \times 2 = 1.0 \rightarrow 0 \quad \text{올림수 } 1$$

$$\therefore 0.625_{10} = 0.101_2$$

올림수를 위에서부터 차례로 모으면 등가 2진수 0.101이 됨을 알 수 있다. 여기서 주의할 것은 0.625×2의 값이 1.25일 때 소수점 윗자리의 수는 올림수로 기록하고, 다음 단계에는 첫 번째 계산에서 나온 값의 소수점 윗자리의 수는 떼어내고 계산을 하여야 한다.

예제 1

21.6_{10}을 2진수로 변환하여라(단, 소수점 이하 5자리까지만 계산할 것).

풀이 21.6을 정수부분 21과 소수부분 0,6으로 나누어 놓고 각 부분에 더블 데블법을 적용시킨다.

```
2) 21  ······ 1
2) 10  ······ 0
2)  5  ······ 1
2)  2  ······ 0
2)  1  ······ 1
    0
```

그리고 소수점 이하는

$0.6 \times 2 = 1.2 \rightarrow 0.2$	올림수 1
$0.2 \times 2 = 0.4$	올림수 0
$0.4 \times 2 = 0.8$	올림수 0
$0.8 \times 2 = 1.6 \rightarrow 0.6$	올림수 1
$0.6 \times 2 = 1.2 \rightarrow 0.2$	올림수 1
....	....

$$\therefore 21.6_{10} = 10101.10011_2$$

10.5 | 2진법의 뺄셈

1 보통 방법에 의한 뺄셈

2진수의 뺄셈에는 다음 4가지의 경우가 있다.

① 0 − 0 = 0

② 1 − 0 = 1

③ 1 − 1 = 0

④ 10− 1 = 1

일반적으로 2진수의 뺄셈은 한 열에 대하여 계산은 하되 만일 필요하면 윗자리 열에서 1을 빌려오면 된다. 예를 들어 110에서 101을 빼는 과정은 다음과 같다.

```
  1 1 0       첫 번째 열에서   10(빌려온 후) − 1 = 1
− 1 0 1       두 번째 열에서    0(빌려간 후) − 0 = 0
-------
  0 0 1       세 번째 열에서   1 − 1 = 0
```

2진수에서도 10진수에서처럼 결과가 음의 값이 될 수도 있다. 예를 들어 100에서 111을 빼는 과정은 다음과 같다.

```
  1 0 0       첫 번째 열에서   1 − 0 = 1
− 1 1 1       두 번째 열에서   1 − 0 = 1
-------
− 0 1 1       세 번째 열에서   1 − 1 = 0
```

※ 큰수에서 작은 수를 뺀다.

이 계산 예로부터, 절대값이 큰 수에서 절대값이 작은 수를 뺀 다음 큰 값을 갖는 수의 부호를 결과 앞에 붙이면 된다는 것을 알 수 있다.

예제 1

다음 2진수를 계산하여라.

(1) 1101 − 1010　　　　　　(2) 10111 − 11011

풀이 (1)

```
  1 1 0 1
- 1 0 1 0
---------
  0 0 1 1
```

첫 번째 열에서　1 − 0 = 1
두 번째 열에서　10(빌려온 후) − 1 = 1
세 번째 열에서　0(빌려간 후) − 0 = 0
네 번째 열에서　1 − 1 = 0

(2)

```
  1 0 1 1 1
- 1 1 0 1 1
-----------
  0 0 1 0 0
```

2 2의 보수법에 의한 뺄셈

위와 같이 뺄셈은 덧셈의 역산법으로 한다. 그러나 뺄셈은 **보수**(complement)를 사용하면 전자계산기 내부에 가산회로와 감산회로를 모두 준비할 필요없이 가산회로와 보수발생기를 써서 감산할 수 있으므로 회로의 구성을 훨씬 간단하게 할 수 있다.

2진수에서 **1의 보수**라 함은 0을 1로, 1을 0으로 바꿈으로써 얻어지는 수를 말한다. 즉 100의 1의 보수는 001의 되며, 0101의 1의 보수는 1010이 된다.

또, 2진수에서 **2의 보수**는 1의 보수에 1을 더하여 얻어지는 수를 말한다. 즉

$$(2\text{의 보수}) = (1\text{의 보수}) + 1$$

예를 들어 10110의 2의 보수를 구하려면 먼저 1의 보수인 01001을 구한 다음 여기에 1을 더하면 10110의 2의 보수인 01010이 얻어진다.

2의 보수를 사용하여 뺄셈하는 것은 수를 빼는 대신에 그 수의 2의 보수를 더한 후에 마지막 올림수를 지워버리면 뺄셈과 같은 결과를 얻을 수 있다. 예를 들어 111에서 101을 빼는 과정은 다음과 같다.

```
 보통 방법        2의 보수법

   1 1 1            1 1 1
 - 1 0 1          + 0 1 1  ←  101의 2의 보수
 -------          -------     (1의 보수에 1을 더한 값)
   0 1 0          ①0 1 0
                  └→ 이것을 버린다
```

즉 2의 보수를 더한 다음 마지막 올림수를 버리고 남은 수가 답이 된다.

예제 2

다음 2진수의 뺄셈을 2의 보수법을 사용하여 구하여라.

(1) 101 − 011

(2) 1101 − 1010

풀이

(1)
```
   1 0 1
 + 1 0 1
 -------
 ①0 1 0
 └→ 버림
```
답 : 10

(2)
```
    1 1 0 1
  + 0 1 1 0
  ---------
 ① 0 0 1 1
 └→ 버림
```
답 : 11

3 1의 보수법에 의한 뺄셈

1의 보수를 사용하여 뺄셈하는 것은 수를 빼는 대신에 그 수의 1의 보수를 더하고, 마지막 올림수를 떼어내어서 다시 더하면 뺄셈과 같은 결과를 얻을 수 있다. 예를 들어 111에서 101을 빼는 과정은 다음과 같다.

```
      1 1 1
    + 0 1 0   ←  101의 1의 보수
    -------
    ①0 0 1
    │
    │ 0 0 1
    └→  +1    ←  1001의 마지막 올림수를
    -------      더해준다.
 답 : 0 1 0
```

즉 101의 1의 보수를 구하여 111에 더하여 1001을 얻은 다음, 1001의 마지막 올림수를 떼어낸 001에 마지막 올림수 1을 더한 수가 답이 된다. 이렇게 마지막 자리올림이 1일 때

에는 언제나 그 올림수를 옮겨서 나머지 수에 더한다. 이것을 **순환자리올림**(end around carry)이라고 한다.

순환자리올림이 있을 때에는 답은 항상 양이며 2진수로 표현되어 있다. 그러나 순환자리올림이 없을 때에는 답은 항상 음이고 1의 보수 형태로 표시되어 나온다. 예를 들어 1010에서 1101을 빼면 다음과 같이 된다.

```
 보통 방법        1의 보수법

   1 0 1 0          1 0 1 0
 − 1 1 0 1        + 0 0 1 1  ← 1101의 1의 보수
 ---------        ---------
 − 0 0 1 1        ○ 1 1 0 0  → 답 : − 0011
                  ↑                  ↑
                  └ 올림수가 없다     └ 1100의 1의 보수에
                                       (−)를 붙인것
```

이와 같이 순환자리올림이 없을 때에는 답은 음이고, 1의 보수 형태로 표시되기 때문에 1100의 1의 보수를 취하여 0011을 얻고, − 부호를 앞에 붙여서 최종값 −0011을 얻는다.

1의 보수를 사용하여 뺄셈하는 방법도 가산회로만을 필요로 하고, 또 디지털 회로에서 1의 보수는 쉽게 구하여지므로 디지털 계산기에서 가끔 사용되고 있다.

예제 3

다음 2진수의 뺄셈을 1의 보수법을 사용하여 구하여라.

(1) 11011 − 01101 (2) 1101 − 11011

풀이

(1)

```
   1 1 0 1 1
 + 1 0 0 1 0  ← 01101의 1의 보수
 -----------
  ①0 1 1 0 1
   |
   | 0 1 1 0 1
   └───→   +1
 -----------
 답 : 0 1 1 1 0
```

(2)

```
   0 1 1 0 1
 + 0 0 1 0 0  ← 11011의 1의 보수
 -----------
 ○ 1 0 0 0 1  → 답 : − 01110
 ↑                     ↑
 └ 올림수가 없다         10001의 1의 보수에
                        (−)를 붙인다.
```

10.6 | 9와 10의 보수

10진법에서도 보수를 사용하여 뺄셈을 할 수 있다. 우선 9의 보수는 9에서 각 10진 디짓트를 빼면 얻어진다. 예를 들어 46과 1208에 대한 **9의 보수**는 다음과 같다.

$$\begin{array}{r} 99 \\ -\ 46 \\ \hline 53 \end{array} \leftarrow \text{46의 9의 보수} \qquad \begin{array}{r} 9999 \\ -\ 1208 \\ \hline 8791 \end{array} \leftarrow \text{1208의 9의 보수}$$

또 **10의 보수**는 9의 보수에 1을 더한 수이다.

$$(\text{10의 보수}) = (\text{9의 보수}) + 1$$

예를 들어 46과 1208에 대한 10의 보수는 다음과 같다.

$$\begin{array}{r} 99 \\ -\ 46 \\ \hline 53+1=54 \end{array} \leftarrow \text{46의 10의 보수} \qquad \begin{array}{r} 9999 \\ -\ 1208 \\ \hline 8791+1=8792 \end{array} \leftarrow \text{1208의 10의 보수}$$

따라서 9의 보수를 사용하여 72에서 46을 뺄셈하는 것은 다음과 같이 할 수 있다.

보통 방법	9의 보수법	
72	72	
46	+ 53	← 46의 9의 보수
26	①25	
	25	
	+ 1	← 순환자리올림
	26	

10의 보수를 사용하여 위의 계산을 하면

```
   7 2
 + 5 4   ←  46의 10의 보수
 ①2 6
 │
 └→ 이것을 버린다
```

10.7 | 2진수의 곱셈과 나눗셈

2진수의 곱셈에는 다음 3가지의 경우가 있다.

① 0 × 0 = 0

② 0 × 1 = 0

③ 1 × 0 = 0

④ 1 × 1 = 1

여러 개의 비트(bit)로 된 수를 곱할 때는 10진수의 곱셈에서와 같이 부분적을 구한 다음 이들을 더하면 된다. 예를 들어 111에 101을 곱하는 것은 다음과 같다.

```
       1 1 1
   ×   1 0 1
   ---------
       1 1 1
     0 0 0
   1 1 1
 -----------
 1 0 0 0 1 1
```

2진수의 나눗셈도 10진수의 나눗셈과 꼭 같은 방법으로 구한다. 예를 들어 1100을 10으로 나누려면 다음과 같이 하면 된다.

```
         1 1 0
 1 0 ) 1 1 0 0
       1 0
      --------
         1 0 0
         1 0
      --------
             0
```

예제 1

다음 2진수의 곱셈과 나눗셈을 계산하여라.

(1) 1101×110　　　　(2) $1111 \div 11$

풀이 (1)

```
      1 1 0 1
  ×     1 1 0
  ------------
      0 0 0 0
    1 1 0 1
  1 1 0 1
  ------------
1 0 0 1 1 1 0
```

(2)

```
        1 0 1
 1 1 )1 1 1 1
      1 1
      -------
          1 1
          1 1
      -------
            0
```

10.8 | 8진수

2진법은 전자계산기에 적용되는 기본수치의 표현법으로 편리하게 사용되기는 하나, 2진수(binary number)만으로 모든 정보를 나타내기 위해서는 0과 1로만 써야 하므로 수치가 너무 길어서 읽고 쓰기에 불편하다. 따라서 실제로 전자계산기에서 정보를 표현하는 데에는 2진법 대신에 8진법이나 16진법을 이용하는 경우가 많다.

8진법(octal number system)이란 8개의 기본기호를 사용하는 것을 말하며, 보통 10진 디짓트 중에서 처음 8개를 사용하는 것이 상례이다. 즉 8진법에서 사용되는 디짓트는 다음과 같다.

$$0,\ 1,\ 2,\ 3,\ 4,\ 5,\ 6,\ 7$$

이들 8개의 디짓트로 구성된 수를 8진법(octal number)라고 하며, 10진수에서 7보다 큰 디짓트를 갖는 수를 제거하고 남은 수가 된다. 즉

$$\begin{array}{cccccccc} 0, & 1, & 2, & 3, & 4, & 5, & 6, & 7 \\ 10, & 11, & 12, & 13, & 14, & 15, & 16, & 17, \\ 20, & 21, & 22, & 23, & 24, & 25, & 26, & 27, \cdots \end{array}$$

2진수에서와 같은 방법으로 8진수가 갖는 각 자리값은 10진수로 표시하면 다음과 같다.

$$\leftarrow 8^3,\ \ 8^2,\ \ 8^1,\ \ 8^0.\ 8^{-1},\ \ 8^{-2},\ \ 8^{-3},\ \ 8^{-4} \rightarrow$$

↑ 8진 소수점

따라서 8진수를 10진수로 변환하려면 각 8진 디짓트에 그 자리값을 곱하여 이들을 모두 더하면 된다. 예를 들어 8진수 46에 대응하는 10진수는 다음과 같다.

$$46_8 = 4 \times (8^1) + 6 \times (8^0) = 32 + 6 = 38_{10}$$

반대로 10진수를 8진수로 표시하려면 8진수에 대해 더블 대블법과 같은 방법을 쓰면 된다. 2진수에서 2로 나눈 것과 같이 8진수에서는 8로 나누면서 각 나눗셈의 나머지를 옆에 써 놓는다. 이렇게 써 놓은 각 단계의 나머지들을 거꾸로 모으면 그것이 구하는 8진수이다. 예를 들어 10진수 175를 8진수로 변환하면 다음과 같다.

$175 \div 8 = 21$ 나머지 7

$21 \div 8 = 2$ 나머지 5

$2 \div 8 = 0$ 나머지 2 $\therefore 175_{10} = 257_8$

이와 같은 과정을 간략하게 나타내면 다음과 같다.

```
8) 1 7 5 …… 7
8)   2 1 …… 5
8)     2 …… 2
       0
```

10진소수를 8진소수로 변환할 때는 8로 나누는 대신에 8을 곱하여 소숫점 윗자리에 오는 올림수를 기록한다. 그리하여 이들 올림수를 차례로 모으면 그것이 구하는 8진소수이다. 예를 들어 10진소수 0.34를 8진소수로 변환하면 다음과 같다.

$0.34 \times 8 = 2.72 \rightarrow 0.72$ 올림수 2

$0.72 \times 8 = 5.76 \rightarrow 0.76$ 올림수 5

$0.76 \times 8 = 6.08 \rightarrow 0.08$ 올림수 6

$0.08 \times 8 = 0.64$ 올림수 0

………………………… ……………

이들 올림수를 차례로 모아쓰면 8진소수로는 0.2560이 된다. 이 계산에서는 소수점 이하 4자리에서 그쳤으나 더 높은 정밀도를 필요로 할 때에는 이러한 곱셈을 계속하여 더욱 정확한 8진소수를 구할 수 있다.

10.9 | 8진-2진 변환

8진수를 2진수로 변환시키려면 8진수의 각 8진 디짓트를 그에 해당하는 2진수로 변화시켜 나타내면 된다. 즉 8진 디짓트와 2진 디짓트 사이의 관계는 다음과 같다.

8진 디짓트 :	0	1	2	3	4	5	6	7
2진 디짓트 :	000	001	010	011	100	101	110	111

따라서 예를 들어 8진수 273을 2진수로 변환하려면 다음과 같이 8진 디짓트 1개씩에 대하여 등가 2진수로 바꾸면 된다.

```
  2    7    3
  ↓    ↓    ↓
010  111  011
```

$\therefore 273_8 = 010\ 111\ 011_2$

반대로 2진수를 8진수로 변환하려면 이와 반대로 하면 된다. 즉 2진소수점을 기준으로 하여 3비트(bit)씩 묶고 이 3비트에 해당하는 8진 디짓트를 써 넣으면 된다. 이때 만일 필요하면 각 비트의 앞뒤에 0을 더하여 3비트씩 묶는다. 예를 들어 2진수 1011.01101을 8진수로 변환하려면 다음과 같다.

```
1011.01101₂ → 001  011.  011  010
               ↓    ↓     ↓    ↓
               1    3.    3    2
```

$\therefore 1011.01101_2 = 1332_8$

예제 1

10진수 363을 8진수로 변환한 다음 이것을 2진수로 변환하여라.

풀이

```
                 나머지
8) 3 6 3 …… 3   ↑        5    5    3
8)   4 5 …… 5   │        ↓    ↓    ↓
8)     5 …… 5   │       101  101  011
       0
```

$\therefore 363_{10} = 553_8 = 101\ 101\ 011_2$

여기서 10진수를 2진수로 변환할 때 직접 변환하는 것보다 10진수를 8진수로 변환한 다음, 8진수를 2진수로 변환하면 변환과정을 훨씬 단축시킬 수 있음을 알 수 있다.

10.10 | 16진수

16진법(hexadecimal number system)이란 16개의 기본기호를 사용하는 것을 말하며, 보통 표 10.4와 같이 0에서 9까지와 A에서 F까지를 사용한다.

표 10.4 16진 디짓트

10진수	2진수	16진수
0	0000	0
1	0001	1
2	0010	2
3	0011	3
4	0100	4
5	0101	5
6	0110	6
7	0111	7
8	1000	8
9	1001	9
10	1010	A
11	1011	B
12	1100	C
13	1101	D
14	1110	E
15	1111	F

따라서 예를 들어 16진수 $B\,3\,D$를 2진수로 변환하려면 다음과 같이 16진 디짓트 1개씩에 대하여 등가 2진수로 바꾸면 된다.

$$\begin{array}{ccc} B & 3 & D \\ \downarrow & \downarrow & \downarrow \\ 1011 & 0011 & 1101 \end{array} \qquad \therefore \mathrm{B3D}_{16} = 1011\ 0011\ 1101_2$$

반대로 2진수를 16진수로 변환하려면 이와 반대로 하면 된다. 즉 2진소수점을 기준으로 하여 4비트(bit)씩 묶고 이 4비트에 해당하는 16진 디짓트를 써 넣으면 된다. 이 때에도 만일 필요하면 각 비트의 앞뒤에 0을 더하여 4비트씩 묶는다. 예를 들어 2진수 111010을 16진수로 변환하면 다음과 같다.

$$111010_2 \rightarrow 0011 \quad 1010$$

$$\downarrow \qquad \downarrow$$

$$3 \qquad A \qquad \therefore 111010_2 = 34_{16}$$

표 10.5 진법의 비교표

10진수	2진수	8진수	16진수	10진수	2진수	8진수	16진수
0	0	0	0	11	1011	13	B
1	1	1	1	12	1100	14	C
2	10	2	2	13	1101	15	D
3	11	3	3	14	1110	16	E
4	100	4	4	15	1111	17	F
5	101	5	5	16	10000	20	10
6	110	6	6	17	10001	21	11
7	111	7	7	18	10010	22	12
8	1000	10	8	19	10011	23	13
9	1001	11	9	20	10100	24	14
10	1010	12	A				

연습문제 10

1. 2진법을 사용하여 7까지 세어라.

2. 다음 2진수를 계산하여라.

(1) 1011 + 1001 (2) 111001 + 101010 (3) 110100 + 100001

3. 다음 2진수를 계산하여라.

(1) 111 − 1010 (2) 110011 − 100011 (3) 100011 − 111010

4. 다음 10진수를 2진수로 변환하여라.

(1) 24_{10} (2) 65_{10} (3) 108_{10}

5. 110101_2의 등가 10진수를 구하여라.

6. 11001.011_2의 등가 10진수를 구하여라.

7. 다음 2진수의 1의 보수를 구하여라.

(1) 101010 (2) 111110 (3) 100100

8. 다음 2진수의 2의 보수를 구하여라.

(1) 101010 (2) 111111 (3) 100100

9. 다음 2진수를 계산하여라.

(1) 111 × 101 (2) 11.110 × 100.1

10. 다음 2진수를 계산하여라.

(1) 11001 ÷ 101 (2) 110.11 ÷ 100.1

11. 8진수 65의 등가 10진수를 구하여라.

12. 10진수 722의 등가 8진수를 구하여라.

13. 다음 8진수의 등가 2진수를 구하여라.

(1) 26 (2) 127 (3) 7315

14. 다음 2진수의 등가 8진수를 구하여라.

(1) 1010101 (2) 11001.01101 (3) 100011.1011

14. 다음 16진수의 등가 2진수를 구하여라.

(1) $D\ 6$ (2) $B\ 3D$ (3) $B\ 27A\ 3$

15. 다음 2진수의 등가 16진수를 구하여라.

(1) 10001100 (2) 001100110100 (3) 111100010000

11장

부울대수

학습목표

- 부울 대수에 대한 정의를 이해할 수 있다.
- 논리 게이트의 종류와 진리표 및 기호를 이해할 수 있다.
- 부울 대수의 법칙 과 정리를 이용하여 간소화 할 수 있다.
- 논리합, 논리곱, 논리부정 등의 게이트를 사용하여 부울 함수에 대한 논리회로를 그릴 수 있다.
- 절마다 관련 예제를 통하여 이해도를 증진하도록 하였다.
- 장 마지막에 연습문제를 통하여 장의 내용을 제대로 이해했는지 확인할 수 있다.

조지 부울
(George Boole, 1815~1864)

" 이 세상의 과정은 기회와
냉혹한 운명에 버려지지 않는다. "

영국의 수학자 · 논리학자. 영국 잉글랜드 링컨셔 주 링컨에서 구두 제조공의 아들로 태어났다. 교육에 관심이 많은 아버지의 영향으로 어려서부터 여러 가지 어학을 배우고 라그랑주 및 라플라스 등의 책으로 수학을 공부하였다. 출신의 한계로 저명한 대학의 교수는 되지 못하고 코크(Cork)의 퀸즈대학(Queen's College)의 교수로 일생을 마쳤다. 가장 유명한 업적은 기호논리학의 창시와 부울의 대수(代數)로 알려진 기호적 지식을 발명한 것으로, 이를 지배하는 규칙 또한 공식화했다. 부울의 사상은 대부분의 근대적 추상 수학과 컴퓨터 과학의 발전을 위한 기초가 되었다. 논리 또는 추론을 수학적으로 다루고자 한 이 연구는 마침내 1854년에 출간된 ≪논리와 확률의 수학적 기초를 이루는 사고의 법칙≫에서 오늘날 부울 대수라고 알려진 개념을 고안함으로써 대수가 논리학에 응용될 수 있음을 보여주었다.

영국의 수학자 조지 부울(George Boole)이 1848년에 제안한 체계이며, '참'과 '거짓'을 '0'과 '1'로 대응하여 나타낸다. 따라서 논리합, 논리곱, 논리부정, 배타적 논리합 등의 논리연산을 부울 대수와 그 연산자로 표현할 수 있다.

이 장에서는 부울 대수에 대한 연산 법칙과 정리 및 각종 논리회로의 기능에 대하여 학습한다.

11.1 | 논리 게이트

1 AND 회로

논리 게이트(logic gate)란 1개의 출력과 2개 혹은 그 이상의 입력단자들로 이루어진 논리회로이며 대부분의 디지털 시스템(digital system)을 만드는데 쓰이는 기본적인 구성블럭이다. 이러한 논리 게이트에는 AND 회로, OR 회로, NOT 회로 등의 기본적인 논리회로가 있다.

그림 11.1에서 스위치가 닫힌(ON) 상태일 때 1이고, 열린(OFF) 상태일 때 0이라고 하면, X의 전구에 불이 켜지는 경우는 A와 B가 모두 1일 때에만 1이 되므로 이러한 회로를 **AND 회로**(AND gate)라고 한다.

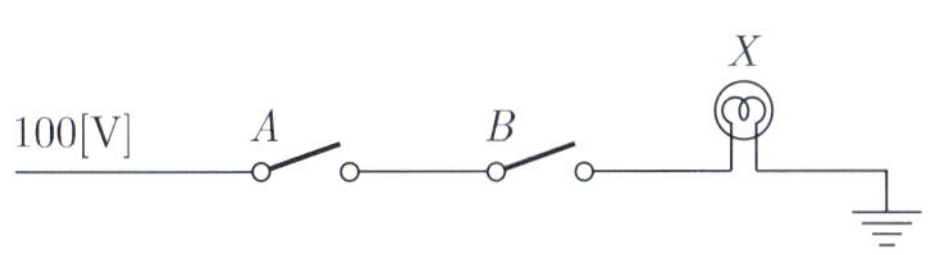

그림 11.1 AND 회로

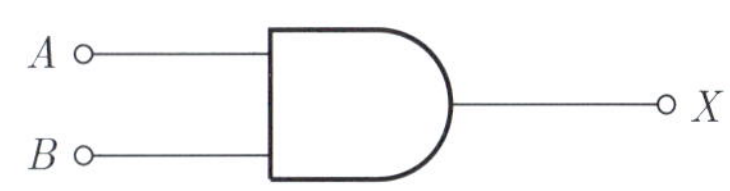

그림 11.2 AND 회로의 논리기호

이러한 AND 회로를 논리기호로 표시하면 그림 11.2와 같으며 AND 회로의 동작은 다음 4가지 경우만을 해석하면 된다.

① $A=0,\ B=0$ 인 경우 $X=0$

② $A=0,\ B=1$ 인 경우 $X=0$

③ $A=1,\ B=0$ 인 경우 $X=0$

④ $A=1,\ B=1$ 인 경우 $X=1$

즉 AND 회로는 A, B 둘 다 1일 때 출력이 1이 된다. 이와 같은 논리 회로에 있어서 입력과 출력과의 함수관계를 나타낸 표를 **논리함수표**라고 한다. 특히 2치변환인 경우의 논리함수표를 **진리표**(truth table)라고도 한다. 표 11.1은 AND 회로의 논리함수표이다.

표 11.1 AND 회로의 논리함수표

A	B	X
0	0	0
0	1	0
1	0	0
1	1	1

2 OR 회로

그림 11.3에서는 A나 B의 어느 것이나 닫힌(ON) 상태가 되면 전구에 불이 켜지는 경우이므로 A 혹은 B, 또는 A, B 모두가 1이면 X가 1이 되므로 이러한 회로를 **OR회로**(OR gate)라고 한다.

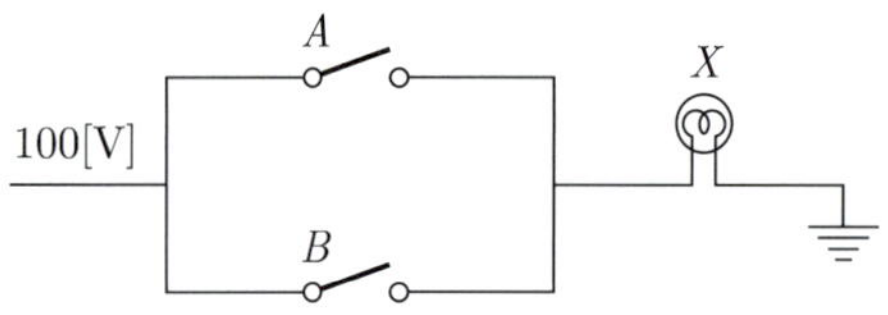

그림 11.3 OR 회로

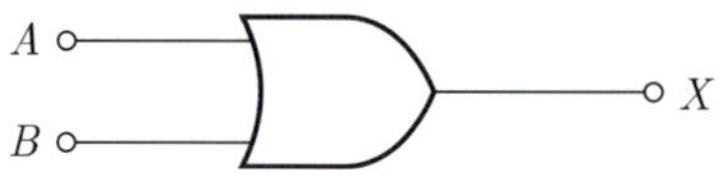

그림 11.4 OR 회로의 논리기호

이러한 OR 회로를 논리기호로 표시하면 그림 11.4와 같으며, OR 회로의 동작은 다음 4가지 경우만을 해석하면 된다.

① $A=0$, $B=0$인 경우 $X=0$

② $A=0$, $B=1$인 경우 $X=1$

③ $A=1$, $B=0$인 경우 $X=1$

④ $A=1$, $B=1$인 경우 $X=1$

이들의 관계를 논리함수표로 나타낸 것이 표 11.2이다. 이 표로부터 OR 회로는 A 혹은 B, 또는 A, B 모두가 1일 때 출력이 1이 됨을 알 수 있다.

3 NOT 회로

이 회로는 하나의 입력과 하나의 출력단을 갖는데, 그 역할은 입력신호를 부정하여 반대상태가 되게 하는 것이므로 **NOT 회로**(NOT gate), 즉 **부정회로** 혹은 **인버터**(inverter)라고 부른다.

그림 11.5는 NOT 회로의 논리기호를 표시한 것이다.

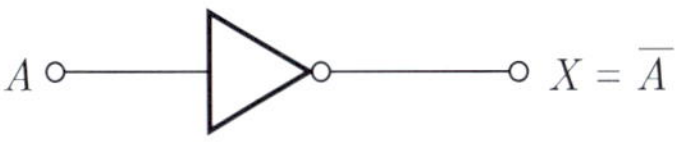

그림 11.5 NOT 회로의 논리기호

11.2 | 논리연산

1 논리적(AND 연산)

2진 변수 A, B, X 중에서 A와 B를 0과 1 중에서 임의로 변할 수 있는 입력변수라 하고, X를 연산결과 얻어지는 값이라고 하면, 부울 대수에서는 이것을

$$A \times B = X \quad \text{또는} \quad A \cdot B = X \tag{11-1}$$

로 표시한다. 이 논리식을 **논리적**(logical product) 또는 **AND 연산**이라고 한다. 이 논리식에서 곱셈기호(× 또는 ·)는 곱한다는 뜻이 아니고 논리적연산이라는 의미를 갖고 있음을 주의하여야 하며, "A AND B는 X이다" 또는 "A와 B의 논리적은 X이다"라고 읽는다. 논리적의 연산은 다음과 같다(표 11.1 참조).

$$0 \times 0 = 0$$

$$0 \times 1 = 0$$

$$1 \times 0 = 0$$

$$1 \times 1 = 1$$

이 4가지의 경우는 표시가 보통 곱셈을 나타내는 것이 아니지만 결과는 보통 곱셈의 결과와 같음을 알 수 있다. AND 연산을 하는 회로를 AND 게이트(gate)라고 하며 그림

11.6과 같이 여러 가지 방법으로 나타낸다.

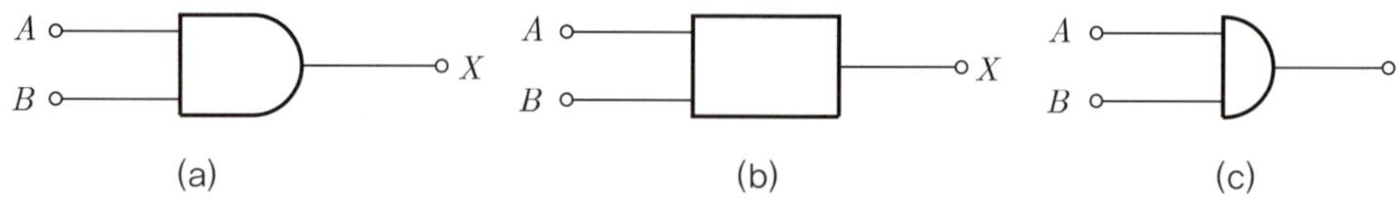

그림 11.6 AND 게이트의 논리기호

2 논리합(OR 연산)

2진 변수 A, B, X 중에서 A와 B가 입력으로 주어졌을 때 출력을 X라고 하면, 부울 대수에서는 이것을

$$A + B = X \tag{11-2}$$

로 표시한다. 이 논리식을 **논리합**(logical sum) 또는 **OR 연산**이라고 한다. 이 논리식에서 덧셈기호(+)는 OR 회로의 동작을 나타내며, "A OR B는 X이다" 또는 "A와 B의 논리합은 X이다"라고 읽는다.

논리합의 연산은 다음과 같다(표 11.2 참조).

$$0 + 0 = 0$$

$$0 + 1 = 1$$

$$1 + 0 = 1$$

$$1 + 1 = 1$$

OR 연산을 하는 회로를 OR 게이트(gate)라고 하며 그림 11.7과 같이 여러 가지 방법으로 나타낸다.

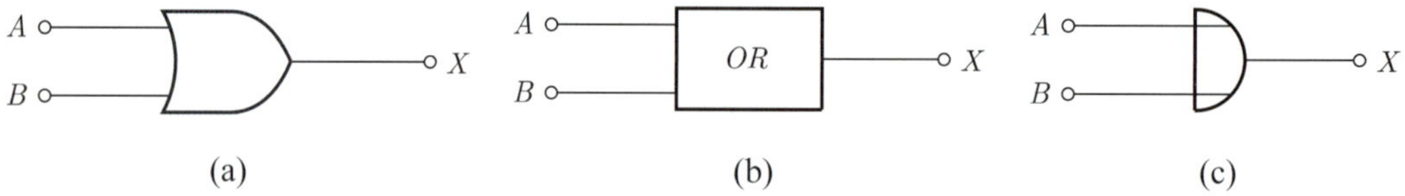

그림 11.7 OR 게이트의 논리기호

+ 기호는 10진수의 덧셈에서와 2진수의 덧셈에서는 덧셈을 나타내는 것으로 사용되었으나 부울 대수에서는 OR 연산을 나타낸다. 이 3가지의 경우에 대하여 차이를 나타내

면 다음과 같다.

$$1 + 1 = 2 \qquad (10\text{진수의 덧셈})$$

$$1 + 1 = 10 \qquad (2\text{진수의 덧셈})$$

$$1 + 1 = 1 \qquad (\text{부울 대수의 논리합})$$

3 논리 부정 (NOT 연산)

입력이 1일 때에는 출력이 0이 되고, 입력이 0일 때에는 출력이 1로 되는 논리게이트의 연산을 **논리 부정** 또는 **NOT 연산**이라고 한다.

부울 대수에서는 이것을

$$\overline{A} = X \tag{11-3}$$

로 표시하며 "NOT A는 X이다"라고 읽는다. NOT 연산을 하는 회로를 NOT 게이트(gate)라고 하며 그림 11.8과 같이 AND 게이트 또는 OR 게이트의 입력단자나 출력단자 쪽에 작은 원을 그려서 표시한다.

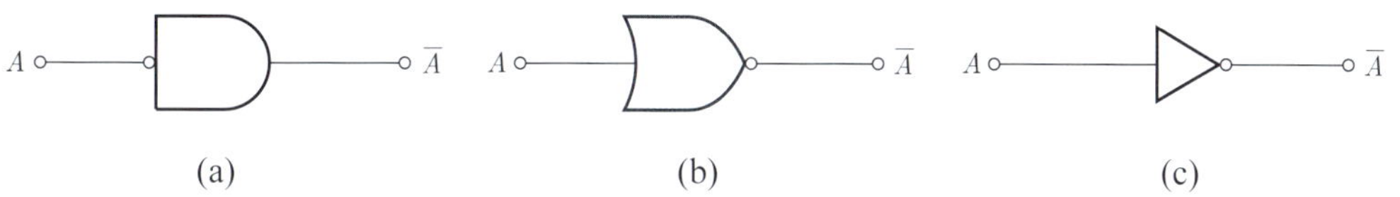

그림 11.8 NOT 게이트의 논리기호

AND 게이트에 NOT 게이트가 이어진 것을 **NAND 게이트**라 하고, OR 게이트에 NOT 게이트가 이어진 것을 **NOR 게이트**라 하며, 그림 11.9와 같이 표시한다.

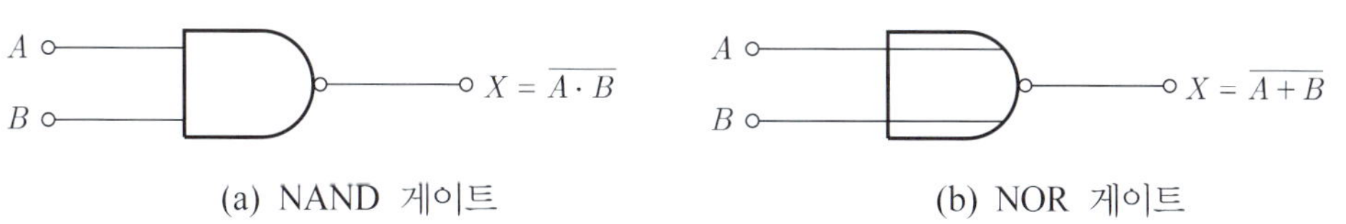

그림 11.9 NAND와 NOR의 논리기호

NAND 게이트의 부울 대수식은

$$\overline{A \cdot B} = X \tag{11-4}$$

로 표시하며, NAND 게이트의 연산은 다음과 같다.

$$\overline{0 \cdot 0} = \overline{0} = 1$$

$$\overline{0 \cdot 1} = \overline{0} = 1$$

$$\overline{1 \cdot 0} = \overline{0} = 1$$

$$\overline{1 \cdot 1} = \overline{1} = 0$$

그리고 NOR 게이트에 대한 부울 대수식은

$$\overline{A + B} = X \qquad (11\text{-}5)$$

로 표시하며, NOR 게이트의 연산은 다음과 같다.

$$\overline{0 + 0} = \overline{0} = 1$$

$$\overline{0 + 1} = \overline{1} = 0$$

$$\overline{1 + 0} = \overline{1} = 0$$

$$\overline{1 + 1} = \overline{1} = 0$$

11.3 | 드 모르간(De Morgan)의 정리

드 모르간(De Morgan)의 정리는 다음과 같이 2개의 정리로 되어 있다.

$$\text{제1정리 : } \overline{A + B} = \overline{A} \cdot \overline{B} \qquad (11\text{-}6)$$

$$\text{제2정리 : } \overline{A \cdot B} = \overline{A} + \overline{B} \qquad (11\text{-}7)$$

식(11-6)에 나타낸 정리는 논리합의 부정은 각 변수의 부정에 대한 논리적과 같다는 것이다. 이 정리는 다음과 같이 변수 A와 B에 대하여 모든 가능한 값을 대입하여 양변이 같음을 증명할 수 있다.

① $A = 0$, $B = 0$인 경우

$$\text{좌변 } \overline{A + B} = \overline{0 + 0} = \overline{0} = 1$$

우변 $\overline{A} \cdot \overline{B} = \overline{0} \cdot \overline{0} = 1 \cdot 1 = 1$

② $A = 0,\ B = 1$ 인 경우

좌변 $\overline{A+B} = \overline{0+1} = \overline{1} = 0$

우변 $\overline{A} \cdot \overline{B} = \overline{0} \cdot \overline{1} = 1 \cdot 0 = 0$

③ $A = 1,\ B = 0$ 인 경우

좌변 $\overline{A+B} = \overline{1+0} = \overline{1} = 0$

우변 $\overline{A} \cdot \overline{B} = \overline{1} \cdot \overline{0} = 0 \cdot 1 = 0$

④ $A = 1,\ B = 1$ 인 경우

좌변 $\overline{A+B} = \overline{1+1} = \overline{1} = 0$

우변 $\overline{A} \cdot \overline{B} = \overline{1} \cdot \overline{1} = 0 \cdot 0 = 0$

이들의 관계를 논리함수표로 나타낸 것이 표 11.3 및 표 11.4이다. 이 표로부터도 $\overline{A+B}$가 어느 경우에나 $\overline{A} \cdot \overline{B}$와 같은 값을 갖는 것을 알 수 있다.

여기서 $\overline{A+B}$는 OR 게이트의 출력측에 NOT 게이트가 연결된 논리회로, 즉 NOR 게이트이다.

표 11.3 NOR 회로의 논리함수표

A	B	$\overline{A+B}$
0	0	1
0	1	0
1	0	0
1	1	0

표 11.4 NAND 회로의 논리함수표

A	B	$\overline{A} \cdot B$
0	0	1
0	1	0
1	0	0
1	1	0

식(11-7)에 나타낸 정리는 논리적의 부정은 각 변수에 대한 논리합과 같다는 것이다. 이 정리도 다음과 같이 증명할 수 있다.

① $A = 0,\ B = 0$ 인 경우

좌변 $\overline{A \cdot B} = \overline{0+0} = \overline{0} = 1$

$$\text{우변 } \overline{A} + \overline{B} = \overline{0} + \overline{0} = 1 + 1 = 1$$

② $A = 0,\ B = 1$ 인 경우

$$\text{좌변 } \overline{A \cdot B} = \overline{0 \cdot 1} = \overline{0} = 1$$

$$\text{우변 } \overline{A} + \overline{B} = \overline{0} + \overline{1} = 1 + 0 = 1$$

③ $A = 1,\ B = 0$ 인 경우

$$\text{좌변 } \overline{A \cdot B} = \overline{1 \cdot 0} = \overline{0} = 1$$

$$\text{우변 } \overline{A} + \overline{B} = \overline{1} + \overline{0} = 0 + 1 = 1$$

④ $A = 1,\ B = 1$ 인 경우

$$\text{좌변 } \overline{A \cdot B} = \overline{1 \cdot 1} = \overline{1} = 0$$

$$\text{우변 } \overline{A} + \overline{B} = \overline{1} + \overline{1} = 0 + 0 = 0$$

여기서 $\overline{A \cdot B}$는 AND 게이트의 출력측에 NOT 게이트가 연결된 논리회로, 즉 NAND 게이트이다.

또한 드 모르간(De Morgan)의 정리를 여기서는 2개의 변수에 대해서만 표시하였으나 변수가 얼마든지 확장되어도 드 모르간(De Morgan)의 정리는 그대로 적용된다.

11.4 | 부울 대수의 법칙과 정리

1 부울 대수의 기본법칙

부울 대수의 기본법칙은 일반대수학에서의 법칙과 마찬가지로 교환법칙, 결합법칙, 분배법칙 등이 있다.

(1) 가산(OR 연산)의 교환법칙

2개의 변수에 대한 가산(OR 연산)은 교환법칙이 성립한다. 즉

$$A + B = B + A$$

와 같이, A 에 B를 가산(OR 연산)하거나, B에 A를 가산(OR 연산)하여도 결과는 마찬가지이다.

(2) 승산(AND 연산)의 교환법칙

2개의 변수에 대한 승산(AND 연산)은 교환법칙이 성립한다. 즉

$$A \cdot B = B \cdot A$$

와 같이, A에 B를 승산(AND 연산)하거나, B에 A를 승산(AND 연산)하여도 결과는 같다.

(3) 가산(OR 연산)의 결합법칙

3개의 변수에 대하여 가산(OR 연산)은 결합법칙이 성립한다. 즉

$$A+(B+C)=(A+B)+C$$

와 같이, 몇 개의 변수를 가산(OR 연산)할 때 어느 두 항을 괄호로 묶어서 먼저 가산(OR 연산)하여도 결과는 변함이 없다.

(4) 승산(AND 연산)의 결합법칙

3개의 변수에 대하여 승산(AND 연산)은 결합법칙이 성립한다. 즉

$$A(B \cdot C)=(A \cdot B)C$$

와 같이, 몇 개의 변수를 승산(AND 연산)할 때 어느 두 항을 괄호로 묶어서 먼저 승산(AND 연산)하여도 결과는 같다.

(5) 분배법칙

괄호로 묶어져 있는 것은 괄호를 풀어서 전개할 수 있다. 즉

$$A(B+C)=AB+AC$$

와 같이, 괄호 밖의 변수를 괄호 내의 각 변수에 승산(AND 연산)하여 전개할 수 있다. 바꾸어 말하면 공통된 변수를 갖는 두 항의 합(OR 연산)으로 표시된 것은 공통인수로 묶을 수 있다.

위에서 설명한 법칙들을 정리하면 다음과 같다.

① **교환법칙**(commutative laws)

$$A+B=B+A$$

$$A \cdot B = B \cdot A$$

② **결합법칙** (associative laws)

$$A + (B + C) = (A + B) + C$$

$$A(BC) = (AB)C$$

③ **분배법칙** (distributive law)

$$A(B + C) = AB + AC$$

이들 법칙은 일반 대수학에서의 법칙과 같은 모양임을 알 수 있다.

2 부울 대수의 기본정리

[정리 1]

$$\boldsymbol{A + 0 = A}$$

이것은 그림 11.10과 같이 OR 게이트의 입력이 A와 0인 경우로서, OR 게이트의 출력은 A의 값에만 좌우된다. 즉 A가 0이면 출력은 0, A가 1이면 출력은 1이다.

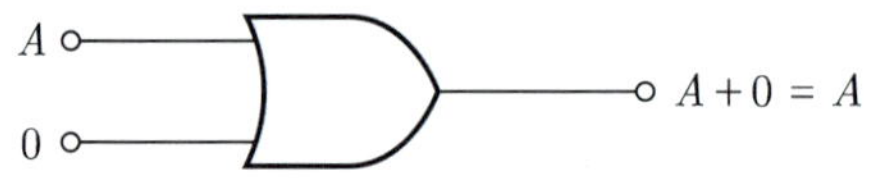

그림 11.10

[정리 2]

$$\boldsymbol{A + 1 = 1}$$

이것은 그림 11.11과 같이 OR 게이트의 입력이 A와 1인 경우로서, OR 게이트의 출력은 A의 값에 관계없이 항상 1이 된다.

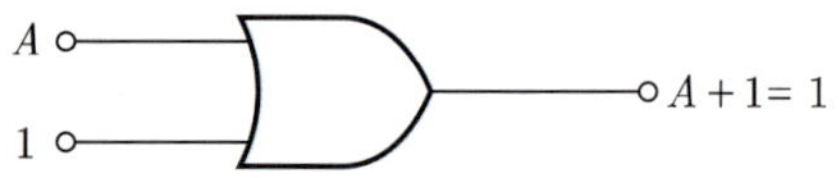

그림 11.11

[정리 3]

$$A \cdot 0 = 0$$

이것은 그림 11.12와 같이 AND 게이트의 입력이 A 와 0 인 경우로서, AND 게이트의 어느 한 입력이 항상 0 이면 다른 입력변수의 값에 관계없이 출력은 항상 0 이다.

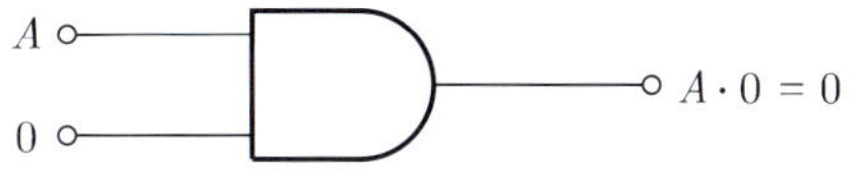

그림 11.12

[정리 4]

$$A \cdot 1 = A$$

이것은 그림 11.13과 같이 AND 게이트의 입력이 A 와 1 인 경우로서, AND 게이트의 어느 한 입력이 항상 1 이면 출력은 A 의 값에 따라 결정된다.

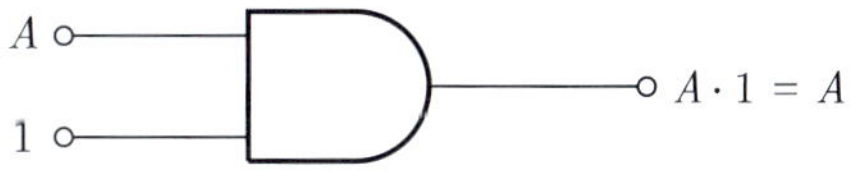

그림 11.13

[정리 5]

$$A + A = A$$

이것은 그림 11.14와 같이 OR 게이트의 입력이 둘다 같은 A 인 경우로서, 출력은 변수 A 와 같다. 즉 A 가 0 이면 $0+0=0$, A 가 1이면 $1+1=1$ 이 된다.

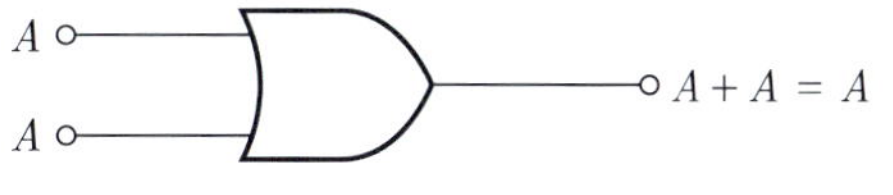

그림 11.14

[정리 6]

$$A + \overline{A} = 1$$

이것은 그림 11.15와 같이 OR 게이트의 입력이 A 와 $\overline{A}$ 인 경우로서, 출력은 항상 1이다. 즉 A 가 0 이면 $0 + \overline{0} = 1$, A 가 1이면 $1 + \overline{1} = 1$ 이 된다.

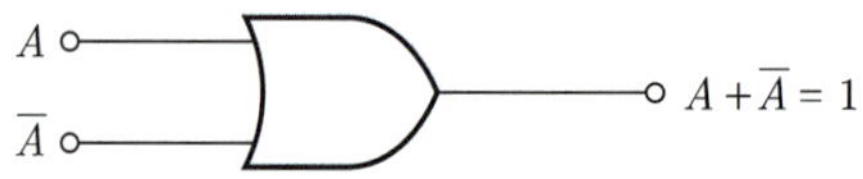

그림 11.15

[정리 7]

$$A \cdot A = A$$

이것은 그림 11.16과 같이 AND 게이트의 입력이 둘다 같은 A 인 경우로 출력은 변수 A 와 같다. 즉 A 가 0 이면 $0 \cdot 0 = 0$, A 가 1이면 $1 \cdot 1 = 1$ 이 된다.

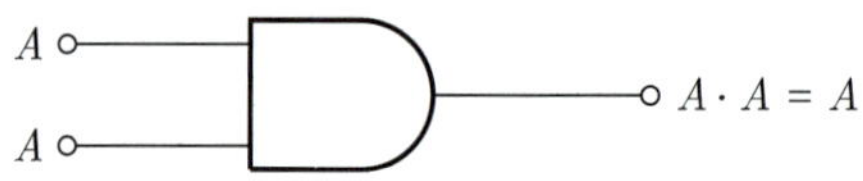

그림 11.16

[정리 8]

$$A \cdot \overline{A} = 0$$

이것은 그림 11.17과 같이 AND 게이트의 입력이 A 와 $\overline{A}$ 인 경우로써, 출력은 항상 0 이다. 즉 A 또는 $\overline{A}$ 의 어느 한 쪽은 반드시 0 이 되므로 AND 게이트의 입력 중에 0 이 있으면 출력은 0 이 된다.

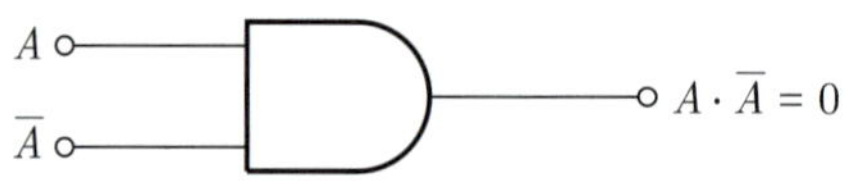

그림 11.17

[정리 9]

$$\overline{\overline{A}} = A$$

이것은 그림 11.18과 같이 어느 변수를 두 번 부정(NOT 연산)하면 원래의 변수가 된다.

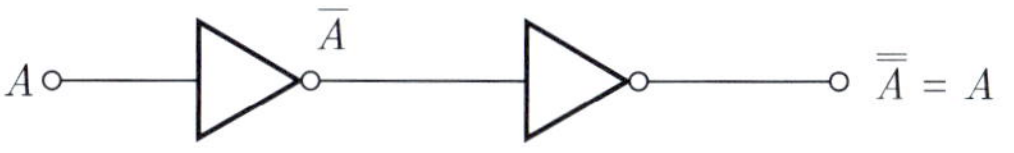

그림 11.18

이 이외에 다음과 같은 정리가 있으며 이들은 모두 위의 법칙과 정리를 이용하여 증명할 수 있다.

$$A + BA = A$$

$$A(A + B) = A$$

$$(A + B)(A + C) = A + BC$$

$$A + \overline{A}B = A + B$$

$$A(\overline{A} + B) = AB$$

$$(A + B)(\overline{A} + C) = AC + \overline{A}B$$

$$AB + \overline{A}C = (A + C)(\overline{A} + B)$$

또 한 가지 명심해야 될 것은 **쌍대성**(duality)이 있다는 사실이다. 즉 어느 논리회로에서 다른 논리회로로 바꾸려면 0 은 1 로, 1 은 0 으로 바꾸어 놓는다. 또 AND 게이트는 OR 게이트로, OR 게이트는 AND 게이트로 바꾸면 된다. 즉 부울 대수식에서 + 기호는 · 기호로, · 기호는 + 기호로 바꾸고, 모든 0 과 1 을 부정하면 쌍대관계가 있는 등식을 얻을 수 있다.

예를 들어, $A + 0 = A$ 에 대하여 쌍대되는 등식을 구하면 $A \cdot 1 = A$ 가 된다.

부울 대수에 관한 법칙과 정리를 그 쌍대관계로 나타내면 다음과 같다.

- $A+B=B+A$ $\qquad AB=BA$
- $A+(B+C)=(A+B)+C$ $\qquad A(BC)=(AB)C$
- $A(B+C)=AB+AC$ $\qquad A+BC=(A+B)(A+C)$
- $A+0=A$ $\qquad A\cdot 1=A$
- $A+1=1$ $\qquad A\cdot 0=0$
- $A+A=A$ $\qquad A\cdot A=A$
- $A+\overline{A}=1$ $\qquad A\cdot\overline{A}=0$
- $\overline{\overline{A}}=A$ $\qquad \overline{\overline{A}}=A$
- $\overline{A+B}=\overline{A}\cdot\overline{B}$ $\qquad \overline{A\cdot B}=\overline{A}+\overline{B}$
- $A+AB=A$ $\qquad A(A+B)=A$
- $A+\overline{A}B=A+B$ $\qquad A(\overline{A}+B)=AB$

위의 법칙이나 정리를 사용하여 복잡한 부울 대수식을 간략하게 할 수 있다. 이렇게 간략화한다는 것은 복잡한 회로를 간단한 회로로 합성될 수 있음을 말한다. 예를 들어, 어떤 논리회로가 다음과 같은 출력을 낸다고 하자.

$$X=AC+ABC \tag{11-8}$$

이때, 이 식의 출력 X는 다음과 같이하여 얻어진다.

① A와 C를 AND하고
② A와 B와 C를 AND하고
③ AC와 ABC를 OR 한다.

그림 11.19(a)는 $X=AC+ABC$에 대한 논리회로를 나타낸 것이며, 2개의 AND 게이트와 1개의 OR 게이트가 사용되었음을 알 수 있다. 그러나 식(11-8)은 다음과 같이 간략화 할 수 있으므로 그림 11.19(b)와 같이 1개의 AND 게이트로 출력 X를 얻을 수 있다.

$$\begin{aligned} X &= AC+ABC \\ &= AC(1+B) \\ &= AC \end{aligned}$$

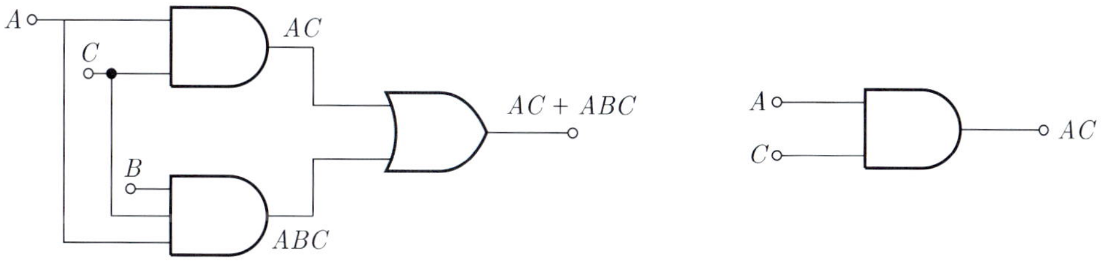

(a) (b)

그림 11.19

예제 1

$A + A = A$ 임을 증명하여라.

풀이 $A = 0$ 인 경우

$$0 + 0 = 0$$

$A = 1$ 인 경우

$$1 + 1 = 1$$

예제 2

$A + AB = A$ 임을 증명하여라.

풀이 $A = 0,\ B = 0$ 인 경우

$$0 + 0 \cdot 0 = 0$$

$A = 0,\ B = 1$ 인 경우

$$0 + 0 \cdot 1 = 0$$

$A = 1,\ B = 0$ 인 경우

$$1 + 1 \cdot 0 = 1$$

$A = 1,\ B = 1$ 인 경우

$$1 + 1 \cdot 1 = 1$$

따라서 출력(A)은 입력변수 B에 관계없이 항상 A의 값과 같음을 알수 있다. $A + AB = A$ 임을 증명하는 다른 방법은 부울 대수의 법칙과 정리를 이용하면다음과 같다.

$$A + AB = A(1 + B) = A \cdot 1 = A$$

예제 3

$A+\overline{A}B=A+B$ 임을 증명하여라.

풀이

$$
\begin{aligned}
A+\overline{A}B &= (A+AB)+\overline{A}B && \text{(예제 2)}\\
&= (AA+AB)+\overline{A}B && \text{(정리 7)}\\
&= AA+AB+A\overline{A}+\overline{A}B && \text{(정리 8)}\\
&= A(A+B)+\overline{A}(A+B) && \text{(분배법칙)}\\
&= (A+\overline{A})(A+B) && \text{(인수분해)}\\
&= 1\cdot(A+B) && \text{(정리 6)}\\
&= A+B && \text{(정리 4)}
\end{aligned}
$$

예제 4

$(A+B)(A+C)=A+BC$ 임을 증명하여라.

풀이

$$
\begin{aligned}
(A+B)(A+C) &= AA+AC+AB+BC && \text{(분배법칙)}\\
&= A+AC+AB+BC && \text{(정리 7)}\\
&= A(1+C)+AB+BC && \text{(분배법칙)}\\
&= A\cdot 1+AB+BC && \text{(정리 2)}\\
&= A(1+B)+BC && \text{(분배법칙)}\\
&= A\cdot 1+BC && \text{(정리 2)}\\
&= A+BC && \text{(정리 4)}
\end{aligned}
$$

예제 5

$X=AB+A(B+C)+B(B+C)$ 를 간략하게 하여라.

풀이

$$
\begin{aligned}
X &= AB+AB+AC+BB+BC && \text{(분배법칙)}\\
&= AB+AB+AC+B+BC && \text{(정리 7)}\\
&= AB+AC+B+BC && \text{(정리 5)}\\
&= AB+AC+B(1+C) && \text{(인수분해)}\\
&= AB+AC+B\cdot 1 && \text{(정리 2)}\\
&= AB+AC+B && \text{(정리 4)}\\
&= B(A+1)+AC && \text{(인수분해)}\\
&= B\cdot 1+AC && \text{(정리 2)}\\
&= B+AC && \text{(정리 4)}
\end{aligned}
$$

연습문제 11

1. 어떤 논리회로가 A, B 및 C의 입력을 가질 때, 출력이 $X = A + BC$라 하면 논리함수표는 어떻게 되는가?

2. 부울 대수의 법칙과 정리를 이용하여 다음 식을 간단히 하여라.

(1) $X = A(A + B)$ (2) $X = (A + \overline{B})(A + C)$

(3) $X = A(\overline{A} + B)$ (4) $X = ABC + A\overline{B}C + AB\overline{C}$

3. 그림 12.20의 논리회로에 대하여 부울 대수식을 구하여라.

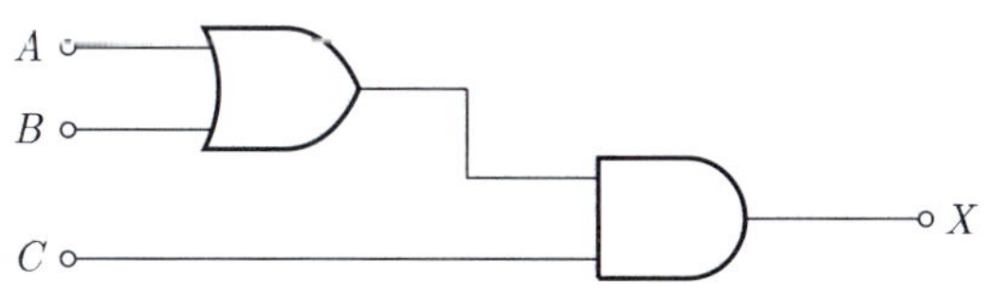

그림 11.20

4. 4가지 입력조건에 대하여 $AB + B = B$가 됨을 증명하여라.

5. $X = A + \overline{B}C(A + \overline{C}) + B$가 주어졌을 때 다음과 같은 경우에 대한 X의 값을 구하여라.

(1) $A = 0,\ B = 1,\ C = 0$ (2) $A = 1,\ B = 0,\ C = 1$

6. $X = (A + B)(A + C)$가 되는 논리회로를 그려라.

7. $X = \overline{\overline{A} + B}$가 되는 논리회로를 그려라.

8. 드 모르간의 제1정리를 이용하여 $\overline{\overline{A} + B}$를 다른 표현으로 바꾸어라.

9. 드 모르간의 제2정리를 이용하여 $X = \overline{(AB + CD)}\,\overline{(ABC + D)}$를 다른 표현으로 바꾸어라.

10. 다음 식을 상대되는 등식으로 바꾸어라.

(1) $A + 1 = 1$ (2) $A + \overline{A} = 1$

(3) $A + AB = A$ (4) $A(B + C) = AB + AC$

부 록

〈생각하는 사람〉
오귀스트 로댕 (Auguste Rodin) 作

" 나는 생각한다. 고로 존재한다. "

근대수학의 여명

17세기는 수학사에서 가장 빛나는 시기였다. 이 시기 초반에 네이피어(Napier)는 로그(log)를 고안하여 발표하였고 해리엇(Harriot)과 오트레드(Oughtred)는 대수의 기호와 체계화에 기여하였다. 갈릴레이(Galilei)는 역학의 기초를 세웠고 케플러(Kepler)는 행성의 운동법칙을 발표하였다. 이 세기 후반에 데자르그(Desargues)와 파스칼(Pascal)은 순수기하학의 새로운 장을 열었고, 데카르트(Descartes)는 현대 해석기하학을 창시하였다. 페르마(Fermat)는 현대 정수 이론을 확립하고 호이겐스(Huygens)는 확률론과 그 밖의 여러 분야에 두드러진 업적을 남겼다. 이 세기 말로 접어들어 뉴턴(Newton)과 라이프니츠(Leibniz)는 많은 수학자들의 작업에 기초를 두고 신기원을 이루는 창조물인 미분적분학을 탄생시켰다. 이와 같은 새롭고 다양한 수학 연구가 17세기부터 시작되었다.

A.1 | 연습문제의 해답

1장 수학의 기초

1. (1) 26 (2) 17 (3) 5 (4) 6 (5) 290

2. 1 [A]

3. 12 [V]

4. 30 [A]

5. (1) $R = 400$ [kΩ] (2) $R = 75$ [kΩ]

6. $i_1 = 6$ [A], $i_2 = 4$ [A]

7. $C_1 = 12$ [μF], $C_2 = 50$ [μF]

8. $r_1 = 7.6$ [Ω], $r_2 = 2.4$ [Ω]

9. $i_1 = 3$ [A], $i_2 = 4$ [A], $i_3 = -1$ [A], $V_{ab} = 4$ [V]

10. 0.8 [MΩ]

2장 삼각함수

1. (1) $\pi/6$ [rad] (2) $\frac{2}{3}\pi$ [rad]

(3) $115°$ (4) $135°$

2. (1) $1/2$ (2) $1/\sqrt{2}$

3. 0.96

4. $60°$

5. 50 [Hz]

6. 1/360 [sec]

7. 주파수 $f = 60$ [Hz], 위상각 $\theta = 90°$

3장 행렬과 행렬식

1. (1) $\boldsymbol{A}+\boldsymbol{B} = \begin{bmatrix} 0 & 1 \\ 4 & 7 \end{bmatrix}$, $\boldsymbol{B}-\boldsymbol{A} = \begin{bmatrix} -4 & -1 \\ 2 & 1 \end{bmatrix}$

(2) $4\boldsymbol{A}-2\boldsymbol{B} = \begin{bmatrix} 12 & 4 \\ -2 & 4 \end{bmatrix}$

(3) $\boldsymbol{A}^T = \begin{bmatrix} 2 & 1 \\ 1 & 3 \end{bmatrix}$, $\boldsymbol{B}^T = \begin{bmatrix} -2 & 3 \\ 0 & 4 \end{bmatrix}$, $\boldsymbol{C}^T = \begin{bmatrix} 3 & 1 \\ 2 & 0 \\ 0 & 4 \end{bmatrix}$

(4) $(\boldsymbol{A}+\boldsymbol{B})^T = \begin{bmatrix} 0 & 4 \\ 1 & 7 \end{bmatrix}$, $\boldsymbol{A} + \boldsymbol{A}^T = \begin{bmatrix} 4 & 2 \\ 2 & 6 \end{bmatrix}$

(5) $\boldsymbol{R} = \begin{bmatrix} -2 & 1.5 \\ 1.5 & 4 \end{bmatrix}$, $\boldsymbol{S} = \begin{bmatrix} 0 & -1.5 \\ 1.5 & 0 \end{bmatrix}$

2. (1) $\boldsymbol{A} + \boldsymbol{C} = \begin{bmatrix} 4 & 1 & 4 \\ 7 & 1 & 0 \\ 6 & -5 & 1 \end{bmatrix}$, $\boldsymbol{A} - \boldsymbol{C} = \begin{bmatrix} 0 & -1 & -4 \\ -9 & 1 & 0 \\ 0 & -3 & -1 \end{bmatrix}$

(2) $3\boldsymbol{A} + 2\boldsymbol{C} = \begin{bmatrix} 10 & 2 & 8 \\ 13 & 3 & 0 \\ 15 & -14 & 2 \end{bmatrix}$

(3) $\boldsymbol{A} + \boldsymbol{A}^T = \begin{bmatrix} 4 & -1 & 3 \\ -1 & 2 & -4 \\ 3 & -4 & \end{bmatrix}$, $\boldsymbol{A} - \boldsymbol{A}^T = \begin{bmatrix} 0 & 1 & -3 \\ -1 & 0 & 4 \\ 3 & -4 & 0 \end{bmatrix}$

(4) $(\boldsymbol{A} - \boldsymbol{C})^T = \begin{bmatrix} 0 & -9 & 0 \\ -1 & 1 & -3 \\ -4 & 0 & -1 \end{bmatrix}$, $(3\boldsymbol{C})^T = \begin{bmatrix} 6 & 24 & 9 \\ 3 & 0 & -3 \\ 12 & 0 & 3 \end{bmatrix}$

(5) $\boldsymbol{R} = \begin{bmatrix} 2 & -0.5 & 1.5 \\ -0.5 & 1 & -2 \\ 1.5 & -2 & 0 \end{bmatrix}$, $\boldsymbol{S} = \begin{bmatrix} 0 & 0.5 & -1.5 \\ -0.5 & 0 & 2 \\ 1.5 & -2 & 0 \end{bmatrix}$

3. $\boldsymbol{AB} = \begin{bmatrix} 19 & 22 \\ 43 & 50 \end{bmatrix}$, $\boldsymbol{BA} = \begin{bmatrix} 23 & 34 \\ 31 & 46 \end{bmatrix}$

4. (1) $x = 1,\ y = 2$ (2) $x = 1/7,\ y = -1/7$

(3) $x = z,\ y = -z$ (4) $x = 2,\ y = 0,\ z = -2$

5. (1) $I_2 = V_0/R_1$, $I_3 = V_0/R_2$, $I_1 = I_2 + I_3$

(2) $D = -R_4R_5 - (R_1 + R_2 + R_3)(R_4 + R_5)$라 하면

$I_1 = [-R_4E_1 - R_5(E_1 + E_2)]/D$

$I_2 = [-R_5(E_1 + E_2) - (R_1 + R_2 + R_3)E_2]/D$

$I_3 = [-R_4E_1 + (R_1 + R_2 + R_3)E_2]/D$

6. (1) $\begin{bmatrix} -1/13 & 2/13 \\ 5/13 & 3/13 \end{bmatrix}$ (2) $\begin{bmatrix} 2 & 1 \\ 5 & 3 \end{bmatrix}$ (3) $\begin{bmatrix} 0.2 & -0.1 & 0 \\ 0 & -0.2 & 0.1 \\ 0.1 & 0 & 0.1 \end{bmatrix}$

(4) $\begin{bmatrix} 0 & 0 & 1 \\ 0 & 1 & 0 \\ 1 & 0 & 0 \end{bmatrix}$ (5) $\begin{bmatrix} 2 & 0 & -1 \\ -5 & 1 & 0 \\ 0 & -1 & 3 \end{bmatrix}$ (6) $\begin{bmatrix} 0 & 1 & 0 \\ 1 & 0 & 0 \\ 0 & 0 & 1 \end{bmatrix}$

7. $\boldsymbol{A} = \frac{3}{2}$, $\boldsymbol{B} = 2$, $\boldsymbol{C} = \frac{1}{4}$, $\boldsymbol{D} = 1$

8. $\boldsymbol{A} = 1 - \frac{1}{\omega^2 LC}$, $\boldsymbol{B} = \frac{1}{j\omega C}\left(2 - \frac{1}{\omega^2 LC}\right)$, $\boldsymbol{C} = \frac{1}{j\omega L}$, $\boldsymbol{D} = 1 - \frac{1}{\omega^2 LC}$

9. $\boldsymbol{A} = 1+\dfrac{Z_2}{Z_3}$, $\boldsymbol{B} = Z_2$, $\boldsymbol{C} = \dfrac{Z_1+Z_2+Z_3}{Z_1Z_3}$, $\boldsymbol{D} = 1+\dfrac{Z_2}{Z_1}$

10. (1) -5　　(2) -5　　(3) 90

11. (1) $x = -\dfrac{1}{2}$　　(2) $x = -1$

12. (1) $x = 1,\ y = 2,\ z = 3$　　(2) $x = 3,\ y = \dfrac{1}{2},\ z = -1$

13. $\boldsymbol{AB} = \begin{vmatrix} 14 & 32 & 50 \\ 32 & 77 & 122 \\ 50 & 122 & 194 \end{vmatrix}$

14. (1) $x = 1,\ y = 2,\ z = 2$　　(2) $x = 3,\ y = 2,\ z = 1$

15. $I_a = \dfrac{21}{13}\,[A]$, $I_b = \dfrac{27}{26}\,[A]$, $I_c = \dfrac{15}{26}\,[A]$

16. $I_a = \dfrac{15}{8}\,[A]$, $I_b = -\dfrac{3}{8}\,[A]$, $I_c = \dfrac{18}{8}\,[A]$

4장 복소수

1. (1) $-46+j9$　　(2) $\dfrac{1}{5}(8-j)$　　(3) $4+j3$ 또는 $-4-j3$

2. (1) $\sqrt{2}\left\{\cos\left(-\dfrac{\pi}{4}\right)+j\sin\left(-\dfrac{\pi}{4}\right)\right\}$　　(2) $2\left(\cos\dfrac{2}{3}\pi+j\sin\dfrac{2}{3}\pi\right)$

(3) $\cos\dfrac{\pi}{2}+j\sin\dfrac{\pi}{2}$

3. $z_1z_2 = 8-j$, $z_1/z_2 = \dfrac{4}{13}+j\dfrac{7}{13}$

4. $z_1z_2 = 2$, $z_1/z_2 = -j$

5. $z_1z_2 = 6\left(\cos\dfrac{\pi}{2}+j\sin\dfrac{\pi}{2}\right)$, $z_1/z_2 = \dfrac{3}{2}\left\{\cos\left(-\dfrac{\pi}{6}\right)+j\sin\left(-\dfrac{\pi}{6}\right)\right\}$

6. $z_1 \times z_2 = 100\angle 90°$

7. $z_1 \cdot z_2 = 141.4\, e^{j60°}$

8. $E = 4\angle 60°$

9. $\sqrt{z} = 3\angle 35°$

10. $\sqrt[6]{2}\left(\cos\dfrac{\pi}{12}+j\sin\dfrac{\pi}{12}\right)$, $\sqrt[6]{2}\left(\cos\dfrac{3\pi}{4}+j\sin\dfrac{3\pi}{4}\right)$, $\sqrt[6]{2}\left(\cos\dfrac{17\pi}{12}+j\sin\dfrac{17\pi}{12}\right)$

11. $f(2+j4) = 6-j12 = 3x-j3y$ 이므로 $x = 2,\ y = 4$

5장 벡터해석

1. $|A| = 10.2$
2. $\boldsymbol{A} + \boldsymbol{B} = 5\boldsymbol{i} - 3\boldsymbol{j} + 12\boldsymbol{k}$, $\boldsymbol{B} - \boldsymbol{A} = \boldsymbol{i} - 7\boldsymbol{j} + 2\boldsymbol{k}$
3. $\boldsymbol{A} \cdot \boldsymbol{B} = 2 + 15 + 30 = 47$, $\boldsymbol{A} \times \boldsymbol{B} = -7\boldsymbol{i} - 7\boldsymbol{j} + 7\boldsymbol{k}$
4. $\cos\theta = \dfrac{3\sqrt{2}}{5}$
5. $a = -1$ or 2
6. $W = 30$ [J]
7. 15
8. $(\boldsymbol{A} \cdot \boldsymbol{B})' = 11a\sin a + (5a^2 - 1)\cos a$

   $$(\boldsymbol{A} \times \boldsymbol{B})' = (a^3\sin a - 3a^2\cos a)\boldsymbol{i} - (a^3\cos a + 3a^2\sin a)\boldsymbol{j} + (5a^2\sin a - \sin a - 11\cos a)\boldsymbol{k}$$
9. $\displaystyle\int_1^2 \boldsymbol{A} \cdot da = -\frac{5}{6}\boldsymbol{i} + \frac{15}{2}\boldsymbol{j} - 3\boldsymbol{k}$
10. $\text{grad}\,\varphi = -12\boldsymbol{i} - 9\boldsymbol{j} - 16\boldsymbol{k}$
11. $\text{div}\,\boldsymbol{A} = -3$
12. $\text{div}(\text{grad}\,\varphi) = \dfrac{\partial^2\varphi}{\partial x^2} + \dfrac{\partial^2\varphi}{\partial y^2} + \dfrac{\partial^2\varphi}{\partial z^2}$
13. $\rho = 14$ [C/m³]
14. $\rho = -2xz\,\epsilon_0$

6장 미분

1. (1) 2 (2) 1/5
2. (1) 6 (2) -1
3. 도함수 $f'(x) = 3x^2$, 미분계수 $f'(2) = 12$
4. (1) $y' = 1$ (2) $y' = 2x$

   (3) $y' = -\dfrac{1}{x^2}$ (4) $y' = -\dfrac{2}{x^3}$

   (5) $y' = \dfrac{1}{2\sqrt{x}}$
5. (1) $y' = 6(2x+1)^2$ (2) $y' = \dfrac{1}{\sqrt{2x+1}}$

6. (1) $y' = -\sin x + 2\cos x$ (2) $y' = 2\sin x \cdot \cos x$

7. (1) $y' = (1+x)e^x$ (2) $y' = \dfrac{e^x}{(e^x+1)^2}$

8. (1) $y' = \dfrac{1}{x}$ (2) $y' = \dfrac{2}{x}\log x$

9. $t = 5$ [sec]

10. $t = 11.5$ [sec]

11. $2E$ [V]

12. $i = 2.595$ [A]

7장 적 분

1. (1) $3x + c$ (2) $\dfrac{1}{2}x^2 + c$

2. (1) $-\cos x + 2\sin x + c$ (2) $\tan x - x + c$

3. (1) $e^{x+1} + c$ (2) $\dfrac{10^{x+2}}{\log 10} + c$

4. (1) $xe^x - e^x + c$ (2) $(x+1)\log(x+1) - x + c$

5. (1) $\dfrac{1}{3}(x^3+1)^3 + c$ (2) $\dfrac{1}{4}(e^x+1)^4 + c$

6. (1) 26 (2) 2/3 (3) $\log 2$

   (4) 0 (5) $1 - \dfrac{1}{e^3}$

7. (1) -14 (2) $\dfrac{8}{3}$

8장 라플라스 변환

1. (1) $3/s^2 + 4/s$ (2) $2/s^3 + a/s + b/s$

   (3) $(\omega\cos\theta + s\sin\theta)/(s^2+\omega^2)$ (4) $1/2s - s/2(s^2+4)$

   (5) $(s^2-18)/s(s-6)(s+6)$ (6) $5\,e^{-3t}$

   (7) $(\sin 5t)/5$ (8) $(s^2-4)/(s^2+4)^2$

   (9) $2/(s-1)^3$ (10) $4s/(s^2-4)^2$

2. (1) $f(t) = \sinh t + 2(\cosh t - 1)$ (2) $f(t) = \dfrac{e^{-at} - e^{bt}}{a-b}$

   (3) $f(t) = 4\cos 4t + \sin 4t$ (4) $f(t) = (1-t)e^{-t}$

(5) $f(t)=2e^{2t}+te^{t}$ (6) $f(t)=t\sin t$

3. (1) $y=e^{-t}\sin t$ (2) $y=3e^{t}\cos 3t$

4. (1) $2(1-e^{-\pi s})/s$ (2) $(e^{-s}-2e^{-2s}+e^{-3s})/s$

(3) $k/s(1+e^{-as})$ (4) $e^{-as}/s(1+e^{-as})$

(5) $1/s(1-e^{-s})$ (6) $e^{-s}/(1-e^{-s})$

5. $q(t)=CV_9 e^{-t/RC}(t \geqq 0)$

6. $i(t)=V_9(1-e^{-Rs/L})/R$

7. (1) $i(t)=\sin t\,(0<t<a),\ i(t)=\sin t-\sin(t-a) \quad (t>a)$

(2) $i(t)=1-\cos t\,(0<t<1),\ i(t)=\cos(t-1)-\cos t \quad (t>1)$

(3) $i(t)=(e^{-t}-\cos t+\sin t)/2 \quad (0<t<\pi)$

$i(t)=[-1(1+e^{-\pi})\cos t+(3-e^{-\pi})\sin t]/2 \quad (t>\pi)$

8. (1) t (2) $\sin t$

(3) $e^{2t}+(t-1)e^{-t}$ (4) $(e^{at}-1)/a^2-t/a$

9. (1) $\dfrac{\pi s-1+(\pi s+1)e^{-2\pi s}}{s^2(1-e^{-2\pi s})}=\dfrac{s}{\pi}\coth \pi s-\dfrac{1}{s^2}$

(2) $\dfrac{1-(2\pi s+1)e^{-2\pi s}}{s^2(1-e^{-2\pi s})}$

(3) $\dfrac{2(e^{2\pi s}-1-2\pi s-2\pi^2 s^2)}{s^3(e^{2\pi s}-1)}$

(4) $\left[\dfrac{1}{s^2}(1-e^{\pi s})-\dfrac{\pi}{s}e^{-\pi s}\right]\Big/(1-e^{-2\pi s})$

(5) $\dfrac{1-e^{-\pi s}}{s(1+e^{-\pi s})}$

10. $i(t)=V_9R^{-1}[1-e^{k\tau}(1+e^{-ka})^{-1}] \quad (n=0,\ 2,\ t-na=\tau)$

$i(t)=V_9R^{-1}e^{-kt}(1+e^{-ka})^{-1} \quad (n=1,\ 3,\ 0<t<a)$

11. $i(t)=\dfrac{1}{R}t-\dfrac{L}{R^2}(1-e^{-Rt/L}) \quad (0<t<1)$

$i(t)=e^{-Rt/L}\left(\dfrac{L}{R^2}-\dfrac{L}{R^2}e^{R/L}+\dfrac{1}{R}e^{R/L}\right) \quad (t>1)$

12. $i(t)=e^{-t/5}\left(\sin\dfrac{2}{5}t+2\cos\dfrac{2}{5}t\right)$

9장 푸리에 급수

1. 직류분과 2[kHz]의 고주파분

2. $f(t) = \frac{4I}{\pi}\left(\sin\omega t + \frac{1}{3}\sin 3\omega t + \frac{1}{5}\sin 5\omega t + \cdots\right)$

3. $f(t) = \frac{8I}{\pi^2}\left(\sin\omega t - \frac{1}{3^2}\sin 3\omega t + \frac{1}{5^2}\sin 5\omega t - \frac{1}{7^2}\sin 7\omega t + \cdots\right)$

4. $A_0 = 10$

5. $I = 25\sqrt{2}$ [A]

6. $P = \frac{VI}{2}$ [W]

10장 기수법

1. 0, 1, 10, 11, 100, 101, 110, 111
2. (1) 10100 (2) 1101011 (3) 1010101
3. (1) -11 (2) 10000 (3) 10111
4. (1) 011 000 (2) 001 000 001 (3) 001 101 100
5. 53
6. 25.375
7. (1) 010101 (2) 000001 (3) 011011
8. (1) 010110 (2) 000001 (3) 011100
9. (1) 100011 (2) 10000.1110
10. (1) 101 (2) 1.1
11. 53
12. 1322
13. (1) 010 110 (2) 001 010 111 (3) 111 011 001 101
14. (1) 125 (2) 31.32
15. (1) 1101 0110 (2) 1011 0011 1101 (3) 1011 0010 0111 1010 0011
16. (1) $8C$ (2) 334 (3) $F10$

11장 부울대수

1.

A	B	C	X
0	0	0	0
0	0	1	0
0	1	0	0
1	0	0	1
0	1	1	1
1	0	1	1
1	1	0	1
1	1	1	1

2. (1) $X = A$ (2) $X = A + BC$ (3) $X = AB$ (4) $X = A(B + C)$

3. $(A + B)C$

4. $A = 0, B = 0$ 인 경우 $0 \cdot 0 + 0 = 0$

$A = 0, B = 1$ 인 경우 $0 \cdot 1 + 1 = 1$

$A = 1, B = 0$ 인 경우 $1 \cdot 0 + 0 = 0$

$A = 1, B = 1$ 인 경우 $1 \cdot 1 + 1 = 1$

5. (1) 1 (2) 1

6.

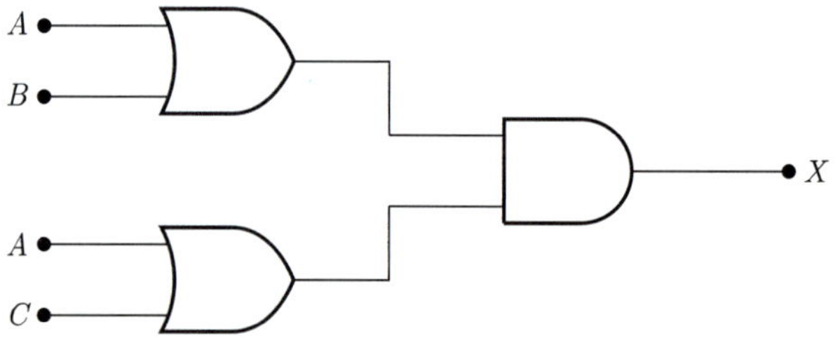

7.

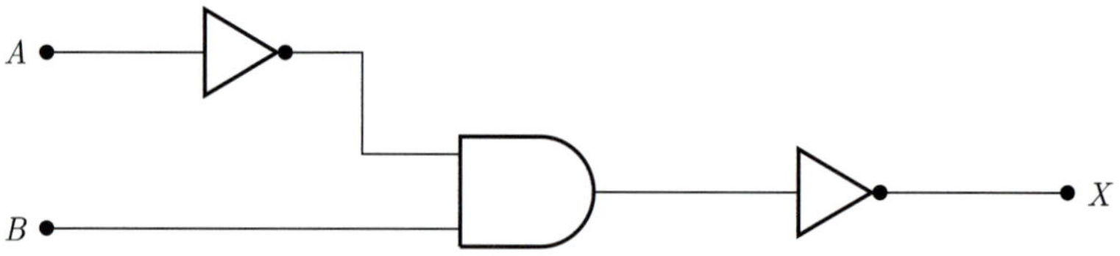

8. $A \cdot \overline{B}$

9. $\overline{AB + CD} + \overline{CD}$

10. (1) $A \cdot 0 = 0$ (2) $A \cdot \overline{A} = 0$

(3) $A(A + B) = A$ (4) $A + BC = (A + B)(A + C)$

A.2 | 기호와 단위

(1) 양의 기호와 단위

양	기 호	단위의 명칭	단 위
전기량	q	coulomb	C
전류	I,i	ampere	A
전압	$V,v,\ E,e$	volt	V
전기저항	R,r	ohm	Ω
전력	P	watt	W
무효전력	P_r	var	var
피상전력	P_a	volt-ampere	VA
전력량	W,w	joule (watt-hour)	J (Wh)
컨덕턴스	G,g	mho	℧
인덕턴스	$L,\ M$	henry	H
커패시턴스	C	farad	F
고유저항	ρ	ohm-meter	Ω-m
도전율	$\sigma,\ k$	mho/meter	℧/m
자속	ϕ	weber	Wb
기자력	Φ	ampere-turn	AT
주파수	f	hertz	Hz
회전수	$N,\ n$	return per second	rps
각	$\alpha,\beta,\gamma,\theta,\phi$	도, 분, 초 (radian)	…°, …′, …″ (rad)
각속도	ω	radian/second	rad/s
속도	v	meter/second	m/s
일	W	joule	J
힘	$F,\ f$	newton	N

양	기 호	단위의 명칭	단 위
광속	F	lumen	lm
광도	I	candela	cd
조도	E	lux	lx
음의 세기	L	phone	P
이득	Δ	decibel	dB
길이	$L,\ l$	meter	m
무게	M	kilogram	kg
시간	t	second	sec
열량	H	calory	cal

(2) 수학기호

같다	$=$	무한대	∞	sine	sin
보다 크다	$>$	비례한다	$\propto$	cosine	cos
보다 대단히 크다	$\gg$	계승	!	tangent	tan
보다 작다	$<$	비	:	cotangent	cot
보다 대단히 작다	$\ll$	각	θ	secant	sec
항등	$\equiv$	총합	$\sum_{n=1}^{j}$	cosecant	cosec
부등	$\neq$	극한	$\lim_{x \to \infty}$	arc sine	$\sin^{-1}$
항등이 아니다	$\not\equiv$	상용대수	$\log_{10}$	arc cosine	$\cos^{-1}$
근사적으로 같다	$\approx$	자연대수	$\log_e$ (ln)	arc tangent	$\tan^{-1}$
근접	$\rightarrow$	미분	$\frac{dy}{dx},\ f'(x)$	hyperbolic sine	sinh
내지	$\sim$	적분	$\int$	hyperbolic arc sine	$\sinh^{-1}$

(3) 단위의 승수

기호	명칭	승수	기호	명칭	승수
T	tera	10^{12}	c	centi	10^{-2}
G	giga	10^{9}	m	mili	10^{-3}
M	mega	10^{6}	μ	micro	10^{-6}
k	kilo	10^{3}	n	nano	10^{-9}
h	hekto	10^{2}	p	pico	10^{-12}
da	deka	10	f	femto	10^{-15}
d	deci	10^{-1}	a	atto	10^{-18}

(4) 도량형 환산표

길 이 : 1 kilometer(km) = 1000 meter(m)

1 meter(m) = 100 centimeter(cm)

1 centimeter(cm) = 10^{-2}m

1 millimeter(mm) = 10^{-3}m

1 micron(μ) = 10^{-6}m

1 millimicron(㎜ μ) = 10^{-9}m

1 angstrom(Å) = 10^{-10} m

1 inch(in) = 2,540 cm

1 foot(ft) = 30.48 cm

1 mile(mi) = 1.609 km

1mile = 10^{-3} in

1 centimeter = 0.3937 in

1 meter = 39.37 in

1 kilometer = 0.6214 mile

넓 이 : 1 square meter(m^2) = 10.7 ft^2

1 square foot(ft^2) = 929 cm^2

1 square mile(mi^2) = 640 acre

1 acre = 43.560 ft^2

부 피 : 1 liter(*l*) = 1000cm^3 = 1.057 quart(qt) = 61.02 in^3 = 0.03532 ft^3

1 cubic meter(m^3) = 1000 *l* = 35.32 ft^3

1 cubic foot(ft^3) = 7.481 U. S. gal = 0.02832 m^3=28.32 *l*

1 U. S. gallon(gal) = 231 in^3 = 3.785 *l*

1 British gallon = 1.201 U. S. gallon = 277.4 in^3

질 량 : 1 kilogram(kg) = 2.2046 pound(lb) = 0.06852 slug

1 lb = 453.6 gm = 0.03108 slug

1 slug = 32.17 lb = 24.59 kg

속 도 : 1 km/hr = 0.2778 m/sec = 0.6214 mi/hr = 0.9113 ft/sec

1 mi/hr = 1.467 ft/sec = 1.609 km/hr = 0.4470 m/sec

밀 도 : 1 gm/cm^3 = 10^3 kg/m^3 = 62.43 lb/ft^3 = 1.940 slug/ft^3

1 lb/ft^3 = 0.01602 gm/cm^3, 1 slug/ft^3 = 0.5154 gm/cm^3

힘 : 1 Newton(N) = 10^5 dyne = 0.1020kgwt = 0.2248 lbwt

1 pound weight(1 bwt) = 4.448 N = 0.4536 kgwt = 32.17 poundal

1 kilogram weight(kgwt) = 2.205 lbwt = 9.807 N

1 U. S. short ton = 2000 lbwt, 1 long ton = 2240 lbwt

1 metric ton = 2205lbwt

에너지 : 1 joule = 1 N-m = 10^7 erg = 0.7376 ft lbwt = 0.2389 cal

= 9.481×10^{-4} Btu

1 ft 1 bwt = 1.356 joule = 0.3239 cal = 1.285×10^{-3} Btu

1 calorie(cal) = 4.186 joule = 3.087 ft lbwt = 3.968×10^{-3} Btu

1 Btu(British thermal unit) = 778 ft lbwt = 1055 joules = 0.293 watthr

1 kilowatt hour(kw hr) = 3.60×10^6 joule = 860.0 kcal = 3413 Btu

1 electron volt(ev) = 1.602×10^{-19} joule

공 률 : 1 watt = 1 joule/sec = 10^7 erg/sec = 0.2389 cal/sec

1 horsepower(HP) = 550 ft lbwt/sec = 33,000 ft lbwt/min = 745.7 watt

1 kilowatt(kw)=1.341 HP = 737.6 ft lbwt/sec = 0.9483 Btu/sec

압 력 : 1 N/m^2 = 10 $dyne/cm^2$ = 9.869×10^{-6} atmosphere

= 2.089×10^{-2} $lbst/ft^2$

1 $lbwt/in^2$ = 6895 nt/m^2 = 5.171 cm 수은 = 27.68 물

1 대기압(atm) = 1.013×10^5 N/m^2 = 1.013×10^6 $dynes/cm^2$

= 14.70 $lbwt/in^2$ = 760 mmHg = 406.8 물

(5) 전기전자공학에 흔히 사용되는 수 값

1. π = 3.14159 26535 89793 23846 2643 ⋯ ≒ 3.1416
2. e(자연대수의 밑) = 2.71828 18284 59045 23536 0287 ⋯ = $\lim_{n \to \infty}\left(1+\frac{1}{n}\right)^n$ ≒ 2.718
3. $\sqrt{2}$ = 1.41421 35623 73095 0488 ⋯ ≒ 1.414
4. $\sqrt{3}$ = 1.73205 08075 68877 2935 ⋯ ≒ 1.732
5. $\sqrt{5}$ = 2.23606 79774 99789 6964 ⋯ ≒ 2.236
6. $\sqrt[3]{2}$ = 1.25992 1050 ⋯
7. $\sqrt[3]{3}$ = 1.44224 9570 ⋯
8. $\sqrt[5]{2}$ = 1.14869 8355 ⋯
9. $\sqrt[5]{5}$ = 1.24573 0940 ⋯
10. e^{π} = 23.14069 26327 79269 006 ⋯
11. π^{e} = 22.45915 77183 61045 47342 715 ⋯
12. e^{e} = 15.15426 22414 79264 190 ⋯

13. $\log_{10} 2 = 0.30102\ 99956\ 63981\ 19521\ 37389 \cdots$

14. $\log_{10} 3 = 0.47712\ 12547\ 19662\ 43729\ 50279 \cdots$

15. $\log_{10} e = 0.43429\ 44819\ 03251\ 82765 \cdots$

16. $\log_{10} \pi = 0.49714\ 98726\ 94133\ 85435\ 12683 \cdots$

17. $\log_e 10 = \ln 10 = 2.30258\ 50929\ 94045\ 68401\ 7991 \cdots$

18. $\log_e 2 = \ln 2 = 0.69314\ 71805\ 59945\ 30941\ 7232 \cdots$

19. $\log_e 3 = \ln 3 = 1.09861\ 22886\ 68109\ 69139\ 5245 \cdots$

20. γ(Euler 상수) $= 0.57721\ 56649\ 01532\ 86060\ 6512 \cdots$

21. $e^r = 1.78107\ 24179\ 90197\ 9852 \cdots$

22. $\sqrt{e} = 1.64872\ 12707\ 00128\ 1468 \cdots$

23. $\sqrt{\pi} = \Gamma\left(\frac{1}{2}\right) = 1.77245\ 38509\ 05516\ 02729\ 8167 \cdots$

24. $\Gamma\left(\frac{1}{3}\right) = 2.67893\ 85347\ 07748 \cdots$

25. $\Gamma\left(\frac{1}{4}\right) = 3.62560\ 99082\ 21908 \cdots$

26. $1\ \text{radian} = 180° / \pi = 57.29577\ 95130\ 8232 \cdots°$

27. $1° = \pi / 180\ \text{radians} = 0.01745\ 32925\ 19943\ 2957 \cdots \text{radians}$

28. C(빛의 속도) $= 2.998 \times 10^8 ≒ 3 \times 10^8$ [m/sec]

29. ϵ_0(진공의 유전율) $= \dfrac{10^7}{4\pi C^2} = 8.854 \times 10^{-12}$ [F/m]

    [참고 : $1/(4\pi\epsilon_0) = 9 \times 10^9$]

30. μ_0 (진공의 투자율) $= 4\pi \times 10^{-7} = 1.257 \times 10^{-6}$ [H/m]

[참고 예 1] 반지름 r 인 원의 둘레 $= 2\pi r$

반지름 r 인 원의 면적 $= \pi r^2$

[참고 예 2] 반지름 r 인 구의 표면적 $= 4\pi r^2$

반지름 r 인 구의 체적 $= \dfrac{4}{3}\pi r^3$

[참고 예 3] 반지름 r 인 원주의 측면적 $= 2\pi rh$ (h는 높이)

반지름 r 인 원주의 체적 $= \pi r^2 h$

[참고 예 4] 사인파 교류 전압의 최대값과 실효값의 관계 $V_m = \sqrt{2}\ V$

(V_m은 최대값, V는 실효값)

[참고 예 5] 3상 성형 상전압과 선간 전압의 관계 $V_L = \sqrt{3}\ V_P$

(V_L : 선간 전압, V_P : 성형 상전압)

[참고 예 6] 3상 3선식의 전력 $P = \sqrt{3}\ VI\cos\theta$

(P : 전력[W], V : 선간 전압[V], I : 선전류[V], $\cos\theta$: 역률)

[참고 예 7] 쿨롬의 법칙 $F = \dfrac{q_1 q_2}{4\pi\epsilon_0\epsilon_s r^2}$

(F : 2개의 점전하간의 힘[N], $q_1 q_2$: 점전하[coul], ϵ_0 : 진공의 유전율, ϵ_s : 매체의 비유전율, r : 2개의 점전하간 거리[m])

[참고 예 8] 평행판 콘덴서(Condenser)의 정전 용량 $C = \dfrac{\epsilon_0\epsilon_s A}{d}$

(C : 정전 용량[F], ϵ_0 : 진공의 유전율[F/m], ϵ_s : 매체의 비유전율, A : 판의 면적[m^2], d : 판간의 거리[m])

[참고 예 9] 공기 중에 평행 직선 전류간에 작용하는 힘 $F = \dfrac{\mu_0 I_1 I_2}{2\pi d}$

(F : 단위 길이당 힘[N/m], μ_0 : 진공의 투자율, I_1, I_2 : 전류[A], d : 전류 간의 거리[m])

(6) 그리스 문자

그리스 문자		호 칭		그리스 문자		호 칭	
A	α	alpha	알 파	N	ν	nu	뉴 우
B	β	beta	베 타	Ξ	ξ	xi	크 사 이
Γ	γ	gamma	감 마	O	o	Omicron	오미크론
Δ	$\delta(\partial)$	delta	델 타	Π	π	Pi	파 이
E	ϵ	epsilon	잎실론	P	ρ	rho	로 오
Z	ζ	zeta	제 타	Σ	σ	sigma	시 그 마
H	η	eta	에 타	T	τ	tau	타 우
Θ	$\theta(\vartheta)$	theta	데 타	Y	υ	upsilon	윱 실 론
I	ι	iota	이오타	Φ	$\phi(\varphi)$	phi	화 이
K	κ	kappa	캎 파	X	χ	chi	카 이
Λ	λ	lambda	람 다	Ψ	ψ	psi	프 사 이
M	μ	mu	뮤 우	Ω	ω	omega	오 메 가

A.3 | 수학공식

1. 항등식

$$a^2 - b^2 = (a+b)(a-b)$$

$$(a \pm b)^2 = a^2 \pm 2ab + b^2$$

$$a^3 \pm b^3 = (a \pm b)(a^2 \mp ab + b^2)$$

$$(a \pm b)^3 = a^3 \pm 3a^2b + 3ab^2 \pm b^3$$

2. 분수

$$\frac{a_1}{b_1} = \frac{a_2}{b_2} = \cdots = \frac{a_n}{b_n} = \frac{a_1 + a_2 + \cdots + a_n}{b_1 + b_2 + \cdots + b_n}$$

3. 지수법칙

$$a^m \times a^n = a^{m+n}$$

$$a^m \div a^n = a^{m-n}$$

$$(a^m)^n = a^{mn}$$

$$a^{-m} = \frac{1}{a^m}$$

$$a^{m/n} = \sqrt[n]{a^m} = (\sqrt[n]{a})^m$$

$$(ab)^m = a^m b^m$$

$$a^0 = 1 \ (a \neq 0)$$

4. 로그

$$y = \log_a x \longleftrightarrow x = a^y$$

$$\log_a a = 1$$

$$\log_a 1 = 0 \quad (a > 0,\ a \neq 1)$$

$$\log_a (xy) = \log_a x + \log_a y$$

$$\log_a (x/y) = \log_a x - \log_a y$$

$$\log_a x^n = n \log_a x$$

$$\log_c a = \log_c b \times \log_b a$$

$$\log_b a \times \log_a b = 1$$

$\log_a x$ 에서 $a = 10$ 일 때 상용로그라 하고 $\log x$ 로 표시한다.

$a = e$ 일 때 자연로그라 하고 $\ln x$ 로 표시한다.

$\log x = 0.4343 \ln x$

$\ln x = 2.3026 \log x$

$e = 2.718\ 2818284...$

5. 복소수

$j = \sqrt{-1}\,, \quad j^2 = -1, \quad j^3 = -j, \quad j^4 = 1$

$1/j = -j, \quad 1/j^2 = -1, \quad 1/j^3 = j, \quad 1/j^4 = 1$

a, b, c, d를 실수라 하면

$a \pm jb = c \pm jd$ 이면 $a = c,\ b = d$

$a \pm jb = 0$ 이면 $a = 0,\ b = 0$

$(a+jb) \pm (c+jd) = (a \pm c) + j(b \pm d)$

$(a+jb)(c+jd) = ac - bd + j(ad+bc)$

$$\frac{a+jb}{c+jd} = \frac{ac+bd}{c^2+d^2} + j\frac{bc-ad}{c^2+d^2}$$

공액 복소수 $a+jb,\quad a-jb$ 사이에는

$(a+jb) + (a-jb) = 2a$

$(a+jb) - (a-jb) = 2jb$

$(a+jb)(a-jb) = a^2 + b^2$

복소수 $z = a + jb$ 에서

절대치 $|z| = \sqrt{a^2+b^2}$

편　각 $\theta = \arg z = \tan^{-1}\frac{b}{a}$

$a + jb = \sqrt{a^2+b^2}\,(\cos\theta + j\sin\theta) = \sqrt{a^2+b^2}\ \exp(j\theta)$

$a - jb = \sqrt{a^2+b^2}\,(\cos\theta - j\sin\theta) = \sqrt{a^2+b^2}\ \exp(-j\theta)$

$(a+jb)^n = {}^n\sqrt{a^2+b^2}\ (\cos n\theta + j\sin n\theta)$

$r\angle\theta = r(\cos\theta + j\sin\theta)$

$e^{j\theta} = \cos\theta + j\sin\theta$ (Euler의 정리)

$$\cos\theta = \frac{1}{2}(e^{j\theta} + e^{-j\theta})$$

$$\sin\theta = \frac{1}{2j}(e^{j\theta} - e^{-j\theta})$$

$(\cos\theta + j\sin\theta)^n = \cos n\theta + j\sin n\theta$

6. 급수

(1) 등차급수

a를 초항, d를 공차, n을 항수, l을 말항, S를 총합이라 하면

$$l = a + (n-1)d, \quad S = \frac{1}{2}n(a+l)$$

$$S = a + (a+b) + (a+2d) + \cdots + \{a+(n-1)d\} = \frac{1}{2}n[2a+(n-1)d]$$

(2) 등비급수

a를 초항, r을 공비, n을 항수, l을 말항, S를 총합이라 하면

$$l = ar^{n-1}, \quad S = a\frac{1-r^n}{1-r}$$

$$S = a + ar + ar^2 + \cdots + ar^{n-1} = \frac{a(1-r^n)}{1-r}$$

(3) 무한등비급수

a를 초항, r을 공비, S를 총합이라 하면

$S = a/(1-r))$ (단, $r^2 < 1$)

7. 순열, 조합

$$_nP_r = n(n-1)(n-2)\cdots(n-r+1) = \frac{n!}{(n-r)!}$$

$_nP_r$는 P_r^n으로도 쓴다.

$$_nC_r = {}_nC_{n-r} = \frac{n!}{r!(n-r)!}$$

$_nC_r$는 C_r^n 또는 $\binom{n}{r}$으로도 쓴다.

8. 산술평균, 기하평균, 조화평균

(1) 산술평균 $x = \frac{1}{n}\sum_{i=1}^{n} x_i$ 예 $\frac{a+b}{2}$

(2) 기하평균 $\mathrm{gm}(x) = (x_1 \cdot x_2 \ldots x_n)^{1/n}$ 예 $\sqrt{ab}$

(3) 조화평균 $\mathrm{hm}(x)$, $\frac{1}{\mathrm{hm}(x)} = \frac{1}{n}\sum_{i=1}^{n}\frac{1}{x_i}$ 예 $\frac{2ab}{a+b}$

Cauchy의 정리 $x \geq \mathrm{gm}(x) \geq \mathrm{hm}(x)$ 예 $\frac{a+b}{2} \geqq \sqrt{ab} \geqq \frac{2ab}{a+b}$

9. 2차 방정식의 근

$ax^2+bx+c=0 \quad (a, b, c$: 실수, $a \neq 0)$이면

$$x=\frac{-b \pm \sqrt{b^2-4ac}}{2a}$$

10. 급수의 전개

(1) 2항전개

$$(x+y)^n=x^n+nx^{n-1}y+\frac{1}{2!}n(n-1)x^{n-2}y^2+\frac{1}{3!}n(n-1)(n-2)x^{n-3}y^3+\cdots$$

(2) 맥로린 급수

$$f(x)=f(0)+f'(0)x+\frac{1}{2!}f''(0)x^2+\frac{1}{3!}f'''(0)x^3+\cdots$$

(3) 테일러 급수

$$(1+x)^n=1+nx+\frac{1}{2!}n(n-1)x^2+\frac{1}{3!}n(n-1)(n-2)x^3+\cdots$$

$$\sin x=x-\frac{1}{3!}x^3+\frac{1}{5!}x^5-\frac{1}{7!}x^7+\cdots \quad (x^2<\infty)$$

$$\cos x=1-\frac{1}{2!}x^2+\frac{1}{4!}x^4-\frac{1}{6!}x^6+\cdots \quad (x^2<\infty)$$

$$\tan x=x+\frac{1}{3}x^3+\frac{2}{15}x^5+\frac{17}{315!}x^7+\cdots$$

$$e^x=1+x+\frac{1}{2!}x^2+\frac{1}{3!}x^3+\frac{1}{4!}x^4+\cdots$$

$$\sinh x=x+\frac{1}{3!}x^3+\frac{1}{5!}x^5+\frac{1}{7!}x^7+\cdots$$

$$\cosh x=1+\frac{1}{2!}x^2+\frac{1}{4!}x^4+\frac{1}{6!}x^6+\cdots$$

$$\tanh x=x-\frac{1}{3}x^3+\frac{2}{15}x^5-\frac{17}{315!}x^7+\cdots$$

11. 근사치

$|x| \ll 1$ 에 대하여

$(1 \pm x)^2 \fallingdotseq 1 \pm 2x \qquad (1 \pm x)^n \fallingdotseq 1 \pm nx$

$\sqrt{1+x} \fallingdotseq 1+\frac{1}{2}x \qquad \frac{1}{\sqrt{1+x}} \fallingdotseq 1-\frac{1}{2}x$

$e^x \fallingdotseq 1+x$ $\qquad$ $\ln(1+x) \fallingdotseq x$

$\sin x \fallingdotseq 0$ $\qquad$ $\sinh x \fallingdotseq x$

$\cos x \fallingdotseq 1$ $\qquad$ $\cosh x \fallingdotseq 1-x$

$\tan x \fallingdotseq x$ $\qquad$ $\tanh x \fallingdotseq x$

$\tanh x \fallingdotseq 1$

12. 3각함수

(1) 보각의 3각함수

$$\sin(180° \pm \theta) = \mp \sin\theta$$

$$\cos(180° \pm \theta) = -\cos\theta$$

$$\tan(180° \pm \theta) = \pm \sin\theta$$

(2) 여각의 3각함수

$$\sin(90° \pm \theta) = +\cos\theta$$

$$\cos(90° \pm \theta) = \mp \sin\theta$$

$$\tan(90° \pm \theta) = \mp \cot\theta$$

$$\cot(90° \pm \theta) = \mp \tan\theta$$

(3) 같은 각의 3각함수 사이의 관계

(1) $\begin{cases} \sin A \operatorname{cosec} A = 1 \\ \cos A \sec A = 1 \\ \tan A \cot A = 1 \end{cases}$ $\qquad$ (2) $\begin{cases} \sin^2 A + \cos^2 A = 1 \\ \sec^2 A = 1 + \tan^2 A \\ \operatorname{cosec}^2 A = 1 + \cot^2 A \end{cases}$

(3) $\tan A = \dfrac{\sin A}{\cos A}$

(4) 덧셈정리

$$\sin(A \pm B) = \sin A \cos B \pm \cos A \sin B$$

$$\cos(A \pm B) = \cos A \cos B \mp \sin A \sin B$$

(5) 배각의 공식

$$\sin 2A = 2\sin A \cos A$$

$$\cos 2A = 2\cos^2 A - 1 = 1 - 2\sin^2 A = \cos^2 A - \sin^2 A$$

$$\tan 2A = \frac{2\tan A}{1-\tan^2 A}$$

(6) 반각의 공식

$$\sin\frac{A}{2} = \pm\sqrt{\frac{1-\cos A}{2}}$$

$$\cos\frac{A}{2} = \pm\sqrt{\frac{1+\cos A}{2}}$$

$$\tan\frac{A}{2} = \pm\sqrt{\frac{1-\cos A}{1+\cos A}} = \frac{1-\cos A}{\sin A} = \frac{\sin A}{1+\cos A}$$

(7) 합을 곱으로 고치는 공식

$$\sin A + \sin B = 2\sin\frac{1}{2}(A+B)\cos\frac{1}{2}(A-B)$$

$$\sin A - \sin B = 2\cos\frac{1}{2}(A+B)\sin\frac{1}{2}(A-B)$$

$$\cos A + \cos B = 2\cos\frac{1}{2}(A+B)\cos\frac{1}{2}(A-B)$$

$$\cos A - \cos B = -2\sin\frac{1}{2}(A+B)\sin\frac{1}{2}(A-B)$$

(8) 곱을 합으로 고치는 공식

$$\sin A\cos B = \frac{1}{2}\{\sin(A+B) + \sin(A-B)\}$$

$$\cos A\sin B = \frac{1}{2}\{\sin(A+B) - \sin(A-B)\}$$

$$\sin A\sin B = \frac{1}{2}\{\cos(A-B) - \cos(A+B)\}$$

$$\cos A\cos B = \frac{1}{2}\{\cos(A-B) + \cos(A+B)\}$$

(9) 반각 및 2배각에 관한 공식

(1) $\sin A = 2\sin\frac{A}{2}\cos\frac{A}{2}$

$\cos A = \cos^2\frac{A}{2} - \sin^2\frac{A}{2}$

(2) $\sin^2 A = \dfrac{1-\cos 2A}{2}$

$\cos^2 A = \dfrac{1-\cos 2A}{2}$

(10) 상수를 갖는 같은 각의 정현과 여현의 합을 단항식으로 만드는 법

$$a\cos A + b\sin A = \sqrt{a^2+b^2}\cos(A-\theta) \quad (\text{단, } \theta = \tan^{-1}\frac{b}{a})$$

(11) 3각형의 2변 a, b와 그 사이각 θ를 알고 맞변 P를 구하는 공식

$$P = \sqrt{a^2 + b^2 - 2ab\cos\theta}$$

(12) 호도법

$$1[\text{rad}] = \frac{360°}{2\pi} = 57°17'45'' = 3437'45''$$

(13) 3각함수와 지수함수의 관계

$$\sin x = \frac{1}{2j}(e^{jx} - e^{-jx}) \qquad \cos x = \frac{1}{2}(e^{jx} + e^{-jx})$$

$$\tan x = -j\frac{e^{2jx} - 1}{e^{2jx} + 1} = \frac{1}{j}\frac{e^{jx} - e^{-jx}}{e^{jx} + e^{-jx}}$$

$$e^{jx} = \cos x + j\sin x \qquad e^{-jx} = \cos x - j\sin x$$

(14) 특수각의 삼각함수

각도	sin	cos	tan	cot	sec	cosec	라디안
$0°$	0	1	0		1		0
$30°$	$\frac{1}{2}$	$\frac{\sqrt{3}}{2}$	$\frac{\sqrt{3}}{3}$	$\sqrt{3}$	$\frac{2\sqrt{3}}{3}$	2	$\frac{1}{6}\pi$
$45°$	$\frac{\sqrt{2}}{2}$	$\frac{\sqrt{2}}{2}$	1	1	$\sqrt{2}$	$\sqrt{2}$	$\frac{1}{4}\pi$
$60°$	$\frac{\sqrt{3}}{2}$	$\frac{1}{2}$	$\sqrt{3}$	$\frac{\sqrt{3}}{3}$	2	$\frac{2\sqrt{3}}{3}$	$\frac{1}{3}\pi$
$90°$	1	0		0		1	$\frac{1}{2}\pi$
$180°$	0	-1	0		-1		π
$270°$	-1	0		0		-1	$\frac{3}{2}\pi$
$360°$	0	1	0		1		2π

(15) 역삼각함수의 공식

$a > 0$ 이면

$$\sin^{-1}(-a) = -\sin^{-1}a, \qquad \cot^{-1}(-a) = \pi - \tan^{-1}(1/a)$$

$$\cos^{-1}(-a) = \pi - \cos^{-1}a, \qquad \sec^{-1}(-a) = \cos^{-1}(1/a) - \pi$$

$$\tan^{-1}(-a) = -\tan^{-1}a, \qquad \mathrm{cosec}^{-1}(-a) = \sin^{-1}(1/a) - \pi$$

$$\sin^{-1}a = \cos^{-1}\sqrt{1-a^2}\,, \qquad \cos^{-1}a = \sin^{-1}\sqrt{1-a^2}$$

$a>0,\quad b>0$ 이면

$$\sin^{-1}a - \sin^{-1}b = \sin^{-1}\left(a\sqrt{1-b^2} - b\sqrt{1-a^2}\right)$$
$$\tan^{-1}a - \tan^{-1}b = \tan^{-1}(a-b)/(1+ab)$$

13. 쌍곡선함수

$\sinh(-x) = -\sinh x$ $\qquad$ $\sinh(0)=0 \quad \sinh(\pm\infty)=\pm\infty$

$\cosh(-x) = \cosh x$ $\qquad$ $\cosh(0)=1 \quad \cosh(\pm\infty)=+\infty$

$\tanh(-x) = -\tanh x$ $\qquad$ $\tanh(0)=0 \quad \tanh(\pm\infty)=\pm 1$

$\cosh^2 x - \sinh^2 x = 1$ $\qquad$ $\sinh 2x = 2\sinh x\ \cosh x$

$1-\tanh^2 x = \mathrm{sech\,x}$ $\qquad$ $\cosh 2x = \cosh^2 x + \sinh^2 x$

$1-\coth^2 x = -\mathrm{cosech}^2 x$ $\qquad$ $\tanh 2x = \dfrac{2\tanh x}{1+\tanh^2 x}$

$$\sinh(x\pm y) = \sinh x\cosh y \pm \cosh x\ \sinh y$$

$$\cosh(x\pm y) = \cosh x\ \cosh y \pm \sinh x\ \sinh y$$

$$\tanh(x\pm y) = \frac{\tanh x \pm \tanh y}{1\pm \tanh x\ \tanh y}$$

$$\sinh x + \sinh y = 2\sinh\frac{x+y}{2}\cosh\frac{x-y}{2}$$

$$\sinh x - \sinh y = 2\cosh\frac{x+y}{2}\sinh\frac{x-y}{2}$$

$$\cosh x + \cosh y = 2\cosh\frac{x+y}{2}\cosh\frac{x-y}{2}$$

$$\cosh x - \cosh y = 2\sinh\frac{x+y}{2}\sinh\frac{x-y}{2}$$

$$\sinh x\ \sinh y = \frac{1}{2}[\cosh(x+y) - \cosh(x-y)]$$

$$\cosh x\ \cosh y = \frac{1}{2}[\cosh(x+y) + \cosh(x-y)]$$

$$\sinh x\ \cosh y = \frac{1}{2}[\sinh(x+y) + \sinh(x-y)]$$

$$\sinh\frac{x}{2} = \sqrt{\frac{1}{2}(\cosh x - 1)} \qquad \cosh\frac{x}{2} = \sqrt{\frac{1}{2}(\cosh x + 1)}$$

$$\tanh\frac{x}{2} = \frac{\cosh x - 1}{\sinh x} = \frac{\sinh x}{\cosh x + 1}$$

$$\sinh x = \frac{1}{2}(e^{x} - e^{-x}) \qquad \cosh x = \frac{1}{2}(e^{x} + e^{-x})$$

$$e^{x} = \cosh x + \sinh x \qquad e^{-x} = \cosh x - \sinh x$$

14. 3각함수와 쌍곡선함수

$$\sinh jx = j\sin x \qquad \sinh x = -j\sin jx$$

$$\cosh jx = \cos x \qquad \cosh x = \cos jx$$

$$\tanh jx = j\tan x \qquad \tanh x = -j\tan jx$$

$$\sinh(x \pm jy) = \sinh x \cos y \pm j\cosh x \sin y = \pm j\sin(y \mp jx)$$

$$\cosh(x \pm jy) = \cosh x \cos y \pm j\sinh x \sin y = \cos(y \mp jx)$$

$$\sin(x \pm jy) = \sin x \cosh y \pm j\cos x \sinh y = \pm j\sinh(y \mp jx)$$

$$\cos(x \pm jy) = \cos x \cosh y \pm j\sin x \sinh y = \cosh(y \mp jx)$$

15. 역쌍곡선함수

$$\sinh^{-1} x = \cosh^{-1}\sqrt{x^2+1} = \log(x + \sqrt{x^2+1}) = \int \frac{dx}{\sqrt{x^2+1}}$$

$$\cosh^{-1} x = \sinh^{-1}\sqrt{x^2-1} = \log(x + \sqrt{x^2-1}) = \int \frac{dx}{\sqrt{x^2-1}}$$

$$\tanh^{-1} x = \frac{1}{2}log\frac{1+x}{1-x} = \int \frac{dx}{1-x^2} \qquad (x^2 < 1)$$

$$\coth^{-1} x = \frac{1}{2}log\frac{x+1}{x-1} = \int \frac{dx}{1-x^2} \qquad (x^2 > 1)$$

16. 행렬

$$[A] = \begin{bmatrix} a_{11} & a_{12} \\ a_{21} & a_{22} \end{bmatrix} \qquad [B] = \begin{bmatrix} b_{11} & b_{12} \\ b_{21} & b_{22} \end{bmatrix}$$ 일 때

(1) 가감법

$$[A] \pm [B] = \begin{bmatrix} a_{11} & a_{12} \\ a_{21} & a_{22} \end{bmatrix} \pm \begin{bmatrix} b_{11} & b_{12} \\ b_{21} & b_{22} \end{bmatrix} = \begin{bmatrix} a_{11} \pm b_{11} & a_{12} \pm b_{12} \\ a_{21} \pm b_{21} & a_{22} \pm b_{22} \end{bmatrix}$$

(2) 곱셈법

$$[A][B] = \begin{bmatrix} a_{11} & a_{12} \\ a_{21} & a_{22} \end{bmatrix} \cdot \begin{bmatrix} b_{11} & b_{12} \\ b_{21} & b_{22} \end{bmatrix} = \begin{bmatrix} a_{11}b_{11} + a_{12}b_{21} & a_{11}b_{12} + a_{12}b_{22} \\ a_{21}b_{11} + a_{22}b_{21} & a_{21}b_{12} + a_{22}b_{22} \end{bmatrix}$$

(3) 나눗셈법

$[A][B]=[C]$ 일 때

$[B]=[A]^{-1}[C]$

$[A]=[C][B]^{-1}$ (단, $[A]^{-1}$, $[B]^{-1}$는 역행렬)

(4) 역행렬의 예

$$[A]^{-1}=\begin{bmatrix} a_{11} & a_{12} \\ a_{21} & a_{22} \end{bmatrix}^{-1}=\frac{1}{\det \boldsymbol{A}}\begin{bmatrix} a_{22} & -a_{12} \\ -a_{21} & a_{11} \end{bmatrix}=\frac{\begin{bmatrix} a_{22} & -a_{12} \\ -a_{21} & a_{11} \end{bmatrix}}{\begin{vmatrix} a_{11} & a_{12} \\ a_{11} & a_{22} \end{vmatrix}}$$

17. 행렬식(determinant)

$$D=\begin{vmatrix} a_{11} & a_{12} \\ a_{21} & a_{22} \end{vmatrix}=a_{11}a_{22}-a_{12}a_{21}$$

$$\begin{vmatrix} a_{11} & a_{12} & a_{13} \\ a_{21} & a_{22} & a_{23} \\ a_{31} & a_{32} & a_{33} \end{vmatrix}=(a_{11}a_{22}a_{33}+a_{12}a_{23}a_{31}+a_{13}a_{21}a_{32}) \\ -(a_{11}a_{23}a_{32}+a_{12}a_{21}a_{33}+a_{13}a_{22}a_{31})$$

18. 기하공식

다음 공식에서 r : 반경, h : 높이, b : 밑변, B : 밑변의 면적, θ: 중심각(라디안)을 나타낸다.

(1) 3각형 면적 $=\frac{1}{2}bh$

(2) 직4각형 면적 $=bh$ 대각선의 길이 $=\sqrt{b^2+h^2}$

(3) 사다리꼴 면적 $=\frac{1}{2}h(b_1+b_2)$

(4) 원 면적 $=\pi r^2$ 둘레 $=2\pi r$ 원호 $=r\theta$

(5) 부채꼴 면적 $=\frac{1}{2}r^2\theta$

(6) 직6면체 세 변의 길이를 a, b, c라 하면

체적 $=abc$ 대각선 $=\sqrt{a^2+b^2+c^2}$

(7) 각주 체적 $=Bh$

(8) 각추 체적 $=\frac{1}{3}Bh$

(9) 직원주 측면적 $=2\pi rh$ 체적 $=\pi r^2 h$

(10) 구 표면적 $=4\pi r^2$ 체적 $=\frac{4}{3}\pi r^3$

19. Laplace 변환표

	$F(s)=\mathcal{L}\{f(t)\}$	$f(t)$
1	$1/s$	1
2	$1/s^2$	t
3	$1/s^n,\ (n=1,2,\ldots)$	$t^{n-1}/(n-1)!$
4	$1/\sqrt{s}$	$1/\sqrt{\pi t}$
5	$1/s^{3/2}$	$2\sqrt{t/\pi}$
6	$1/s^a\ \ (a<0)$	$t^{a-1}/\Gamma(a)$
7	$\dfrac{1}{s-a}$	e^{at}
8	$\dfrac{1}{(s-a)^2}$	te^{at}
9	$\dfrac{1}{(s-a)^n}\quad(n=1,2,\ldots)$	$\dfrac{1}{(n-1)!}t^{n-1}e^{at}$
10	$\dfrac{1}{(s-a)^k}\quad(k>0)$	$\dfrac{1}{\Gamma(k)}t^{n-1}e^{at}$
11	$\dfrac{1}{(s-a)(s-b)}\ (a\neq b)$	$\dfrac{1}{(a-b)}(e^{at}-e^{bt})$
12	$\dfrac{s}{(s-a)(s-b)}\ (a\neq b)$	$\dfrac{1}{(a-b)}(ae^{at}-be^{bt})$
13	$\dfrac{1}{s^2-\omega^2}$	$\dfrac{1}{\omega}\sin\omega t$
14	$\dfrac{s}{s^2+\omega^2}$	$\cos\omega t$
15	$\dfrac{1}{s^2-a^2}$	$\dfrac{1}{a}\sinh at$
16	$\dfrac{s}{s^2-a^2}$	$\cosh at$
17	$\dfrac{1}{(s-a)^2+\omega^2}$	$\dfrac{1}{\omega}e^{at}\sin\omega t$
18	$\dfrac{s-a}{(s-a)^2+\omega^2}$	$e^{at}\cos\omega t$
19	$\dfrac{1}{s(s^2+\omega^2)}$	$\dfrac{1}{\omega^2}(1-\cos\omega t)$
20	$\dfrac{1}{s^2(s^2+\omega^2)}$	$\dfrac{1}{\omega^3}(\omega t-\sin\omega t)$
21	$\dfrac{1}{(s^2+\omega^2)^2}$	$\dfrac{1}{2\omega^3}(\sin\omega t-\omega t\cos\omega t)$

22	$\dfrac{s}{(s^2+\omega^2)^2}$	$\dfrac{t}{2\omega}\sin\omega t$
23	$\dfrac{s^2}{(s^2+\omega^2)^2}$	$\dfrac{1}{2\omega}(\sin\omega t+\omega t\cos\omega t)$
24	$\dfrac{s}{(s^2+a^2)(s^2+b^2)}\ (a^2\neq b^2)$	$\dfrac{1}{b^2-a^2}(\cos at-\cos bt)$
25	$\dfrac{1}{s^4+4a^4}$	$\dfrac{1}{4a^3}(\sin at\cosh at-\cos at\sinh at)$
26	$\dfrac{1}{s^4+4a^4}$	$\dfrac{1}{2a^2}\sin at\ \sinh at$
27	$\dfrac{1}{s^4-a^4}$	$\dfrac{1}{2a^3}(\sinh at-\sin at)$
28	$\dfrac{s}{s^4-a^4}$	$\dfrac{1}{2a^2}(\cosh at-\cos at)$
29	$\sqrt{s-a}-\sqrt{s-b}$	$\dfrac{1}{2\sqrt{\pi t^3}}(e^{bt}-e^{at})$
30	$\dfrac{1}{\sqrt{s+a}+\sqrt{s+b}}$	$\dfrac{e^{-bt}-e^{-at}}{2(b-a)\sqrt{\pi t^3}}$
31	$\dfrac{1}{\sqrt{s^2+a^2}}$	$J_0(at)$
32	$\dfrac{s}{(s-a)^{3/2}}$	$\dfrac{1}{\sqrt{\pi t}}e^{at}(1+2at)$
33	$\dfrac{1}{(s^2-a^2)^k}\quad(k>0)$	$\dfrac{\sqrt{\pi}}{\Gamma(k)}\left(\dfrac{t}{2a}\right)^{k-1/2}I_{k-1/2}(at)$
34	$\dfrac{1}{s}e^{-k/s}$	$J_0(2\sqrt{kt})$
35	$\dfrac{1}{\sqrt{s}}e^{-k/s}$	$\dfrac{1}{\sqrt{\pi t}}\cos 2\sqrt{kt}$
36	$\dfrac{1}{s^{3/2}}e^{k/s}$	$\dfrac{1}{\sqrt{\pi k}}\sinh 2\sqrt{kt}$
37	$\dfrac{1}{s}\ln s$	$-\ln t-\nu\quad(\nu\approx 0.5772)$
38	$\ln\dfrac{s-a}{s-b}$	$\dfrac{1}{t}(e^{bt}-e^{at})$
39	$\ln\dfrac{s^2+\omega^2}{s^2}$	$\dfrac{2}{t}(1-\cos\omega t)$
40	$\ln\dfrac{s^2-a^2}{s^2}$	$\dfrac{2}{t}(1-\cosh at)$
41	$\arctan\dfrac{\omega}{s}$	$\dfrac{1}{t}\sin\omega t$
42	$\dfrac{1}{s}\operatorname{arccot} s$	$\mathrm{Si}(t)$

INDEX

찾아보기

ㅈ

기 타

IT계열을 위한 기초공업수학

인쇄 | 2020년 03월 05일
발행 | 2020년 03월 10일

지은이 | 정타관 · 정동현 · 신철기
펴낸이 | 조승식
펴낸곳 | (주)도서출판 북스힐

등 록 | 1998년 7월 28일 제22-457호
주 소 | 서울시 강북구 한천로 153길 17
전 화 | (02) 994-0071
팩 스 | (02) 994-0073

홈페이지 | www.bookshill.com
이메일 | bookshill@bookshill.com

정가 20,000원

ISBN 979-11-5971-203-6

Published by bookshill, Inc. Printed in Korea.